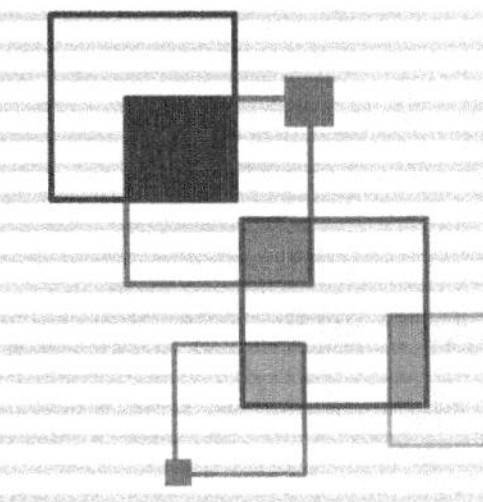

高等职业院校机电类“十二五”规划教材

计算机辅助工艺设计
——开目CAPP教程

主　编　蒋　帅

副主编　朱鹏超

主　审　唐志勇

西安交通大学出版社

XI'AN JIAOTONG UNIVERSITY PRESS

内容简介

本书结合CAPP理论与软件实践应用，介绍了机械加工基本知识、CAPP的特点与发展，着重讲述了开目CAPP软件的应用与操作。第1～3章节是CAPP技术学习的基础理论部分，阐述了CAPP技术的基本概念、组成及发展，机械加工的生产过程、工艺过程基本概念与加工规程的制定，以及开目CAPP软件的特点；第4～8章是开目CAPP的应用与操作部分，详细介绍了开目CAPP工艺文档管理、工艺文件编制、工艺简图绘制、图形文件数据转换、特征工艺设计等内容；第9～12章，介绍了开目CAPP软件的公式管理器、工艺文件管理以及打印设置等实用性操作。

本书可以作为高等职业院校机械与近机械类专业相关课程教材，也可以作为开目CAPP用户及制造企业工艺技术人员、生产管理人员的培训用书，还可以作为广大制造业同行的参考书。

图书在版编目(CIP)数据

计算机辅助工艺设计:开目CAPP教程/蒋帅主编．—西安:西安交通大学出版社,2014.8(2022.12重印)
ISBN 978-7-5605-6113-4

Ⅰ.①计…　Ⅱ.①蒋…　Ⅲ.①机械制造工艺-计算机辅助设计-教材　Ⅳ.①TH162

中国版本图书馆CIP数据核字(2014)第061683号

书　　名　计算机辅助工艺设计——开目CAPP教程
主　　编　蒋　帅
策划编辑　张　梁　雷萧屹
责任编辑　张　梁　雷萧屹

出版发行　西安交通大学出版社
(西安市兴庆南路1号　邮政编码710048)
网　　址　http://www.xjtupress.com
电　　话　(029)82668357　82667874(市场营销中心)
(029)82668315(总编办)
传　　真　(029)82668280
印　　刷　西安日报社印务中心

开　　本　787mm×1092mm　1/16　**印张** 18　**字数** 437千字
版次印次　2014年8月第1版　2022年12月第5次印刷
书　　号　ISBN 978-7-5605-6113-4
定　　价　35.00元

如发现印装质量问题，请与本社市场营销中心联系。
订购热线:(029)82665248　(029)82667874
投稿热线:(029)82668091
读者信箱:lg_book@163.com

前　言

制造业特别是机械制造业是国民经济的支柱产业之一，现代制造业正在改变着人们的生产方式、生活方式、经营管理模式乃至社会的组织结构和文化。由中国潜在的巨大市场和飞速发展的经济实力，世界的制造业正在向中国转移，中国已成为世界的制造大国。

随着我国产业结构的调整与加入 WTO，我国的制造业生产模式也发生着巨大的变革：大规模定制、多品种小规模生产、按订单生产已成为制造业的主流；产品生命周期缩短、更新换代加快是每一个生产厂家所面对的现实问题。为应对瞬息万变的市场需求，企业必须加快新产品的开发，缩短产品设计周期和生产周期。应形势所需，作为连接设计、生产、管理的纽带——CAPP 软件技术也进入一个全新的应用与发展阶段，在制造业中普及 CAPP 技术成为当前制造信息化的新热点。

编者根据机械类和近机械类高职学生以及机械行业的技术人员学习、生产所需 CAPP 理论水平、CAPP 软件应用技术，编写了本书。

本书的表达以通俗易懂的文字和丰富的图表为主，结合 CAPP 理论与软件实践应用，介绍了机械加工基本知识、CAPP 的特点与发展，着重讲述了开目 CAPP 软件的应用与操作。

本书的第 1～3 章节是 CAPP 技术学习的基础理论部分，阐述了 CAPP 技术的基本概念、组成及发展，机械加工的生产过程、工艺过程基本概念与加工规程的制定，以及开目 CAPP 软件的特点；第 4～8 章是开目 CAPP 的应用与操作部分，详细介绍了开目 CAPP 工艺文档管理、工艺文件编制、工艺简图绘制、图形文件数据转换、特征工艺设计等内容；第 9～12 章介绍了开目 CAPP 软件的公式管理器、工艺文件管理以及打印设置等实用性操作。

本书可以作为高职院校机械与近机械类专业相关课程教材，也可以作为开目 CAPP 用户及制造企业工艺技术人员、生产管理人员的培训用书，还可以作为广大制造业同行的参考书。

本书是湖南铁道职业技术学院机械制造及自动化专业特色建设开发教材。湖南铁道职业技术学院铁道车辆与机械学院院长唐志勇副教授担任主审，为该书的编写提供了许多宝贵的意见。湖南铁道职业技术学院朱鹏超副教授为该书的整理做了大量工作。书本在编写过程中还得到了武汉开目信息技术有限责任公司、西安交通大学出版社、湖南铁道职业技术学院各级部门领导以及业内同事、同行的大力支持，在此一并表示衷心的感谢。

由于编写作者水平有限，加之时间仓促，本书不足之处恳请广大读者提出宝贵意见，以便不断改进。

编　者

2014 年 3 月

目　录

第 1 章　导论

1.1　CAPP 的含义

计算机辅助工艺设计(Computer Aided Process Planning,CAPP,也称为计算机辅助工艺规划),是指借助于计算机软硬件技术和支撑环境,利用计算机进行数值计算、逻辑判断和推理等来辅助工艺设计人员,以系统、科学的方规法制定零件从毛坯到成品的整个机械加工工艺过程,即工艺规程。

CAD(Computer Aided Design,计算机辅助设计)的结果能否有效地应用于生产实践,NC(Numerical Control,数控)机床能否充分发挥效益,CAD 与 CAM(Computer Aided Manufacture,计算机辅助制造)能否真正实现集成,都与工艺设计的自动化有着密切的关系,于是,计算机辅助工艺设计就应运而生,并且受到愈来愈广泛的重视。以前工艺设计的难度极大,因为要处理的信息量大,各种信息之间的关系又极为错综复杂,主要靠工艺师多年工作实践总结出来的经验来进行。因此,工艺的设计质量完全取决于工艺人员的技术水平和经验。这样编制出来的工艺规程一致性差,也很难得到最佳方案。另一方面,熟练的工艺人员日益短缺,而年轻的工艺人员则需要时间来积累经验,再加上老工艺人员退休时无法将他们的经验留下来,这一切原因都使得工艺设计成为机械制造过程中的薄弱环节。CAPP 技术的出现和发展使利用计算机辅助编制工艺规程成为可能。

对 CAPP 的研究始于 20 世纪 60 年代中期,1969 年挪威发布了第一个 CAPP 系统——AUTOPROS,它是根据成组技术原理,以利用零件的相似性去检索和修改标准工艺过程的形式形成相应零件的工艺规程。AUTOPROS 系统的出现,引起世界各国的普遍重视。接着于 1976 年,美国的 CAM-Ⅰ公司也研制出了自己的 CAPP 系统。这是一种可在微机上运行的结构简单的小型程序系统,其工作原理也基于成组技术原理。

到目前为止,已研制出很多 CAPP 系统,而且有不少已投入生产实践使用。在已应用系统中,针对回转类零件的 CAPP 系统比较成熟,而且多应用于单件小批量生产类型。国内则于上世纪 80 年代开始 CAPP 的研究,如今已开发出不少 CAPP 系统,有的 CAPP 系统在实践应用中取得了良好的效果。

1.2　CAPP 系统的功能

一个 CAPP 系统应具有以下功能:检索标准工艺文件,选择加工方法,安排加工路线,选择机床、刀具、量具、夹具等,选择装夹方式和装夹表面,优化选择切削用量,计算加工时间和加工费用,确定工序尺寸和公差及选择毛坯,绘制工序图及编写工序卡。有的 CAPP 系统还具有计算刀具轨迹、自动进行 NC 编程和进行加工过程模拟的功能,有些专家则认为这些功能属于 CAM 的范畴。

1.3 CAPP 系统的分类

CAPP 系统按其工作原理可分为检索式 CAPP 系统、派生式 CAPP 系统、创成式 CAPP 系统以及其他类型 CAPP 系统等。

1. 检索式 CAPP 系统

检索式 CAPP 系统常应用于大批量生产模式，工件的种类很少，零件变化不大且相似程度很高。该 CAPP 系统不需要进行零件的编码，在建立系统时，只需要将各类零件的工艺规程输入计算机。一般情况下，只需要对已建立的工艺规程进行管理即可。如果需要编制新零件的工艺规程，将同类零件的工艺规程调出并进行修改即可。这是最简单的 CAPP 系统。

2. 派生式 CAPP 系统

派生式 CAPP 系统是一种建立在成组技术基础上的 CAPP 系统。该系统首先对生产对象进行分析，根据成组技术原理(几何形状和工艺上的相似性)将各种零件分类归族，形成零件组；对于每一零件族，选择一个能包含该组中所有零件特征的零件为标准样件，也可以构造一个并不存在但包含该组中所有零件特征的零件为标准样件；对标准样件编制成熟的、经过考验的标准工艺规程；然后将该标准工艺规程存放在数据库中；当要为新零件设计工艺规程时，首先输入该零件的成组技术代码，也可以输入零件信息，由系统自动生成该零件的成组技术代码；根据零件的成组技术代码，系统自动判断零件所属的零件组，并检索出该零件族的标准工艺规程；最后根据零件的结构形状特点和尺寸及公差，利用系统提供的修改编辑功能，对标准工艺规程进行修改编辑，得到所需的工艺规程。派生式 CAPP 系统具有结构简单，系统容易建立，便于维护和使用，系统性能可靠、成熟等优点，所以应用比较广泛。目前大多数实用型 CAPP 系统都属于这种类型。

3. 创成式 CAPP 系统

与派生式 CAPP 系统不同，创成式 CAPP 系统中不存在标准工艺规程，但是有一个收集有大量工艺数据的数据库和一个存贮工艺专家知识的知识库。当输入零件的有关信息后，系统可以模仿工艺专家，应用各种工艺决策规则，在没有人工干预的条件下，从无到有，自动生成该零件的工艺规程。创成式 CAPP 系统理论目前尚不完善，因此还未出现一个纯粹的创成式 CAPP 系统。创成式 CAPP 系统的核心是工艺决策逻辑，这是人工智能、专家系统发挥作用的大好领域。所以，应用专家系统原理的创成式 CAPP 系统将是今后研究的重点。

4. 其他类型 CAPP 系统

从原理上看，半创成式 CAPP 系统是派生式和创出式 CAPP 原理的综合。也就是说，这种系统是在派生式 CAPP 的基础上，增加若干创成功能而形成的系统。这种系统既有派生式可靠成熟、结构简单、便于使用和维护的优点，又有创成式能够存贮、积累、应用工艺专家知识的优点。这种系统非常灵活，便于结合企业的具体情况进行开发，是一种实用性很强，很有发展前途的 CAPP 模式。

1.4 CAPP 的发展现状

工艺设计是产品开发的重要环节，工艺设计的好坏直接决定零件的生产质量、生产效率以及成本。CAPP 系统的实施就是为了缩短工艺编制的时间，优化工艺并实现工艺编制的自动化，减轻工艺编制人员的劳动强度；CAPP 系统的应用还可以使企业的工艺文件实现标准化，实现企业内部数据的高度统一，更加适合企业现代化的生产与管理环境，方便企业应用 PDM（Product Data Management，产品数据管理）、ERP（Enterprise Resource Planning，企业资源规划）等系统。

自从 1965 年尼贝尔（Niebel）首次提出 CAPP 思想以来，各应用软件公司、研究所以及高校对 CAPP 领域的研究得到了极大的发展，主要经历了检索式、派生式、创成式、混合式、专家系统和工具系统等不同的发展阶段，并涌现出了一大批商品化的 CAPP 系统。但是相对于其他信息管理系统的发展，CAPP 的应用水平仍然比较滞后。

总结国内企业的 CAPP 应用现状，大多数企业 CAPP 的应用还存在一些不足和问题：

(1)大多数企业 CAPP 的应用仅仅是对纸质工艺卡片的电子化管理，以及实现对工艺信息的电脑自动统计汇总和权限的管理与控制。

(2)大多数企业 CAPP 的应用还不能有效、完整地总结本企业（甚至是行业）的工艺设计经验和设计知识，因为没有标准化的有效的工艺知识库，造成企业的工艺编制仍然主要依靠有经验的工艺师，CAPP 系统的的智能化程度仍然很低。

(3)大多数企业的 CAPP 系统的绘图环境可以与 CAXA 软件集成，但是与 CAD 软件还不能完全集成，而大部分企业设计部门所采用的绘图软件是 CAD 绘图软件，这样就造成了在 CAPP 系统里面进行工艺附图的设计和更改时比较费时费力。

(4)现阶段，CAPP 系统的绘图环境多局限于二维绘图，能够实现三维绘图的很少。因此，CAPP 系统的绘图环境还有待进一步提高和完善。

1.5 CAPP 的发展趋势

纵观 CAPP 发展的历程，可以看到 CAPP 的研究和应用始终围绕着两方面的需要而展开：一是不断完善自身在应用中出现的不足；二是不断满足新的技术、制造模式对其提出的新要求。因此，CAPP 将在应用范围、应用的深度和水平等方面进行拓展，表现为以下的发展趋势：

(1)面向产品全生命周期的 CAPP 系统。CAPP 的数据是产品数据的重要组成部分，CAPP 与 PDM/PLM（Product Lifecycle Management，产品生命周期管理）的集成是关键。基于 PDM/PLM，支持产品全生命周期的 CAPP 系统将是重要的发展方向。

(2)基于知识的 CAPP 系统。CAPP 已经很好地解决了工艺设计效率和标准化的问题，下一步如何有效地总结、沉淀企业的工艺设计知识，提高 CAPP 的知识水平，将会是 CAPP 应用和发展的重要方向。

(3)基于三维 CAD 的 CAPP 系统。随着企业三维 CAD 的普及应用，工艺如何支持基于三维 CAD 的应用，特别是基于三维 CAD 的装配工艺设计正成为企业需求的热点。科技部在“十五”863 现代集成制造系统技术主题，将“基于三维 CAD 的 CAPP”专门立项研究和推广。可见，基于三维 CAD 的 CAPP 系统将成为研究的热点。国内开目、金叶等几家软件公司正在进行研究，并且开目公司已经推出了原型的应用系统。

(4)基于平台技术、可重构式的CAPP系统。开放性是衡量CAPP的一个重要的因素。工艺的个性很强,同时企业的工艺需求可能会有变化,CAPP必须能够持续满足客户的个性化和变化的需求。基于平台技术、具有二次开发功能、可重构的CAPP系统将是重要的发展方向。

第 2 章　机械加工基本认知

2.1　生产过程、工艺过程和生产类型

1. 生产过程

机械产品的生产过程是将原材料转变为成品的全过程，它包括生产技术准备、毛坯制造、机械加工、热处理、装配、测试检验以及涂装等。上述过程中凡使被加工对象的尺寸、形状或性能产生一定变化的均称为直接生产过程。

机械生产过程还包括：工艺装备的制造、原材料的供应、工件的运输和储存、设备的维修及动力供应等。这些过程不使加工对象产生直接的变化，故称为辅助生产过程。

2. 工艺过程

在生产过程中改变生产对象的形状、尺寸、相对位置和性质等，使其成为成品或半成品的过程，称为工艺过程。如毛坯制造、机械加工、热处理、装配等过程，均为工艺过程。工艺过程是生产过程的重要组成部分。

采用机械加工方法，直接改变毛坯的形状、尺寸和表面质量，使之成为合格零件的过程称为机械加工工艺过程。

把零件装配成机器并达到装配要求的过程称为装配工艺过程。

3. 生产类型

生产类型是指企业（或车间、工段、班组、工作地）生产专业化程度的分类。一般把机械制造生产分为三种类型。

(1)单件生产。单件生产是指产品品种多，而每一种产品的结构、尺寸不同，且产量很少，各个工作地点的加工对象经常改变，且很少重复的生产类型。例如新产品试制、重型机械和专用设备的制造等均属于单件生产。

(2)大量生产。大量生产是指产品数量很大，大多数工作地点长期地按一定节拍进行某一个零件的某一道工序的加工。例如汽车、摩托车、柴油机等的生产均属于大量生产。

(3)成批生产。成批生产是指一年中分批轮流地制造几种不同的产品，每种产品均有一定的数量，工作地点的加工对象周期性地重复。例如机床、电动机等均属于成批生产。

按照成批生产中每批投入生产的数量(即批量)大小和产品的特征，成批生产又可分为小批生产、中批生产和大批生产三种。小批生产与单件生产相似，大批生产与大量生产相以，常合称为单件小批生产、大批大量生产，而成批生产仅指中批生产。

2.2　机械加工工艺过程的组成

机械加工工艺过程是由一个或若干个顺序排列的工序组成的，而工序又可分为安装、工位、工步和行程。

1. 工序

一个或一组工人，在一个工作地对同一个或同时对几个工件所连续完成的那一部分工艺过程，称为工序。

区分工序的主要依据，是设备（或工作地）是否变动和完成的那一部分工艺内容是否连续。零件加工的设备变动后，即构成了另一工序。

工序不仅是制订工艺过程的基本单元，也是制订时间定额、配备工人、安排作业计划和进行质量检验的基本单元。

2. 工步与行程

在一个工序内，往往需要采用不同的工具对不同的表面进行加工。为了便于分析和描述工序的内容，工序还可以进一步划分工步。工步是指加工表面（或装配时的联接表面）和加工（或装配）工具不变的条件下所完成的那部分工艺过程。一个工序可以包括几个工步，也可以只有一个工步。

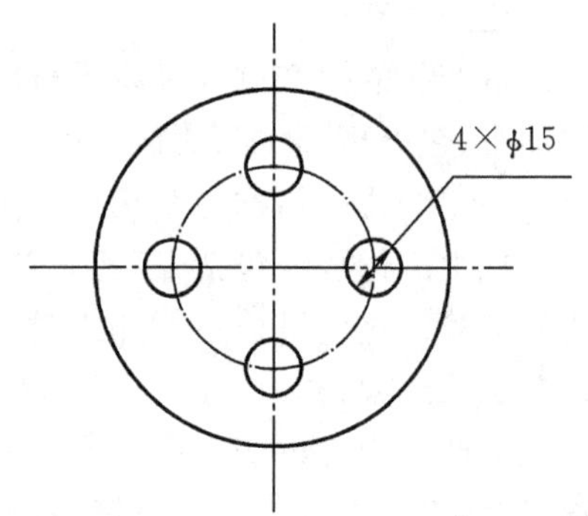

图 2.1　四个 ϕ15 mm 孔的钻削

构成工步的任一因素（加工表面、刀具）改变后，一般划为另一工步。但对于那些在一次安装中连续进行的若干相同工步，例如图 2.1 所示零件上四个 ϕ15 mm 孔的钻削，可写成一个工步，即钻 4 - ϕ15 孔。

为了提高生产率，用几把刀具同时加工几个表面的工步，称为复合工步。在工艺文件上，复合工步应视为一个工步。

行程，又称进给次数，有工作行程和空行程。工作行程是指刀具以加工进给速度相对工件所完成一次进给运动的工步部分；空行程是指刀具以非加工进给速度相对工件所完成一次进给运动的工步部分。

3. 安装与工位

工件在加工之前，在机床或夹具上先占据一正确位置（定位），然后再予以夹紧的过程称为装夹。工件（或装配单元）经一次装夹后所完成的那一部分工序内容称为安装。在一个工序中，工件可能只需一次安装，也可能需要几次安装。工件加工中应尽量减少安装的次数，因为多一次安装就造成多一次的安装误差，而且还增加了辅助时间。

为了完成一定的工序内容，一次装夹工件后，工件（或装配单元）与夹具或设备的可动部分一起相对刀具或设备的固定部分所占据的每一个位置称为工位。为了减少工件安装的次数，在大批量生产时，常采用各种回转工作台、回转夹具或移位夹具，使工件在一次安装中先后处于几个不同位置进行加工。此时，工件在机床上每占据一个加工位置均称为一个工位。图 2.2 所示为一

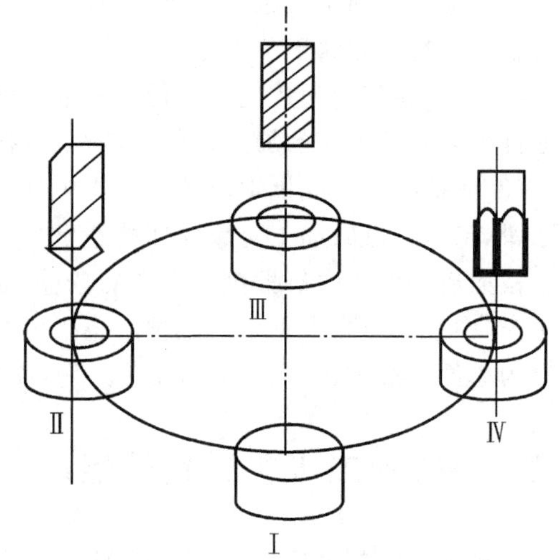

图 2.2　多工位加工

种用回转工作台在一次安装中顺序完成装卸工件、钻孔、扩孔和铰孔四个工位加工的实例。

2.3　机械加工工艺规程概述

1. 工艺规程的概念

规定零件机械加工工艺过程和操作方法等的工艺文件称为机械加工工艺规程。它根据工厂具体的生产条件，确定合理的工艺过程和操作方法，并按规定的格式书写成文件，经审批后用来指导生产。

2. 工艺规程技术文件及其格式

机械加工工艺规程的技术文件有如下两种：

(1)机械加工工艺过程卡片，文件格式如表 2.1 所示。

机械加工工艺过程卡片是以工序为单位，简要说明产品或零、部件的加工过程的一种工艺文件。它是生产管理的主要技术文件，广泛用于成批生产和单件小批生产中比较重要的零件。

表 2.1　机械加工工艺过程卡片

<table>
<tr><td rowspan="2" colspan="3"></td><td rowspan="2" colspan="2">机械加工工艺过程卡片</td><td>产品型号</td><td></td><td>零(部)件图号</td><td></td><td colspan="2"></td></tr>
<tr><td>产品名称</td><td></td><td>零(部)件名称</td><td></td><td>共(　)页</td><td>第(　)页</td></tr>
<tr><td colspan="11">材料牌号　　毛坯种类　　毛坯外形尺寸　　每个毛坯可制件数　　每台件数　　备注</td></tr>
<tr><td rowspan="2"></td><td rowspan="2">工序号</td><td rowspan="2">工序名称</td><td rowspan="2">工序内容</td><td rowspan="2">车间</td><td rowspan="2">工段</td><td rowspan="2">设备</td><td rowspan="2" colspan="2">工艺装备</td><td colspan="2">工时</td></tr>
<tr><td>准终</td><td>单件</td></tr>
<tr><td></td><td></td><td></td><td></td><td></td><td></td><td></td><td colspan="2"></td><td></td><td></td></tr>
<tr><td>描图</td><td></td><td></td><td></td><td></td><td></td><td></td><td colspan="2"></td><td></td><td></td></tr>
<tr><td>描校</td><td></td><td></td><td></td><td></td><td></td><td></td><td colspan="2"></td><td></td><td></td></tr>
<tr><td>底图号</td><td></td><td></td><td></td><td></td><td></td><td></td><td colspan="2"></td><td></td><td></td></tr>
<tr><td>装订号</td><td colspan="5"></td><td>设计
(日期)</td><td>审核
(日期)</td><td>标准化
(日期)</td><td>会签
(日期)</td><td></td></tr>
<tr><td></td><td colspan="5">标记　处数　更改文件号　签字　日期　标记　处数　更改文件号　签字　日期</td><td></td><td></td><td></td><td></td><td></td></tr>
</table>

(2)机械加工工序卡片，文件格式如表 2.2 所示。

机械加工工序卡片是在机械加工工艺过程卡片的基础上按每道工序所编的一种工艺文件，一般具有工序简图，并详细说明该工序的每一个工步的加工内容、工艺参数、操作要求以及所用设备和工艺装备等。该卡片主要用于大批大量生产中所有零件、中批生产中的重要零件和单件小批生产中的关键工序。

表 2.2　机械加工工序卡片

	机械加工工序卡片	产品型号		零(部)件图号						
		产品名称		零(部)件名称			共(　)页		第(　)页	
				车间	工序号		工序名称		材料牌号	
				毛坯种类	毛坯外形尺寸		每个毛坯可制件数		每台件数	
				设备名称	设备型号		设备编号		同时加工件数	
				夹具编号			夹具名称		切削液	
				工位器具编号			工位器具名称		工序工时	
									准终	单件
	工步号	工步内容	工艺装备	主轴转速 $r \cdot min^{-1}$	切削转速 $tn \cdot min^{-1}$	进给量 $mm \cdot r^{-1}$	切削深度 mm	进给次数	工步工时 机动	辅助
描图										
描校										
底图号										
装订号										
						设计(日期)	审核(日期)	标准化(日期)	会签(日期)	
	标记	处数	更改文件号	签字	日期	标记	处数	更改文件号	签字	日期

3. 工艺规程的作用

工艺规程具有如下一些作用：

(1)工艺规程是指导生产的主要技术文件。工艺规程是在总结广大工人和技术人员的实践基础上，依据工艺理论和必要的工艺试验而制定的。按照工艺规程组织生产可以达到高质、优产和最佳的经济效益。

(2)工艺规程是生产组织和管理工作的基本依据。从工艺规程所涉及的内容可以看出，在生产管理中，原材料和毛坯的供应、机床设备和工艺装备的调配、专用工艺装备的设计和制造，作业计划的编排、劳动力的组织以及生产成本的核算等都是以工艺规程作为基本依据的。

(3)工艺规程是生产准备和技术准备的基本依据。根据工艺规程能正确地确定生产所需的机床和其他设备的种类、规格、数量，车间的面积，机床的布置，工人的工种、技术等级和数量，以及辅助部分的安排等。

工艺规程经厂级工艺管理机构审定后，就成为了工厂生产中的法规，有关人员必须严格执行，不得随意变更。随着科学技术的进步和生产的发展，工艺规程在实施过程中会出现某些不相适应的问题，因而需定期整改，及时吸收合理化建议、技术革新成果、新技术和新工艺，使工艺规程更加完善和合理。

4. 制订工艺规程的基本要求、主要依据和步骤

1）制订工艺规程的基本要求

制订工艺规程的基本要求是，在保证产品质量的前提下，能尽量提高生产率和降低成本。在充分利用本企业现有生产条件的基础上，尽可能采用国内外先进工艺技术和经验，保证工人具有良好而安全的劳动条件。同时工艺规程还应做到正确、完整、统一和清晰，所用术语、符号、单位、编号等都要符合相应标准，并积极采用国际标准。

2）制订工艺规程的主要依据

制订工艺规程的主要依据如下：

(1)技术设计说明书，它是针对技术设计中确定的产品结构、工作原理、技术性能等方面的说明性文件；

(2)产品标准；

(3)产品的生产纲领；

(4)产品的装配图样和零件图样；

(5)工厂的生产条件，包括毛坯的生产条件或协作关系，工厂的设备和工艺装备的情况，专用设备和专用工艺装备的制造能力，工人的技术等级，各种工艺资料（如工艺手册、图册和各种标准）；

(6)国内外同类产品的有关工艺资料。

3）制订工艺规程的步骤

制订工艺规程的步骤如下：

(1)收集和熟悉制订工艺规程的有关资料图纸，进行零件的结构工艺性分析；

(2)确定毛坯的类型及制造方法；

(3)选择定位基准；

(4)拟定工艺路线；

(5)确定各工序的工序余量、工序尺寸及其公差；

(6)确定各工序的设备、刀、夹、量具和辅助工具；

(7)确定各工序的切削用量及时间定额；

(8)确定主要工序的技术要求及检验方法；

(9)进行技术经济分析，选择最佳方案；

(10)填写工艺文件。

2.4　零件的工艺分析

零件的工艺分析是从加工制造的角度对零件进行分析，主要包括零件的图样分析和零件的结构工艺性分析两方面内容。

1. 零件的图样分析

零件图是设计工艺过程的依据，因此，必须仔细地分析、研究它。

(1)通过图样了解零件的形状、结构并检查图样的完整性。

(2)分析图样上规定的尺寸及其公差、表面粗糙度、形状和位置公差等技术要求,并审查其合理性,必要时应参阅部、组件装配图或总装图。

(3)分析零件材料及热处理。其目的,一是审查零件材料及热处理选用是否合适,了解零件材料加工的难易程度;二是初步考虑热处理工序的安排。

(4)找出主要加工表面和某些特殊的工艺要求,分析其可行性,以确保其最终能顺利实现加工。

分析、研究零件图样后,对零件的主要工序及加工顺序就获得了初步概念,这为具体设计工艺过程各个阶段的细节打下了必要的基础。

2. 零件的结构工艺性分析

1)结构工艺性的概念

零件的结构工艺性是指所设计的零件在满足使用要求的前提下,制造的可行性和经济性,它是评价零件结构设计优劣的主要技术经济指标之一。零件切削加工的结构工艺性涉及到零件加工时的装夹、对刀、测量、切削效率等。零件的结构工艺性差会造成加工困难,耗费工时,甚至无法加工。

零件的结构工艺性的好与差是相对的,与生产的工艺过程、生产批量、工艺装备条件件和技术水平等因素有关。随着科学技术的发展和新工艺的出现及生产条件件的变化,零件的结构工艺性的标准也随之变化。

如图 2.3 所示的工作台的 T 型槽,在单件小批生产时,图 2.3(a)有良好的结构工艺性;但大批大量生产时,则将其结构改成图 2.3(b),以便在龙门刨床或龙门铣床上进行加工,提高生产率。又如零件上不通的成型孔或复杂型面,如果采用切削加工,零件结构工艺性被认为是不好的;如果采用电火花加工或电解加工,则认为它的工艺性是好的。

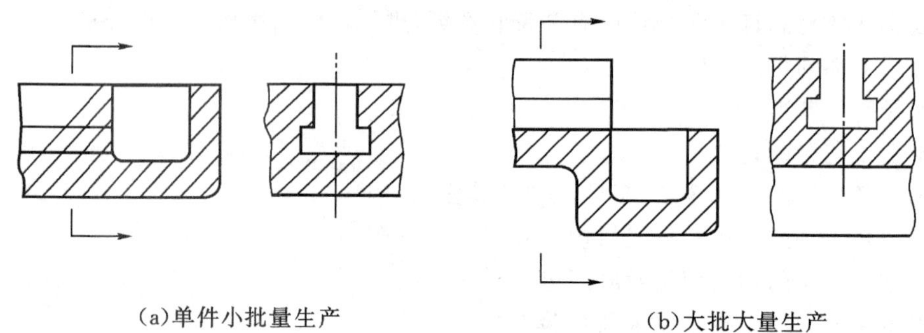

(a)单件小批量生产　　(b)大批大量生产

图 2.3　工作台的 T 形槽结构

为了使零件结构设计具有良好的加工工艺性,工程技术人员不仅要熟悉传统加工方法,而且应该了解新材料、新设备、新技术和新工艺的知识。零件和产品的制造需要经过很多工艺过程,如毛坯生产、切削加工、热处理及装配等,这些过程都是有机地联系在一起的。因此,技术人员必须全面考虑,使零件在各个工艺过程都具有良好的工艺性。

2)零件的结构工艺性

零件的结构工艺性表现在如下几个方面:

(1)零件的结构尺寸(如轴径、孔径、齿轮模数、螺纹、键槽、过渡圆角半径等)应标准化,以便采用标准刀具和通用量具，使生产成本降低。

(2)零件结构形状应尽量简单和布局合理，各加工表面应尽可能分布在同一轴线或同一平面上，否则各加工表面最好相互平行或垂直，使加工和测量方便。

(3)尽量减少加工表面(特别是精度高的表面)的数量和面积，合理地规定零件的精度和表面粗糙度，以利于减少切削加工工作量。

(4)零件应便于安装，定位准确，夹紧可靠。有相互位置要求的表面，最好能在一次安装中加工。

(5)零件应具有足够的刚度，能承受夹紧力和切削力，以便于提高切削用量，采用高速切削。表 2.5 对部分零件的切削加工结构工艺性进行了比较。

表 2.3　零件的结构工艺性示例

要求	零件结构 说明	工艺性差	工艺性好
采用标准尺寸适应标准刀具	1. 被加工的孔应具有标准孔径，不通孔的孔底和阶梯孔的过渡部分应设计成与钻头顶角相同的圆锥面	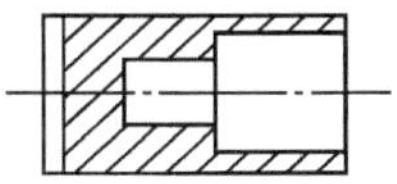	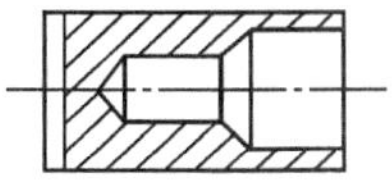
	2. 中断的平面或凹槽的转角处，应具有与标准刀具相适应的过渡表面	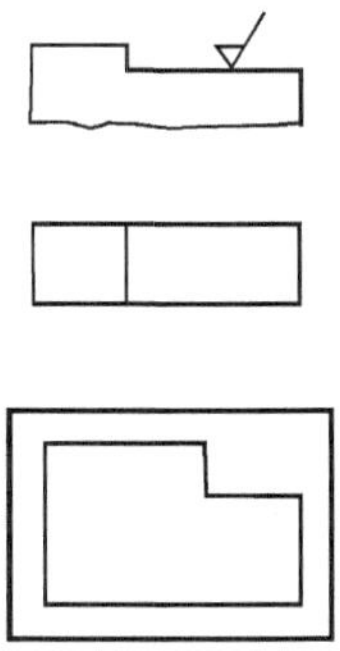	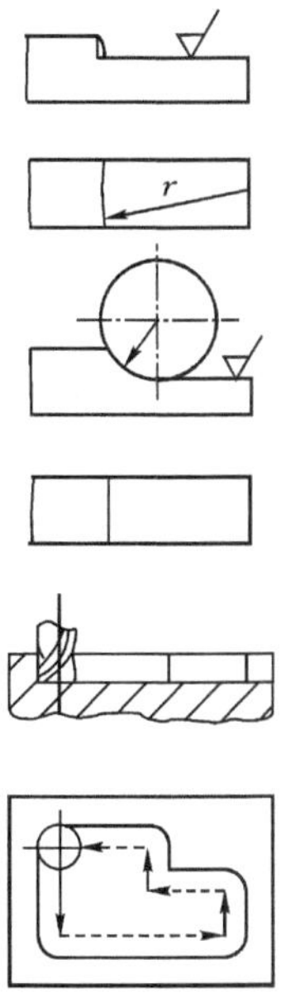
合理布局，方便加工	3. 尽量减少内表面的加工量，把箱体内安装轴承座的凸台改成外表面的加工	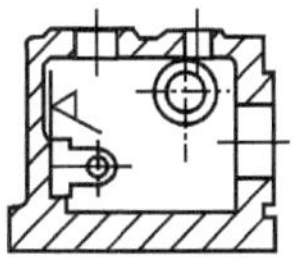	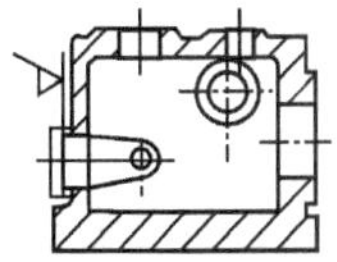
	4. 尽量采用开口槽，避免特殊形状和封闭槽	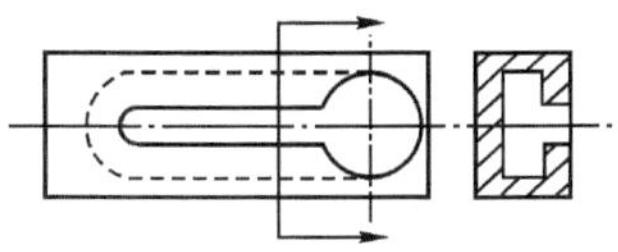	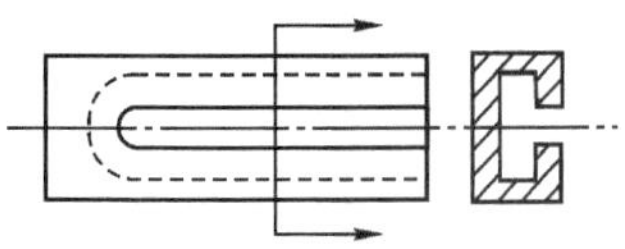

续表 2.3

要求	零件结构 / 说明	工艺性差	工艺性好
合理布局，方便加工	5.孔的轴线应与上下端面垂直，避免在曲面或斜面上钻孔，以免刀具引偏，保证刀具都有最方便的工作条件	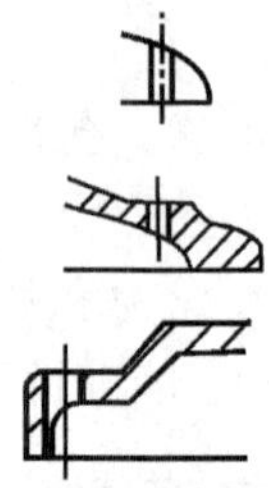	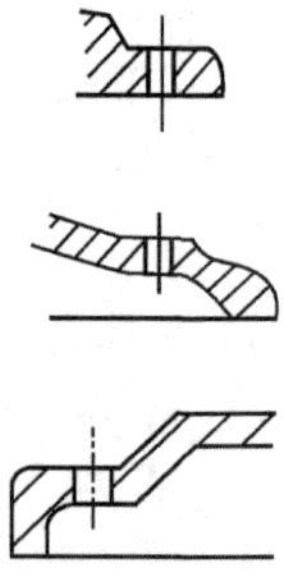
	6.同轴孔的孔径应向同一方向递减或递增	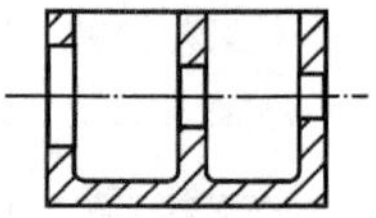	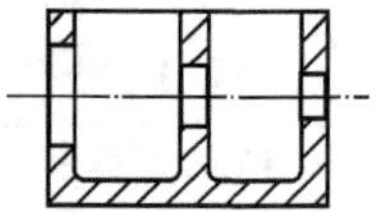
保证刀具切出切入	7.保证刀具能正常切入和切出，不受阻碍	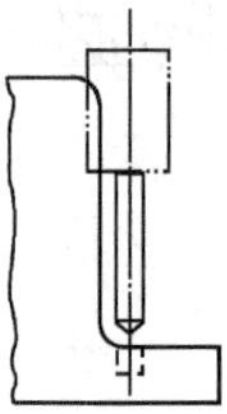	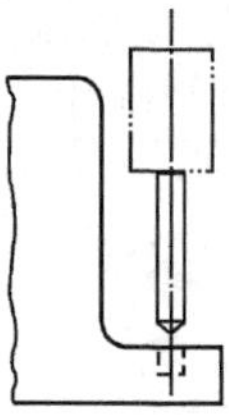
	8.凸台或肩部应有退刀槽	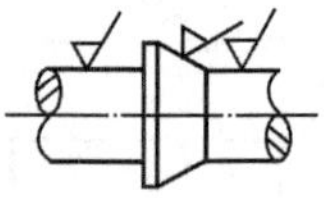	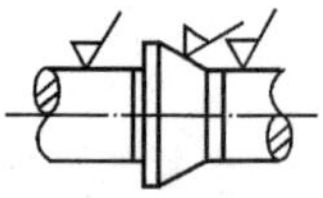
	9.根据加工特点，留出超程距离	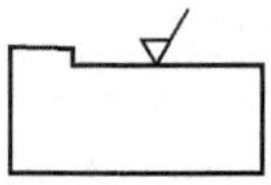	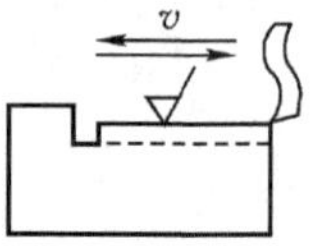 v
	10.应有足够的槽宽，便于刀具引入	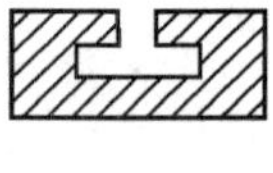	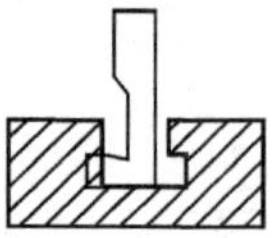
	11.外螺纹的根部及不通的螺纹孔，应设置退刀槽或螺纹尾扣	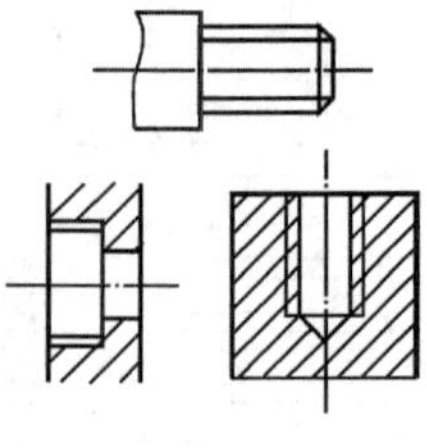	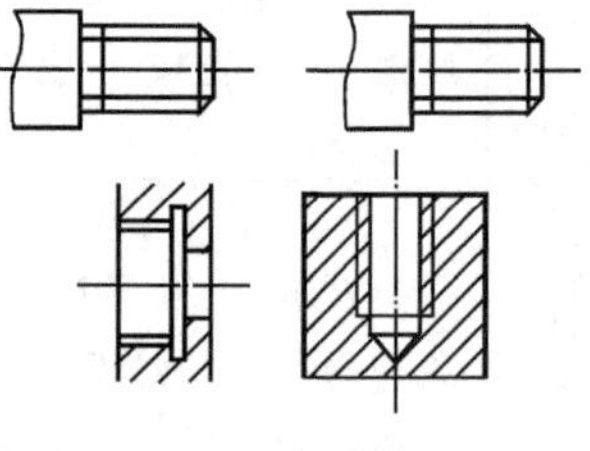

续表 2.3

要求	零件结构 / 说明	工艺性差	工艺性好
合理规定精度，减少加工面积	12. 尽量缩减加工表面的面积，以便减少工时，降低成本	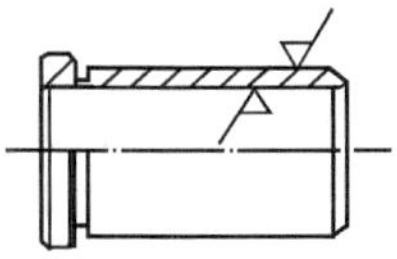	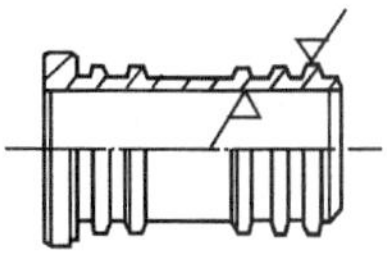
	13. 尽量缩减磨削面积，既能减少加工量、节约原材料，又能改善零件表面间的结合状况	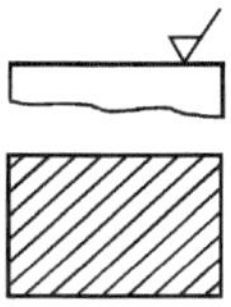	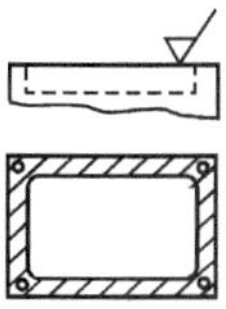
	14. 铸出凸台，减少切削加工量	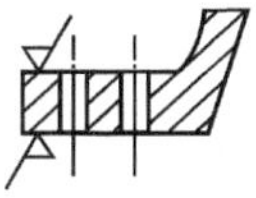	
	15. 将手把在 $R10$ 处的粗糙度 $R_a0.8$，改成 $R_a1.6$，既减少了加工量，又不影响使用和美观	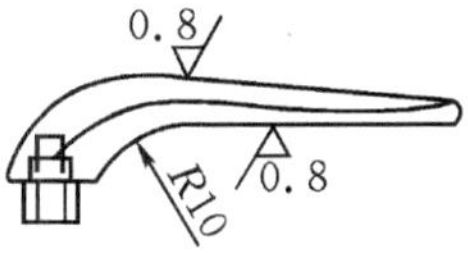 0.8 0.8 R10	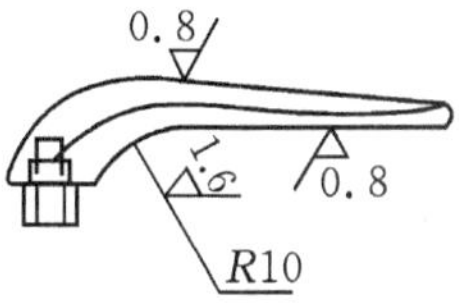 0.8 1.6 0.8 R10
采用组合结构	16. 内球面分解成两件加工，然后组合	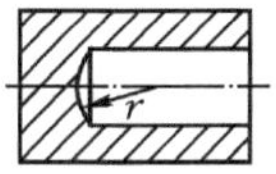 r	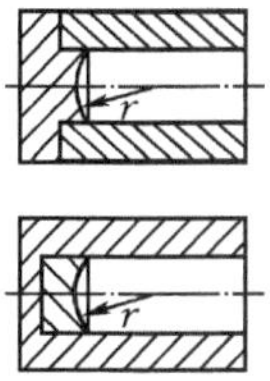 r r
	17. 中部带花键孔的轴套，可分成两件加工，然后组合	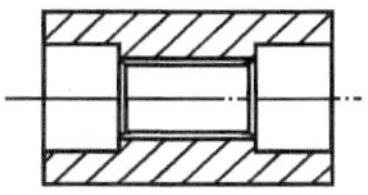	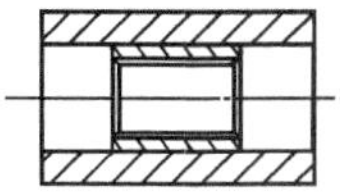
	18. 分成三件加工，然后焊接成一体，以减少刀具更换、调整的时间	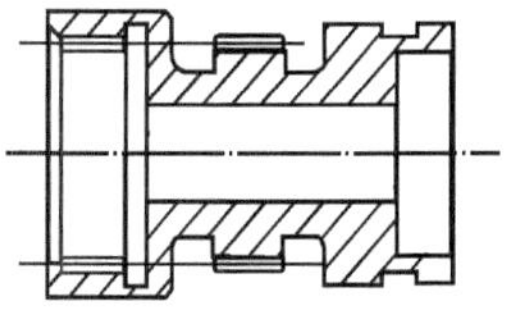	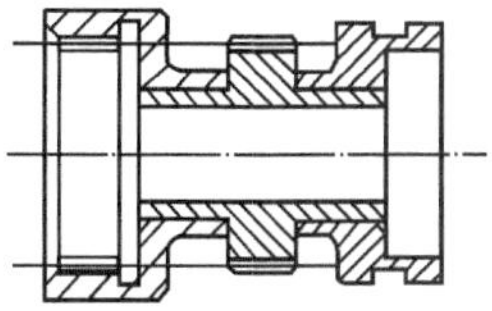

续表 2.3

要求	零件结构 说明	工艺性差	工艺性好
减少刀具更换、调整的时间	19. 生产量大时，轴的各段长度应相近或成倍数，直径尺寸沿一个方向递增（或递减），以便于调整刀具，采用多刀加工	14 16	30 15 15
	20. 同侧的各平面尽量位于同一平面上，可以一次加工或多件同时加工		
	21. 在同一轴上，各退刀槽的宽度及过渡圆角半径应相等	r_1 r_2 1.5 2	r_1 r_1 2 2
	22. 当阶梯轴的外径相差不大时，键槽宽度可统一，键槽方位尽量一致	8 10	8 8
	23. 双联齿轮或多联齿轮应取相同的模数，以便采用同一模数的刀具加工	$m=3$ $m=3$ $m=4$	$m=4$

续表 2.3

要求	零件结构 / 说明	工艺性差	工艺性好
方便并减少装夹次数	24. 若弧面无法装夹，可增设三个工艺凸台，以便安装在三爪卡盘上	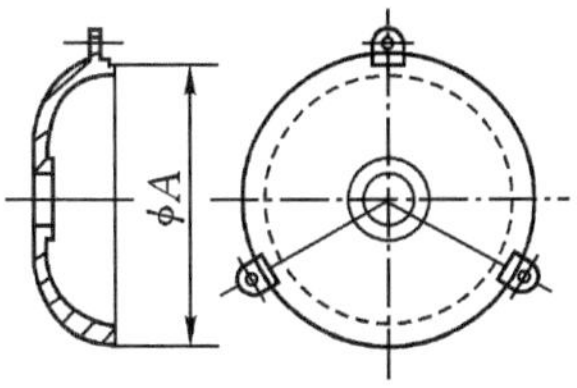 ϕA	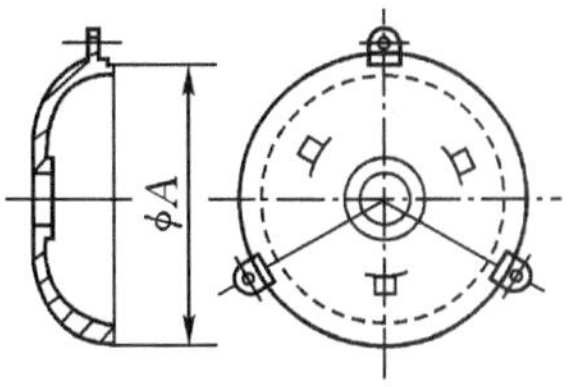 ϕA
	25. 在叶片的端部增加一个工艺凸台，利用凸台的平面和小孔定位，加工完毕后再切除	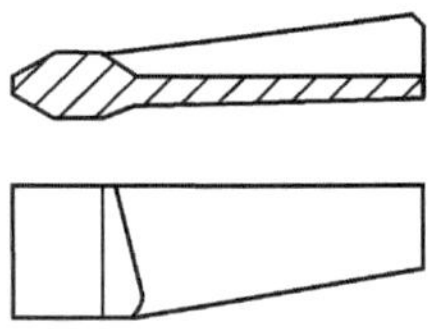	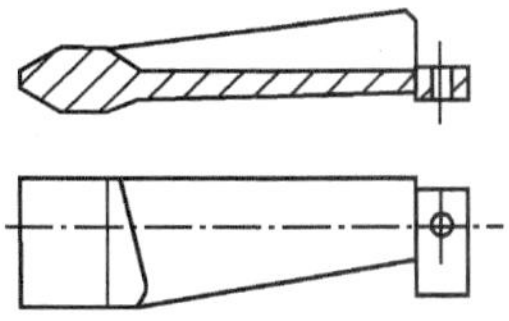
	26. 孔 ϕA 和 ϕB 有同轴度要求，尽量在一次安装中加工，既可保证位置精度，又可减少安装次数	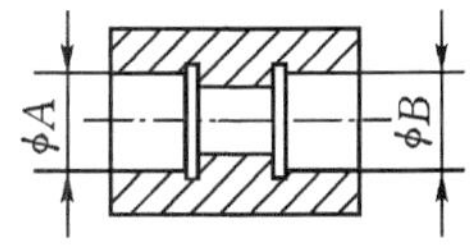 ϕA ϕB	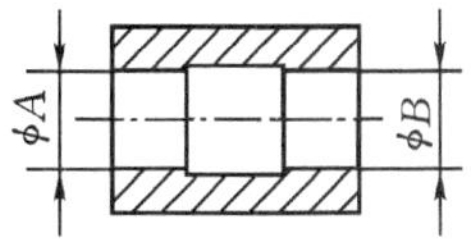 ϕA ϕB
有足够的刚度	27. 增设加强筋，防止切削变形，以便提高切削用量	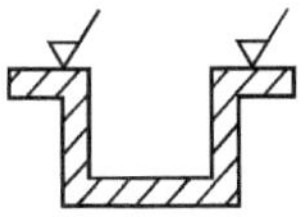	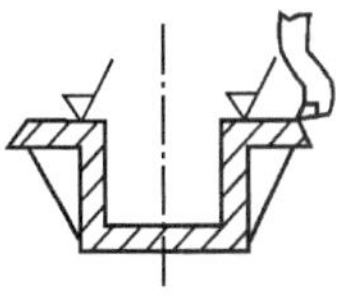
	28. 齿轮结构形状应有利于增加齿轮加工刚度，减少刀具空程时间	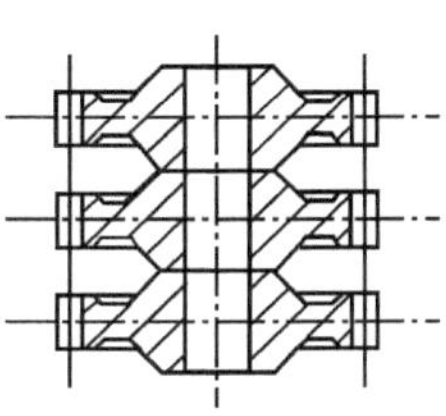	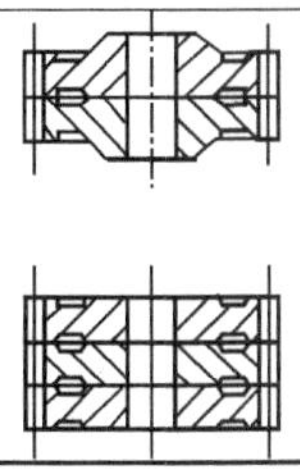

2.5　机械加工工艺规程的制定

2.5.1　毛坯的种类及其选择

选择毛坯的基本任务是选定毛坯的种类和制造方法，了解毛坯的制造误差及其可能产生的缺陷。正确选择毛坯具有重大的技术经济意义。因为，毛坯的种类及其不同的制造方法，对零件的质量、加工方法、材料利用率、机械加工劳动量和制造成本等都有很大的影响。

1. 机械零件常用毛坯的种类

1)型材

常用型材的截面形状有圆形、方形、六角形和特殊断面形状等。型材有热轧和冷拉两种。热轧型材尺寸范围较大,精度较低,用于一般机器零件。冷拉型材尺寸范围较小,精度较高,多用于制造毛坯精度要求较高的中小零件。

2)铸件

形状复杂的毛坯宜采用铸造方法制造。铸件毛坯的制造方法有砂型铸造、金属型铸造、精密铸造、压力铸造、离心铸造等。各种铸造方法及其工艺特点见表 2.4。

表 2.4 各种毛坯制造方法及其工艺特点

毛坯制造方法	最大重量/kg	最小壁厚/mm	形状的复杂性	材料	生产方式	精度等级(IT)	尺寸公差值/mm	其他
手工砂型铸造	不限制	3~5	最复杂	铁碳合金、有色金属及其合金	单件生产及小批生产	14~16	1~8	余量大,一般为1~10 mm;由砂眼和气泡造成的废品率高;表面有结砂硬皮,且结构颗粒大;适于铸造大件;生产率很低
机械砂型铸造	至250	3~5	最复杂	铁碳合金、有色金属及其合金	大批生产及大量生	14 左右	1~3	生产率比手工砂型高数倍至十数倍;设备复杂,但要求工人的技术低;适于制造中小型铸件
永久型铸造	至100	1.5	简单或平常			11~12	0.1~0.5	生产率高,因免去每次制型;单边余量一般为1~3 mm;结构细密,能承受较大压力;占有物生产面积小
离心铸造	通常200	3~5	主要是旋转体			15~16	1~8	生产率高,每件只需2~5 min;力学性能好且少砂眼;壁厚均匀;不需泥芯和浇注系统
压铸	10~16	0.5(锌),1.0(其他合金	由模子制造难易而定	锌、铝、镁、铜、锡、铅各金属的合金		11~12	0.05~0.15	生产率最高,每小时可制50~500件;设备昂贵;可直接制取零件或仅需少许加工

续表 2.4

毛坯制造方法	最大重量/kg	最小壁厚/mm	形状的复杂性	材 料	生产方式	精度等级(IT)	尺寸公差值/mm	其 他
熔模铸造	小型零件	0.8	非常复杂	适于切削困难的材料	单件生产及成批生产		0.05～0.2	占用的生产面积小，每套设备需 30～40 m^2；铸件机械性能好；便于组织流水线生产；铸造延续时间长，铸件可不经加工
壳模铸造	至 200	1.5	复杂	铸铁和有色金属	小批至大量	12～14		生产率高，一个制砂工班产量为 0.5～1.7 个；外表面余量为 0.25～0.5 mm；孔余量最小为 0.03～0.25 mm；便于机械化与自动化；铸件无硬皮
自由锻造	不限制	不限制	简单	碳素钢、合金钢	单件及小批生产	14～16	1.5～2.5	生产率低且需高级技工；余量大，为 3～30 mm；适用于机械修理厂和重型机械厂的锻造车间
模锻(利用锻锤)	通常至 100	2.5	由锻模制造难易而定	碳素钢、合金钢、及合金	成批及大最生产	12～14	0.4～2.5	生产率高且不需高级技工；材料消耗少；锻件力学性能好，强度增高
精密模锻	通常 100	1.5	由锻模制造难易而定	碳素钢、合金钢、及合金	成批及大量生产	11～12	0.05～0.1	光压后的锻件可不经机械加工或直接进行精加工

3）锻件

锻件毛坯由于经锻造后可得到金属纤维组织的连续性和均匀分布，从而提高了零件的强度，适用于对强度有一定要求，形状比较简单的零件。锻件有自由锻件、模锻件和精锻件三种。其制造方法及工艺特点见表 2.4。

4）焊接件

用焊接的方法而得到的结合件称为焊接件。它的优点是制造简便，生产周期短，节省材料，减轻重量，但其抗振性较差，变形大，需经时效处理后才能进行机械加工。

5）其他毛坯

其他毛坯类型包括冲压、粉末冶金、冷挤、塑料压制等毛坯。

2. 毛坯的选择原则

在选择毛坯种类及制造方法时，应考虑下列因素：

(1)零件材料及其力学性能。零件的材料大致确定了毛坯的种类。例如,材料为铸铁和青铜的零件应选择铸件毛坯;钢质零件当形状不复杂、力学性能要求不太高时可选型材;重要的钢质零件,为保证其力学性能,应选择锻件毛坯。

(2)零件的结构形状与外形尺寸。形状复杂的毛坯,一般用铸造方法制造。薄壁零件不宜用砂型铸造;中小型零件可考虑用先进的铸造方法;大型零件可用砂型铸造。一般用途的阶梯轴,如各台阶直径相差不大,可用圆棒料;如各台阶直径相差较大,为减少材料消耗和机械加工的劳动量,则宜选择锻件毛坯。尺寸大的零件一般选择自由锻造;中小型零件可选择模锻件。

(3)生产类型。大量生产的零件应选择精度和生产率都比较高的毛坯制造方法,用于毛坯制造的昂贵费用可由材料消耗的减小和机械加工费用的降低来补偿。如铸件采用金属模机器造型或精密铸造;锻件采用模锻、精锻;采用冷轧和冷拉型材。零件产量较小时应选择精度和生产率较低的毛坯制造方法。

(4)现有生产条件。确定毛坯的种类及制造方法,必须考虑具体的生产条件,如毛坯制造的工艺水平、设备状况以及对外协作的可能性等。

(5)充分考虑利用新工艺、新技术的可能性。随着机械制造技术的发展,毛坯制造方面的新工艺、新技术和新材料的应用也发展很快。如精铸、精锻、冷挤压、粉末冶金和工程塑料等在机械中的应用日益增加。采用这些方法可大大减少机械加工量,有时甚至可以不再进行机械加工,其经济效果非常显著。

3. 毛坯形状与尺寸

毛坯精化后其形状和尺寸尽量与零件相接近,这样可减少机械加工的劳动量,力求实现少或无切削加工。但是,由于现有毛坯制造技术及成本的限制,产品零件的加工精度和表面质量的要求越来越高,所以毛坯的某些表面仍需留有一定的加工余量,以便通过机械加工达到零件的技术要求。毛坯制造尺寸与零件相应尺寸的差值称为毛坯加工余量,毛坯制造尺寸的公差称为毛坯公差。毛坯的加工余量及毛坯公差与毛坯的制造方法有关。在制造方法相同的情况下,其加工余量又与毛坯的尺寸、部位及形状有关。如铸造毛坯的加工余量,是由铸件最大尺寸、公称尺寸(两相对加工表面的最大距离或基准面到加工面的距离)、毛坯浇注时的位置(顶面、底面或侧面)、铸孔等因素所决定的。生产中可参照有关工艺手册确定。毛坯的加工余量确定后,其形状和尺寸的确定,除了将加工余量附加在零件相应的加工表面之外,有时还要考虑到毛坯的制造、机械加工及热处理等工艺因素的影响。在这种情况下,毛坯的形状与零件的形状有所不同。例如,为了加工时工件安装的方便,有的铸件毛坯需要铸出必要的工艺凸台,如图 2.4 所示。工艺凸台在零件加工后一般应切去。又如车床的开合螺母外壳,如图 2.5 所示,它由两个零件组成。为了保证加工质量和加工方便,毛坯做成整体的,待加工到一定阶段后再切开。

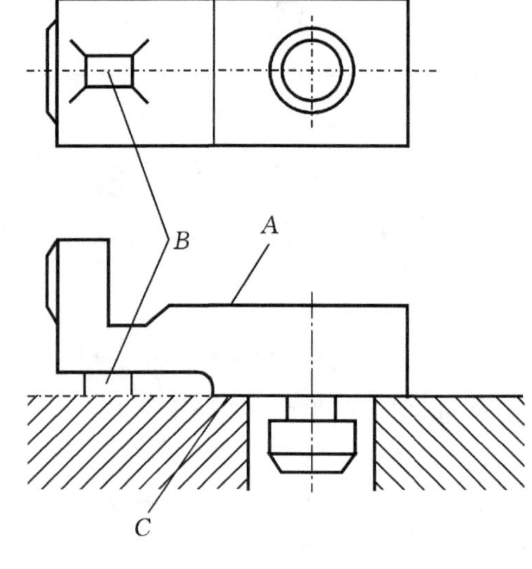

图 2.4　工艺凸台

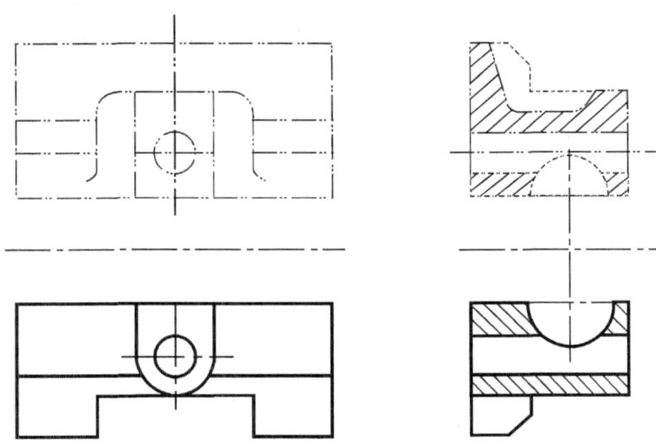

图 2.5　车床开合螺母外壳简图

2.5.2　定位基准的选择

在制订零件加工工艺规程时，正确选择定位基准对保证加工表面的尺寸精度和相互位置精度的要求，以及合理安排加工顺序都有重要的影响。定位基准的选择不同，工艺过程也随之而异。

1. 基准的概念与种类

所谓基准，就是零件上用以确定其他点、线、面的位置所依据的点、线、面。基准根据其功能不同可分为设计基准与工艺基准两大类，前者用在产品零件的设计图上，后者用在机械制造的工艺过程中。

1)设计基准

在零件图上用以确定其他点、线、面位置的基准称为设计基准。

如图 2.6(a)所示的钻套，轴线 $O—O$ 是各外圆表面及内孔的设计基准；端面 A 是端面 B、

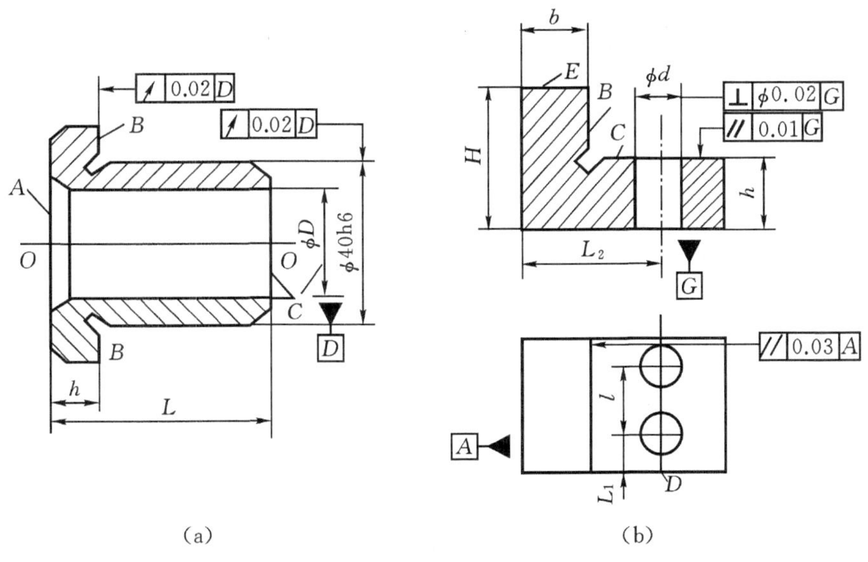

图 2.6　基准分析示例

C 的设计基准；内孔表面 D 的轴心线是 ϕ40h6 外圆表面的径向跳动和端面 B 端面跳动的设计基准。同样，图 2.6(b)中的 G 面是 C 面及 E 面尺寸的设计基准，也是两孔垂直度和 C 面平行度的设计基准；A 面为 B 面尺寸及平行度的设计基准。作为设计基准的点、线、面在工件上不一定具体存在，例如表面的几何中心、对称线、对称平面等。

2）工艺基准

工件在工艺过程中所使用的基准称为工艺基准。工艺基准按用途不同又可分为工序基准、定位基准、测量基准和装配基准。

(1)工序基准。在工序图上，用以标注本工序被加工表面加工后的尺寸、形状、位置的基准称为工序基准。其所标注的加工面位置尺寸称为工序尺寸。

图 2.7(a)所示，A 为加工表面，B 面至 A 面的距离 h 为工序尺寸，位置要求为 A 面对 B 的平行度（没有特殊标出时包括在 h 的尺寸公差内）。所以，母线 B 为本工序的工序基准。

有时确定一个表面就需要数个工序基准。如图 2.7(b)所示，ϕE 孔为加工表面，要求其中心线与 A 面垂直，并与 B 面及 C 面保持距离 L_2、L_1，因此表面 A、B、C 均匀本工序的工序基准。

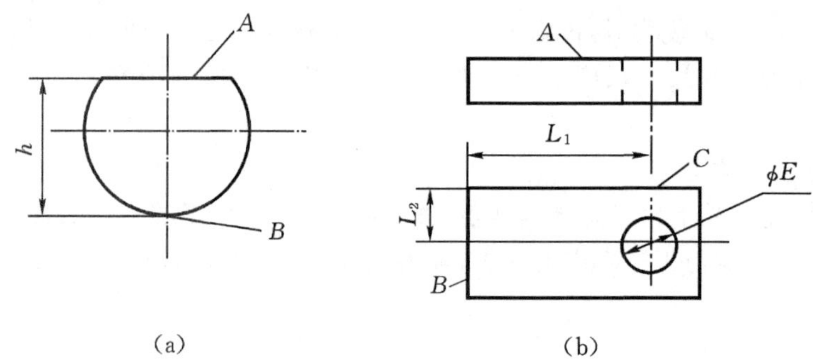

图 2.7　工序基准及工序尺寸

(2)定位基准。加工时，使工件在机床或夹具中占据正确位置所用的基准称为定位基准。例如将图 2.6(a)中零件的内孔套在心轴上加工 ϕ40h6 外圆时，内孔即为定位基准。加工一个表面时，往往需要数个定位基准同时使用。如图 2.7(b)零件，加工 ϕE 孔时，为保证孔对 A 面的垂直度，要用 A 面作定位基准；为保证 L_2、L_1 的距离尺寸，要分别用 B、C 面作定位基准。

定位基准除了是工件的实际表面外，也可以是表面的几何中心、对称线或对称面，但必须由相应的实际表面来体现。如内孔（或外圆）的中心线由内孔表面（外圆表面）来体现，V 形架的对称面用其两斜面来体现。

(3)测量基准。检验零件时，用来测量已加工表面尺寸及位置的基准称为测量基准。例如图 2.7(a)中，检验 h 尺寸时，B 为测量基准；图 2.6(a)中，以内孔套在检验心轴上去检验 ϕ40h6 外圆的径向跳动和端面 B 的端面跳动时，内孔即为测量基准。

(4)装配基准。装配时，用来确定零件或部件在机器中的位置所用的基准称为装配基准。例如图 2.6(a)的钻套，ϕ40h6 外圆及端面 B 为装配基准；图 2.6(b)的支承块，底面 G 为装配基准。

2. 定位基准的选择

定位基准有粗基准与精基准之分。在加工的起始工序中，只能用毛坯上未经加工的表面作定位基准，则该表面称为粗基准。利用已经加工过的表面作定位基准，称为精基准。

1)粗基准的选择

选择粗基准时,主要考虑两个问题:一是合理地分配各加工面的加工余量;二是保证加工面与不加工面之间的相互位置关系。具体选择时参考下列原则:

(1)对于同时具有加工表面与不加工表面的工件,为了保证不加工表面与加工表面之间的位置要求,应选择不加工表面作粗基准,如图 2.8(a)所示。

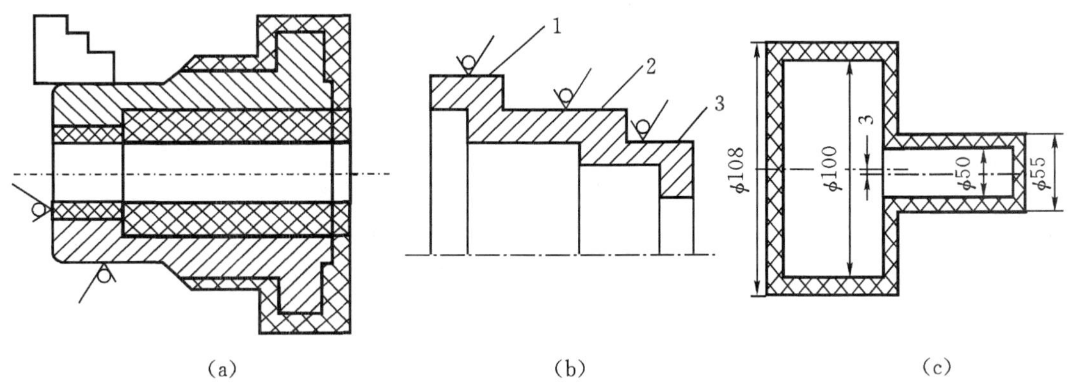

图 2.8　粗基准的选择

如果零件上有多个不加工表面,则应以其中与加工面相互位置要求较高的表面作粗基准,如图 2.8(b)所示。该零件有三个不加工表面,若表面 3 与表面 2 所组成的壁厚均匀度要求较高,则应选择表面 2 作为粗基准来加工台阶孔。

(2)对于具有较多加工表面的工件,选择粗基准时,应考虑合理地分配各表面的加工余量。在加工余量的分配上应该注意下列两点:

①保证各主要加工表面都有足够的余量。为满足这个要求,应选择毛坯余量最小的表面作粗基准,如图 2.8(c)所示,应选择 $\phi55$ 圆柱面作粗基准。

②对于工件上的某些重要表面(如导轨和重要孔等),为了尽可能使其加工余量均匀,则应选择重要表面作粗基准。如图 2.9 所示的车床床身,导轨表面是重要表面,要求耐磨性好,且

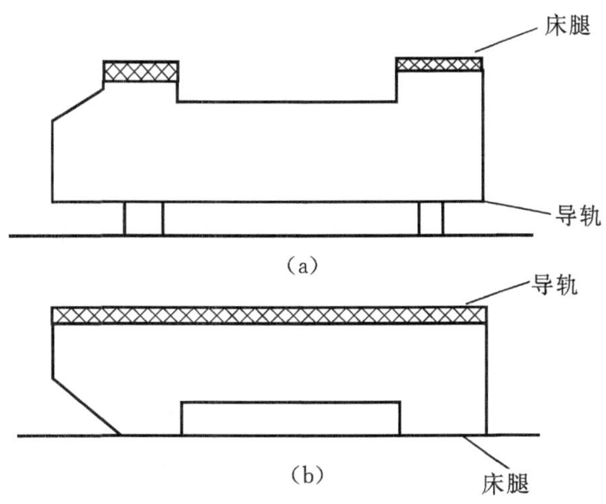

图 2.9　床身加工粗基准选择

在整个导轨表面内具有大体一致的力学性能。因此，加工时应选导轨表面作为粗基准加工床腿底面，如图 2.9(a)所示，然后以床腿底面为基准加工导轨平面，如图 2.9(b)所示。

(3)粗基准应避免重复使用。在同一尺寸方向上，粗基准通常只允许使用一次，以免产生较大的定位误差。

(4)选作粗基准的表面应平整，没有浇口、冒口或飞边等缺陷，以便定位可靠。

2)精基准的选择

精基准的选择应从保证零件加工精度出发，同时考虑装夹方便，夹具结构简单。选择精基准一般应遵循以下原则：

(1)“基准重合”原则。为了较容易地获得加工表面对其设计基准的相对位置精度要求，应选择加工表面的设计基准作为定位基准。这一原则称为“基准重合”原则。如图 2.10 所示，当工件表面间的尺寸按图(a)标注时，表面 B 和表面 C 的加工，根据“基准重合”原则，应选择设计基准 A 为定位基准。加工后，表面 B、C 相对 A 的平行度取决于机床的几何精度；尺寸精度 T_a 和 T_b 则取决于机床—刀具—工件的一系列工艺因素。

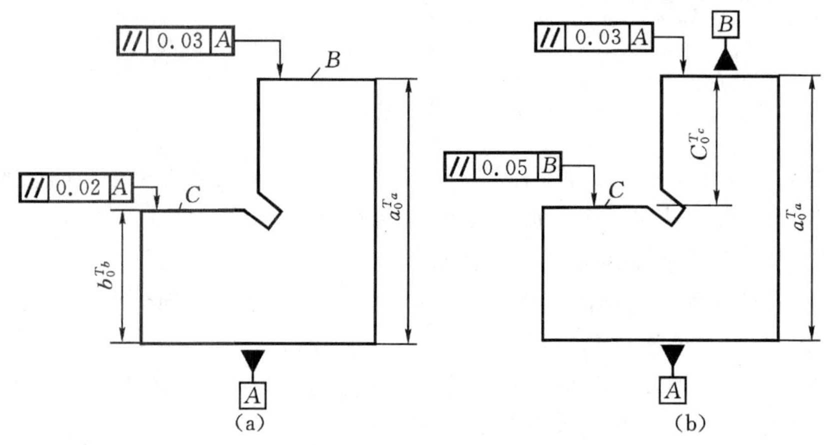

图 2.10 零件的两种尺寸注法

按调整法加工表面 B 和 C 时，虽然刀具相对定位基面 A 的位置是按照工序尺寸 a 和 b 预先调定的，而且在一批零件的加工过程中是保持不变的，但是由于工艺系统中一系列因素的影响，一批零件加工后的尺寸 a 和 b 仍然会产生误差 Δ_a 和 Δ_b，这种误差称为加工误差。在基准重合的情况下，只要这种误差不大于 a 和 b 的尺寸公差，即 $\Delta_a \leqslant T_a$，$\Delta_b \leqslant T_b$，加工的零件就不会报废。

当零件表面间的尺寸标注如图 2.10(b)所示时，如果仍然选择表面 A 为定位基准，并按照调整法分别加工 B 面和 C 面，则对于 B 面来说是符合“基准重合”原则的，对于 C 面来说定位基准与设计基准不重合。

表面 C 的加工情况如图 2.11(a)所示。加工尺寸 c 的误差分布如图 2.11(b)所示。在加工尺寸 c 时，不仅包含本工序的加工误差 Δ，而且还包含尺寸 a 的加工误差，这是由于基准不重合所造成的，这个误差称基准不重合误差(Δ_{ch})，其最大值为定位基准(A 面)与设计基准(B 面)间位置尺寸 a 的公差 T_a。为了保证尺寸 c 的精度要求，上述两个误差之和应小于或等于尺寸 c 的公差：

$$\Delta_c + \Delta_{ch}(T_a) \leqslant T_c$$

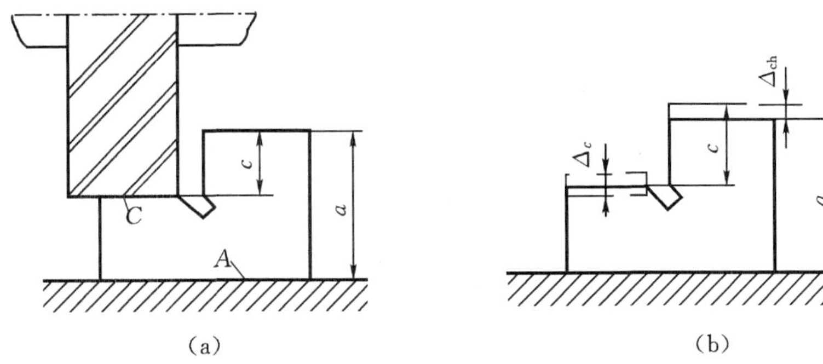

图 2.11　基准不重合误差示例

从上式看出，在 T_c 为一定值时，由于 Δ_{ch} 的出现，势必要减小 Δ_c 值，即需要提高本工序的加工精度。因此，在选择定位基准时，应尽可能遵守“基准重合”原则。应当指出：“基准重合”原则对于保证表面间的相互位置精度（如平行度、垂直度、同轴度等）亦完全适用。

(2)“基准统一”原则。当工件以某一组精基准定位可以比较方便地加工其他各表面时，应尽可能在多数工序中采用此组精基准定位，这就是“基准统一”原则。例如，轴类零件的大多数工序都以顶尖孔为定位基准；齿轮的齿坯和齿形加工多采用齿轮的内孔及基准端面为定位基准。

采用“基准统一”原则可减少工装设计及制造的费用，提高生产率，并且可以避免基准转换所造成的误差。

(3)“自为基准”原则。当精加工或光整加工工序要求余量尽可能小而且均匀时，应选择加工表面本身作为定位基准，这就是“自为基准”原则。例如磨削床身的导轨面时，就是以导轨面本身作定位基准，如图 2.12 所示。此外，用浮动铰刀铰孔，用圆拉刀拉孔，用无心磨床磨外圆表面等，均为以加工表面本身作定位基准的实例。

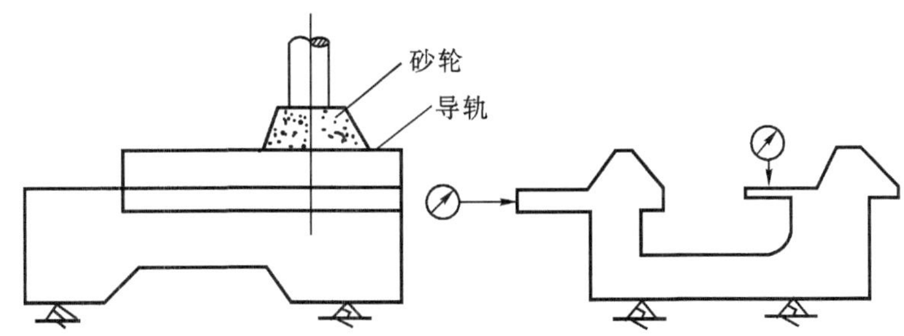

图 2.12　机床导轨面自为基准示例

(4)“互为基准”原则。为了获得均匀的加工余量或较高的位置精度，可采用互为基准、反复加工的原则。例如加工精密齿轮时，先以内孔定位切出齿形面，齿面淬硬后需进行磨齿。因齿面淬硬层较薄，所以要求磨齿余量小而均匀。这时就得先以齿面为基准磨内孔，再以内孔为基准磨齿面，从而保证余量均匀，且孔与齿面又能得到较高的相互位置精度。

(5)保证工件定位准确、夹紧可靠、操作方便的原则。例如图 2.10(b)所示零件，当加工表面 C 时，如果采用“基准重合”原则，则应该选择 B 面为定位基准，工件装夹如图 2.13 所示。

这样不但工件装夹不便，夹具结构也较复杂。但如果采用如图 2.11(a)所示的以 A 面定位，虽然夹具结构简单，装夹方便，但又会产生基准不重合误差 Δ_{ch}。在这种情况下，首先分析 T_c、Δ_c 及 Δ_{ch} 三者的数量关系，然后再决定定位基准的选取。

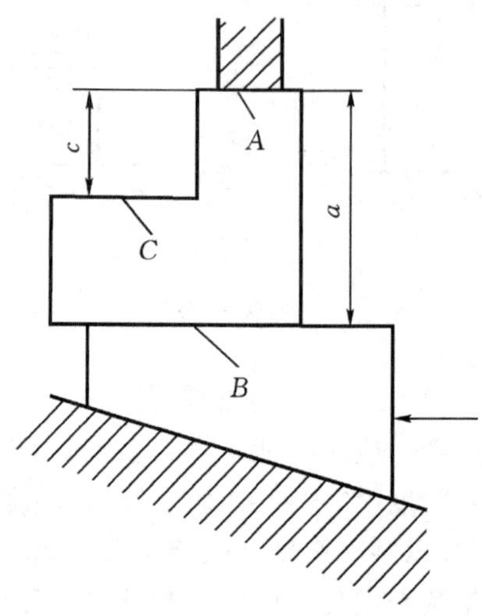

图 2.13　基准重合工件装夹示例

当加工尺寸的公差 T_c 值较大，而表面 B 和 C 的加工误差又比较小时，即 $T_c \geqslant \Delta_c + \Delta_{ch}$ 时，可考虑以下三种方案：

①改变加工方法或采取其他工艺措施，提高 B 和 C 面的加工精度，即减少 Δ_c 与 Δ_{ch}，使 $T_c \geqslant \Delta_c + \Delta_{ch}$。这样仍可选择 A 面为定位基准。

②以表面 B 定位，消除基准不重合误差 Δ_{ch}，这样会使装夹不便和夹具复杂一些，但为了保证加工精度，有时也不得不采用这种方法。

③采用组合铣刀铣削，以 A 面定位，同时加工 B 面和 C 面，如图 2.14 所示。这样可使 B、C 面间的位置精度和尺寸精度都与定位表面无关，两表面的尺寸主要取决于铣刀直径的差值。

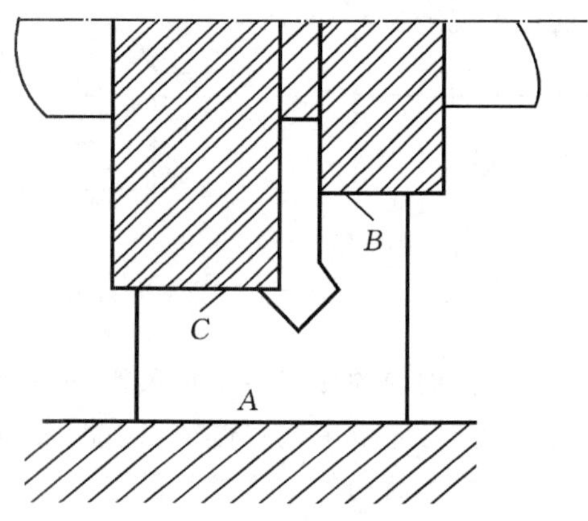

图 2.14　组合铣削加工

应该指出，上述粗、精基准的选择原则中，常常不能全部满足，实际应用时往往会出现相互矛盾的情况，这就要求综合考虑，分清主次，着重解决主要矛盾。

3）辅助基准的应用

工件定位时，为了保证加工表面的位置精度，多优先选择设计基准或装配基准为主要定位基准，这些基准一般为零件上的重要工作表面。但有些零件的加工，为装夹方便或易于实现基准统一，人为地制造一种定位基准，如图 2.4 所示零件上的工艺凸台和轴类零件加工时的中心孔。这些表面不是零件上的工作表面，只是由于工艺需要而作出的，这种基准称为辅助基准或工艺基准。此外，零件上的某些次要表面（非配合表面），因工艺上宜作定位基准而提高它的加工精度和表面质量，这种表面也称为辅助基准。例如丝杠的外圆表面，从螺旋副的传动看它是非配合的次要表面，但在丝杠螺纹的加工中，外圆表面是导向基面，它的圆度和圆柱度直接影响到螺纹的加工精度，所以要提高其加工精度，并降低其表面粗糙度值。

2.5.3　机械加工工艺路线的拟订

机械加工工艺规程的拟订，大体可分为两个部分：拟订零件加工的工艺路线；确定各道工序的工序尺寸及公差、所用设备及工艺装备、切削用量和时间定额等。

工艺路线的拟订是制订工艺规程的关键，其主要任务是选择各个表面的加工方法和加工方案，确定各个表面的加工顺序以及工序集中与分散等。关于工艺路线的拟订，目前还没有一套普遍而完善的方法，而多是采取经过生产实践总结出的一些综合性原则。在应用这些原则时，要结合具体的生产类型及生产条件灵活处理。

1. 加工方法的选择

加工方法选择的原则是保证加工质量和生产率与经济性。为了正确选择加工方法，应了解各种加工方法的特点和掌握加工经济精度及经济粗糙度的概念。

1）经济精度与经济粗糙度

加工过程中，影响精度的因素很多。每种加工方法在不同的工作条件下所能达到的精度是不同的。例如，在一定的设备条件下，操作精细、选择较低的进给量和切削深度，就能获得较高的加工精度和较细的表面粗糙度。但是这必然会使生产率降低，生产成本增加。反之，提高了生产率，虽然成本降低，但会增大加工误差，降低加工精度。

加工经济精度是指在正当的加工条件下（采用符合质量的标准设备、工艺装备和标准技术等级的工人，不延长加工时间）所能保证的加工精度。

经济粗糙度的概念类同于经济精度的概念。

各种加工方法所能达到的经济精度和经济粗糙度等级，以及各种典型的加工方法均已制成表格，在机械加工的各种手册中均能查到。表 2.5～表 2.7 中分别摘录了外圆柱面、内孔和平面等典型表面的加工方法以及所能达到的加工经济精度和经济粗糙度（经济精度以公差等级表示），表 2.8 摘录了用各种加工方法加工轴线平行孔系的位置精度（用距离误差表示），供选用时参考。

表 2.5 外圆柱面加工方法

序号	加工方法	经济精度（公差等级表示）	经济粗糙度值 $R_a/\mu m$	适用范围
1	粗车	IT11～13	12.5～50	适用于淬火钢以外的各种金属
2	粗车—半精车	IT8～10	3.2～6.3	
3	粗车—半精车—精车	IT7～8	0.8～1.6	
4	粗车—半精车—精车—精车—滚压(或抛光)	IT7～8	0.025～0.2	
5	粗车—半精车—磨削	IT7～8	0.4～0.8	主要用于淬火钢，也可用于未淬火钢，但不宜加工有色金属
6	粗车—半精车—粗磨—精磨	IT6～7	0.1～0.4	
7	粗车—半精车—粗磨—精磨—超精加工（或轮式超精磨）	IT5	0.012～0.1（或 R_z0.1）	
8	粗车—半精车—精车—精细车(金钢车)	IT6～7	0.025～0.4	主要用于要求较高的有色金属加工
9	粗车—半精车—粗磨—精磨—超精磨(或镜面磨)	IT5 以上	0.006～0.025（或 R_z0.05）	极高精度的外圆加工
10	粗车—半精车—粗磨—精磨—研磨	IT5 以上	0.006～0.1	

表 2.6 孔加工方法

序号	加工方法	经济精度（公差等级表示）	经济粗糙度值 $R_a/\mu m$	适用范围
1	钻	IT11～13	12.5	加工未淬火钢及铸铁的实心毛坯，也可用于加工有色金属。孔径小于 15～20 mm
2	钻—铰	IT8～10	1.6～6.3	
3	钻—粗铰—精铰	IT7～8	0.8～1.6	
4	钻—扩	IT10～11	6.3～12.5	加工未淬火钢及铸铁的实心毛坯，也可用于加工有色金属。孔径大于 15～20 mm
5	钻—扩—铰	IT8～9	1.6～3.2	
6	钻—扩—粗铰—精铰	IT7	0.8～1.6	
7	钻—扩—机铰—手铰	IT6～7	0.2～0.4	
8	钻—扩—拉	IT7～9	0.1～1.6	大批大量生产（精度由拉刀的精度而定）
9	粗镗(或扩孔)	IT11～13	6.3～12.5	除淬火钢外各种材料，毛坯有铸出孔或锻出孔
10	粗镗(粗扩)—半镗(精扩)	IT9～10	1.6～3.2	
11	粗镗—半精镗—精镗(铰)	IT7～8	0.8～1.6	
12	粗镗—半精镗—精镗—浮动镗刀精镗	IT6～7	0.4～0.8	

序号	加工方法	经济精度（公差等级表示）	经济粗糙度值 $R_a/\mu m$	适用范围
13	粗镗(扩)—半精镗—磨孔	IT7～8	0.2～0.8	主要用于淬火钢，也可用于未淬火钢，但不宜用于有色金属
14	粗镗(扩)—半精镗—粗磨—精磨	IT6～7	0.1～0.2	
15	粗镗—半精镗—精镗—精细镗(金钢镗)	IT6～7	0.05～0.4	主要用于精度要求高的有色金属加工
16	钻—(扩)—粗铰—精铰—珩磨；钻—(扩)—拉—珩磨；粗镗—半精镗—精镗—珩磨	IT6～7	0.025～0.2	精度要求很高的孔
17	以研磨代替上述方法中的珩磨	IT5～6	0.006～0.1	

表 2.7　平面加工方法

序号	加工方法	经济精度（公差等级表示）	经济粗糙度值 $R_a/\mu m$	适用范围
1	粗车	IT11～13	12.5～50	端面
2	粗车—半精车	IT8～10	3.2～6.3	
3	粗车—半精车—精车	IT7～8	0.8～1.6	
4	粗车—半精车—磨削	IT6～8	0.2～0.8	
5	粗刨(或粗铣)	IT11～13	6.3～25	一般不淬硬平面(端铣表面粗 R_a 值较小
6	粗刨(或粗铣)—精刨(或精铣)	IT6～7	1.6～6.3	
7	粗刨(或粗铣)—精刨(或精铣)—刮研	IT8～10	1.6～25	精度要求较高，不淬硬平面，批量较大时宜采用宽刃精刨方案
8	以宽刀精刨代替上述刮研	IT6～7	0.1～0.8	
9	粗刨(或粗铣)—精刨(或精铣)—磨削	IT7	0.2～0.8	精度要求高的淬硬平面或不淬硬平面
10	粗刨(或粗铣)—精刨(或精铣)—粗磨—精磨	IT6～7	0.025～0.4	
11	粗铣—拉	IT7～9	0.2～0.8	大量生产，较小的平面(精度视拉力精度而定)
12	粗铣—精铣—磨削—研磨	IT5 以上	0.006～0.1(或 R_z0.05)	高精度平面

表 2.8　轴线平行的孔的位置精度(经济精度)　mm

加工方法	工具的定位	两孔轴线间的距离误差或从孔轴线到平面的距离误差	加工方法	工具的定位	两孔轴线间的距离误差或从孔轴线到平面的距离误差
立钻或摇臂钻上钻孔	用钻模	0.1～0.2	卧式镗床上镗孔	用镗模	0.05～0.08
	按划线	1.0～3.0		按定位样板	0.08～0.2
	用镗模	0.05～0.03		按定位器的批示读数	0.04～0.06
车床上镗孔	按划线	1.0～2.0		用块规	0.05～0.1
	用带有滑座的角尺	0.1～0.3		用内径规或用塞尺	0.05～0.25
坐标镗床上镗孔	用光学仪器	0.004～0.015	卧式镗床上镗孔	用程序控制的坐标装置	0.04～0.05
金刚镗床上镗孔		0.008～0.02		用游标尺	0.2～0.4
多轴组合机床上镗孔	用镗模	0.03～0.05		按划线	0.4～0.6

必须指出，经济精度的数值不是一成不变的。随着科学技术的发展，工艺技术的改进，加工经济精度会逐步提高。

2)选择加工方法时考虑的因素

选择加工方法，一般是根据经验或查表来确定，再根据实际情况或工艺试验进行修改。从表 2.5～表 2.7 中的数据可知，满足同样精度要求的加工方法有若干种，所以选择时还要考虑下列因素：

(1)选择相应能获得经济精度的加工方法。例如，加工精度为 IT7，表面粗糙度为 $R_a0.4\mu$m的外圆柱表面，通过精心车削是可以达到要求的，但不如磨削经济。

(2)工件材料的性质。例如，淬火钢的精加工要用磨削，有色金属圆柱表面的精加工为避免磨削时堵塞砂轮，则要用高速精细车或精细镗(金刚镗)。

(3)工件的结构形状和尺寸大小。例如对于加工精度要求为 IT7 的孔，采用镗削、铰削、拉削和磨削均可达到要求，但箱体上的孔，一般不宜选用拉孔或磨孔，而宜选择镗孔(大孔)或铰孔(小孔)。

(4)结合生产类型考虑生产率与经济性。大批量生产时，应采用高效率的先进工艺。例如，用拉削方法加工孔和平面，同时加工几个表面的组合铣削和磨削等。单件小批生产时，宜采用刨削、铣削平面和钻、扩、铰孔等加工方法，避免盲目地采用高效加工方法和专用设备造成经济损失。

(5)现有生产条件。应该充分利用现有设备，选择加工方法时要注意合理安排设备负荷。同时要充分挖掘企业潜力，发挥工人的创造性。

2. 加工顺序的确定

复杂工件的机械加工工艺路线中，要经过切削加工、热处理和辅助工序。因此，在拟订工艺路线时，必须全面地把切削加工、热处理和辅助工序一起考虑，合理安排。为确定各表面的加工顺序和工序数目，生产中已总结出一些指导性原则及具体安排中应注意的问题。现分述如下。

1)机械加工工序的安排原则

(1)划分加工阶段。工件的加工质量要求较高时，都应划分加工阶段，一般可分为粗加工、半精加工和精加工三个阶段。如果加工精度和表面粗糙度要求特别高，还可增设光整加工和超精密加工阶段。各加工阶段的主要任务如下：

①粗加工阶段是从毛坯上切除大部分加工余量，只能达到较低的加工精度和表面质量。

②半精加工阶段是介于粗加工和精加工的切削加工过程，它能完成一些次要表面的加工，并为主要表面的精加工作好准备(如精加工前必要的精度、表面粗糙度和合适的加工余量等)。

③精加工阶段是使各主要表面达到规定的质量要求。

④光整加工和超精密加工是对要求特别高的零件增设的加工方法，主要目的是达到所要求的表面质量和加工精度。

工艺过程中划分加工阶段的原因是：

①保证加工质量。工件在粗加工时加工余量较大，产生较大的切削力和切削热，同时也需要较大的夹紧力。在这些力和热的作用下，工件会产生较大的变形，而且经过粗加工后工件的内应力要重新分布，也会使工件发生变形。如果不分阶段而连续进行加工，就无法避免和修正上述原因所引起的加工误差。加工阶段划分后，粗加工造成的误差通过半精加工和精加工可以得到修正，并逐步提高了零件的加工精度和表面质量，保证了零件的加工要求。

②合理使用设备。粗加工要求功率大、刚性好、生产率高而精度要求不高的设备，精加工则要求精度较高的设备。划分加工阶段后就可以充分发挥粗精加工设备的特点，避免以粗干精，做到合理使用设备。

③便于安排热处理工序，使冷热加工配合得更好。例如，对于一些精密零件，粗加工后安排去除应力的时效处理，可以减少内应力变形对加工精度的影响；对于要求淬火的零件，在粗加工或半精加工后安排热处理，可便于前面工序的加工和在精加工中修正淬火变形，达到工件的加工精度要求。

④便于及时发现毛坯的缺陷。毛坯的各种缺陷，如气孔、砂眼、夹渣及加工余量不足等，在粗加工后即可发现，便于及时修补或决定报废，以免继续加工后造成工时和费用的浪费。

在拟订零件的工艺路线时，一般应遵循划分加工阶段这一原则，但具体应用时要灵活处理。例如，对一些精化毛坯，加工精度要求较低而刚性又好的零件，可不必划分加工阶段。又如对一些刚性好的重型零件，由于装夹吊运很费工时，往往不划分加工阶段而在一次安装中完成粗精加工。

应当指出，划分阶段是针对零件加工的整个过程来说的，不能从某一表面的加工或某一工序的性质来判断。例如，有些定位基准面，在半精加工甚至在粗加工阶段中就要完成而不能放在精加工阶段。

(2)先加工基准面。选为精基准的表面，应安排在起始工序先进行加工，以便尽快为后续工序提供精基准。

(3)先面后孔。对于箱体、支架和连杆等零件，应先加工平面后加工孔。这是因为平面的轮廓平整，安放和定位比较稳定可靠。若先加工好平面，就能以平面定位加工孔，便于保证平面与孔的位置精度。另外，由于平面先加工好，对于平面上的孔加工也带来方便，使刀具的初始工作条件能得到改善。

(4)次要表面穿插在各加工阶段进行。次要表面一般加工量都较少,加工比较方便,把次要表面穿插在各加工阶段中进行加工,既能使加工阶段更加明显和顺利进行,又能增加加工阶段间的时间间隔,使工件有足够时间让残余应力重新分布并使其引起的变形充分表现,以便在后续工序中修正。

2)工序集中与分散

在拟订零件加工的工艺路线时,确定工序集中或分散是很重要的。

工序集中就是将工件的加工集中在少数几道工序内完成,每道工序加工内容较多。工序分散就是将工件的加工分散在较多的工序中进行,每道工序的内容很少,最少时每道工序仅包含一简单工步。

工序集中可采用多刀多刃、多轴机床、自动机床、数控机床和加工中心等技术措施,也可采用普通机床进行顺序加工。

工序集中具有如下特点:

(1)在一次安装中可以完成零件多个表面的加工,可较好地保证这些表面的相互位置精度,同时也减少了工件的装夹次数和辅助时间,并减少了工件在机床间的搬运工作量,有利于缩短生产周期。

(2)采用高效专用设备及工艺装备,生产率高。

(3)减少机床数量,并相应地减少操作工人,节省车间面积,简化生产计划和生产组织工作。

(4)因为采用专用设备和工艺装备,使投资增大,调整和维修复杂,生产准备工作量大,产品转换费时。

工序分散具有以下特点:

(1)机床设备及工艺装备简单,调整和维修方便,工人掌握容易,生产准备工作量少,又易平衡工序时间,易于产品更换。

(2)采用最合理的切削用量,减少基本时间。

(3)设备数量多,操作工人多,占用生产面积大。

工序集中与工序分散各有利弊,应根据生产类型、现有生产条件、企业能力、工件结构特点和技术要求等进行综合分析,择优选用。

单件小批生产采用万能机床顺序加工,使工序集中,可以简化生产计划和组织工作。

对于重型工件,为了减少工件装卸和运输的劳动量,工序应适当集中,但对一些结构较简单的产品(如轴承)和刚性差、精度高的精密工件,工序应适当分散。

目前的发展趋势是倾向于工序集中。

3)工序顺序的安排

(1)机械加工工序的安排。根据零件的功用和技术要求,先将零件的主要表面和次要表面分开,然后着重考虑主要表面的加工顺序。安排的一般顺序是:加工精基准面→粗加工主要表面→半精加工主要表面→精加工主要表面→光整加工、超精密加工主要表面。次要表面的加工穿插在各阶段之间进行。

由于次要表面精度要求不高,因此一般在粗、半精加工阶段即可完成,但对于那些同主要表面有密切关系的表面,如主要孔周围的紧固螺孔等,通常置于主要表面精加工之后完成,以便保证它们的位置精度。

(2)热处理工序的安排。热处理的目的是提高材料的力学性能,消除残余应力和改善金属的加工性能。

常用的热处理工艺有:退火、正火、调质、时效、淬火、回火、渗碳和渗氮等。按照热处理的目的不同,上述热处理工艺可分为两类:预备热处理和最终热处理。

①预备热处理。预备热处理的目的是改善加工性能、消除内应力和为最终热处理准备良好的金相组织。其处理工艺有退火、正火、时效、调质等。

a.退火和正火。退火和正火用于经过热加工的毛坯。含碳量大于 0.5%的碳钢和合金钢,为降低金属的硬度使其易于切削,常采用退火处理;含碳量低于 0.5%的碳钢或合金钢,为避免硬度过低切削时粘刀而采用正火处理。退火和正火尚能细化晶粒,均匀组织,为以后的热处理作好准备。退火和正火常安排在毛坯制造之后、粗加工之前进行。

b.时效处理。时效处理主要用于消除毛坯制造和机械加工过程中所产生的内应力,最好安排在粗加工之后、半精加工之前进行。为了避免过多的运输工作量,对于精度要求不太高的零件,一般在粗加工之前安排一次时效处理即可。对于高精度的复杂铸件(如坐标镗床的箱体等),应安排两次时效工序,即:铸造→粗加工→时效→半精加工→时效→精加工。简单铸件一般可不进行时效处理。

除铸件外,对于一些刚性差的精密零件(如精密丝杠),为消除加工中产生的内应力,稳定零件的加工精度,常在粗加工、半精加工、精加工之间安排多次时效处理。有些轴类零件加工在校直工序后也要求安排时效处理。

c.调质。调质即在淬火后进行高温回火处理。它能获得均匀细致的索氏体组织,为以后的表面淬火和渗氮处理作好组织准备,因此调质可以作为预备热处理。

由于调质后零件的综合力学性能较好,对某些硬度和耐磨性要求不高的零件,也可以作为最终热处理工序。

调质处理常安排在粗加工之后、半精加工之前进行。

②最终热处理。最终热处理的目的是提高零件材料的硬度、耐磨性和强度等力学性能。处理工艺包括淬火、渗碳淬火、渗氮等。

a.淬火。淬火分为整体淬火和表面淬火两种。其中表面淬火因为变形、氧化及脱碳较小而应用较多。表面淬火还具有外部硬度高、耐磨性好而内部保持良好的韧性、抗冲击能力强等优点。为提高表面淬火零件心部的力学性能和获得细马氏体的表层组织,常需预先进行调质及正火处理。其一般工艺路线为:下料→锻造→正火(退火)→粗加工→调质→半精加工→表面淬火→精加工。

b.渗碳淬火。渗碳淬火适用于碳钢和低合金钢,其目的是先使零件表层含碳量增加,经淬火后使表层获得高的硬度和耐磨性,而心部仍然保持较高的韧性和塑性。渗碳处理分局部渗碳和整体渗碳两种。局部渗碳时对不渗碳部分要采取防渗措施(镀铜或涂防渗材料)。由于渗碳淬火变形大,且渗碳层较深,故一般工艺路线为:下料→锻造→正火→粗、半精加工→渗碳淬火→精加工。当局部渗碳零件的不渗碳部分采用加大加工余量(渗后切除)时,切除工序应安排在渗碳后淬火前。

c.渗氮。渗氮是使氮原子渗入金属表面而获得一层含氮化合物的处理方法。渗氮层可以提高零件表面的硬度、耐磨性、疲劳强度和抗蚀性。由于渗氮处理温度较低,变形小,且渗氮层较薄(一般不超过0.6～0.7 mm),渗氮工序应尽量靠后安排。为了减少渗氮时的变形,在切削加工后一般需要进行消除应力的高温回火。

(3)辅助工序的安排。辅助工序一般包括去毛刺、倒棱、清洗、防锈、退磁、检验等。其中检验工序是主要的辅助工序,它对产品的质量有极重要的作用。检验工序一般安排在如下工序段:

①关键工序或工时较长的工序前后。

②零件转换车间前后,特别是进行热处理工序的前后。

③各加工阶段前后。在粗加工后精加工前,精加工后精密加工前。

④零件全部加工完毕后。

2.5.4 加工余量的确定

1.加工余量的概念

由于毛坯不能达到零件所要求的精度和表面粗糙度,因此要留有加工余量,以便经过机械加工来达到这些要求。

加工余量是指加工过程中从加工表面切除的金属层厚度。

1)总加工余量和工序加工余量

为了得到零件上某一表面所要求的精度和表面质量,从毛坯表面上切除的多余金属层,称为该表面的总加工余量。

为完成一个工序而从某一表面上切除的金属层,称为工序加工余量。

总加工余量与工序加工余量的关系为

$$Z_{总} = \sum_{i=1}^{n} Z_i \qquad (2-1)$$

式中,$Z_{总}$ 是总加工余量;Z_i 是第 i 道工序的加工余量;n 是工序数目。

2)公称加工余量、最大加工余量和最小加工余量

在制订工艺规程时,应根据各工序的性质来确定工序的加工余量,进而求出各工序的尺寸。由于在加工过程中各工序尺寸都有公差,所以实际切除的余量也是变化的。因此,加工余量又可分为公称加工余量、最大加工余量和最小加工余量。

通常所说的加工余量是指公称加工余量,其值等于前后工序的基本尺寸之差,即

$$Z_b = |a - b| \qquad (2-2)$$

式中,Z_b 是本工序的加工余量;a 是前工序的工序尺寸;b 是本工序的工序尺寸。

加工余量有双边余量和单边余量之分,平面的加工余量是单边余量,它等于实际切削的金属层厚度。对于外圆和孔等回转表面,加工余量指双边余量,即以直径方向计算,实际切削的金属为加工余量数值的一半。

对于外表面的单边余量:$Z_b = a - b$(见图2.15(a))

对于内表面的单边余量:$Z_b = b - a$(见图2.15(b))

对于轴:$2Z_b = d_a - d_b$(见图2.15(c))

对于孔:$2Z_b = d_b - d_a$(见图2.15(d))

对于外表面,最大加工余量是前工序最大工序尺寸和本工序最小工序尺寸之差;最小加工余量是前工序最小工序尺寸与本工序最大工序尺寸之差。工序加工余量的变动范围(即加工余量公差)等于前工序与本工序两道工序尺寸公差之和,如图2.16所示。

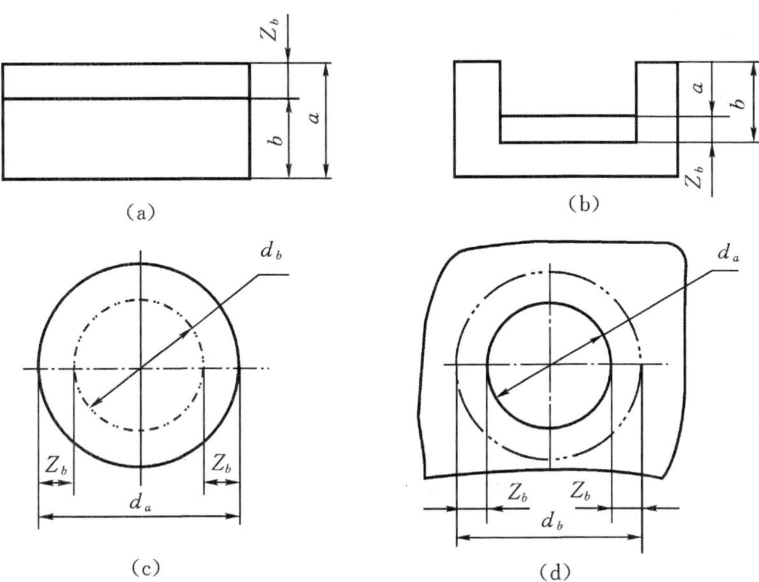

图 2.15　加工余量

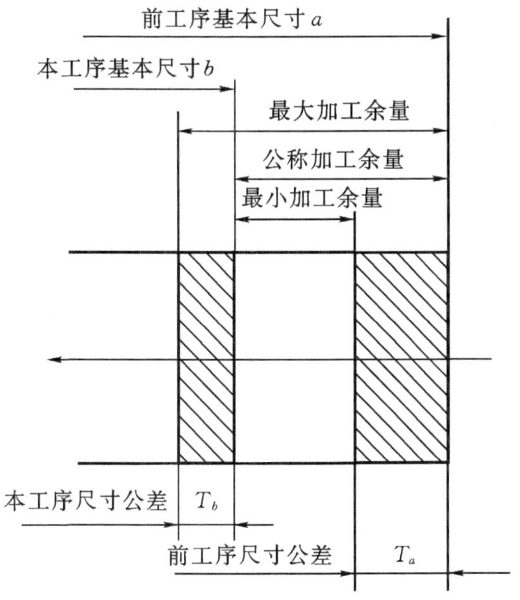

图 2.16　加工余量及其公差

对于最大余量和最小余量的计算，因加工内、外表面的不同而计算方法也不同。

对于外表面：

$$Z_{b\max} = a_{\max} - b_{\min} \tag{2-3}$$

$$Z_{b\min} = a_{\min} - b_{\max} \tag{2-4}$$

$$T_{zb} = Z_{b\max} - Z_{a\min} = T_b + T_a \tag{2-5}$$

式中，$Z_{b\max}$、$Z_{b\min}$ 分别是本工序最大和最小加工余量；$Z_{a\max}$、$Z_{a\min}$ 分别是前工序最大和最小加工余量；$b_{\max}$、$b_{\min}$ 分别是本工序最大和最小尺寸；$a_{\max}$、$a_{\min}$ 分别是前工序最大和最小尺寸；T_{zb} 是本工序加工余量公差；T_b 是本工序加工尺寸公差；T_a 是前工序工序尺寸公差。

加工余量的公差带，一般分布在零件加工表面的"入体方向"。毛坯尺寸的公差，一般采用双向标注，如图 2.17 所示。

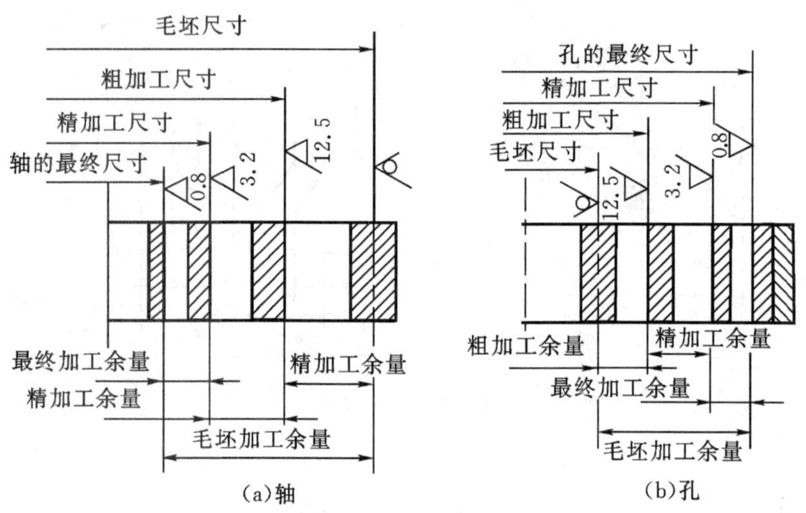

图 2.17　加工余量和加工尺寸分布图

2. 影响加工余量的因素

加工余量的大小对零件的加工质量和生产率均有较大的影响。加工余量过大，不仅增加了机械加工的劳动量，降低了生产率，而且增加了材料、工具、电力的消耗，提高了加工成本。但是，加工余量过小，又不能保证消除前工序的各种误差和表面缺陷，甚至产生废品。因此，应该合理地确定加工余量。

为了使工件的加工质量逐步得到提高，各工序所留的最小加工余量，应该保证前工序所产生的形位误差和表面层缺陷被相邻后续工序切除，这是确定工序最小余量的基本要求。

影响加工余量的因素可归纳为以下几项：

(1)前工序的表面质量 H_a 与 R_a；

(2)前工序的工序尺寸公差 T_a；

(3)前工序的位置误差 p_a；

(4)本工序的装夹误差 ε_b。

工序加工余量的组成可用下式表示：

对于对称面加工：$2Z_b \geqslant T_a + 2(H_a + R_a) + \alpha|p_a + \varepsilon_b|$

对于非对称面加工：$Z_b \geqslant T_a + (H_a + R_a) + |p_a + \varepsilon_b|$

对不同零件和不同的工序，上述误差的数值与表现形式也各有不同，在决定工序加工余量时应区别对待。例如，细长轴件加工时容易变形，母线直线误差已超出直径尺寸公差的范围，工序加工余量应适当地放大。对采用浮动铰刀等工具以加工表面本身定位进行加工的工序，则可不考虑安装误差 ε_b 的影响，因而工序加工余量可适当减少。

此外，对于需要进行热处理的零件，还需了解热处理后工件变形的规律。否则，往往会因为变形过大或加工余量不足，而造成工件的成批报废。

3. 确定加工余量的方法

确定加工余量一般有如下三种方法：

(1)分析计算法。此法是以一定的试验资料和计算公式，对影响加工余量的各项因素进行分析和综合计算来确定加工余量的。用这种方法确定加工余量经济合理，但需要积累较全面的试验资料，且计算过程也比较复杂，故目前较少使用。

(2)查表修正法。此法是以生产实践和各种试验研究积累的有关加工余量的资料数据为基础，并结合实际的加工情况来确定加工余量的，应用比较广泛。在查表时应注意表中的数据是公称值。对称表面(轴和孔)是加工余量的双边值，非对称表面的加工余量是单边值。

(3)经验估算法。此法是根据工艺人员的实践经验来确定加工余量的。这种方法不太准确，并且为了避免加工余量不够而产生废品，所以估计的加工余量一般偏大，常用于单件小批生产。

2.5.5　工序尺寸的计算

零件图上要求的设计尺寸和公差，是经过多道工序加工后达到的。工序尺寸是零件加工过程中各个工序应达到的尺寸。每个工序的加工尺寸是不同的，它们是逐步向设计尺寸靠近的。在工艺规程中需要标注出这些工序尺寸，作为加工或检验的依据。

1. 基准重合时工序尺寸及公差的确定

属于这种情况的有内、外圆柱表面和某些平面的加工，其定位基准与设计基准(工序基准)重合，同一表面需经过多道工序加工才能达到图样的要求。这时，各工序的加工尺寸取决于各工序的加工余量；其公差则由该工序所采用加工方法的经济精度决定。

计算顺序是由后往前逐个工序推算，即由零件图的设计尺寸开始，一直推算到毛坯图的尺寸。

例如，某法兰盘零件上有一个孔，孔径为 $\phi 60^{+0.03}_{0}$，表面粗糙度值为 $R_a 0.8\mu m$，如图 2.18 所示，毛坯是铸钢件，需淬火处理，其工艺路线见表 2.9 第 1 列。

解题步骤：

(1)确定各工序的加工余量。根据各工序的加工性质，查表得它们的加工余量(见表 2.9 中的第 2 列)。

(2)根据查得的余量计算各工序尺寸。其顺序是由最后一道往前推算，图样上规定的尺寸，就是最后的磨孔工序尺寸(计算结果见表 2.9 中的第 3 列)。

(3)确定各工序的尺寸公差及表面粗糙度。最后磨孔工序的尺寸公差和粗糙度就是图样上所规定的孔径公差和粗糙度值。各中间工序的公差及粗糙度是根据其对应工序的加工性质，查有关经济加工精度的表格得到(查得结果见表 2.9 第 4 列)。

(4)确定各工序的上、下偏差 查得各工序公差之后，按“入体原则”确定各工序尺寸的上、下偏差。对于孔，基本尺寸值为公差带的下限，上偏差取正值(对于轴，基本尺寸为公差带的上限，下偏差取负值)；对于毛坯尺寸的偏差应取双向值(孔与轴相同)，得出的结果见表 2.9 第 5 列。

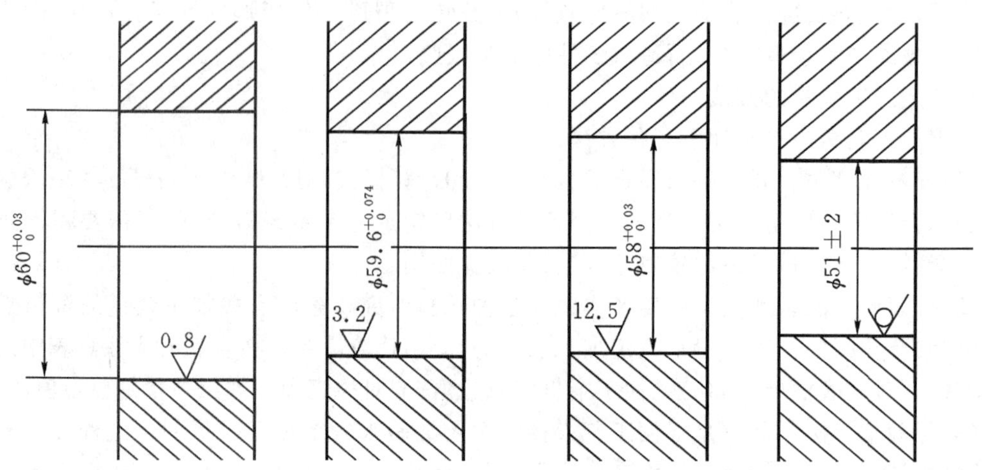

图 2.18 内孔工序尺寸计算

表 2.9 工序尺寸及其公差的计算

1	2	3	4	5
工序名称	工序余量	工序所能达到的精度等级	工序尺寸（最小工序尺寸）	工序尺寸及其上、下偏差
磨孔	0.4	H7	60	$60^{+0.03}_{0}$
半精镗孔	1.6	H9	59.6	$59.6^{+0.074}_{0}$
粗镗孔	7	H12	58	$58^{+0.30}_{0}$
毛坯孔		±2	51	51±2

以上是基准重合时工序尺寸及其公差的确定方法。当基准不重合时，就必须应用尺寸链的原理进行分析计算。

2. 工艺尺寸链

1）工艺尺寸链的概念

（1）尺寸链的定义。在机器装配或零件加工过程中，由相互连接的尺寸形成封闭尺寸，称为尺寸链。如图 2.19 所示，用零件的表面 1 定位加工表面 3，保证尺寸 A_0，于是 $A_1 \rightarrow A_2 \rightarrow A_0$

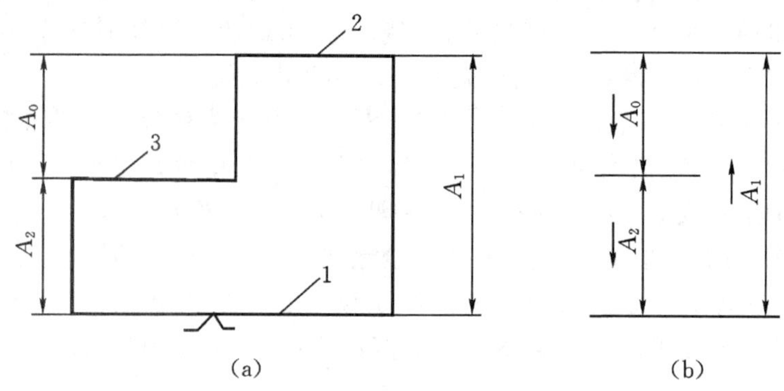

图 2.19 加工尺寸链示例

连接成了一个封闭的尺寸组，如图 2.19(b)所示，形成尺寸链。

在机械加工过程中，同一个工件的各有关工艺尺寸所组成的尺寸链，称为工艺尺寸链。

(2)工艺尺寸链的特征。

①尺寸链由一个自然形成的尺寸与若干个直接获得的尺寸所组成。

如图 2.19 所示，尺寸 A_1、A_2 是直接获得的，A_0 是自然形成的。其中，自然形成的尺寸大小和精度受直接获得的尺寸大小和精度的影响，并且，自然形成的尺寸精度必然低于任何一个直接获得的尺寸精度。

②尺寸链必然是封闭的且各尺寸按一定的顺序首尾相接。

(3)工艺尺寸链的组成。组成尺寸链的各个尺寸称为尺寸链的环。如图 2.19 所示的 A_1、A_2、A_0 都是尺寸链的环，它们可分为：

①封闭环。加工(或测量)过程中最后自然形成的环称为封闭环，如图 2.19 所示的 A_0。每个尺寸链只有一个封闭环。

②组成环。加工(或测量)过程中直接获得的环称为组成环。尺寸链中，除封闭环外的其他环都是组成环。按其对封闭环的影响又可分为：增环——尺寸链中由于该类组成环的变动而引起封闭环的同向变动，则该类组成环称为增环，如图 2.19 所示的 A_1，用 $\vec{A}$ 表示；减环——尺寸链中由于该类组成环的变动而引起封闭环的反向变动，则该类组成环称为减环，如图 2.19 所示的 A_2，用 $\overleftarrow{A}$ 表示。

(4)增、减环的判定方法。为了正确地判定增环与减环，可在尺寸链图上，先给封闭环任意定出方向并画出箭头，然后沿此方向环绕尺寸链回路，顺次给每一个组成环画出箭头。此时，凡箭头方向与封闭环相反的组成环为增环，相同的则为减环，如图 2.20 所示。

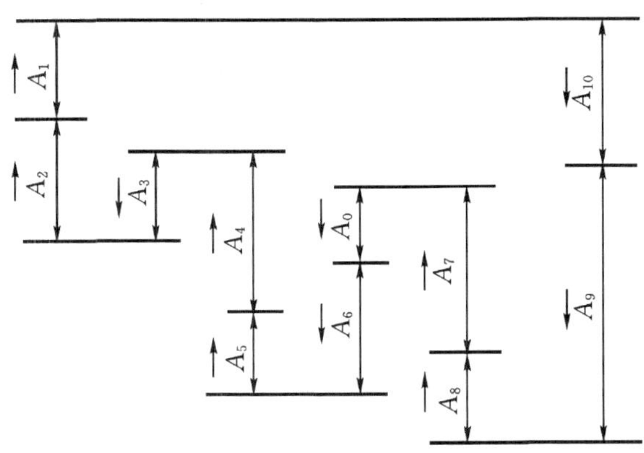

图 2.20　增、减环的简易判别图

2)工艺尺寸链的建立

工艺尺寸链的计算并不复杂，但在工艺尺寸链的建立中，封闭环的判定和组成环的查找应引起初学者的足够重视。因为封闭环判定错了，整个尺寸链的计算将得出错误的结果；组成环查找不对，将得不到最少链环的尺寸链，计算出来的结果也是错误的。下面分别予以讨论。

(1)封闭环的判定。在工艺尺寸链中，封闭环是加工过程中自然形成的尺寸，如图 2.19 中的 A_0。但是，在同一零件加工的工艺尺寸链中，封闭环是随着零件加工方案的变化而变化的。仍以图 2.19 为例，若以 1 面定位加工 2 面得尺寸 A_1，然后以 2 面定位加工 3 面，则 A_0 为直接获得的尺寸。而 A_2 为自然形成的尺寸，即为封闭环。又如图 2.21 所示零件，当以表面 3 定位加工表面 1 而获得尺寸 A_1，然后以表面 1 为测量基准加工表面 2 而直接获得尺寸 A_2，则自然形成的尺寸 A_0 即为封闭环。但是，如果以加工过的表面 1 作测量基准加工表面 2，直接获得尺寸 A_2，再以 2 面为定位基准加工 3 面，直接获得尺寸 A_0，此时，尺寸 A_1 便为自然形成的封闭环。

所以，封闭环的判定必须根据零件的加工具体方案，紧紧抓住“自然形成”这一要领。

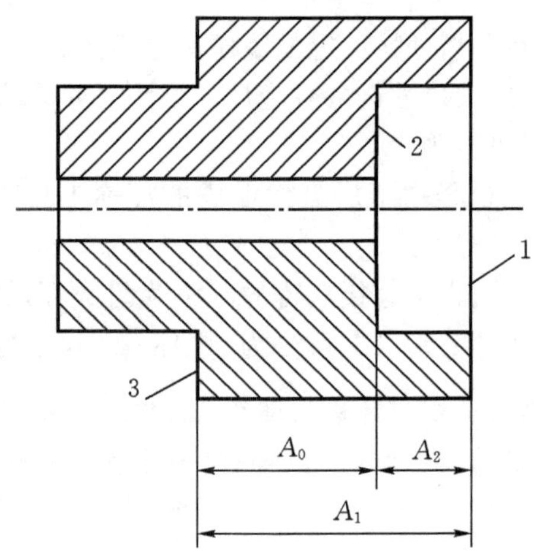

图 2.21　封闭环的判别示例

(2)组成环的查找。组成环的查找方法是：从构成封闭环的两表面开始，同步地按照工艺过程的顺序，分别向前查找该表面最近一次加工的加工尺寸，直到两条路线的工序基准重合(即两者的工序基准为同一表面)，则上述尺寸系统形成的封闭轮廓便构成了工艺尺寸链。

查找组成环必须掌握的基本特点为：组成环是加工过程中“直接获得”的，而且对封闭环有影响。

下面以图 2.22 为例，说明尺寸链建立的具体过程。

图 2.22(a)为一套类零件，为便于讨论问题，图中只标注出轴向设计尺寸，轴向尺寸的加工顺序排如下：

①以大端面 A 定位，车端面 D 获得尺寸 A_1；并车小外圆至 B 面，保证长度 $40_{-0.2}^{\ 0}$ mm，如图 2.22(b)所示；

②以端面 D 定位，精车大端面 A 获得尺寸 A_2，并在镗大孔时车端面 C，获得孔深尺寸 A_3，如图 2.22(c)所示；

③以端面 D 定位，磨大端面 A 保证全长尺寸 $50_{-0.5}^{\ 0}$ mm，同时保证孔深尺寸为 $36_{\ 0}^{+0.5}$ mm，如图 2.22(d)所示。

由以上工艺过程可知，孔深设计尺寸 $36_{\ 0}^{+0.5}$ mm 是自然形成的，应为封闭环。从构成封闭环的两个界面 A 和 C 面开始查找组成环，A 面的最近一次加工是磨削，工序基准是 D 面，直接获得的尺寸是 $50_{-0.5}^{\ 0}$ mm；C 面最近一次加工是镗孔时的车削，测量基准是 A 面，直接获得的尺寸为 A_3。显然上述两尺寸的变化都会引起封闭环的变化，是欲查找的组成环。但此两环的工序基准各为 D 面与 A 面，不重合，为此要进一步查找最近一次加工 D 面与 A 面的加工尺

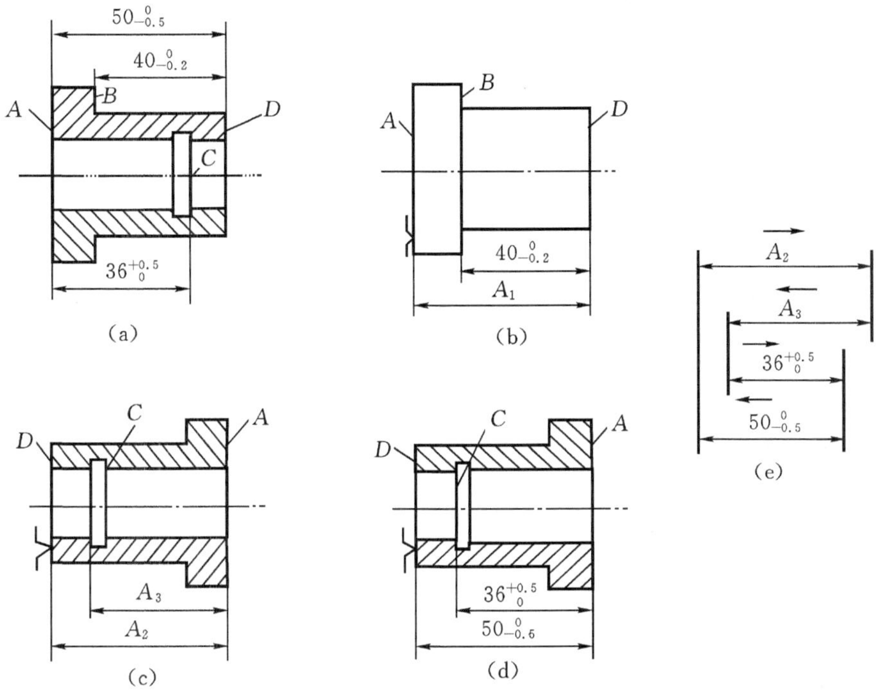

图 2.22　工艺尺寸链建立过程示例

寸。A 面的最近一次加工是精车 A 面，直接获得的尺寸为 A_2，工序基准为 D 面，正好与加工尺寸 $50_{-0.5}^{0}$ mm 的工序基准重合，而且 A_2 的变化也会引起封闭环的变化，应为组成环。至此，找出了 A_2、A_3、$50_{-0.5}^{0}$ mm 为组成环，$36_{0}^{+0.5}$ mm 为封闭环，它们组成了一个封闭的尺寸链，如图 2.22(e)所示。

3)工艺尺寸链计算的基本公式

工艺尺寸链的计算方法有两种：极值法和概率法。生产中多采用极值法计算，下面仅介绍极值法计算的基本公式。

表 2.10 列出了尺寸链计算所用的符号。

表 2.10　尺寸链计算所用的符号

环名	符号名称							
	基本尺寸	最大尺寸	最小尺寸	上偏差	下偏差	公差	平均尺寸	中间偏差
封闭环	A_0	A_{0max}	A_{0max}	ES_0	EI_0	T_0	A_{0av}	X_0
增环	$\overrightarrow{A}_i$	$\overrightarrow{A}_{imax}$	$\overrightarrow{A}_{imin}$	ES_i	EI_i	T_i	A_{iav}	X_i
减环	$\overleftarrow{A}_i$	$\overleftarrow{A}_{imax}$	$\overleftarrow{A}_{imin}$	ES_i	EI_i	T_i	A_{iav}	X_i

(1)封闭环基本尺寸：

$$A_0 = \sum_{i=1}^{n} \overrightarrow{A}_i - \sum_{i=n+1}^{m} \overleftarrow{A}_i \tag{2-6}$$

式中，n 是增环数目；m 是组成环数目。

(2)封闭环的中间偏差：

$$\Delta_0 = \sum_{i=1}^{n} \overrightarrow{\Delta}_i - \sum_{i=n+1}^{m} \overleftarrow{\Delta}_i \tag{2-7}$$

式中，Δ_0是封闭环中间偏差；$\overrightarrow{\Delta}_i$是第 i 组成环增环的中间偏差；$\overleftarrow{\Delta}_i$是第 i 组成环减环的中间偏差。中间偏差是指上偏差与下偏差的平均值：

$$\Delta = \frac{1}{2}(\mathrm{ES} + \mathrm{EI}) \tag{2-8}$$

(3)封闭环公差：

$$T_0 = \sum_{i=0}^{m} T_i \tag{2-9}$$

(4)封闭环极限偏差：

上偏差 $\mathrm{ES}_0 = \Delta_0 + \frac{1}{2} T_0$

下偏差 $\mathrm{EI}_0 = \Delta_0 - \frac{1}{2} T_0$

(5)封闭环极限尺寸：

最大极限尺寸 $A_{0\max} = A_0 + \mathrm{ES}_0$

最小极限尺寸 $A_{0\min} = A_0 + \mathrm{EI}$

(6)组成环平均公差：

$$T_{\mathrm{av},i} = T_0 / m$$

(7)组成环极限偏差：

上偏差 $\mathrm{ES}_i = \Delta_i + \frac{1}{2} T_i$

下偏差 $\mathrm{EI}_i = \Delta_i - \frac{1}{2} T_i$

(8)组成环极限尺寸：

最大极限尺寸 $A_{i\max} = A_i + \mathrm{ES}_i$

最小极限尺寸 $A_{i\min} = A_i + \mathrm{EI}_i$

3. 工艺基准与设计基准不重合时工序尺寸及其公差的确定

在零件的加工中，当加工表面的定位基准或测量基准与设计基准不重合时，就需要进行尺寸换算以求得其工序尺寸及其公差。

1)定位基准与设计基准不重合的尺寸换算

零件加工中，加工表面的定位基准与设计基准不重合时，也需要进行尺寸换算以求得工序尺寸及其公差。

例如图 2.23 所示零件，孔 D 的设计基准为 C 面。镗孔时，为了使工件装夹方便，选择表面 A 为定位基准，并按工序尺寸 A_3 进行加工。为了保证镗孔后自然形成的设计尺寸 A_0 符合图样上的要求，必须进行尺寸换算以求得 A_3 及基公差值。

经分析得知，设计尺寸 A_0 是本工序加工中自然形成的，即为封闭环。然后从封闭环的两边出发，查找出 A_1、A_2 和 A_3 为组成环。画出尺寸链图，如图 2.24(b)所示，用画箭头方法判

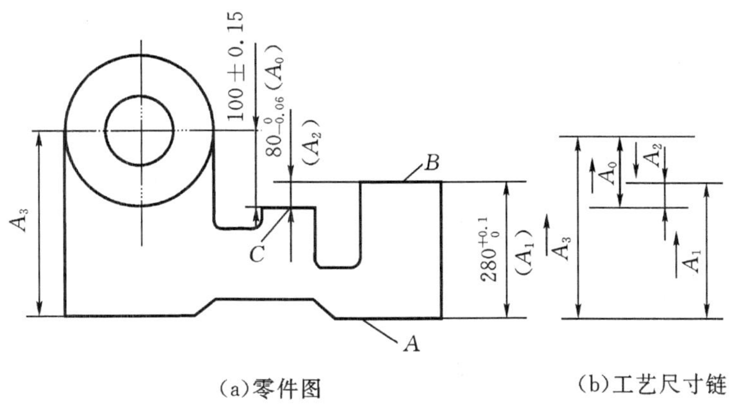

图 2.23　定位基准与设计基准不重合的尺寸换算

断出 A_2、A_3 为增环，A_1 为减环。

下面进行 A_3 的尺寸换算。

计算基本尺寸：

$A_0 = A_3 + A_2 - A_1$

$A_3 = A_0 + A_1 - A_2 = 280 + 100 - 80 = 300$ mm

计算中间偏差：

$\Delta_0 = \Delta_2 + \Delta_3 - \Delta_1 \quad \Delta_0 = \frac{1}{2}(0.15 - 0.15) = 0$ mm

$\Delta_1 = \frac{1}{2}(0.1 + 0) = 0.05$ mm

$\Delta_2 = \frac{1}{2}(0 - 0.06) = -0.03$ mm

$\Delta_3 = \Delta_0 + \Delta_1 - \Delta_2 = 0 + 0.05 - (-0.03) = 0.08$ mm

计算公差：

$T_0 = T_1 + T_2 + T_3$

$T_3 = T_0 - T_1 - T_2 = 0.3 - 0.06 - 0.1 = 0.14$ mm

计算上、下偏差：

$ES_{A3} = \Delta_3 + \frac{1}{2}T_3 = 0.08 + \frac{1}{2} \times 0.14 = 0.15$ mm

$EI_{A3} = \Delta_3 - \frac{1}{2}T_3 = 0.08 - \frac{1}{2} \times 0.14 = 0.01$ mm

最后得出镗孔的工序尺寸为

$$A_3 = 300^{+0.15}_{+0.01} \text{ mm}$$

2）中间工序的工序尺寸换算

（1）在零件加工中，有些加工表面的定位基准或测量基准是一些尚需继续加工的表面。当加工这些表面时，不仅要保证本工序对该加工表面的尺寸要求，同时还要保证原加工表面的要求，即一次加工后要同时保证两个尺寸的要求，此时，即需进行工序尺寸的换算。

例如图 2.24（a）为一齿轮内孔的简图。内孔尺寸为 $\varphi 85^{+0.035}_{0}$ mm，键槽的深度尺寸为

$90.4^{+0.2}_{0}$ mm。内孔及键槽的加工顺序如下：

①精镗孔至 $\phi 84.8^{+0.07}_{0}$ mm；

②插键槽深至尺寸 A_3（通过尺寸换算求得）；

③热处理；

④磨内孔至尺寸 $\phi 85^{+0.035}_{0}$ mm，同时保证键槽深度尺寸 $90.4^{0.2}_{0}$ mm。

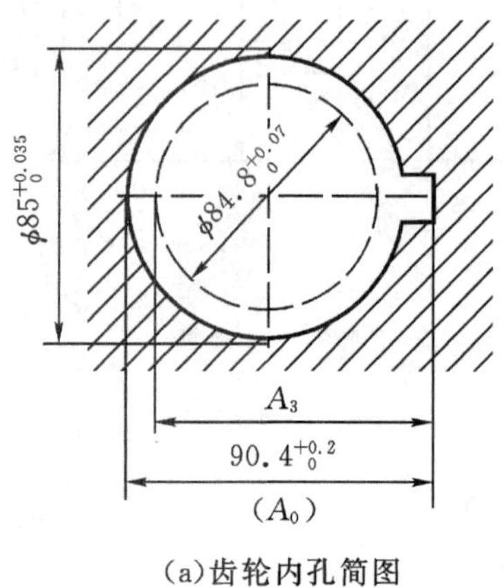

(a)齿轮内孔简图

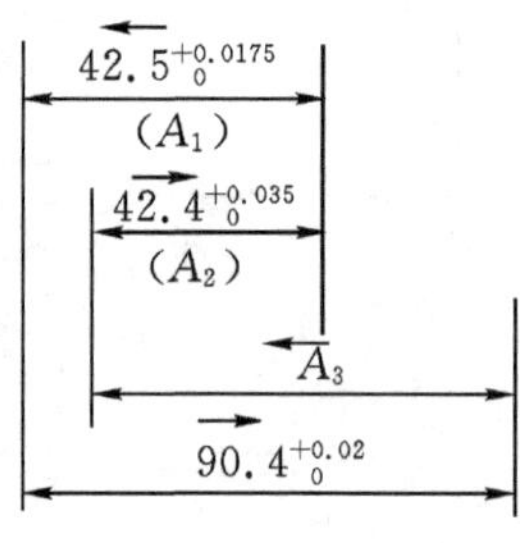

(b)工艺尺寸链

图 2.24　内孔与键槽加工尺寸换算

根据以上加工顺序可以看出，磨孔后必须保证内孔尺寸，还要同时保证键槽的深度。为此必须计算出以镗孔后作为测量基准的键槽深式加工工序尺寸 A_3。图 2.24(b)画出了尺寸链简图，其中精镗孔后的半径 $A_2=42.4^{+0.035}_{0}$ mm、磨孔后的半径 $A_1=42.5^{+0.0175}_{0}$ mm 以及键槽加工的深度尺寸 A_3 都是直接获得的，为组成环。磨孔后所得的键槽深度尺寸 $A_0=90.4^{+0.2}_{0}$ mm是自然形成的，为封闭环。根据工艺尺寸链的公式计算 A_3 值如下：

计算基本尺寸：

$A_0=A_3+A_1-A_2$

$A_3=A_0+A_2-A_1=90.4+42.4-42.5=90.3$ mm

计算中间偏差：

$\Delta_0=\Delta_3+\Delta_1-\Delta_2 \qquad \Delta_0=\dfrac{1}{2}(0+0.2)=0.1$ mm

$\Delta_1=\dfrac{1}{2}(0.0175+0)=0.00875$ mm

$\Delta_2=\dfrac{1}{2}(0.035+0)=0.0175$ mm

$\Delta_3=\Delta_0+\Delta_2-\Delta_1=(0.1+0.0175-0.00875)=0.10875$ mm

计算公差：

$T_0=T_1+T_2+T_3$

$T_3=T_0-T_1-T_2=0.2-0.0175-0.035=0.1475$ mm

计算上、下偏差：

$ES_{A3}=\Delta_3+\dfrac{1}{2}T_3=0.10875+\dfrac{1}{2}\times 0.1475=0.1825$ mm

$EI_{A3}=\Delta_3-\frac{1}{2}T_3=0.1875-\frac{1}{2}\times0.1475=0.035\text{ mm}$

最后得出插键槽的工序尺寸为

$A_3=90.3^{+0.1825}_{+0.035}\text{ mm}$

(2)产品中有些零件表面需要进行渗碳或渗氮处理，而且在精加工后还要保证规定的渗层深度。为此必须正确地确定精加工前渗层的深度尺寸。

如图 2.25 所示的衬套零件，孔径为 $\phi145^{+0.04}_{0}$ mm 的表面需要渗氮，精加工后要求渗层深度为 0.3～0.5 mm，如图 2.25(b)所示，即单边深度为 $0.3^{+0.2}_{0}$ mm，双边深度为 $0.6^{+0.4}_{0}$ mm。试求精磨前渗氮层深度 t_1。

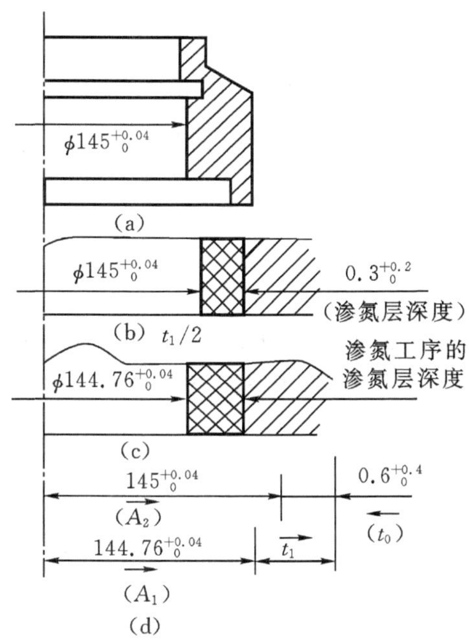

图 2.25　保证渗氮深度的尺寸计算

该表面的加工顺序为：磨内孔至尺寸 $\phi144.76^{+0.04}_{0}$ mm，如图 2.25(c)所示；渗氮处理；精磨孔至 $\phi145^{+0.04}_{0}$ mm，并保证渗层深度为 t_0，如图 2.25(d)所示。

由图 2.25(b)可知，A_1、A_2、t_1、t_0 组成了一工艺尺寸链。显然 t_0 为封闭环，A_1、t_1 为增环，A_2 为减环。t_1 求解如下：

计算基本尺寸：

$t_0=t_1+A_1-A_2$

$t_1=A_2+t_0-A_1=145+0.6-144.76=0.84\text{ mm}$

计算中间偏差：

$\Delta_0=\Delta_{A1}+\Delta_{t1}-\Delta_{A2}$

$\Delta_0=\frac{1}{2}(0.4+0)=0.2\text{ mm}$

$\Delta_{A1}=\frac{1}{2}(0.04+0)=0.02\text{ mm}$

$\Delta_{A2}=\frac{1}{2}(0.04+0)=0.02\ \mathrm{mm}$

$\Delta_{t1}=\Delta_0+\Delta_{A2}-\Delta_{A1}=0.2+0.02-0.02=0.2\ \mathrm{mm}$

计算公差：

$T_0=T_{A1}+T_{A2}+T_{t1}$

$T_{t1}=T_0-T_{A1}-T_{A2}=0.4-0.04-0.04=0.32\ \mathrm{mm}$

计算上、下偏差：

$\mathrm{ES}_{A3}=0.2+\frac{1}{2}\times 0.32=0.36\ \mathrm{mm}$

$\mathrm{EI}_{A3}=0.2-\frac{1}{2}\times 0.32=0.04\ \mathrm{mm}$

最后得出

$$t_1=0.84^{+0.36}_{+0.04}\ \mathrm{mm}\ （双边）$$

$$t_1/2=0.42^{0.18}_{0.02}\ \mathrm{mm}\ （单边）$$

即渗氮层深度为$0.44^{+0.16}_{0}$ mm。

2.5.6 机床和工艺装备的选择

1. 机床的选择

首先应根据零件的形状、尺寸、加工数量及各项技术要求，合理选用机床。如果是各种轴、盘类零件，可选用车床；如果是各种箱体、箱盖、盖板、壳体、平面凸轮等零件，可选用立式铣镗床或立式加工中心；复杂曲面、叶轮、模具等零件，可选用三坐标联动机床；复杂的箱体零件、泵体、阀体、壳体可选用卧式铣镗床或卧式加工中心。

2. 工艺装备的选择

工艺装备的选择包括夹具、刀具和量具的选择。

1)夹具的选择

数控加工因其特点而对夹具提出了两个基本要求：一是要保证夹具的坐标方向与机床的坐标方向相对固定，二是要能协调零件与机床坐标系的尺寸。除此之外，主要考虑下列几点：

(1)当零件加工批量小时，尽量采用组合夹具、可调式夹具及其他通用夹具。

(2)当零件成批生产时，应考虑采用专用夹具，但要力求结构简单。

(3)夹具尽量要开敞，其定位、夹紧机构元件不能影响加工中的走刀，以免产生碰撞。

(4)装卸零件要方便可靠，以缩短准备时间。有条件时，批量较大的零件应采用气动或液压夹具、多工位夹具等。

2)刀具的选择

在刀具性能上，数控机床加工所用刀具应高于普通普通机床加工所用刀具。所以选择数控机床加工刀具时，应考虑以下几个方面：

(1)切削性能好。为适应刀具在粗加工或对难加工材料的工件加工时，能采用大的背吃刀量和高速进给，刀具必须具有能够承受高速切削和强力切削的性能。同时，同一批刀具在切削性能和刀具寿命方面一定要稳定，以便实现按刀具使用寿命换刀或由数控系统对刀具寿命进行管理。

(2)精度高。为适应数控加工的高精度和自动换刀等要求，刀具必须具有较高的精度。如有的整体式立铣刀的径向尺寸精度高达 0.005 mm 等。

(3)可靠性高。要保证数控加工中不会发生刀具意外损坏及潜在缺陷而影响到加工的顺利进行，要求刀具及与之组合的附件必须具有很好的可靠性及较强的适应性。

(4)耐用度高。数控加工的刀具，不论在粗加工或精加工中，都应具有比普通机床加工所用刀具更高的耐用度，以尽量减少更换或修磨刃具及对刀的次数，从而提高数控机床的加工效率及保证加工质量。

(5)断屑及排屑性能好。数控加工中，断屑和排眉不像普通机床加工那样，能及时由人工处理，切屑易缠绕在刀具和工件上，会损坏刀具和划伤工件加工表面，甚至会发生人伤械损事故，影响加工质量和机床的顺利安全运行，所以要求刀具应具有较好的断屑和排屑性能。

(6)刀具的长度在满足使用要求的前提下尽可能短。因为在加工中心上加工时无辅助装置支承刀具，刀具本身应具有较高的刚性。

(7)同一把刀具多次装入机床主轴锥孔时，刀刃的位置应重复不变。

(8)刀刃相对于主轴的一个固定点的轴向和径向位置应能准确调整，即刀具必须能够以快速简单的方法准确地预调到一个固定的几何尺寸。

刀具确定好以后，要把刀具规格、专用刀具代号和该刀所要加工的内容列表记录下来，供编程时使用。

3)量具的选择

在数控机床上进行加工一般选用通用量具，如游标卡尺、百分表等。量具的精度必须与加工精度相适应。

2.5.7　切削用量的确定

切削用量包括主轴转速、进给速度、切削深度等，切削用量的参数都应在加工程序中反映，其具体值可根据所用数控机床的工艺特性、参考切削用量手册并结合实践经验来确定。

1. 背吃刀量的确定

在机床、夹具、刀具、零件等的刚度允许条件下，尽可能选取较大的背吃刀量，以减少走刀次数，提高生产效率。

2. 主轴转速的确定

主轴转速的确定方法，应根据零件上被加工部位的直径，并按零件和刀具的材料及加工性质等条件所允许的切削速度来确定。

3. 进给速度的确定

进给速度通常根据零件的加工精度和表面粗糙度及刀具和材料进行选择。最大进给速度受机床伺服系统性能的限制，并与机床的脉冲当量有关。

确定进给速度的原则如下：

(1)当工件的质量要求能够得到保证时，为提高生产效率，可选择较高的进给速度。

(2)在切断、加工深孔或用高速钢刀具加工时，宜选择较低的进给速度。

(3)当加工精度要求较高时，进给速度应选小一些，常在 20～50 mm/min 范围内选取。

(4)刀具空行程，特别是远距离“回零”时，可以设定尽量高的进给速度。

(5)进给速度应与主轴转速和切削深度相适应。

第3章　开目 CAPP 概述

开目 CAPP 系统是在综合分析不同行业各种机械制造企业工艺规程设计特点的基础上，研究开发出的先进、实用、开放的计算机辅助工艺设计系统。开目 CAPP 系统是国家科技部评选的 863/CIMS(Computer Integrated Manufacturing System，计算机集成制造系统)主题目标产品。

开目 CAPP 坚持了集成化、工具化、网络化的指导思想，向企业推荐并引入工艺设计和工艺管理规范国家标准。使用开目 CAPP 系统，能提高企业工艺设计和工艺管理的效率和水平，降低工艺设计和管理的工作量，确保工艺文件的完整性、一致性、正确性。

3.1　开目 CAPP 的特点

开目 CAPP 具有如下的特点：

(1)方便实用，可提高工艺规程编制的效率和标准化水平。在开发开目 CAPP 的过程中，收集了几十家企业的工艺设计需求，从各企业的个性中，提炼出共性的需求。将企业采用的标准、工程师的操作习惯、有关的工程原理融会贯通，全面地体现在软件之中。开目 CAPP 强调工艺系统的实用性，减少工艺设计和管理的工作量。强调模仿工程师编制工艺的过程和习惯。工艺编制可以通过检索典型工艺，产生零件派生工艺，工艺内容可通过工艺资源数据库查询填写，从其他类型的文件中导入或直接利用键盘输入，提供多种复制方法，可以支持 Windows 的复制、粘贴、剪切等快捷实现方式。

(2)工艺信息的自动一致性修改。对于零件的名称、重量、毛坯尺寸等总体信息，以及工艺路线、工序名称、工装设备等工艺信息，如果在同一工艺文件的多个卡片中重复出现，信息输入和信息修改时，只需对任意表格进行一次，即可达到信息自动一致性修改，无须手工反复填写。

(3)工序简图的生成简洁方便。开目 CAPP 系统内集成开目 CAD 绘图系统，可直接在工艺表格中绘制工序简图。提供了局部剖、局部放大功能以及工艺上的定位夹紧符号库，使得工序简图的生成简洁方便。

开目 CAPP 可直接读取开目 CAD 绘制的图形，大部分工序简图可直接由零件图获得，无须工艺人员重新绘制。开目 CAPP 也能将其他 CAD 软件(AutoCAD、IGES)绘制的图形，经过图形文件数据转换模块直接转换到工艺表格中，进行复制、粘贴操作，还能方便地进行修改。

(4)可嵌入多种格式的图形、图像。在工艺简图中可灵活地插入多种图形格式文件(*.dwg、*.igs……)和图像格式文件(*.bmp、*.jpg……)，并可在开目 CAPP 的操作界面内用面向对象的方式动态链接其应用程序对这些对象进行编辑操作。

开目 CAPP 支持以 OLE(Object Linking and Embedding，对象连接与嵌入)方式将各种格式的 CAD 图纸文件插入到 CAPP 卡片中，并使用相应 CAD 系统的绘图功能进行绘图，使工程师能用自己最熟悉的 CAD 软件的操作方式绘制工艺简图。

(5)所见即所得的标注特殊工程符号技术。全面支持尺寸偏差、粗糙度、形位基准、形位公差、加工面符号等特殊工程符号的填写，所见即所得，并可快速新增其他用户所需的专用符号。编辑特殊工程符号如同编辑一般文字一样，可以剪切、删除、复制、粘贴、插入等。

(6)方便的公式计算和公式管理器功能。提供材料定额计算和工时定额计算公式库。用户可自行扩充专用公式。系统可自动筛选公式，并将计算的结果自动填入到工艺文件内。

(7)灵活的工艺文件输出方式。可将所有的工艺文件集中拼图输出，以实现工艺文档输出的集中管理，也可只输出某一工艺文件中的某几张工艺卡片，方便灵活。

(8)开放性好，通过定制和二次开发满足企业个性化的需求。制造业企业由于行业、产品、生产规模各不相同，个性很强。因此，在开目系列软件中，都采用了工具化的思想，即提供开放的手段，能够更好地满足企业不断变化的需求，也使用户具有自行维护的能力。

提供表格定制工具和工艺规程管理工具，用户可快捷地建立工艺过程卡、工序卡以及各种工装一览表，可以设计多种类型的工艺规程，包括机加工、装配、焊接、热处理等工艺规程。

提供工艺数据库建库工具，用户可动态地创建和维护工艺数据库。

用户可自定义检索工艺的方式，方便工艺规程的查找和典型工艺的检索。

(9)可任意创建工艺表格样式，制定工艺规程。工艺人员按照实际尺寸画出工艺表格后，存入自己的工艺表格库内。通过系统本身提供的表格定义工具制定表格，用工艺规程管理工具设计各种类型的工艺规程，对不同企业、不同类型的工艺具有普遍适应性。

(10)开放的企业资源管理器。企业资源管理器中包含大量丰富、实用、符合国标规范的工艺资源数据库，包括材料牌号、材料规格、机床设备、标准刀具、标准量具、切削用量、标准工艺术语等内容，完全符合国家标准，简洁、实用、覆盖面广，并可继续不断丰富内容。

企业资源管理器基于 ACCESS、SQL - Server、ORACEL 等数据库环境，用户可以自己定义、扩充工艺资源的结构和数据。可管理的数据类型包括数据表、图形、图表数据等。在填写工艺表格时，可查询录入，无须手工逐字键入。

(11)开放的零件分类标准和方便灵活的典型工艺检索机制。用户可创建自己的零件分类规则，如将零件按“盘套类”、“箱体类”等进行划分，分别建立标准工艺或典型工艺。

(12)提供多种二次开发接口。开目 CAPP 基于开放的体系结构，提供多种二次开发接口，满足用户高层次的需求，并可为用户快速提供专用接口。开发接口可被其他应用系统直接调用，提取出各种工艺信息。

(13)集成性好，提供标准集成接口。开目 CAPP 不仅能与开目 CAD/CAPP/PDM/BOM/ERP 等系列软件实现良好的集成，而且能够通过 DWG、DXF、IGES 等接口与其他多种 CAD 软件集成。开目 CAD/CAPP 也可以与多种 PDM 软件集成。开目 CAD/CAPP/PDM/BOM 软件还能够实现与各种国内外 ERP 软件的集成，实现企业基础数据的自动输入。

(14)可以与多种数据库接口。填写工艺路线时，可以直接引入用其他数据库软件，如 Access(*. mdb)、Foxpro(*. dbf)等，或其他表格工具软件，如 Excel(*. xls)等软件编写的工艺路线，而无须重新填写，并且用开目 CAPP 填写的工艺路线也可转为上述文件格式，供在其他软件环境下使用。

3.2 开目 CAPP 的功能模块组成

开目 CAPP 由表格定义、工艺规程类型管理、工艺规程内容编制、工序简图绘制、图形文件数据转换、工艺文件浏览器、开目企业资源管理器、开目公式管理器、开目打印中心等模块组成。

(1)表格定义模块:用于企业定制自己的各种工艺表格,包括工艺过程卡、工序卡、产品汇总卡、工装汇总卡等。

根据基于文件和基于数据库的不同存储格式,该模块的功能有所不同,执行文件分别是 Kmtabdef. exe 和 KmTableDefine. exe。

(2)工艺规程类型管理模块:用于为多种工艺规程配置过程卡及工序卡。该模块的执行文件是 Gyshjmb. exe。

(3)工艺规程内容编制模块:主要用于生成工艺过程卡和工序卡,绘制工序简图等以及通用技术文档(如设计任务书、更改文件通知单、验证书等文档类表格)的填写。该模块的执行文件是 Kmcapp. exe。

(4)工序简图绘制子模块。隶属于工艺规程内容编制模块,主要用于工序简图的绘制。

(5)图形文件数据转换子模块。在工艺规程内容编制模块中调用本子模块,将 DWG、IGES 图形文件转换为 KMG 图形文件,用户可对图形进行复制、粘贴、拷贝等操作。也可直接运行相应执行文件(DWG 图形文件转换用 convert 目录下的 DwgConv. exe,IGES 图形文件转换用 iges 目录下的 ReadIGES. exe)进行图形转换,查看转换效果。

(6)工艺文件浏览器。专门用于浏览开目 CAPP 编制的工艺文件(*. gxk)和通用技术文件(*. kmt)。该模块的执行文件是 Cappview. exe。

(7)企业资源管理器。负责工艺资源的管理,用户可以自己定义、扩充。开目 CAPP 可以利用由企业资源管理器创建的各种工艺资源。该模块的执行文件是 KmRes 目录下的 KmRes. exe。

(8)公式管理器。主要用于建立和管理工艺设计中用到的计算公式。该模块的执行文件是 KmFormualrManager. exe。

(9)打印中心。用于 CAD、CAPP 文件的拼图输出。该模块的执行文件是 Plot 目录下的 Plot. exe。

3.3 一般的工艺设计流程

编制工艺规程的一般流程如下:

(1)绘制工艺表格。确定企业所用到的工艺表格的形式,用开目 CAD 或开目 CAPP 画出来,存入表格库。

(2)定义工艺表格,按工艺规程类型管理表格。运行表格定义模块定义工艺表格的填写内容、填写格式、对应的库文件等,为各种工艺规程配置工艺过程卡和工序卡。

(3)建立工艺资源库。在企业资源管理器中建立 CAPP 需要用到的工艺资源库。

(4)建立公式库。在公式管理器中建立 CAPP 中用于计算的各种公式。

(5)制订工艺规程。编制工艺过程卡和工序卡,编写各种技术文档。

(6)打印或拼图输出工艺文件。第(1)、(2)步是企业第一次运行工艺规程内容编制系统所必须完成的步骤,当表格定义和工艺规程配置完成后就无需再做了。

第 4 章　工艺文档管理

开目 CAPP 系统提供文件型 CAPP 系统和数据库 CAPP 系统，这两种系统的工艺文档管理方式是不同的：文件型 CAPP 系统生成的文件，是以单个的文件形式存放在硬盘中；数据库 CAPP 系统生成的文件，存储在关系型数据库中，通过工艺文档管理器，对工艺文档进行集中管理。

本章之中将介绍以下内容：

4.1 节介绍文件型 CAPP 的文档管理，包括如何创建、打开、保存、查找文件等。

4.2 节介绍数据库 CAPP 的文档管理，包括文档分类树、文档信息区、版本信息区是如何对工艺文档进行管理的，如何将工艺文档保存到数据库中。

4.1　文件型 CAPP 的文档管理

1. 启动

单击 Windows 的〈开始〉菜单，在〈程序〉中找到〈开目 CAPP〉程序组，单击程序组中的〈开目 CAPP〉。进入开目 CAPP 系统后，屏幕显示如图 4.1 所示。

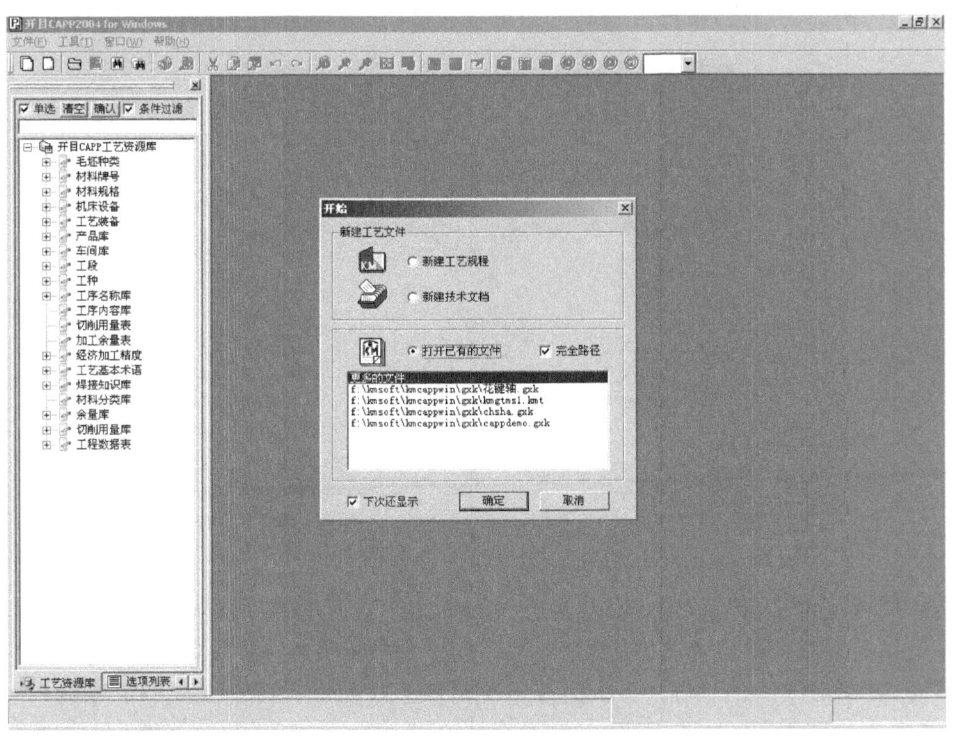

图 4.1

在屏幕中间的“开始”对话框中，系统默认为选择“打开已有的文件”，下面显示框中列出了最近打开的4个文件，并且显示工艺文件的完整路径。如果去掉“完整路径”前面小方框内的√，则在对话框中显示工艺文件的省略路径及完整的工艺文件名。选择某一文件名，然后单击〈确定〉按钮，或双击文件名，可打开选中的文件。

如果要打开其他文件，可用鼠标双击“更多的文件”，系统会弹出如图4.2所示的对话框，指定正确的路径和文件名后即可打开文件。

图 4.2

在“开始”对话框中还可选择〈新建工艺规程〉或〈新建技术文档〉。工艺规程是指机加工、装配、热处理等工艺规程文件，技术文档是指工艺文件更改通知单、工艺验证书等技术文件。选择“新建工艺规程”，单击〈确定〉后会弹出如图4.3所示的对话框，选择某一种工艺类型，系统即打开相应的工艺表格，用户可编制工艺规程文件(在5.3节中详细介绍)。

选择工艺规程类型

工艺规程类型	工艺规程说明
木模工艺	木模工艺规程
砂型铸造工艺	砂型铸造工艺规程
熔模铸造工艺	熔模铸造工艺规程
压力铸造工艺	压力铸造工艺规程
锻造工艺	锻造工艺规程
焊接工艺	焊接工艺规程
冷冲压工艺	冷冲压工艺规程
机加工工艺	机加工工艺规程
标准或典型零件工艺	标准或典型零件工艺规程
热处理工艺	热处理工艺规程
感应热处理工艺	感应热处理工艺规程
工具热处理工艺	工具热处理工艺规程
表面处理工艺	表面处理工艺规程
电镀工艺	电镀工艺规程
光学零件加工工艺	光学零件加工工艺规程
塑料零件注射工艺	塑料零件注射工艺规程
塑料零件压制工艺	塑料零件压制工艺规程
粉末冶金零件工艺	粉末冶金零件工艺规程
装配工艺	装配工艺规程

确认　取消

图 4.3

选择“新建技术文档”，单击〈确定〉后会弹出如图4.4所示的对话框，选择某一种技术文档类型，系统即打开相应的工艺表格，用户可编制相应的技术文档(在5.4节中详细介绍)。

在“开始”对话框的左下角，“下次还显示”前打√，表明下次再进入CAPP系统时，还显示此“开始”对话框；如果去掉√，下次再进入CAPP系统时，不显示此对话框，直接进入CAPP主界面。

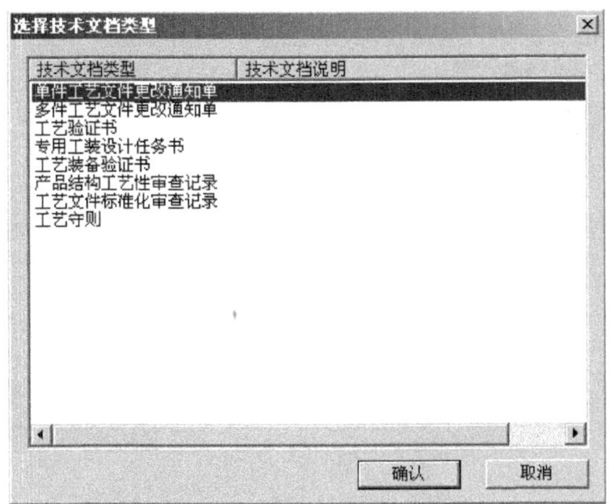

图 4.4

2. 资源路径配置

(1)资源路径设置是指子图库读取路径设置，方法如下：

在没有打开任何工艺文件的情况下，选择〈工具〉菜单中的〈选项〉→〈资源路径配置〉，会弹出图 4.5 所示的对话框，通过选择 ··· 按钮选择路径，可选择网络路径。(系统默认为本机上的 CAPP 目录下)。

图 4.5

(2)在 CAPP 中可调用其他绘图软件。

首先要设定其他绘图软件应用程序的路径。可调用的绘图软件包括开目 CAD、AutoCAD、UG 等。

选择〈工具〉菜单下〈用户定制〉→〈设定三维图形浏览器〉，在弹出的对话框中指定应用程序的路径。

需要浏览图形时，可选择〈工具〉菜单下〈浏览三维图形〉，选择相应的图形文件，即可打开应用程序浏览图形。

3. 文件操作

1)打开文件

在开目 CAPP 系统中可以产生两种类型的文档，一种是工艺规程文档，另一种是工艺技术文档。

通过选择菜单〈文件〉的〈打开〉命令或工具条的按钮可弹出如图 4.6 所示的窗口。指定正确的路径和文件名后即可打开文件。

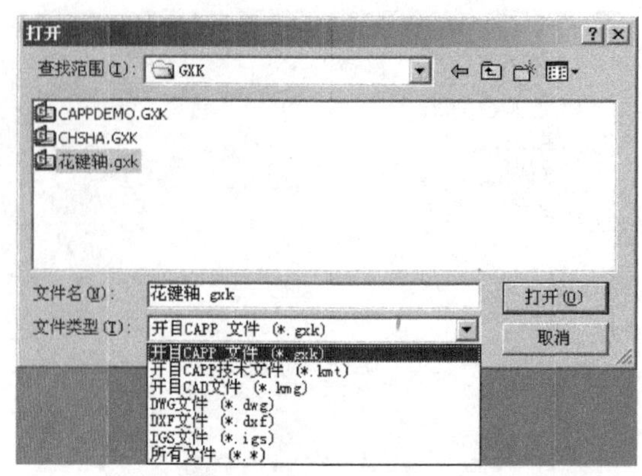

图 4.6

开目 CAPP 可以读入多种格式的文件，用开目 CAD 画好的图形文件（*.kmg）、开目 CAPP 生成的工艺文件（*.gxk）、开目 CAPP 生成的通用技术文件（*.kmt）、通用工艺信息文件（*.kmi）、用 AutoCAD 绘制的图形文件（*.dwg）、用 Ideas 绘制的图形文件（*.igs）和由其他绘图软件生成的图形文件转换的数据交换文件（*.dxf）。在图 4.6 的下方可通过“文件类型”选项来选择这几种格式的文件。

打开某一种类型的文件后，再次打开文件，显示的是上次打开的文件类型。

2）新建文件

若无简图的绘制要求，新建工艺规程，可选菜单中的〈新建工艺规程〉或工具条中的按钮；若新建技术文件，可选菜单中的〈新建技术文档〉或工具条的按钮。

若针对已有零件图编工艺或编写技术文件，可用打开文件命令打开图形文件，接着系统会弹出如图 4.7 所示模板选择对话框，根据需要确定是编制工艺规程还是技术文件。

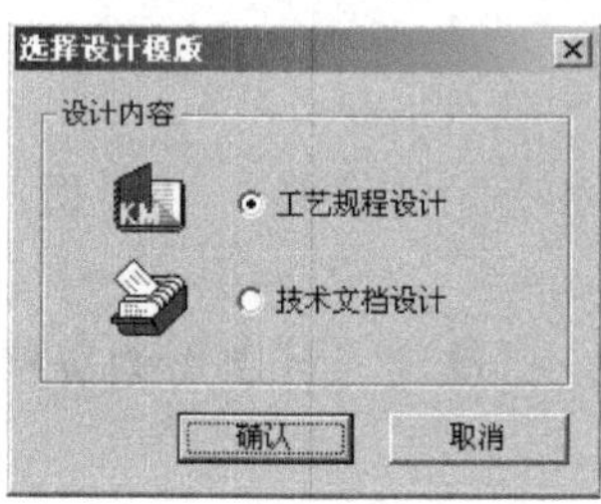

图 4.7

若选择工艺规程设计，系统会弹出如图 4.3 所示的工艺规程类型选择框。若选择技术文档设计，系统会弹出如图 4.4 所示的技术文档模板选择框。

3）保存文件

保存当前编辑的文档可以单击〈文件〉菜单中的〈保存〉命令或工具条上的按钮。

在 CAPP 中，可以设置是否自动存盘，可以指定保存工艺文件时默认的存盘文件名。

具体操作方法：新建或打开工艺文件后，点击〈工具〉菜单中的〈选项〉，弹出如图 4.8 所示的对话框，选择〈存盘方式〉属性页，在“文件存盘名称来源字段”编辑框中输入存盘文件名的来源。如果文件存盘时，希望用零件图号作为文件名，则在此处输入“[零件图号]”(注意：输入的内容必须与表格定义的填写内容一致，并用“[”、“]”扩起来)。如果在工艺文件中没有填写零件图号，保存时，系统以默认名称保存，如 kmcapp1.gxk 等。存盘文件名的来源也可以是多个字段组合，如“[零件图号]-[零件名称]”等。

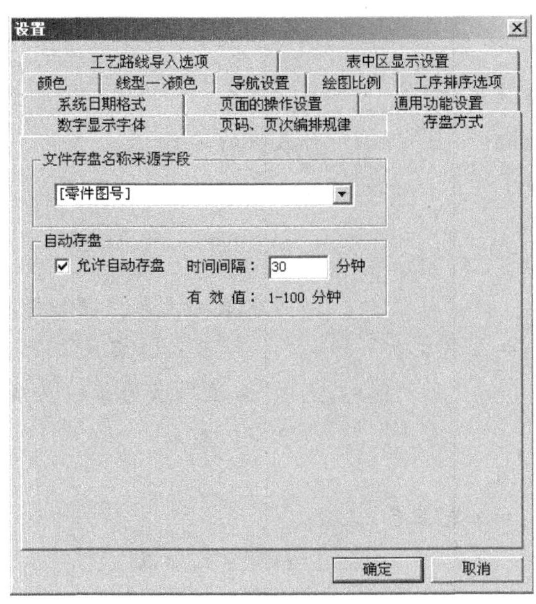

图 4.8

如果“自动存盘”前的小方框内打√，表明系统具有自动存盘功能，可以设置间隔时间，间隔时间范围为 1～100 分钟。设置好后，系统会每间隔所设置的时间，自动将当前文件存盘，其文件名与当前文件名相同，扩展名为 bak(当前文件保存目录下)。如要调出该文件，只需将扩展名 bak 改为 gxk 即可。

文件存盘时可选不同的文件格式，若编制的是工艺规程文件，除了可存为 gxk 文件格式外，还可存为 kmi 文件格式；若编制的是技术文档，同样除了可存为 kmt 文件格式外，也可存为 kmi 文件格式。

KMI 是通用工艺信息文件，实现表格和数据分离，只保存本工艺的工艺内容，即工艺内容可以独立于工艺卡片存在。当需要将一老工艺文件中的某一种表格更换格式时，就可以利用 KMI 文件来实现。这样，可保证在工艺内容不变的情况下更换表格形式，这极大地方便了工艺文件的修改。下面以 GXK 文件为例说明具体操作方法：

(1)通过 CAD 系统或 CAPP 系统画出更改表格形式，表格名应与被替换表格一致，用表格定义模块重新定义；

(2)将更改的表格存放在当前 table 目录下，并配置在当前的工艺规程类型文件中；

(3)将一老工艺文件另存为 KMI 文件(在文件存盘时，设置文件类型为 KMI 即可)；

(4)打开此 KMI 文件，另存为 GXK 文件。

4)工艺文件批量转换

上面介绍的是单个文件的转换，在 CAPP 中，可以进行工艺文件批量转换。转换前的文件必须放到一个目录下统一进行转换，转换后的文件，存放在用户指定目录中。如果前后表格模版中定义的填写内容不一致、关联块的数量不一致，或者新的表格模版配置表格比原来的表格文件少，则需要在配置文件 Fieldchange. cfg 中配置好前后字段的属性关系，配置文件在 CAPP 的安装目录下。

配置文件说明：

```
[开始]
[开始：表格名称]
机加工过程卡. cha              //表格的名称
[结束：表格名称]

[开始：字段对应]
P：                            //公有单格信息，"："必须是半角英文字符，下面同
工艺文件名称：：＝工艺文件     //"：：＝"左边内容为老的表格定义的填写内容，"：：
                                 ＝"右边内容为新的表格定义的填写内容
M：                            //表中区对应
车间名称：：＝车间
工艺装备名称：：＝工艺装备
T：                            //私有单格信息
B：                            //块对应
[结束：字段对应]

[开始：表格名称]
机加工工序卡. cha
[结束：表格名称]

[开始：字段对应]
P：
M：
T：
B：
工步名称：：＝工步内容
[结束：字段对应]
[结束]
```

工艺文件批量转换操作如下：

在不打开任何文件的情况下，点击〈工具〉菜单中的〈文件批量转换〉，屏幕出现如图 4.9 所示的对话框。

在对话框中，可选择文件转换类型(系统支持工艺规程文件和技术文档的转换)。通过文件目录后的〈选择〉按钮，指定转换前工艺文件所在的目录及转换后工艺文件存放的目录。

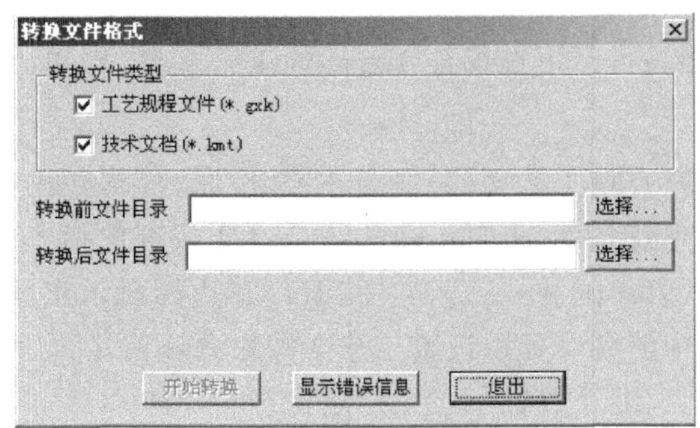

图 4.9

指定转换前后文件目录后，点击〈开始转换〉，系统进行文件转换工作。如果新的表格模版配置表格比原来的表格文件少，则在转换过程中系统会给出相应提示，提醒用户，点〈确定〉即可。转换完后，会有“文件全部转换完成”的提示。

再次执行“文件批量转换”功能时，转换前后文件目录能记录上次选择的目录。

5）批量转换 KMI 文件

可将指定目录下所有 KMI 文件转换到另一目录下，全部转换为 GXK 文件。不打开任何工艺文件的情况下，点击菜单〈工具〉→〈批量转换 KMI 文件〉，弹出图 4.10 所示的对话框，指定转换前后的路径后，点击〈开始〉按钮即可。转化 KMI 文件时，也具有路径记忆功能。

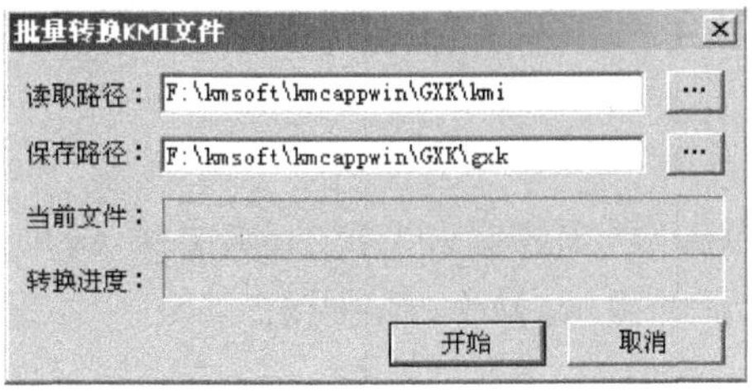

图 4.10

注意：所有 KMI 文件使用的工艺规程模板与 CAPP 目录下的工艺规程模板一致才能转换，即各工艺规程配置相同、对应表格的表格定义相同。

6）关闭文件

关闭当前文档，可以单击〈文件〉菜单中的〈关闭〉。如果当前文档未做改动，可直接关闭；如果当前文档已做改动，系统会出现如图 4.11 的提示，选择〈是〉则保存所作的修改，选择〈否〉则不保存所作的修改，选择〈取消〉则取消当前操作。

图 4.11

7)查找工艺文件

查找工艺文件是在相关目录下查找符合条件的工艺文件,即可以查找工艺规程文件和技术文件。

选择〈工具〉菜单下的〈查找工艺文件〉或单击按钮,屏幕弹出图 4.12 所示查找工艺文件的对话框,在其中输入查找条件,指定正确的路径以及是否包括子文件夹,结果会列在查找结果列表中。选择结果列表中的某一工艺文件,窗口右边即显示出此工艺文件。在右边窗口中点击右键,用右键菜单中的命令可以设置工艺文件的默认首显页,可以浏览工艺文件的所有页面,并可对文件进行放大、缩小、满屏显示、拾取状态等操作。

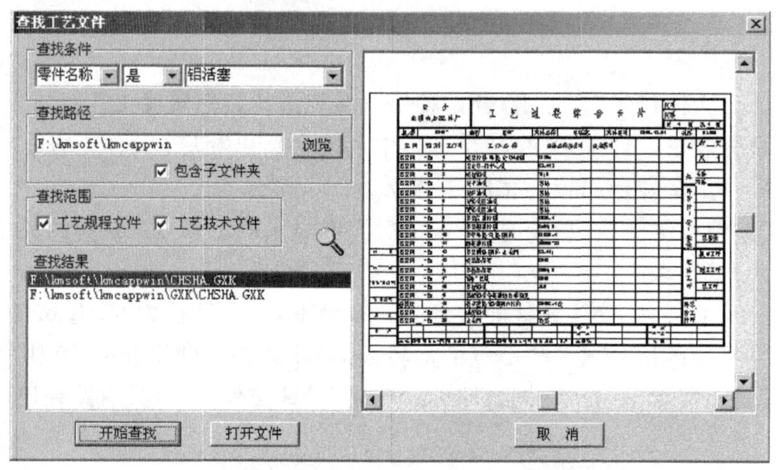

图 4.12

4. 退出系统

单击〈文件〉菜单中的〈退出〉项或屏幕右上角的按钮,即可退出系统。如果文件做了改动,系统会出现如图 4.11 所示的提示,操作方式同前。

4.2 数据库 CAPP 的文档管理

数据库 CAPP 的文档管理是通过工艺文档管理器进行管理的,工艺文档管理器是工艺编辑与数据库进行数据交互的桥梁及管理中枢。

在工艺文档管理器中,可以按部门、专业、产品分类等方式建立节点,也可以按产品结构建立产品结构树。产品结构树上一个节点表示一个零件或部件,这个零件或部件的设计和工艺文档存放在这个节点下。对应每种工艺文档,其所有版本存放在一起。工艺文档的产生可以按预先设定的工作流程进行,每一种工艺规程可以设定不同的流程,例如"编制→校对→审核→批准",批准后的文档才能成为正式的文档。

工艺文档管理器中具有严格的权限限制,授权的用户才能对节点及其下文档版本进行添加、删除、修改操作,否则只能浏览和打印。

术语定义:

关联节点:若分类树上某两个节点的节点属性值互相匹配(即配置的一组属性字段的值都

相等),则称这两个节点关联,其中一个节点是另一个节点的关联节点。

链接:分类树上某节点下文档是借用其关联节点所有的文档,该节点成为链接节点,被借用文档的节点成为被链接节点。链接节点下的文档及其文档版本不能添加、删除、修改,只能浏览、打印。

个人工作区:每个用户可能对一批节点下的某些文档的某些版本进行同样的工作。为方便用户不必在分类树上一个个地去查找,系统可以将这些节点集中到一起,放到个人工作区中,将符合条件的文档和版本都加上标记。

1. 启动

启动 CAPP,系统会弹出如图 4.13 所示的登陆界面,在此界面中正确输入用户名,密码,即可登陆 CAPP 工艺文档管理器界面。登陆用户的权限和角色由系统管理员进行设定。系统管理员初次登陆的用户名为:SYSTEM,密码为:SYSTEM。初次登陆后,建议系统管理员修改登陆密码。

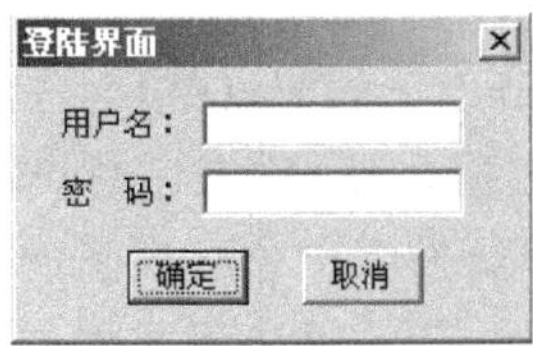

图 4.13

注意:初次登陆成功后,系统管理员可将登陆密码进行修改,但不可修改系统管理员的登陆用户名。

登陆后,工艺文档分类管理控制板界面如图 4.14 所示。

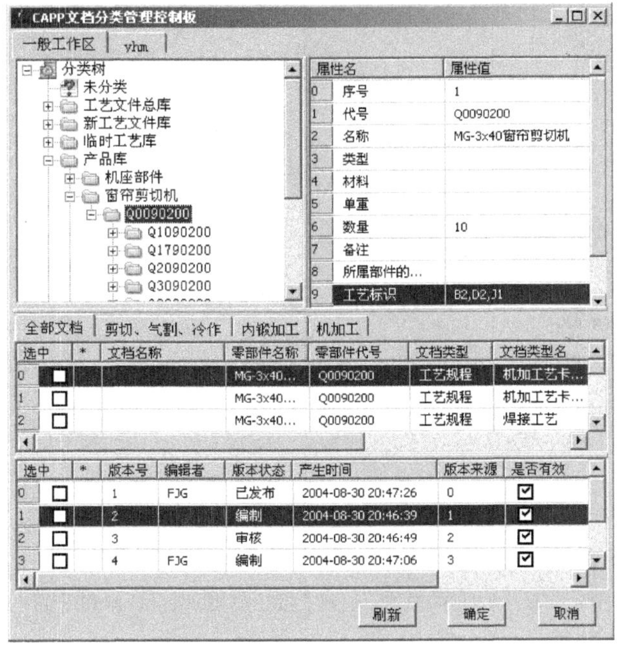

图 4.14

2. 界面简介

CAPP 文档分类管理控制板界面分为上、中、下三个区域，上面为分类文件夹树和节点属性区，中间为树节点对应的文档信息区，下面为文档信息区选中文档的版本信息区。

分类文件夹树有两种用法，一种是分类文件夹（可按部门、专业、产品分类等方式建节点）；另一种是产品结构树，可以手工建，也可能用 BOM 展开自动生成。

当用户选中上面分类树的一个节点时，中间文档信息区会显示指定节点对应的全部文档列表；当用户选中一个文档时，下面版本信息区显示其全部版本。

在节点属性区中有一项是工艺标识，此项定义了该节点对应的工艺文档类型，这里有多少种工艺类型就对应了多少个标签页，如图 4.14 所示，在机座部件节点上对应了三种工艺规程文档：机加工、焊接加工和组装，在中间的文档信息区就增加了三个标签页。

在中间的文档信息区，是一个多标签页的界面，除“全部文档”标签页外，其他每一个标签页对应一种文档。

3. 文档分类树

用户可以对文档分类树的一级节点下的节点（包含一级节点）进行添加节点、删除节点、重命名节点、文档分发、添加工作区、数据入库、数据汇总、BOM 节点展开等操作。用户对于文档分类树的操作权限，依据系统管理员为用户分配权限的不同而有所不同。文档分类树上的一级节点只有系统管理员有添加权限，其他用户无权添加。以系统管理员用户进入时文档分类树根节点的右键菜单如图 4.15 所示，其他节点的右键菜单如图 4.16 所示。

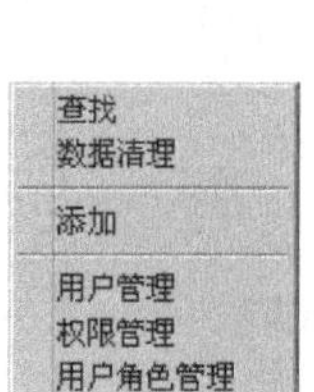

图 4.15

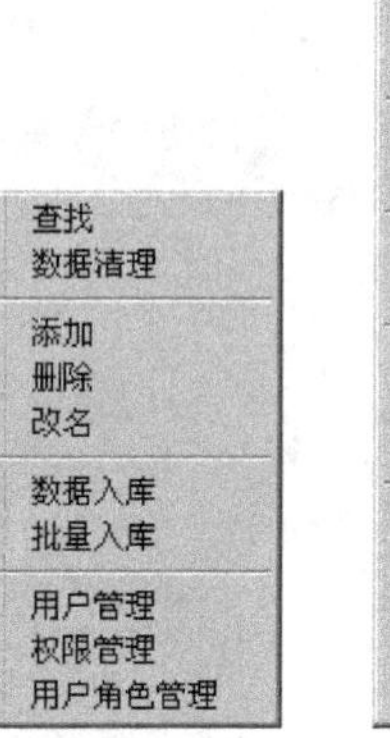

（系统管理员） （有编辑权的普通用户）

图 4.16

1）添加节点

此功能将以当前选中节点为父节点，新建一个子节点。操作方法为：右键选中需添加子节点的节点，在弹出的右键菜单中选择〈添加〉菜单项即可。

对于系统管理员用户，在任何节点都可执行此功能；对于普通用户，只能对具有“节点管理”权限的节点执行此功能。

注意：新添加的节点及节点信息并没有直接回存到数据库中，只有点击图 4.14 中的〈刷新〉按钮或〈确定〉按钮后，新增加的节点及其属性信息才存入数据库中。

2)删除节点

此功能将删除一个选中的分类树上的节点。操作方法为：右键选中需删除的节点，在弹出的右键菜单中选择〈删除〉菜单项即可从分类树上删除选定节点。

系统管理员可对除分类树根节点以外的节点都可进行此操作；普通用户只能对有"节点管理"权限的节点进行此操作。

注意：用户删除节点时，节点下的文档自动挂到一级子节点"未分类"上。

3)刷新

此功能先将所有操作结果保存到数据库，再从数据库重新加载数据，以保证表缓存的数据与数据库数据实时同步。在使用文档管理的过程中我们经常会更改数据信息，需要及时刷新将数据保存到数据库中。

执行此功能时，用户只需点击图 4.14 中的操作界面上的〈刷新〉按钮即可。

4)重命名

此功能可为当前节点重命名。系统管理员用户可对除分类树根节点外的所有节点重命名；普通用户只能对有"节点管理"权限的节点重命名。

如需对节点重命名，只需右键选中该节点，在弹出的右键菜单中选择〈改名〉菜单项，或选中该节点，按键盘上的 F2 键，此时节点名称变为可编辑状态，输入所需的节点名称即可。

5)复制

复制当前节点及其下文档信息和版本信息，等待粘贴。此功能只有普通用户对于授权节点可以执行。用户右键单击需复制的节点，在弹出的右键菜单中选择〈复制〉菜单项即可。

6)粘贴

粘贴功能是将所复制节点及其文档信息和版本信息粘贴到指定位置。此功能也只有普通用户对于授权节点可以执行。用户右键选中要粘贴节点的位置，在弹出的右键菜单中选择〈粘贴〉菜单项即可(此功能只有在执行了复制功能后才能执行)。

7)用户标识

用户通过用户标识功能可在分类树上按预先定义好的节点特征作出标记，以利于每个用户将日常工作所需的节点标记出来，例如：机加工工艺设计人员可能希望将需做机加工工艺的节点标识出来，还可以标识"标准件"等。

此功能只有普通用户对于授权节点可以进行操作。用户只需右键选中所需节点，在弹出的右键菜单中选择〈用户标识〉菜单项，此时会弹出如图 4.17 所示的用户标识界面，选择需要

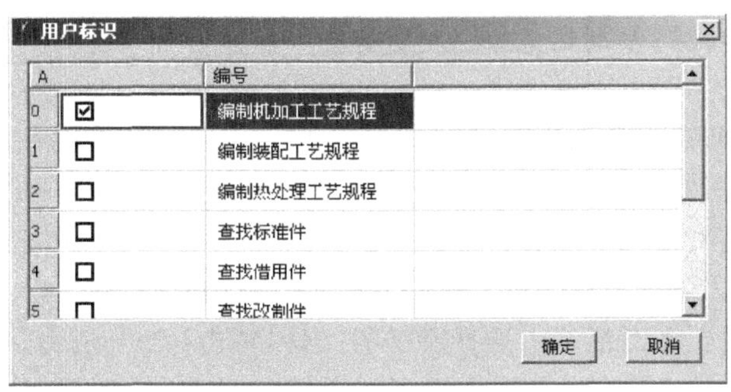

图 4.17

标识的编号，在“编号”前的小方框内打√，例如选中“编制机加工工艺规程”，并在前面的小方框内打√，单击〈确定〉按钮，用户可以在分类树上看到，当前节点下需要做机加工工艺的节点都由变为。

8)选择链接节点

此功能用于将其他节点下的文档借用过来，借用的文档可以进行浏览、打印、汇总，但不能进行编辑。在使用“选择链接节点”功能前，要在表格“T_DOCCLASS_ATTR_DEFINE”中设置以节点的哪一个属性来关联节点(一般用节点代号属性)。具体操作如下：选中一个没有文档的节点，点击右键，在弹出的右键菜单中选择〈选择链接节点〉菜单项，程序会弹出“同名节点列表”对话框，在对话框中列出所有的可以关联的节点，选中其中一个节点，此节点下的文档就被借到当前节点下。

注意：

(1)在进行链接和自动连接时，一定要确认两个链接的节点具有相同的关联属性，即在表格“T_DOCCLASS_ATTR_DEFINE”中已经设置好了关联属性。

(2)在进行了节点链接后，在目的节点上点击右键，菜单中多了三个菜单项〈查找源节点〉、〈链接断开〉和〈链接转复制〉。使用〈链接断开〉，可以取消借用关系，建自己独有的工艺。〈链接转复制〉功能是在解除文档共用关系时可同时复制一份“独享”，复制的文档可进行编辑(用于变形产品工艺设计)。

9)自动链接

自动链接功能是程序将找到的第一个可以关联的节点下的工艺文档借用到当前节点下。

10)文档分发

有些企业设计周期比较紧时可能要求支持设计与工艺并行，即产品结构尚未批准入库，就想预先做一些已确定的零部件的工艺。系统提供文档的分发功能，以适应这一需要。用户可以先在某上级节点(如产品节点)下编辑工艺，待设计完成，进行 BOM 展开形成产品结构树后，再将文档分发到相应的零部件节点上。

此功能需要在“T_STR”数据表的“F_CONTENT”列相应字段中填入“文档属性”对应的“树节点属性”，如“F_PARTID＝F_2”。当用户以产品结构树的形式编辑工艺文档，而此时产品结构树还没有产生，新建此产品节点，在此节点下编辑工艺，等 CAD 图纸批准入库后，再在此节点下进行 BOM 展开，选中文档所在的节点，点击右键菜单，在弹出的右键菜单中选择〈文档分发〉菜单项，程序依次将各个文档分发给对应的子孙节点下。

11)文档全树分发

此功能同“文档分发”，差别是将文档向所有的节点进行分发。

12)数据入库

数据入库功能是将选中的 gxk 文件导入到数据库中，文件挂在树的当前选中节点下，同时为该文档新建一个版本。系统管理员用户可以对除分类树根节点外的所有分类树节点进行此操作；普通用户只能对授权节点进行此操作。

右键选中需数据入库的节点，在弹出的右键菜单中选择〈数据入库〉菜单项，此时会弹出如图 4.18 所示的对话框。在对话框中选择所需的文件，单击〈打开〉按钮，此时选中的 gxk 文件数据即导入到数据库中，选中节点下添加了一条文档信息，同时为该文档添加了一条版本信息。

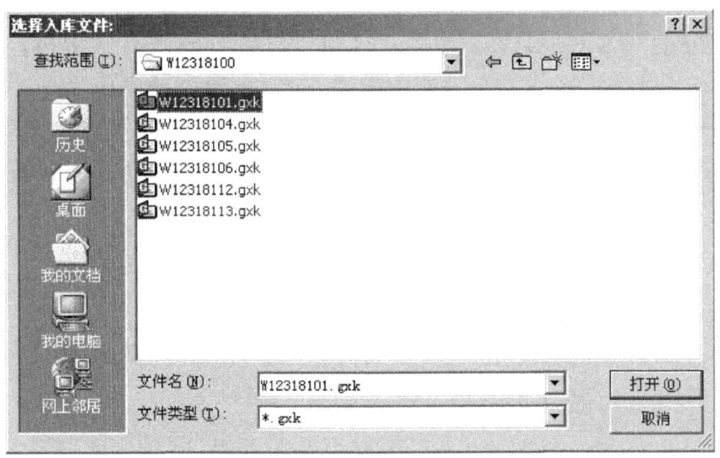

图 4.18

注意:当入库的文件中的零部件代号,零部件名称等信息与节点不符时,系统会自动将导入的文件中的相关信息修改成该节点中的信息。在批量入库中也有相同的设置。

13)批量入库

批量入库功能是将选中文件夹下所有的 gxk 文件数据导入到数据库中,所有文件挂在树的当前选中节点下,同时为每一个文档新建一个版本。系统管理员用户可以对除分类树根节点外的所有分类树节点进行此操作;普通用户只能对授权节点进行此操作。

右键选中需数据入库的节点,在弹出的右键菜单中选择〈批量入库〉菜单项,此时会弹出如图 4.19 所示的对话框,在对话框中选择中工艺文件所在的文件夹,单击〈确定〉按钮,此时选中文件夹及其下子节点中所有 gxk 文件导入到数据库中,并且按所选文件目录结构生成树节点,工艺文档存放在对应的节点下。

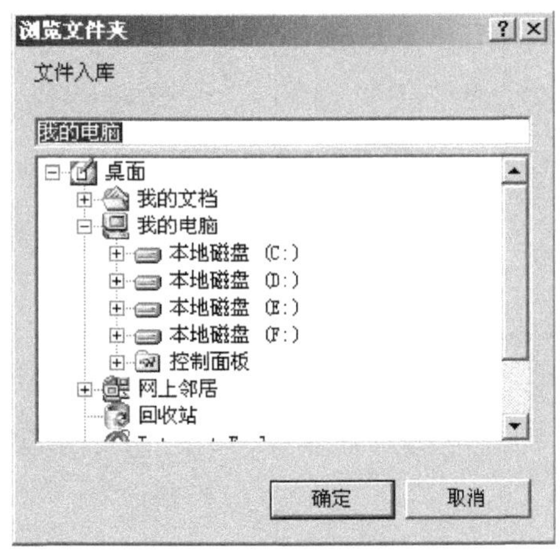

图 4.19

14)BOM 节点展开

利用 KMBOM 展开 KMG、DWG 等文件得到分类树下的产品结构树。此功能只有普通用户对于授权节点可以进行操作。右键选中所需节点，在弹出的右键菜单中选择〈BOM 节点展开〉菜单项，会弹出如图 4.20 所示的对话框，选择节点展开依据的文件类型，指定装配图，添加图纸目录。确认后，在选中的节点下生成了对应的产品结构树。具体配置见 BOM 配置说明。

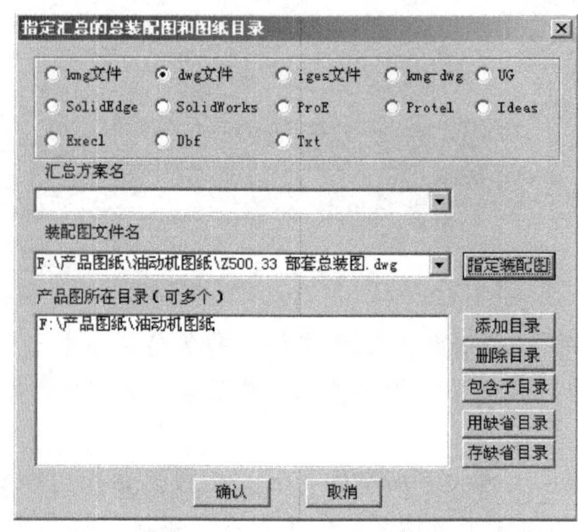

图 4.20

注意:BOM 展开时自动将同代号节点形成节点文档共用关系。

15)数据汇总

此功能只有普通用户对于授权节点可以进行操作，可在产品结构树上汇总各种明细报表。右键选中所需节点，在弹出的右键菜单中选择〈数据汇总〉菜单项，即会弹出如图 4.21 所示的对话框，选择所需的 BOM 文件，输入数据输出文件名，单击〈确定〉即可。具体配置见 BOM 配置说明。

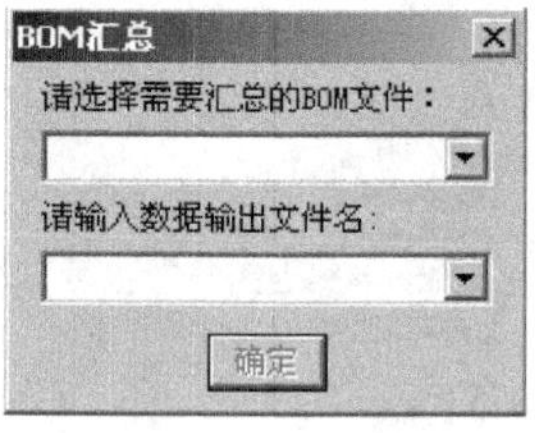

图 4.21

16)计算总数量

此功能用于统计产品设计中同一零件(或部件)的数量。选中某一产品的第一级节点，点击右键，在弹出的右键菜单中选择〈计算总数量〉菜单项，然后点〈刷新〉按钮，此节点下的所有子孙节点的“总数量”属性自动填上汇总的数值。

4. 节点属性区

无论是系统管理员还是普通用户，对于节点属性区的属性名都是没有更改权限的，但可以根据用户的需求在数据库中配置，用户可以对属性名对应的属性值进行修改并保存，另外通过 BOM 展开可以将 CAD 图纸中的信息自动填入节点属性中，如图 4.22 所示。

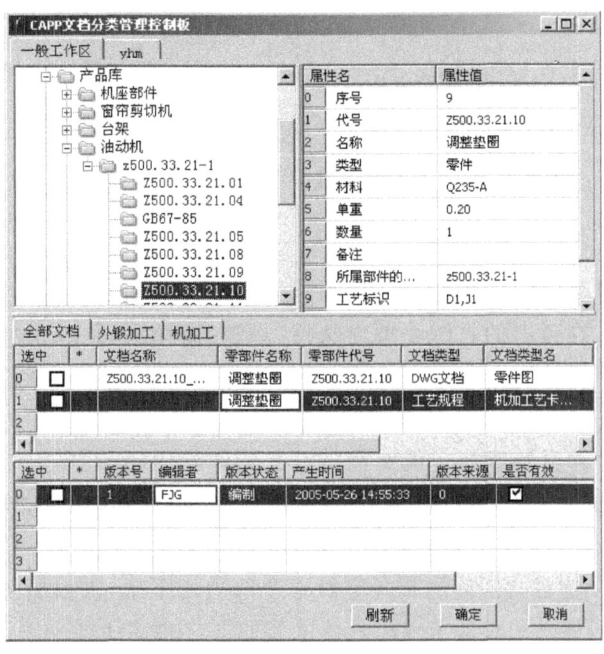

图 4.22

在图 4.22 选中节点下创建一个工艺文档，在工艺文档下添加一个版本，编辑此版本，工艺表格的零整组件代号、零整组件名称、材料公有单格中会自动填入节点的相应属性值，如图 4.23所示。

QJ903.12A-95 格式1

工艺卡片		产品代号	零整组件代号		零整组件名称		工艺文
			Z500.33.21.10		调整垫圈		
材料	Q235-A		坯料尺寸		一件坯料可制件数		备注
工序号	名称及内容				设备		工艺装备

图 4.23

5. 文档信息区

要编辑一个零件的工艺，首先要在零件节点下添加一个工艺文档，然后必需选一个工艺规程类型，其他属性可以根据需要填写相应的内容或者不填写内容，其中产品名称、产品型号、零部件名、零部件图号可能与工艺卡片上的相应工艺信息进行互相传递。添加工艺文档后，要添加一个版本才能正式编辑工艺文件，具体操作参见“版本信息区”。根据工艺文档的钩选状态，文档区内的右键菜单不一样，如图 4.24 所示。

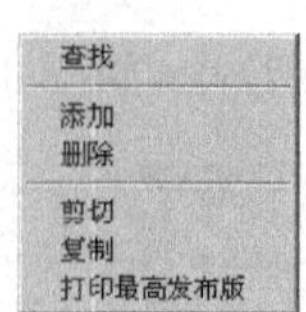

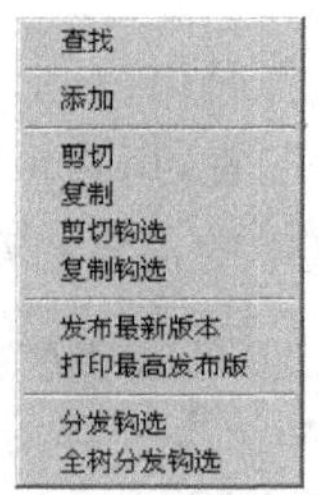

（没有钩选文档时的右键菜单）（钩选文档后的右键菜单）

图 4.24

1)添加

执行此功能,系统将会在文档信息区中添加一条新的文档信息。具体操作方法如下:在文档信息区中单击右键,在弹出的右键菜单中选择〈添加〉菜单项,此时在文档信息区中即会添加一条新的文档信息。

2)删除

执行此功能,系统将会删除指定的文档信息。具体操作如下:在文档信息区中选中需删除的文档信息,单击右键,在弹出的右键菜单中选择〈删除〉菜单项,这样即可将选中的记录删除。

3)剪切

剪切功能可将一个选定文档连同其所有版本全部剪切下来,供粘贴使用。该功能支持从一个节点剪切文档信息后粘贴到其他节点。具体操作如下:在文档信息区中选中需剪切的文档,单击右键,在弹出的右键菜单中选择〈剪切〉菜单项,即可将选中的文档信息剪切,等待粘贴。

4)复制

复制功能可将一个选定文档连同其所有版本全部复制下来,供粘贴使用。该功能支持从一个节点复制文档信息后粘贴到其他节点。具体操作如下:在文档信息区选中需复制的文档,单击右键,在弹出的右键菜单中选择〈复制〉菜单项,复制文档信息等待粘贴。

5)粘贴

粘贴功能将会把最后一次剪切或复制的数据粘贴到指定位置。在文档信息区选中需粘贴文档信息的位置,单击右键,在弹出的右键菜单中选择〈粘贴〉菜单项即可。此功能只能在执行了“剪切”或“复制”功能后才可执行。

6)复制钩选

此功能与复制功能相似,不同的是它可以一次复制同一节点下的多个工艺文档。具体操作如下:进入文档信息区,在“选中”列选中要复制的多个工艺文档,单击右键,在弹出的右键菜单中选择〈复制钩选〉菜单项,复制的文档信息等待粘贴。

7)剪切钩选

此功能与剪切功能相似,不同的是它可以一次剪切同一节点下的多个工艺文档。具体操作如下:进入文档信息区,在“选中”列选中要剪切的多个工艺文档,单击右键,在弹出的右键菜单中选择〈剪切钩选〉菜单项,剪切的文档信息等待粘贴。

8)发布最新版本

在文档信息区中选中一个工艺文档,单击右键,在弹出的右键菜单中选择〈发布最新版本〉

菜单项，则将最新的版本发布。

9）打印最高发布版

在文档信息区中选中一个工艺文档，单击右键，在弹出的右键菜单中选择〈打印最高发布版〉菜单项，将调用打印中心，打印已发布版本中最高的版本，如图 4.25 所示。如果选中的工艺文档中没有已发布的版本，系统会给出提示。

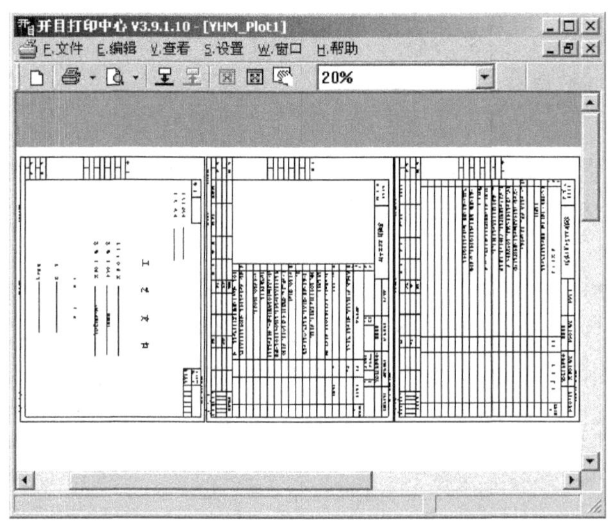

图 4.25

10）分发钩选

此功能同文档分发功能相似，不同的是只将钩选的文档进行分发。

11）全树分发钩选

此功能同文档全树分发功能相似，不同的是只将钩选的文档进行分发。

12）查找

此功能可以启动查找界面，在文档信息区中从当前选中列开始，按用户指定的查找方式和查找内容查找数据库中所有的文档信息并定位为当前行。

具体操作方法如下：在文档信息区中单击右键，在弹出的右键菜单中选择〈查找〉菜单项，此时系统会弹出如图 4.26 所示的查找界面，输入查找内容，选择查找方式，单击〈查找下一个〉按钮即可。

图 4.26

6. 版本信息区

1）添加版本

为当前文档添加一个新的版本。具体操作如下：在版本信息区单击右键，在弹出的右键菜单中选择〈添加版本〉菜单项，此时即会在版本信息区中添加一个新版本。如果选中某个版本后执行的此功能，则新添加的版本将以选中版本为蓝本。

2)编辑

用户在 CAPP 中打开文档进行编辑，如果用户没有检出该文档版本，则会自动检出。选中需编辑的文档版本，单击右键，在弹出的右键菜单中选择〈编辑〉菜单项，随后所选文档版本会在 CAPP 中打开，用户可对其进行编辑(在 2.2 节中详细介绍工艺内容的编辑方法)。

3)保存

此功能将把用户当前编辑的结果保存到数据库中，但并不修改当前文档版本的用户独占状态。选中需保存的文档版本，单击右键，在弹出的右键菜单中选择〈保存〉选项，此时选中文档版本的编辑结果即可被保存。

4)打印

在版本信息区选中需打印的文档版本，单击右键，在弹出的右键菜单中选择〈打印〉菜单项，即可进入打印中心对选中文档进行打印。

5)文件出库

文件出库功能将按数据库中的文档版本数据生成本地文件，根据文档类型，工艺信息可输出为 GXK 文件或 XML 文件，工艺文档则可输出为 KMG 文件或 XML 文件。

具体操作如下:选中需出库的文档版本，单击右键，在弹出的右键菜单中选择〈文件出库〉菜单项，随后会弹出如图 4.27 所示的对话框，正确输入文件名和文件保存类型，单击〈保存〉按钮即可。

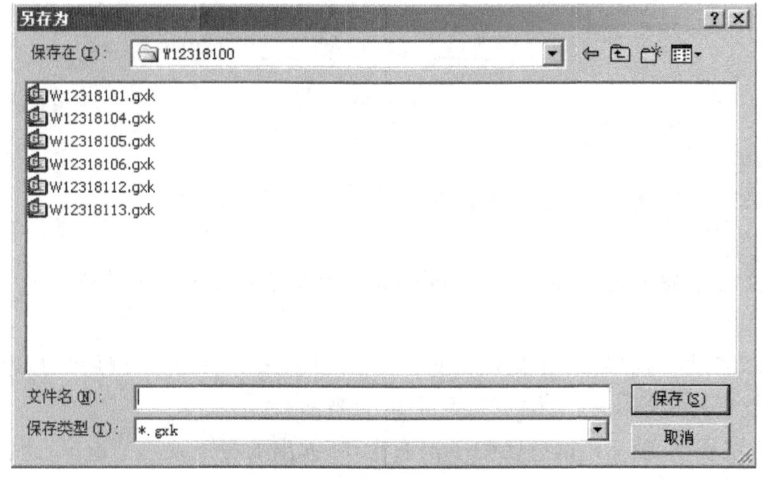

图 4.27

6)浏览

启动功能将启动浏览界面，显示当前选中版本的工艺信息。选中需浏览的版本记录，单击右键，在弹出的右键菜单中选择〈浏览〉菜单项，此时即会弹出如图 4.28 所示的浏览界面，显示当前选中版本的工艺信息。

7)检出

检出功能将标识选中文档版本被当前用户独占，其他用户不能编辑该文档版本的数据。选中版本信息区中需检出的版本，单击右键，在弹出的右键菜单中选择〈检出〉菜单项，此时版本信息区的选定版本记录的“编辑者”字段中会自动填入当前登陆用户的用户名，如图 4.29 所示。

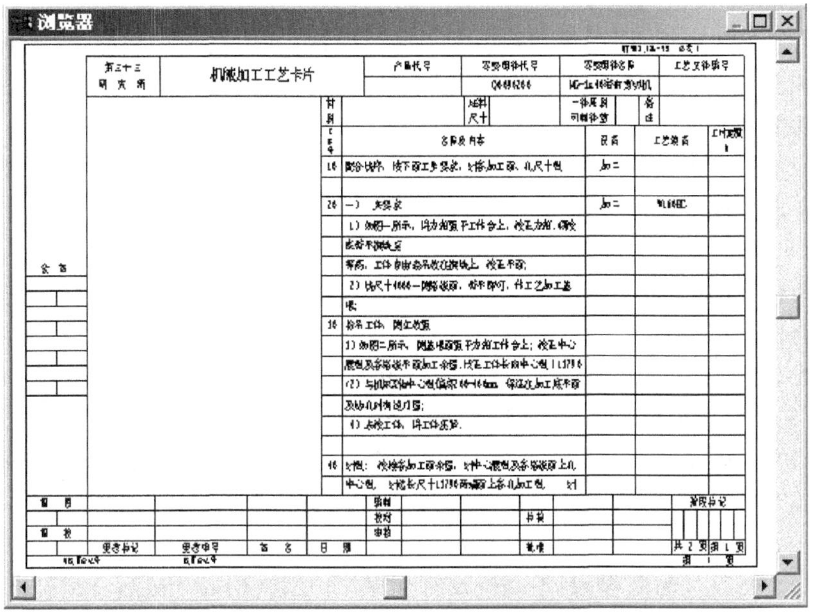

图 4.28

注意：只有编辑状态的版本才能检出，发布状态的版本不能检出。

选中		*	版本号	编辑者	版本状态	产生时间	版本来源	是否有效
0	☐		1	FJG	编制	2005-05-18 17:12:21	0	☑
1								
2								
3								
4								

图 4.29

8)检入

检入功能执行后，标识着该文档版本不再被独占，其他用户可以检出，编辑该文档版本的数据。选中需检入的文档版本，单击右键，在弹出的右键菜单中选择〈检入〉选项，此时选中文档版本即可被检入，检入后，编辑者一栏的值将自动变为空，如图 4.30 所示。检入时，若当前用户正在编辑，则保存用户当前编辑的结果，并关闭文档。

选中		*	版本号	编辑者	版本状态	产生时间	版本来源	是否有效
0	☐		1		编制	2005-05-26 16:52:44	0	☑
1								
2								
3								
4								

图 4.30

9)取消检出

取消检出功能执行后,标识该文档版本不再被独占,其他用户可以检出,编辑该文档版本的数据。它与检入功能不同之处在于,若用户当前正在编辑,则不保存编辑结果直接关闭文档。而检入功能是保存当前编辑结果并关闭文档。

选中需取消检出的文档版本,单击右键,在弹出的右键菜单中选择〈取消检出〉选项,此时选中文档版本即可被取消检出。

10)转下一阶段

在用户角色管理中,定义了用户对文档类型的操作流程,如针对"机加工工艺规程",定义了某一用户的操作流程为:编制→校对→审核。每一个流程点称之为阶段。当工艺文件某一版本编制完成,需要转向校对阶段时,可选中该版本,选择右键菜单中的〈转下一阶段〉,此时版本状态显示"校对",再编辑工艺文件时,可对工艺文件进行批注。同样操作,可将该版本转向审核阶段。当文档版本处于校对阶段时,可以重新转到编制阶段(具有审核角色的用户才能转移),选择右键菜单中的〈转到〉→〈编制〉即可。

11)发布

假定一个文档经过的流程为:编制→校对→审核。当文档处于最后一个阶段,并且处于检入状态,可将文档发布。文档处于最后一个阶段,而文档被检出的时候,文档版本上的右键菜单是没有〈发布〉菜单项的。

选中需发布的文档版本,单击右键,在弹出的右键菜单中选择〈发布〉菜单项,随后版本状态由"编辑"状态变为"已发布"状态,如图 4.31 所示。

	选中	*	版本号	编辑者	版本状态	产生时间	版本来源	是否有效
0	☐		1	FJG	已发布	2004-08-29 17:49:23	0	☑
1	☐		2		编制	2004-08-29 17:49:23	1	☑
2								
3								
4								

图 4.31

注意:只有文档处于最后一个阶段时才能发布文档,且发布时文档必须处于检入状态。

12)版本提取

当某一个工艺版本发布后,要用此工艺版本的工艺内容创建一个新的工艺文档时,此功能非常有用,因为工艺文档中只要有一个版本发布了,其中的关键信息(图号、名称)将不能修改,所以用复制的方式无法借用其工艺内容产生一个新的工艺文档,而用户很多情况下工艺内容的重用性很高,可能只要修改一下工艺的关键信息及少许内容,就是一个新工艺文档。用"版本提取"和"版本创建"就能很好的解决此问题。

操作方法为:选中需要的文档版本,单击右键,在弹出的右键菜单中选择〈版本提取〉选项,选好要创建文档的节点,将光标点入文档信息区,单击右键,在弹出的右键菜单中选择〈版本创建〉菜单项,一个新的工艺文档就生成了。

13)版本历史

数据库中记录了一个版本的所有操作过程,如编辑人、校对人、打印人及其操作时间,保证了数据的安全性和可追溯性。选中一个版本,单击右键,在弹出的右键菜单中选择〈版本历史〉

菜单项,弹出如图 4.32 所示的对话框,里面记录了对此版本的所有操作记录。

文档操作记录

	操作时间	用户	操作	备注
0	2004-11-16 14:38:07	FJG	版本检出	
1	2004-11-16 14:38:09	FJG	编辑文档	
2	2004-11-16 14:40:32	FJG	版本检入	
3	2004-11-16 14:40:32	FJG	数据保存	
4	2004-11-16 14:40:34	FJG	转到工时定额	
5	2004-11-16 14:40:36	FJG	版本检出	
6	2004-11-16 14:40:37	FJG	编辑文档	
7	2004-11-16 14:41:00	FJG	版本检入	
8	2004-11-16 14:41:00	FJG	数据保存	

图 4.32

14)删除版本

删除指定的文档版本。选中需删除的文档版本,单击右键,在弹出的右键菜单中选择〈删除版本〉选项,此时选中文档版本即可被删除。

注意:只有没有被检出和发布的版本才能被删除。

15)查找

此功能同文档信息区的“查找”功能。

7. 个人工作区

用户可创建属于自己的工作空间,把自己要处理的同类工艺文档放在此区域中,集中进行编辑,提高工作效率。

1)创建个人工作区

选择一个有权限的节点,单击右键菜单中的〈添加工作区〉菜单项,此时会弹出如图 4.33 所示的“工作区属性”对话框,在此对话框中正确输入所需信息,即可成功添加一个个人工作区。

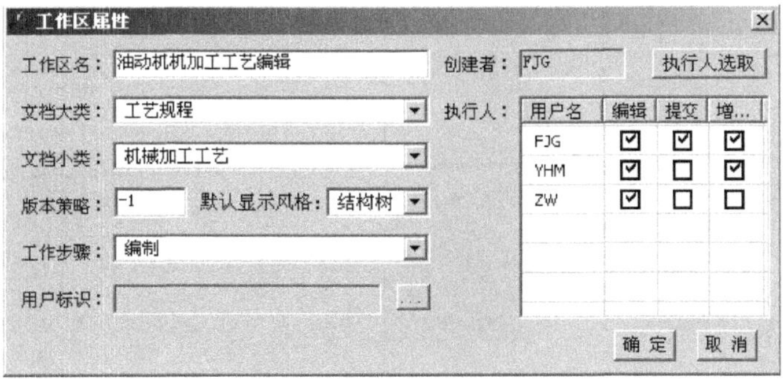

图 4.33

(1)个人工作区属性管理对话框的填写。

工作区名：由用户自定义填写。

文档大类：用户可在下拉框中的备选项中进行选择。备选项有：工艺规程、CAD 文档、DOC 文档、DWG 文档、位图文件、文本文件，用户可以根据需要进行选择。

文档小类：该项用户也可在下拉框中的备选项中进行选择。备选项根据文档类型所选的不同而有所不同。如文档大类为工艺规程，文档小类下拉框中显示的是配置的各种工艺规程。

版本策略：如填写－1，则表示最大版本，填写其他数字，如 1，2，…，表示 1 号版本、2 号版本……该项和文档大类型、文档小类、工作步骤共同决定了在个人工作区将对何类型文档和文档的版本加标识“＊”。

默认显示风格：有结构树和网格两种方式供选择。

工作步骤：用户可在该项的下拉框中的备选项中进行选择，备选项根据所选文档大类型和文档小类的不同而不同。

用户标识：用户可通过单击“用户标识”右侧的…按钮，在弹出的对话框中进行选择。此项也可不填，如果不填此项，添加的个人工作区中无信息，用户需手动添加节点到个人工作区中。

标识结点：系统会根据用户选中的节点自动添加。如用户未选择用户标识，则系统将不自动填写该项。

点击图 4.33 对话框右边的〈执行人选取〉按钮，弹出图 4.34 所示的对话框，可选取此个人工作区操作的人员。

确定后，返回到图 4.33 所示的对话框，右边用户名后的小方框为空，可设置各个用户对此工作区内的文档是否有编辑权，是否能提交文档（一般情况下，只能指定一人提交），是否有增加节点权限。

根据图 4.33 所示的设置创建的个人工作区只有根节点“工作区树”，选中此节点，选择右键菜单（如图 4.35 所示）中的〈加入工作区〉，会弹出如图 4.36 所示的对话框，可在整个结构树中选择节点加入，也可从其他个人工作区中选择节点加入；可以只加入选中的节点，也可将选中节点及其分支全部加入。

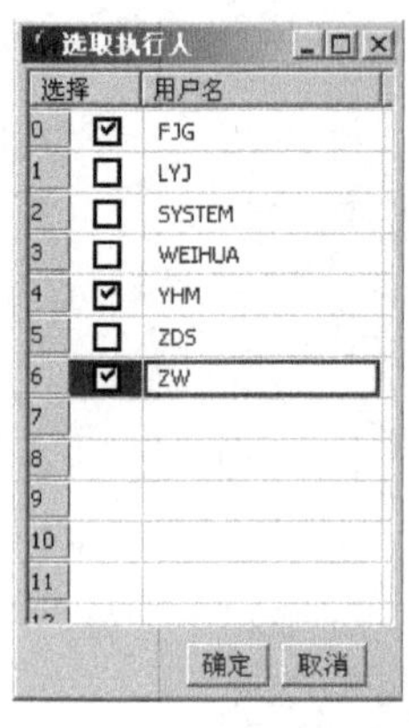

图 4.34

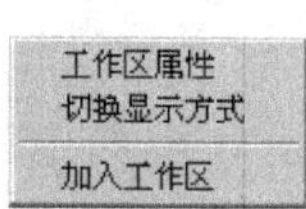

图 4.35

图 4.36

在图 4.36 中选择节点“油动机”，添加方式选“分支”，点击〈添加〉按钮，占击〈确定〉后，个人工作区显示如图 4.37 所示，显示方式与“一般工作区”一致。

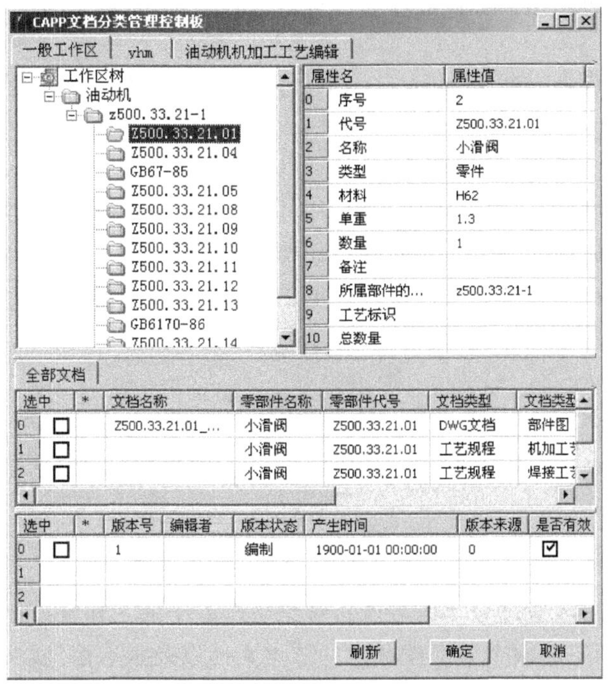

图 4.37

个人工作区也可以按网格方式显示，选择图 4.35 中的〈切换显示方式〉，可在结构树和网格两种方式下切换显示，图 4.38 是网格显示方式。

CAPP文档分类管理控制板

一般工作区　yhm　油动机机加工工艺编辑

	索引	结点名	序号	代号
0	2474	油动机		
1	2475	z500.33.21-1	0	z500.33.21
2	2477	Z500.33.21.01	2	Z500.33.21.01
3	2479	Z500.33.21.04	4	Z500.33.21.04
4	2480	GB67-85	5	GB67-85
5	2481	Z500.33.21.05	6	Z500.33.21.05
6	2482	Z500.33.21.08	7	Z500.33.21.08
7	2483	Z500.33.21.09	8	Z500.33.21.09
8	2484	Z500.33.21.10	9	Z500.33.21.10
9	2485	Z500.33.21.11	10	Z500.33.21.11

全部文档

	选中	*	文档名称	零部件名称	零部件代号	文档类型	文档类型
0	□		Z500.33.21.01_…	小滑阀	Z500.33.21.01	DWG文档	部件图
1	□			小滑阀	Z500.33.21.01	工艺规程	机加工
2	□			小滑阀	Z500.33.21.01	工艺规程	焊接工

	选中	*	版本号	编辑者	版本状态	产生时间	版本来源	是否有效
0	□		1		编制	1900-01-01 00:00:00	0	☑
1								
2								

刷新　确定　取消

图 4.38

对话框的上部分显示用户标识的所有节点，中间部分显示每个节点下的全部文档，下面显示文档的各个版本。

当个人工作区的属性文档大类、文档小类、版本策略、工作步骤和节点下的文档及版本一致时，系统自动为文档和版本加上“ * ”标识，用户可以方便地看到自己需要编辑的工艺文件版本，如 4.38 所示。

(2)个人工作区的编辑。用户可以通过个人工作区中的右键菜单从个人工作区中移出节点和编辑个人工作区属性，如图 4.39 所示。如果移出了个人工作区的节点，但未修改工作区属性，切换工作区后，再次打开此个人工作区页，系统还是按工作区属性设置查找节点添加到个人工作区中。

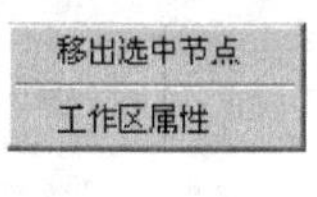

图 4.39

2)删除个人工作区

用户可在一般工作区通过分类树节点右键菜单删除个人工作区。删除个人工作区时只删除个人工作区信息，而不删除个人工作区中的节点文档以及版本信息。

8. 数据清理

在 CAPP 工艺文档管理器器中，普通用户所删除的文档和版本数据并未从数据库中实际删除，而是集中存放在数据清理界面中，由系统管理员统一进行清理。

以系统管理员身份登陆 CAPP 工艺文档管理器界面，右键单击分类树上的任一节点，在弹出的右键菜单中选择〈数据清理〉菜单项，会弹出如图 4.40 所示的废弃数据整理界面。

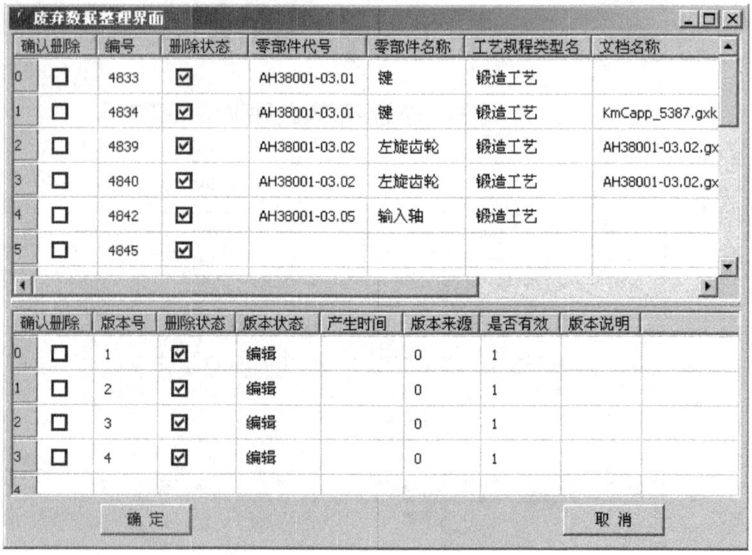

废弃数据整理界面

	确认删除	编号	删除状态	零部件代号	零部件名称	工艺规程类型名	文档名称
0	☐	4833	☑	AH38001-03.01	键	锻造工艺	
1	☐	4834	☑	AH38001-03.01	键	锻造工艺	KmCapp_5387.gxk
2	☐	4839	☑	AH38001-03.02	左旋齿轮	锻造工艺	AH38001-03.02.gx
3	☐	4840	☑	AH38001-03.02	左旋齿轮	锻造工艺	AH38001-03.02.gx
4	☐	4842	☑	AH38001-03.05	输入轴	锻造工艺	
5	☐	4845	☑				

	确认删除	版本号	删除状态	版本状态	产生时间	版本来源	是否有效	版本说明
0	☐	1	☑	编辑		0	1	
1	☐	2	☑	编辑		0	1	
2	☐	3	☑	编辑		0	1	
3	☐	4	☑	编辑		0	1	
4								

确 定　取 消

图 4.40

废弃数据整理界面分为上下两部分。上部是废弃文档整理面板，显示已废弃的文档和有废弃版本的有效文档；下部是指定文档对应的废弃版本整理面板。管理员可以通过取消文档或版本的删除状态来恢复被删除的数据，也可通过设置确认删除来将废弃数据物理的清除掉。

注意：(1)当文档有未被删除的版本时不能删除文档。

(2)确认删除是不可恢复的过程。

第5章　工艺文件编制

开目 CAPP 系统在编制工艺规程时，完全模拟工艺人员编制工艺的习惯和过程，首先填写零部件的基本信息，然后确定加工顺序及工序内容，接着制定具体的工步内容，包括工序简图的绘制、工艺装备的选择、切削参数的选定等。在工艺文件设计过程中涉及到工序的增加、删除、交换、插入等操作。在工艺规程内容编制方面，系统提供的功能主要包括：

(1)拟订工艺路线，生成工艺过程卡；

(2)从 Access、Excel、Foxpro 数据库中引入零件的工艺路线；

(3)添加、插入、交换封面和工艺文件附页；

(4 在工艺路线中，允许申请工序卡，并把工艺过程卡中的内容自动填写到工序卡里；

(5)增加、插入、交换和删除工序；

(6)自动生成工序附页；

(7)工艺表格填写时，可以查询工艺数据库；

(8)绘制工艺简图；

(9)更改封面、工艺文件附页、工序卡的格式；

(10)可以插入多种格式的图形和图象；

(11)工艺文件的页码有多种编排方式。

本章主要介绍以下内容：

5.1 节简要介绍开目 CAPP 界面中菜单和工具条按扭的功能。

5.2 节详细介绍表格填写工具及操作方法，包括特殊字符、特殊工程符号的填写及如何使用工艺资源库查询填写。

5.3 节介绍工艺规程内容编制，包括如何填写封面、过程卡、工序卡，以及工艺文件页码的编排方式。

5.4 节介绍技术文档的编辑方法。

5.5 节介绍角色签字功能。

5.1　开目 CAPP 界面介绍

开目 CAPP 主界面如图 5.1 所示。

该界面分为四个区：菜单区、库文件显示区、工艺文件显示区、信息区。

库文件显示区有三个属性页供选择：工艺资源库、工艺库文件、选项列表，显示区域的大小可调整。

在工艺编制中有两种状态：表格填写状态和绘图状态，在这两种状态下用户界面有所不同，进入表格填写状态由工具条上的实现，进入绘图状态由工具条上的实现。下面分别介绍在两种状态下的界面。

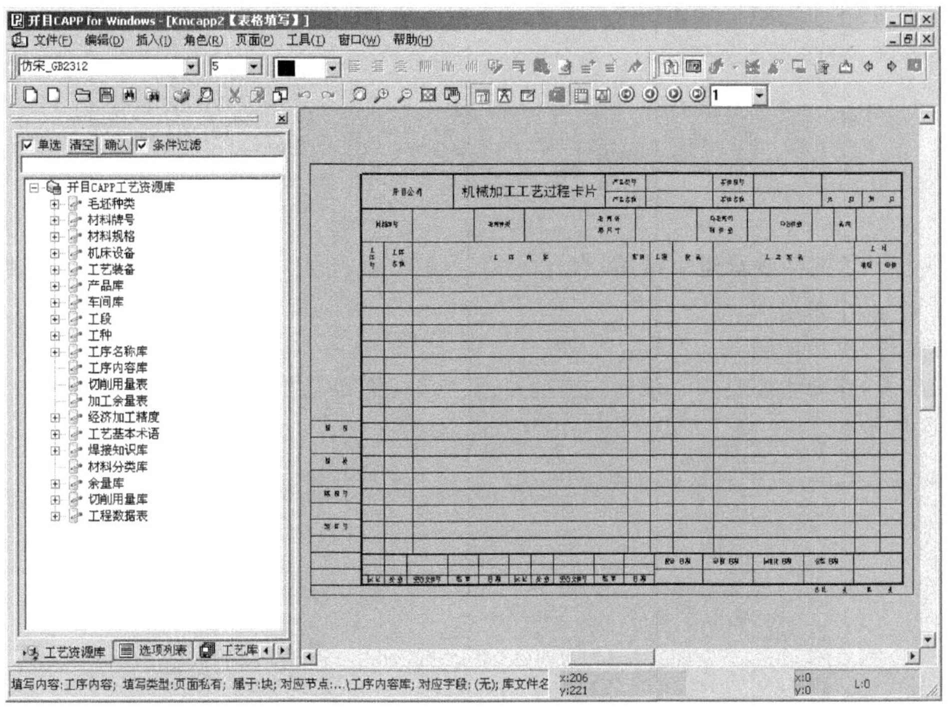

图 5.1

1. 表格填写状态

(1) 在刚进入开目 CAPP 系统，未打开文件或未新建文件时，系统有〈文件〉、〈工具〉、〈窗口〉、〈帮助〉四个菜单项。

①〈文件〉菜单主要用于工艺文件的新建、打开、保存和打印，其下拉菜单如图 5.2 所示。

②〈工具〉菜单主要用于文件批量转换、查找工艺文件、检索典型工艺及系统设置，其下拉菜单如图 5.3 所示。

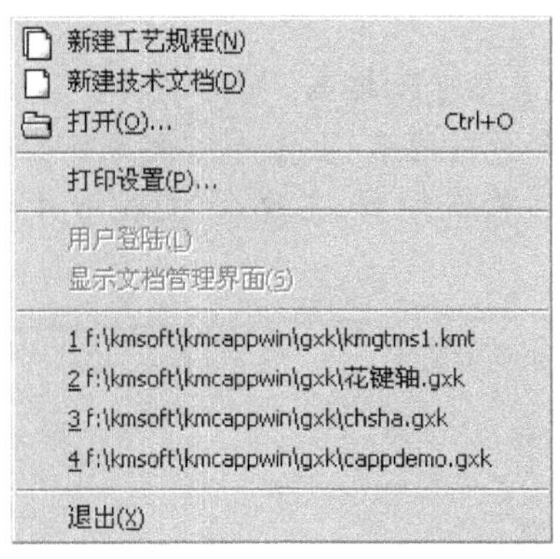

图 5.2

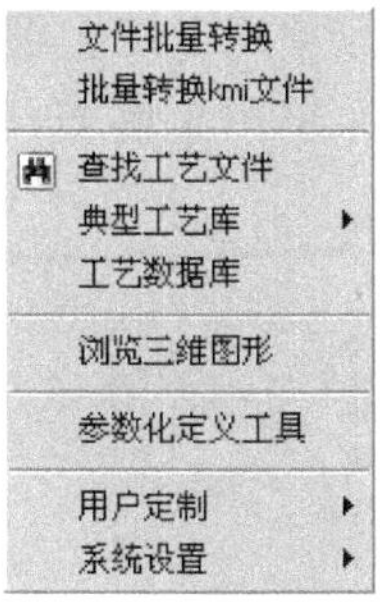

文件批量转换
批量转换kmi文件
查找工艺文件
典型工艺库
工艺数据库
浏览三维图形
参数化定义工具
用户定制
系统设置

图 5.3

③〈窗口〉菜单主要用于工具栏、状态栏和工艺资源管理器的显示和隐藏，其下拉菜单如图 5.4 所示。

④〈帮助〉菜单为用户在使用过程中提供帮助信息，其下拉菜单如图 5.5 所示。

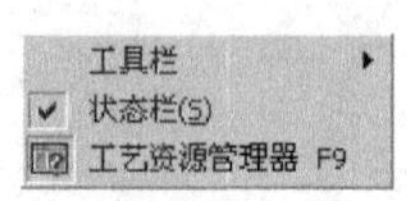

图 5.4

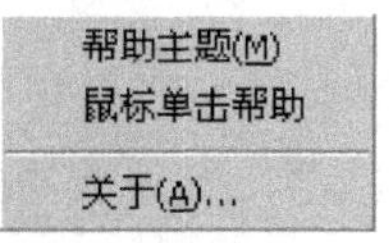

图 5.5

(2) 打开了文件或新建文件后，有〈文件〉、〈编辑〉、〈插入〉、〈角色〉、〈页面〉、〈工具〉、〈窗口〉、〈帮助〉八个菜单项。

①〈文件〉菜单如图 5.6 所示。

②〈编辑〉菜单主要是用于填写内容的复制、粘贴，编写工艺路线时的增行和删行，其菜单如图 5.7 所示。

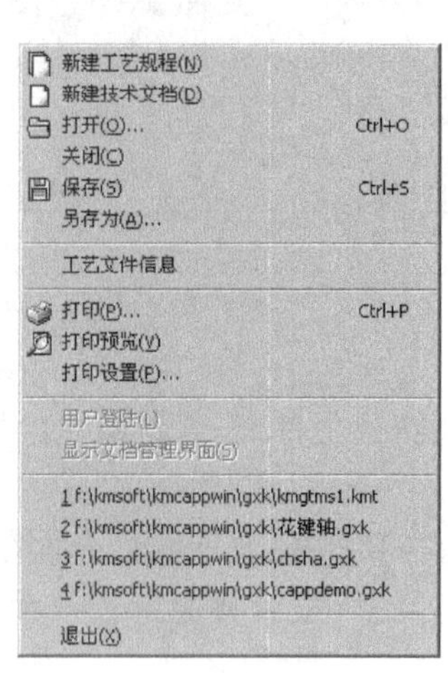

图 5.6

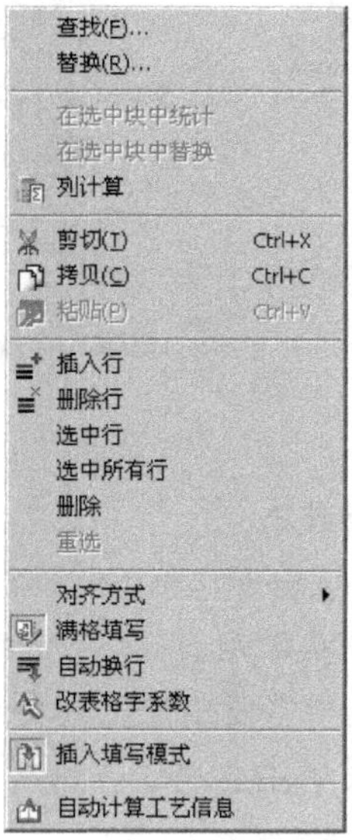

图 5.7

③〈插入〉菜单用于特殊字符、工程符号和工艺参数的输入，其菜单如图 5.8 所示。

④〈角色〉菜单用于工艺编制、审核、会签等角色的签名，其菜单如图 5.9 所示。

⑤〈页面〉菜单用于增加、复制和交换封面、过程卡附页、工序卡，更换卡片格式，其菜单如图 5.10 所示。

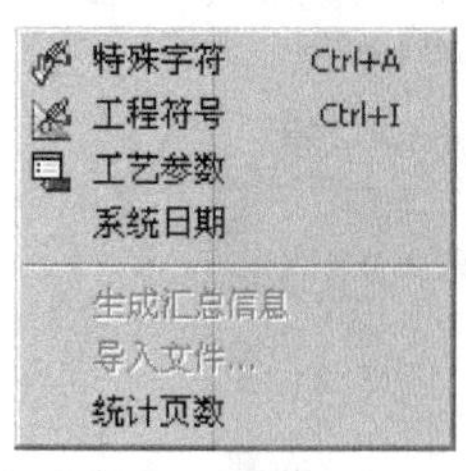

图 5.8

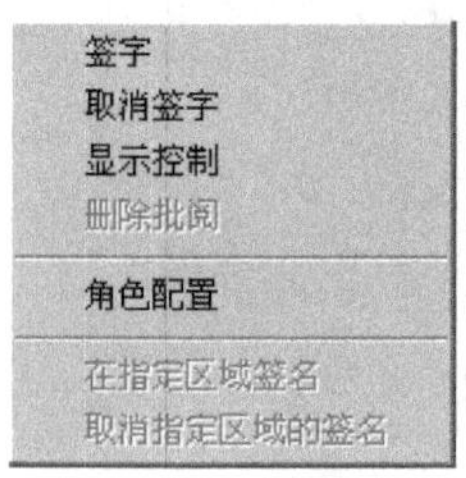

图 5.9

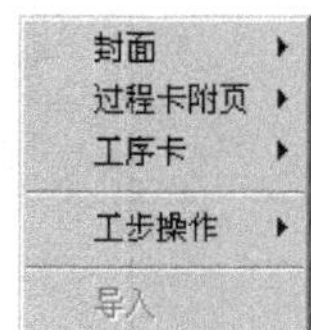

图 5.10

⑥〈工具〉菜单用于查找工艺文件、存储和检索典型工艺、公式计算，在其中的〈选项〉菜单中可设置文件存盘方式、工序排序方式、页码页次编排规律等，如图 5.11 所示。

⑦〈窗口〉菜单用于工具栏、状态栏、工艺资源管理器的显示和隐藏，表格填写、绘图状态和表中区的转换及同时编辑多个工艺文件的显示转换，如图 5.12 所示。

⑧〈帮助〉菜单如图 5.5 所示。

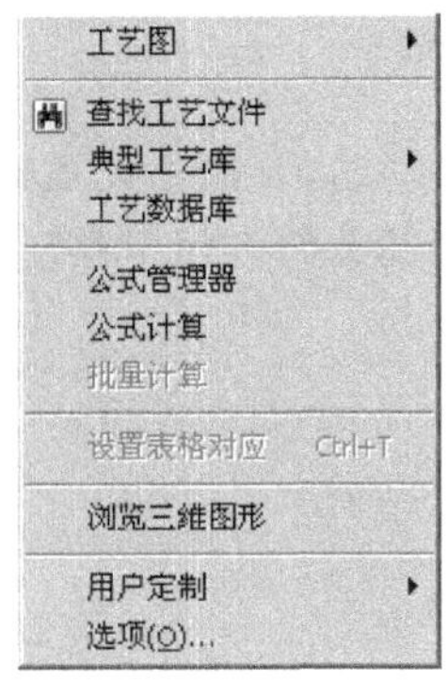

图 5.11

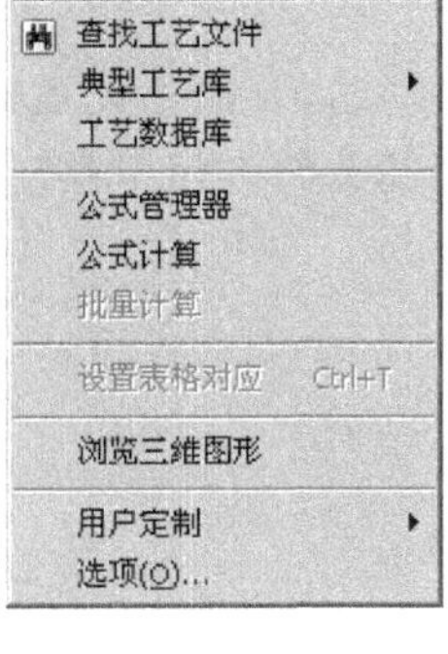

图 5.12

2. 绘图状态

(1)〈文件〉菜单同表格填写状态下的〈文件〉菜单。

(2)〈编辑〉菜单用于图形的移动复制，线型、颜色等的编辑，其下拉菜单如图 5.13 所示。

(3)〈图库〉菜单中包括零件结构、滚动轴承、紧固件、子图库、表格库、夹具符号库等，如图 5.14 所示。

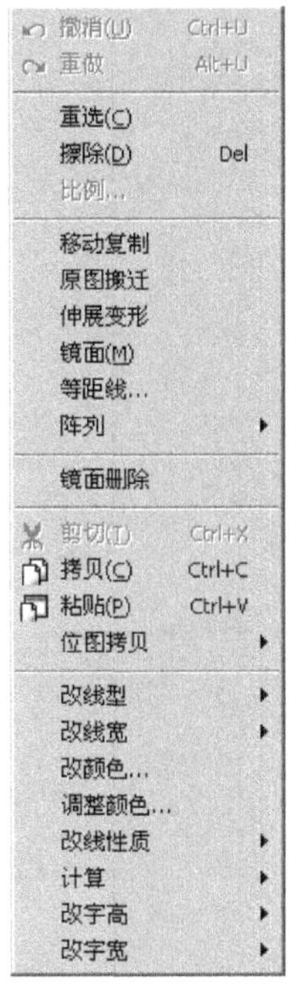

图 5.13

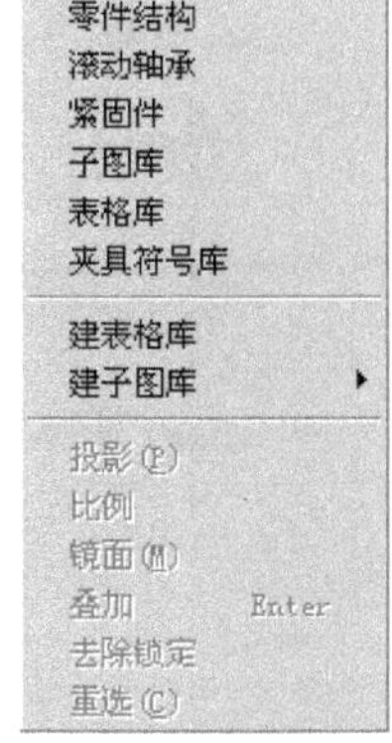

图 5.14

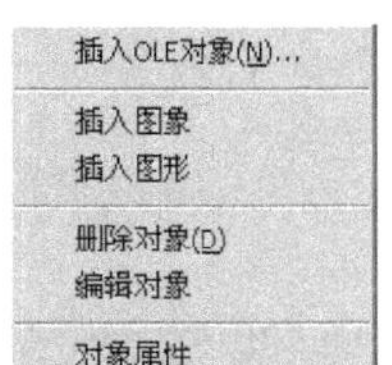

图 5.15

(4)〈对象〉菜单用于在工艺文件中插入图像和图形文件，可动态链接产生图象或图形的应用软件进行编辑；可插入 OLE 对象，包括 DWF 图形、EXCEL 图表、WORD 文档、写字板文档、位图图像等。菜单如图 5.15 所示。

(5)〈工具〉菜单类似表格填写状态下的〈工具〉菜单，可在其中的〈选项〉菜单中设置线的颜色、背景颜色、导航等。

(6)〈窗口〉菜单同表格填写状态下的〈窗口〉菜单。

(7)〈帮助〉菜单如图 5.5 所示。

在菜单区的下方有两排工具条，它们的位置是可以移动的，方法是用鼠标左键点中某工具条不放，移动鼠标到合适的位置后松开即可。将光标在工具条的按钮上移动时，在按钮下方会显示该按钮的功能，同时在屏幕的左下角位置有详细的说明。

各按钮的功能介绍如下：

:新建工艺规程　　:新建技术文件

:打开已有文件　　:保存文件

:查找工艺文件　　:检索典型工艺

:输出正在编辑的文件　　:打印预览

:剪切　　:复制

:粘贴　　:撤消上一步操作

:重新执行撤消的操作　　:窗口放大

:图形放大　　:图形缩小

:图纸全屏显示　　:移动图纸

:进入表格填写界面　　:进入绘图界面

:进入表中区填写　　:进入封面填写

:进入过程卡填写　　:进入工序卡填写

:到首页　　:向前翻页

:向后翻页　　:到末页

1 :指定页面

5.2 表格填写工具及其操作

单击工具条上的按钮，可进入表格填写状态，此时光标变为“ I ”，在此状态下，可进行工艺内容的编辑。

在表格填写状态后，当光标处于表格的相应位置时，其表格定义的内容就可显示在屏幕下方信息提示区。

5.2.1　特殊字符的填写

在工艺规程制订中经常要填写工程符号和希腊字母等特殊符号，开目 CAPP 提供了多种输入方式。

1. 利用键盘输入

尺寸上下偏差：按【Tab】键转换

ϕ：【shift】+【2】

×(乘号)：【shift】+【8】

°(角度)：【shift】+【4】

2. 利用 Windows 提供的汉字输入法

将输入法变为汉字输入方式，鼠标右键单击汉字输入的小键盘，会弹出一个菜单，如图 5.16所示，在这个菜单里可以选择多种特殊符号。

P C 键盘	标点符号
希腊字母	数字序号
俄文字母	数学符号
注音符号	单位符号
拼　音	制表符
日文平假名	特殊符号
日文片假名	

中 五笔型码

图 5.16

3. 利用特殊字符库

开目 CAPP 为方便特殊字符的填写提供了特殊字符库。点击工具条中按扭右边的小箭头，会弹出如图 5.17 所示的特殊字符选择框，直接选择其中的特殊字符即可。

图 5.17

单击〈插入〉菜单中的〈特殊字符〉，或点击工具条中按扭，会弹出如图 5.18 所示的特殊字符选择框，可多次输入特殊字符。

图 5.18

在〈工具〉菜单下的〈设置〉菜单中，“通用功能设置”选项卡中有一项“特殊符号排列锁定”，如果不选中，填写特殊字符时，填写前十个特殊符号后的符号，此符号移至第一位，填写前十个特殊字符中的符号，此符号位置不改变，这样可保证经常使用的符号在前面，方便填写。如果将“特殊符号排列锁定”选中，则填写特殊符号后，特殊符号位置不会改变。

若特殊字符库中的字符不能满足需要，可通过图 5.18 中〈添加〉按钮添加。此时屏幕会弹出一文本编辑对话框要求在其中输入需添加的字符，确认后该字符添加到特殊字符库中。对于库中需要修改的字符，可以先选中此字符，然后再单击〈修改〉按钮，同样还是会在屏幕上弹出一文本编辑对话框，在其中输入正确的字符，确认后即可。删除表中字符的方法是：选中需要删除的字符，单击〈删除〉按钮即可。

5.2.2 特殊工程符号的填写

在表格填写时需要填入各种工程符号，如粗糙度符号、形位公差、形位公差基准、加工面编号、型钢、焊接符号等，还包括材料牌号的分子分母表达方法及其它特殊符号。

与在表格填写时文字输入一样，填写的工程符号可以用键盘上的退格键消去，用【Delete】键删除，还可以用鼠标拖动选择字符块，进行复制、剪切、粘贴。

单击〈插入〉菜单中的〈工程符号〉，或点击工具条中按钮，会弹出如图 5.19 所示的对话框，在其中指定特殊符号类型，单击〈设置参数〉按钮进行设置。

粗糙度类型有 3 种供选择，如图 5.20 所示，粗糙度等级可从下拉框中选取。

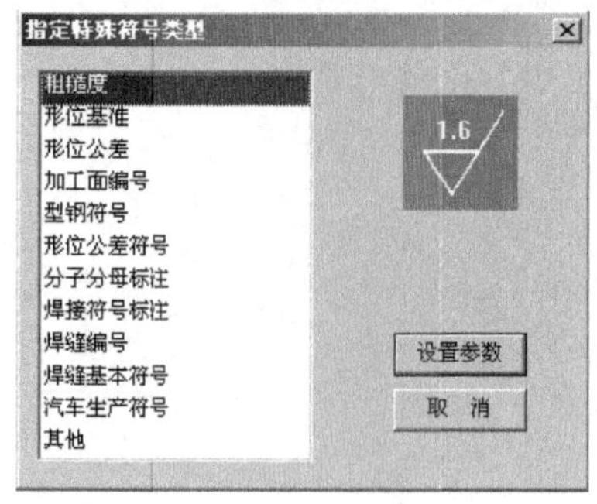

图 5.19

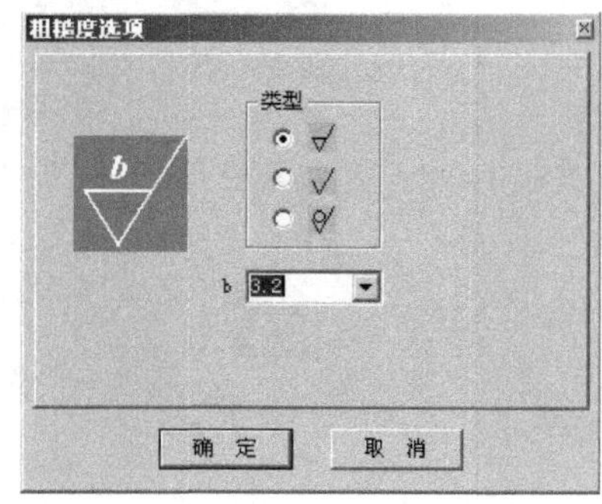

图 5.20

形位基准符号如图 5.21 所示，基准代号可填写 2 个字符。

形位公差符号如图 5.22 所示，通过选择“精度等级”和“主参数”，自动得到公差值。在“基准”输入框中填写基准符号，每个基准符号中可填写 12 个字符。当基准符号为 E、M 时，则 E、M 带圈显示。

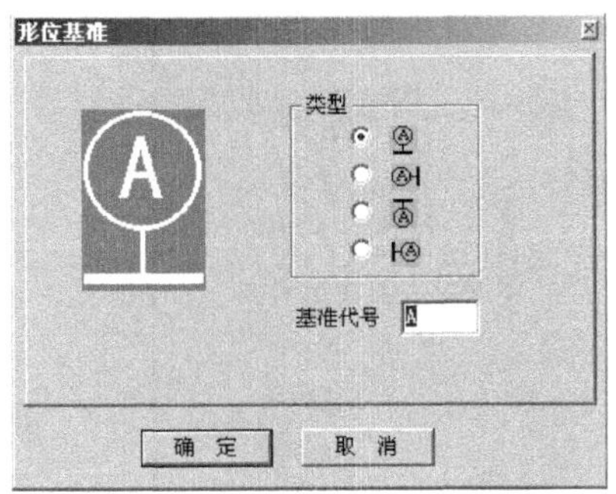

图 5.21

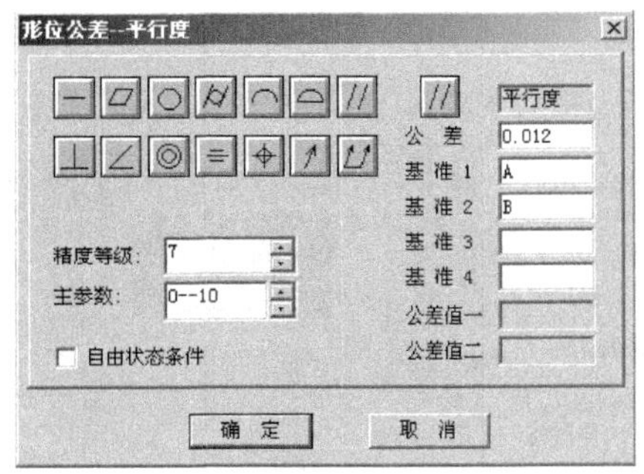

图 5.22

加工面编号设置时，会弹出如图 5.23 所示的对话框，其中加工面编号可以是从 A 到 Z 的英文字母，也可以是从 0 到 99 的数字，或为字母与数字的组合，但字符数不能超过 2 个。

型钢符号中收录了 15 种型钢符号，如图 5.24 所示。

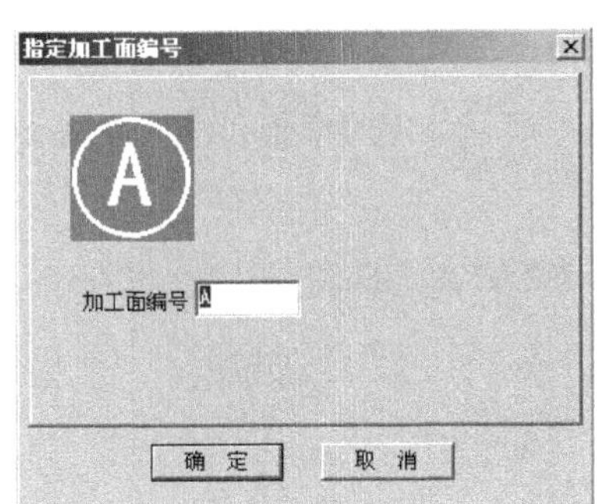

图 5.23

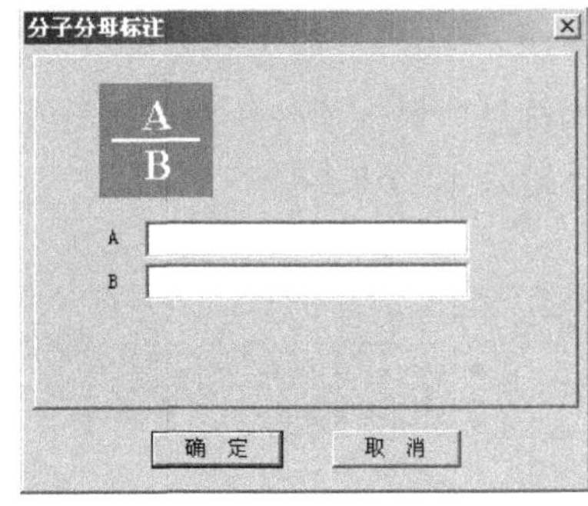

图 5.24

图 5.25 所示对话框用于单独填写形位公差的符号。

分子分母标注系用于材料牌号填写时的特殊表达方法，如图 5.26 所示，分别输入“A”、“B”处填写的内容即可。

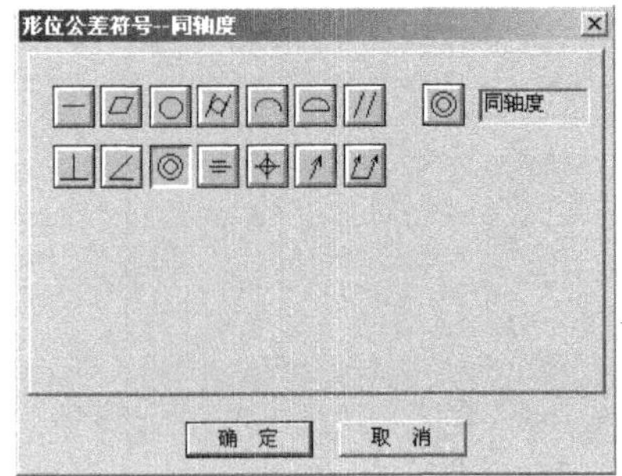

图 5.25

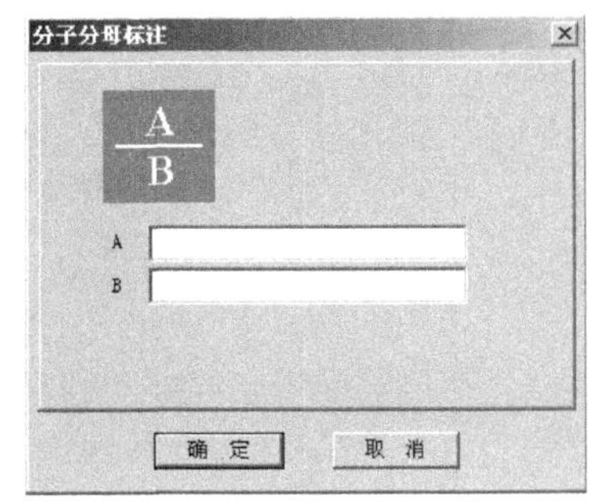

图 5.26

焊接符号标注如图 5.27 所示。用鼠标点中所需的项，系统自动将组合的焊接符号显示在中间较大方块区域中。当有字符要输入时，在对话框右边的 a～e 区的输入框中输入所需字符，会自动放到焊接符号对应的位置。焊接方式有“在箭头侧”、“对称焊缝”和“双面焊缝”3 种，可单击前方的√来选择。选择完毕单击〈确认〉项。若不满意，则可单击〈重选〉按钮来重新选择。

焊缝编号的设置如图 5.28 所示，填写的字符数最多为 4 位。

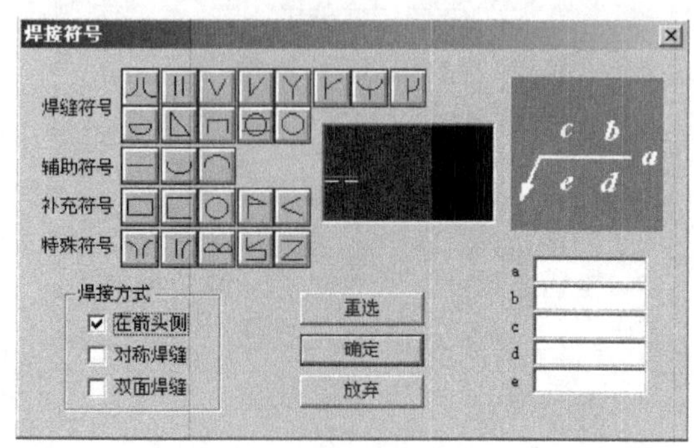

图 5.27

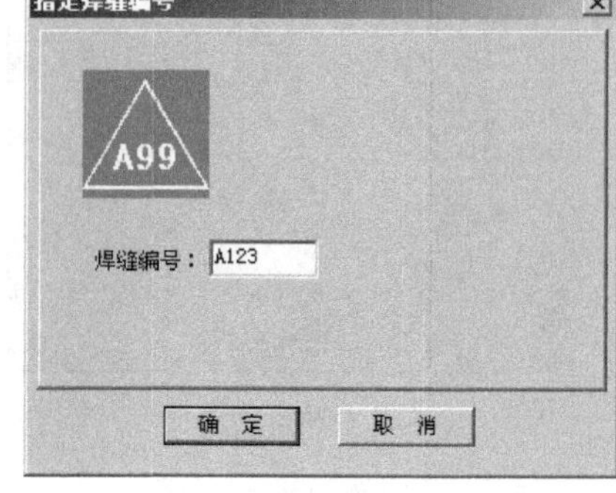

图 5.28

图 5.29 所示对话框用于单独填写焊缝基本符号。

图 5.30 所示对话框中提供了一些汽车生产符号标注。

其他符号中提供了一些特殊符号的填写，如图 5.31 所示。选中因和X，在参数输入框中最多可输入 10 个汉字。

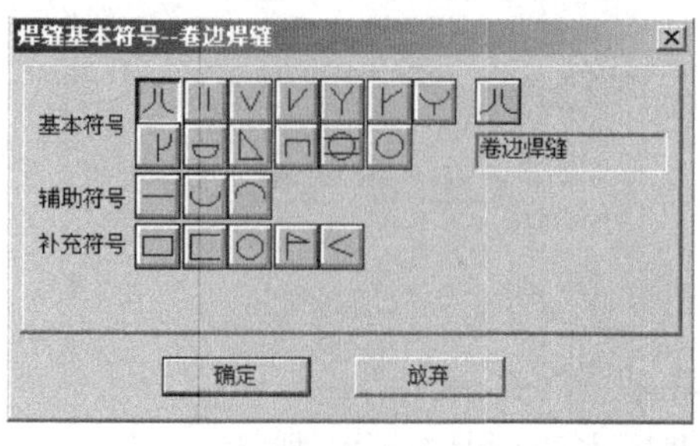

图 5.29

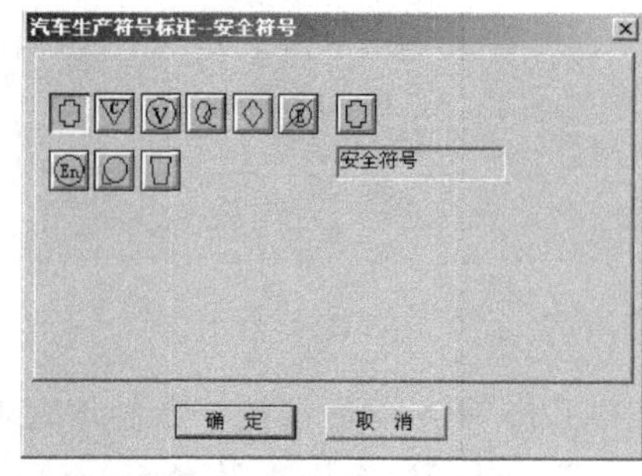

图 5.30

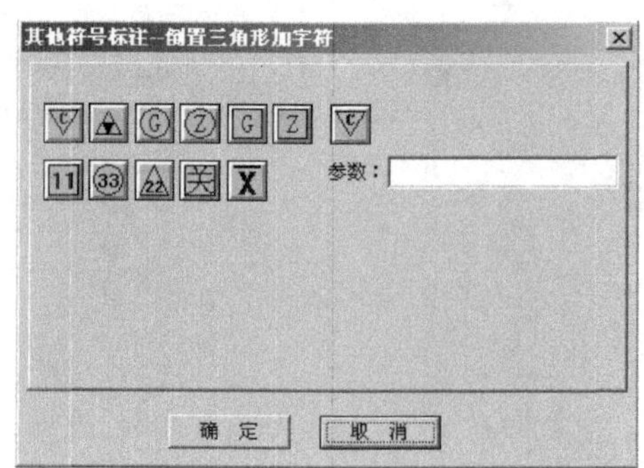

图 5.31

5.2.3 自动填写尺寸公差

开目 CAPP 中提供国标基孔制、基轴制公差带和常用公差配合，可自动查询填写上下偏差值，也可预先浏览国标常用公差带和公差配合，然后选择公差等级。下面以表格填写中填写尺寸公差值 $\phi 200\mathrm{H}7(^{+0.046}_{\ \ 0})$为例，说明具体操作方法。

点击工具条上的按钮，系统会弹出自动填写尺寸公差窗口，如图 5.32 所示。在窗口中，共分六个区域，每个区域的意义分别为：

(1)前缀区：用来写直径尺寸标志“ϕ”、螺纹尺寸标志“M”等尺寸特征符号；

(2)基本尺寸区：用来写尺寸数据，此区域一般只输入数据(不带符号)；

(3)中缀区：可写任意字符，典型的用法是在此区域内输入尺寸公差代号与等级；

(4)上、下偏差区：分别显示查询得到的上、下偏差值；

(5)后缀区：可键入任意字符。

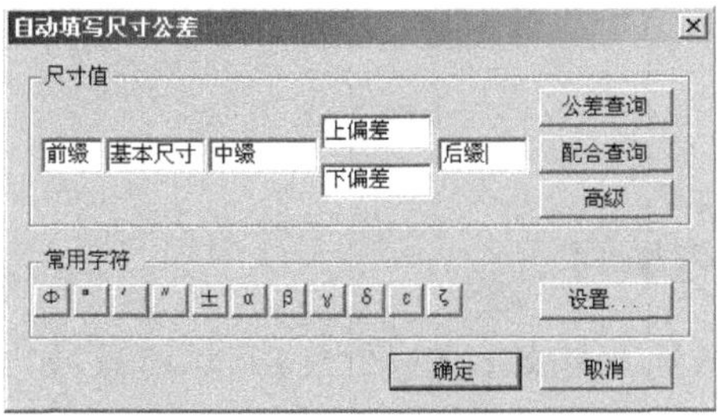

图 5.32

在前缀区输入“ϕ”，在基本尺寸区输入“200”，在中缀区输入“H7”，单击〈公差查询〉按钮，系统会自动查出上、下偏差数值并分别写入上、下偏差区。

如果在中缀区输入“H7/h6”，则单击〈配合查询〉按钮，系统会显示出最大间隙量和最大过盈量。

单击按钮〈高级〉，可浏览国标常用公差带和公差配合，如图 5.33 所示的“公差查询”界面，

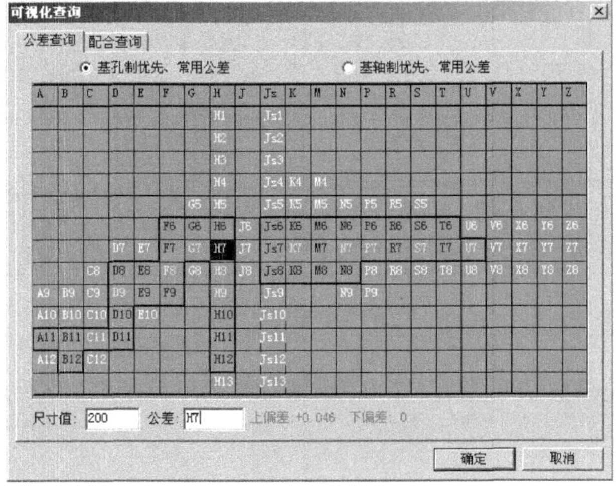

图 5.33

选择公差等级，在对话框下部会显示出上、下偏差值，点击〈确定〉后，公差等级及上、下偏差值会显示在“自动填写尺寸公差”对话框中，如图 5.34 所示。在中缀和后缀区加上小括号，点击〈确定〉后，在表格中会显示出“$\phi 200\mathrm{H7}(^{+0.046}_{\ 0})$”形式。

如果要查询公差配合，可在图 5.33 中切换到“配合查询”界面，选择某一公差配合。表格中填写形式为“$\phi 200\mathrm{H7/h6}$”。

“自动填写尺寸公差”对话框中还设置了〈常用字符〉按钮，可直接选用。常用符号最多可设置 12 个，单击〈设置〉按钮即可进行“常用字符”的添加和修改。

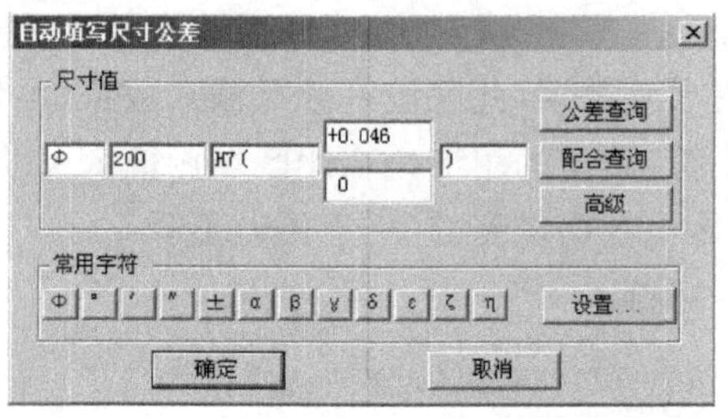

图 5.34

5.2.4 表头区的竖直填写

有的表格表头区填写时，需要将文字逆时针旋转 90°填写，如图 5.35 所示。

装配工艺工序卡片 年										产品型号	产品名称
	零件编号	零件名称	TK6916-50350	ck5350-60351						设备编号	
										设备型号	
										设备名称	
										工具 检具 名称	工具 检具 规格

图 5.35

操作方法为：在单格内填写内容，结束编辑后，再选中此单格，然后点击工具条中的按钮，则可实现竖直填写。

5.2.5　格式编排

1. 对齐方式

在表格填写中，文字的填写格式可用工具栏上的按钮或鼠标右键菜单中的选项。按钮表示分别以区域的左边界、右边界和中间为基准来排列当前字符；按钮表示分别以区域的上边界、下边界、中间为基准来排列当前字符。鼠标右键的弹出菜单具有同样的功能。

2. 字体、字高设置

在工艺内容编排时，字体、字高均按在表格定义中定义的方式填写，并可用工具栏中的字体、字高的复选框来调整。

注意：数字和英文字母亦可按上述方法设置，但在打印输出时可以由用户设置成不同于填写时的字体。如在填写时采用仿宋体，在打印时需要输出字体为黑体，则可在〈工具〉菜单中选择〈选项〉，选择〈数字显示字体〉属性页，如图 5.36 所示。其中有两个选项，第一项是“按右边缺省字体字体输出”，即不管填写时定义的是什么字体，输出时均按右边复选框内的字体输出；第二项是“按实际填写时定义的字体输出”。

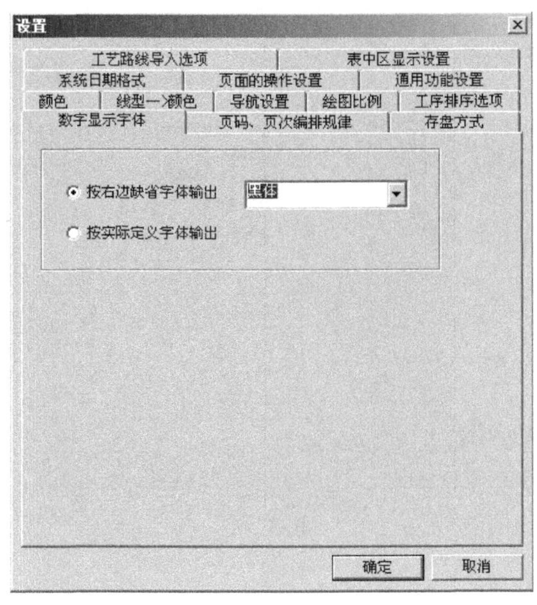

图 5.36

3. 字宽、行宽系数的修改

修改表格字宽、行宽系数可以单击〈编辑〉菜单中〈改表格字系数〉或单击工具条上的按钮，系统会弹出如图 5.37 所示的对话框，可修改表格中文字的字宽、字距、行距、边空大小、上下标显示比例等填写规范。若选中“联合调整”选项，则调整左边空时，右边空同时调整，调整上边空时，下边空同时调整，保证文字清晰。

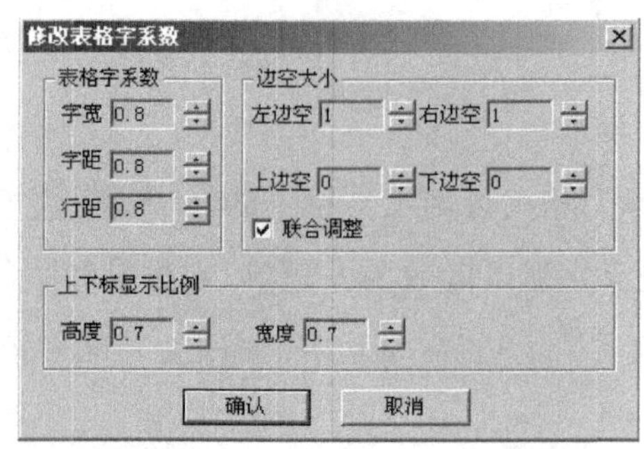

图 5.37

5.2.6 工艺库查询

1. 界面介绍

进入开目 CAPP 后，屏幕左边显示“工艺资源库”窗口，如图 5.38 所示。

图 5.38

该窗口显示与否可以通过〈窗口〉菜单中的〈工艺资源管理器〉或工具条中按钮来确定，也可通过快捷键【F9】操作。该窗口的大小可以改变。将光标移到此窗口的边界，光标的形式变为“↔”后，按住鼠标左键左右移动可调整窗口大小。

在图 5.38 所示“工艺资源库”窗口中，有五个选项卡，第一个是“工艺资源库”，第二个是“选项列表”，第三个是“工艺库文件”，第四个是“特征”，第五个用于工艺文件页面浏览。

下文主要介绍“工艺资源库”的查询填写方法，“工艺库文件”的使用与“工艺资源库”的查询填写方法类似，“特征”和“页面浏览”将在后面章节中介绍。

在“工艺资源库”和“工艺库文件”选项卡的上部，有几个选项按钮，它们的功能分别是：

(1)“单选”：若“单选”前的小方框内打√，则双击所选的库内容会直接填入表格中；若去掉

“单选”前小方框内的√，则双击库内容会填入上面的文本框中，单击〈确认〉按钮，所选内容才会被填入到表格中。

(2)“条件过滤”：此选项用于控制数据表是否按条件过滤显示。若“条件过滤”前的小方框内打√，在填写机加工过程卡中，工序名称填写了“车”，工序内容库只显示工序名称为“车”的记录；若去掉“条件过滤”前小方框内的√，工序内容库显示全部内容。

(3)〈清空〉按钮：用于清空文本框中的内容。

(4)〈确认〉按钮：用于确认文本框中的内容，并将此内容填入表格中。

在表中区，为了增大编辑区域，可将左边资源管理器界面关闭，在需要使用时，按【F2】键让窗口弹出，填写内容后，窗口又自动关闭。此功能在菜单〈工具〉→〈选项〉中“通用功能设置”属性页中设置(如图 5.39 所示)，在“使用弹出式工艺资源控件”和“填写后自动关闭”前的小方框内打“√”。

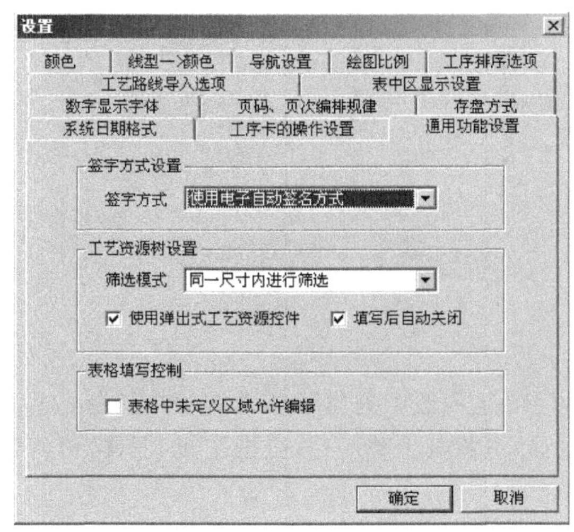

图 5.39

在图 5.39 中可设置表格中未定义区域是否允许编辑。

2. 工艺资源库查询填写

1)库内容的查询填写

如果鼠标在工艺资源库中的双击方式设置为“获取双击的字符串”，在选中的库内容(包括节点内容、节点对应数据表的内容及图形中内容)处双击鼠标左键，可以直接填入到工艺表格中。

如果在表中区和工序卡关联块中定义了不同的块对应同一数据表中不同的字段，则填写时可以同时选取数据表的多个字段。若双击数据表中记录所在行前端的灰色方块，则多个字段会全部填入相应的表格中。

2)工艺资源的批量填写

(1)整块填写。在表中区填写时，如果连续多行填写的内容，与工艺资源库数据表中连续多行的内容相同，则可使用“整块填写”功能，一次性填写多行内容，以提高效率。

用鼠标拖动选择工艺资源库数据表的连续多行内容，如图 5.40 所示，单击右键，在弹出的菜单中选择〈整块填写〉,则选取的内容直接在当前行之前插入。如果选取内容的字段名中有与表中区定义的填写内容不一致的情况,则弹出如图 5.41 所示的对话框。

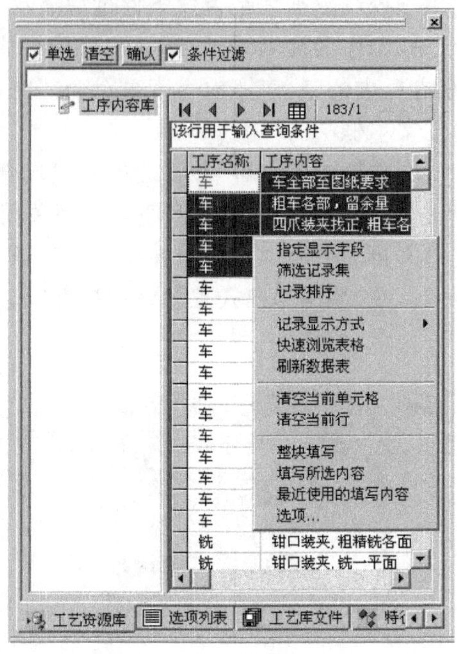

图 5.40

图 5.41 的上部分“内容”显示框中列出了在数据表中选择的所有内容及对应的字段名。选择某一行,点击按钮〈上移〉可将其上移一行,点击按钮〈下移〉可将其下移一行,点击按钮〈删除〉可将其删除。

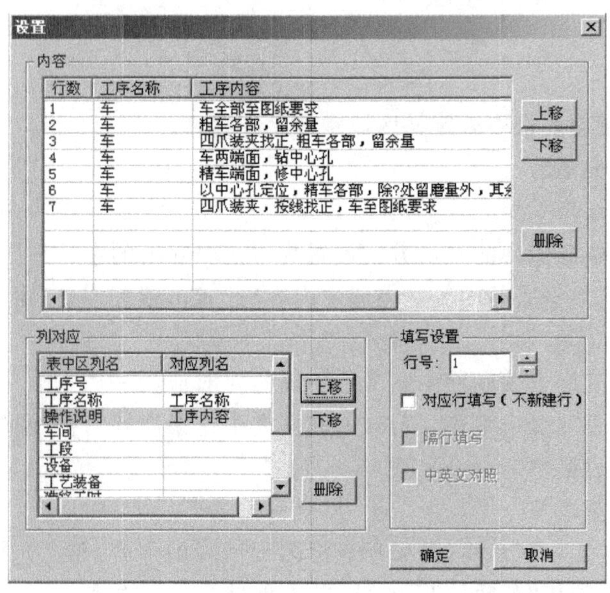

图 5.41

下部分左边“列对应”显示框中列出了表中区列名及对应列名。表中区列名即表中区每一列定义的填写内容；对应列名即在数据表中选择的内容对应的字段名。系统自动匹配表中区列名与对应列名，不一致的列名显示在“对应列名”的末端，选中此列名，通过按钮〈上移〉、〈下移〉可将其移动到对应的表中区列名所在的行（确定后，选择的内容即填写到指定的表中区列中），如果没有将其移至某一表中区列名所在的行，则选中的此列的内容不填入表中区。

下部分右边可设置填写的起始行和填写时是否建立新行。起始行默认为光标实际所在的行，可用按钮 、 进行调整。如果光标所在行及后续行已填写内容，在“对应行填写（不建新行）”前的小方框内打“√”，则将覆盖填写的内容；去掉“对应行填写（不建新行）”前小方框内的“√”，则在当前行之前插入，当前行及其以下的行的内容向下移。

点击〈确定〉按钮后，多行内容能同时填入表中区。填写时，系统会进行数据类型是否合法的判断，如果选择的列与对应的列数据类型不相同，系统会给出提示。

注意：对填入的内容，不进行格式的处理，即不提供自动换行的功能。如果一格中的内容很多，系统自动进行压缩填写。在自动填写完成后，由用户自己进行自动换行的调整。

(2)填写所选内容。“整块填写”功能用于同时填写数据表中连续多行的内容。如果要同时填写数据表中不连续多行的内容，可以用“填写所选内容”功能。

按住【CTRL】键，用鼠标选取企业资源管理器数据表中记录前的灰色小块，则该行被选中，用此方法可选取多行内容。单击右键，在弹出的菜单中选择〈填写所选内容〉，其他操作同“整块填写”功能。

(3)填写节点下的数据。在表中区，展开工艺资源库窗口中的资源树，选中一个节点（其下应有相应数据表），点击右键，在弹出的菜单中选择〈填写节点下的数据〉，则数据表中的所有内容直接在当前行之前插入。如果选取内容的字段名中有与表中区定义的填写内容不一致的情况，则弹出如图 5.41 所示的对话框。其他操作同“整块填写”功能。

注意：若节点下没有相应的数据表，执行“填写节点下的数据”操作后系统会提示：该节点下没有数据表。

3. 使用最近的填写内容

将光标指向左边资源管理器数据表中，点击右键，在弹出的菜单中选择“最近使用的填写内容”功能，程序弹出图 5.42 所示的窗口，窗中显示了最近使用工艺资源库填写的内容（可显示最近 10 次填写的内容）。此时可以选择其中的内容填入工艺表格中。

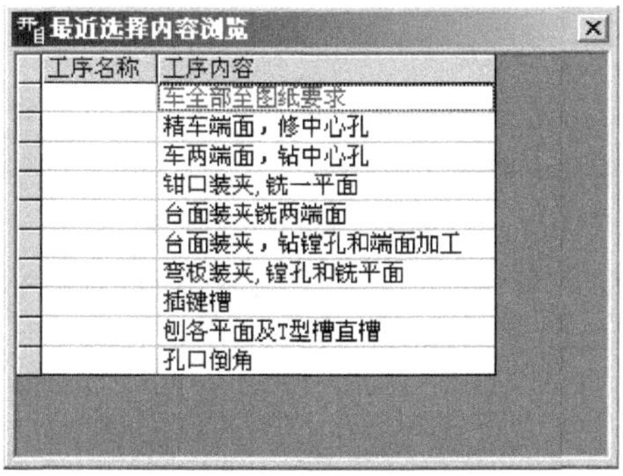

最近选择内容浏览

工序名称	工序内容
	车全部至图纸要求
	精车端面，修中心孔
	车两端面，钻中心孔
	钳口装夹，铣一平面
	台面装夹铣两端面
	台面装夹，钻镗孔和端面加工
	弯板装夹，镗孔和铣平面
	插键槽
	刨各平面及T型槽直槽
	孔口倒角

图 5.42

4. 工艺资源库的其他操作

工艺资源库是一个图表结合的数据库，可以浏览数据表和图形，而且具有查询检索功能，这些功能可以通过鼠标右键菜单实现。

把光标定位到资源树的某一节点上，单击鼠标右键，屏幕上会弹出如图 5.43 所示的菜单。

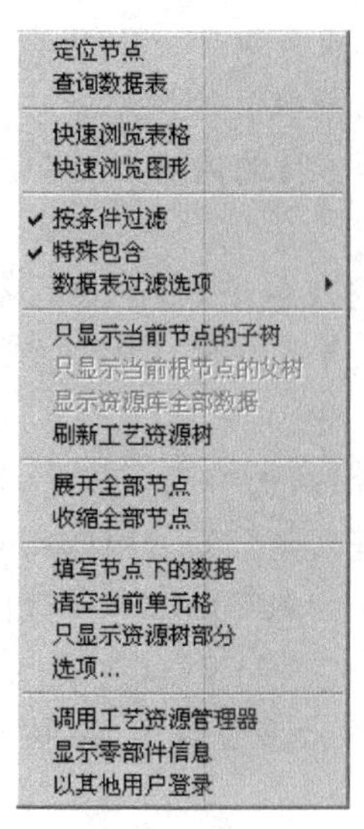

图 5.43

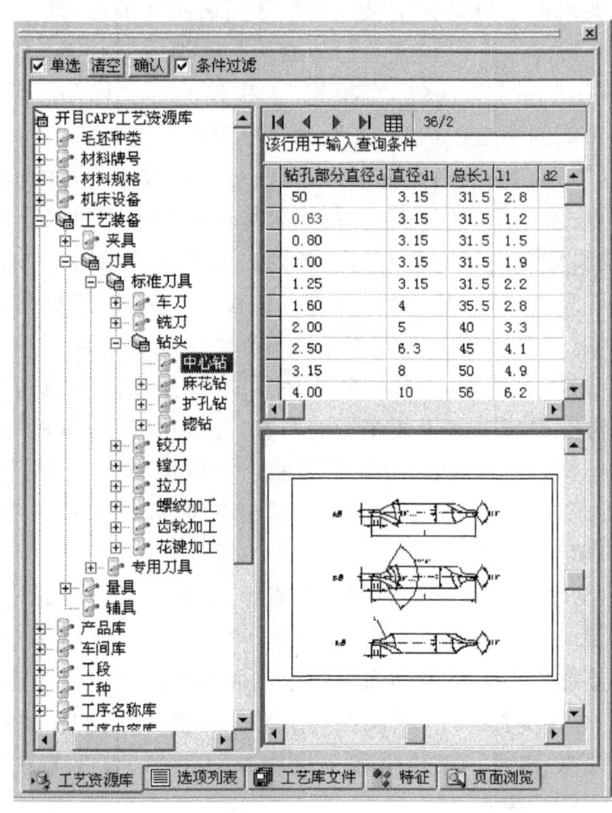

图 5.44

1）节点显示

在工艺资源库中可以显示资源库全部数据、只显示当前节点的子树、只显示当前根节点的父树以及只显示资源树部分，而不显示数据表，这些选项均可在图 5.40 所示右键菜单中选择。

2）浏览数据表和图形

在显示有图形的节点时，工艺资源库窗口的形式如图 5.44 所示。

在数据表处双击鼠标左键，或选择图 5.43 菜单中的〈快速浏览表格〉，会弹出快速浏览表格的窗口。双击表格中的某一格，可以将表格中的内容填入到工艺表格中。

双击图形区域，或选择图 5.43 菜单中的〈快速浏览图形〉，屏幕会弹出快速浏览图形的窗口。图形浏览比例的修改可以通过鼠标右键菜单实现。

3）数据表的过滤

（1）条件过滤。图 5.43 所示的鼠标右键菜单中的〈按条件过滤〉的功能与工艺资源库上方的〈条件过滤〉选项的功能相同。选中此项，则数据表能按已填写的字段内容进行过滤。

（2）特殊包含。针对数据表查询填写的过滤显示功能，若填写的内容包含于数据表中的字段内容,则显示出符合条件的数据表内容。如在“工艺名称”栏填写“粗车”,则填写工序内容时,数据表会显示工序名称为“车”的所有记录。

(3)数据表过滤选项。数据表过滤选项可定义过滤的条件,如图 5.45 所示,可有 5 种方式定义:包含字符、是、前几字符、后几字符和显示全部。

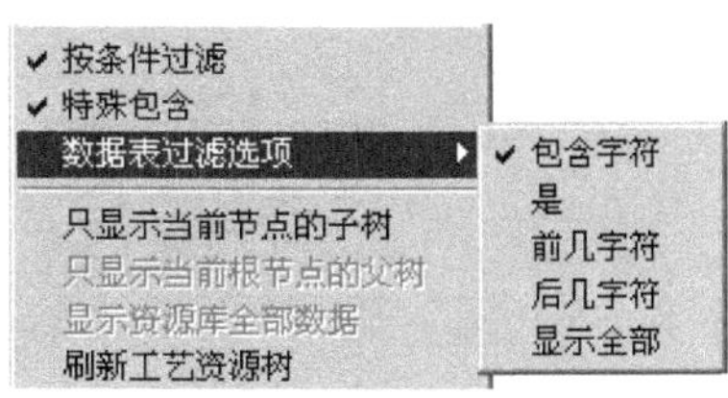

图 5.45

(4)通配符“ * ”和“?”的过滤。用鼠标点击数据表中某一字段下的任意一条记录,在数据表的上端“该行用于输入查询条件”处输入查询条件,该字段内容可按条件进行过滤。如填写工序内容时,用鼠标点击数据表中“工序内容”下的任意一条记录,在输入查询条件的行中填写“车”,工序内容字段会显示出以“车”开头的所有记录;如果输入“? 车”,工序内容字段会显示出第二个字符为“车”的所有记录;如果输入“ * 车”,工序内容字段会显示出包含字符“车”的所有记录。

注意:“ * ”和“?”必须在英文状态下输入。

输入查询条件后,记录是立即过滤,还是按【CTRL】键后过滤,可通过下面的操作进行设置:在资源树的某一节点上点击鼠标右键,选择右键菜单中〈选项〉功能,切换到〈数据表〉属性页,如图 5.46 所示。在“CTRL 键后进行查询”前的方框内打√,则输入查询条件后,按【CTRL】键后才进行过滤。

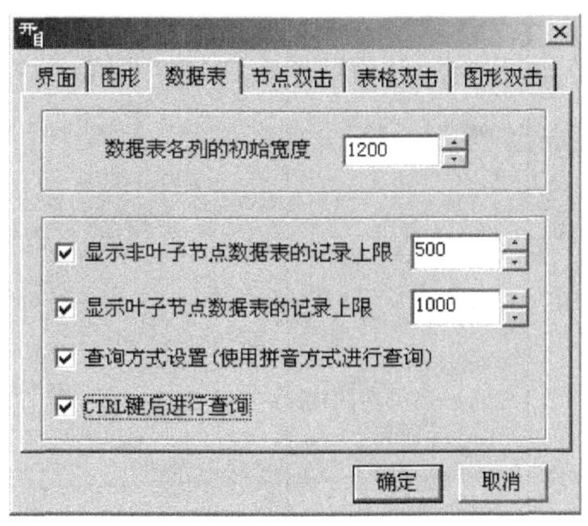

图 5.46

(5)拼音方式查询。在用工艺资源库填写工艺内容时,可以用汉语拼音的第一个字母来筛选数据表中内容,以便工艺人员快速定位到需要的内容。设置方法为:在图 5.46 中“查询方式设置(使用拼音方式进行查询)”前的方框打√。

将光标指向数据表中需要过滤的列中,在输入查询条件的框中逐一输入每个汉字拼音的第一个字母,程序将把所选列的内容依次过滤出来。

如将光标放入工序内容列中，在输入查询条件的框中输入“cqb”，结果如图 5.47 所示。

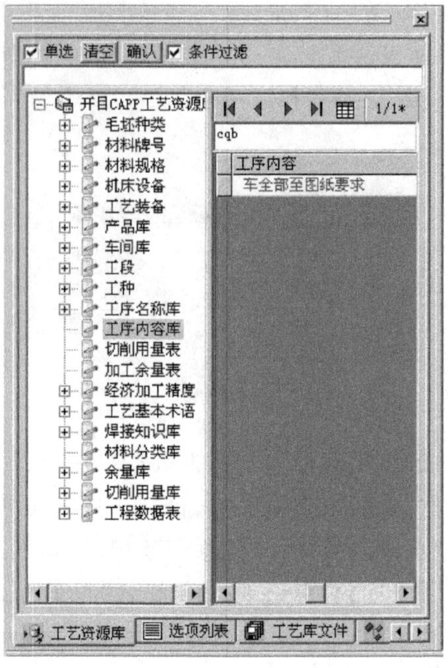

图 5.47

(6)工艺资源数据库的三种筛选模式：不筛选、继承前面的工序筛选、同一尺寸内筛选。不筛选即总是显示数据表全部内容；继承前面的工序筛选指填写一道工序后将光标移向下一行，仍按上一行已填写的字段内容筛选，而不是显示出数据表全部内容；同一尺寸内筛选指筛选的内容只对自动换行、回车换行填写时有效。

点击菜单〈工具〉→〈选项〉，将弹出的对话框切换到〈通用功能设置〉属性页，如图 5.48 所示。

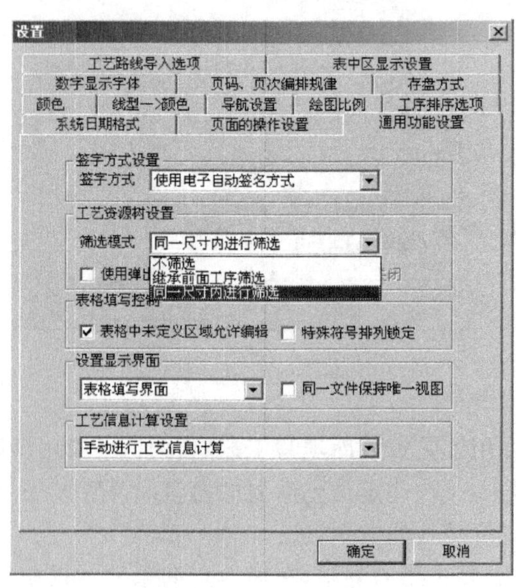

图 5.48

4)定位与查询

图 5.43 所示的鼠标右键菜单中的〈定位节点〉、〈查询数据表〉提供了相应功能，使用方法与工艺资源管理器的方法相同，参见第 8 章相关的内容。

5)选项

如图 5.49 所示，可以对工艺资源库各部分显示及节点双击、表格双击、图形双击进行设置。

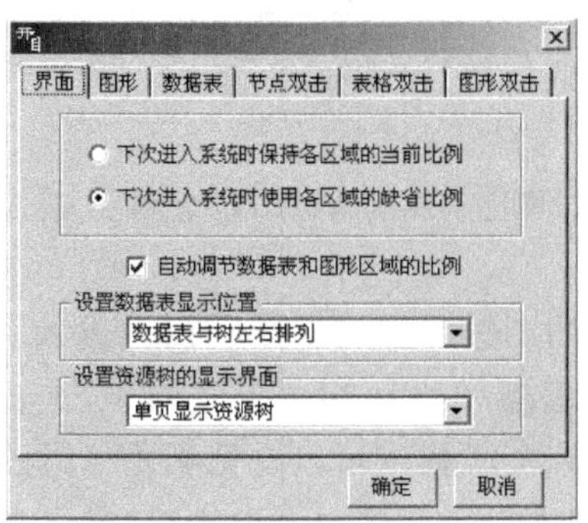

图 5.49

在“设置数据表显示位置”下拉框中，可设置“数据表与树上下排列”，即资源树在上，对应的数据表在下方式，方便数据表的查看、填写。

在“设置显示资源树的显示界面”下拉框中，可设置“多页显示资源树”，图 5.50 为多页显示情况。

图 5.50

图 5.47 对话框中其他选项卡中的项，在第 8 章中都有介绍。

6)清空当前单元格、清空当前行

在表格定义中，可以定义工艺卡片表头区或表中区某些栏目查库填写时，选择库内容后该栏目只能覆盖，不允许编辑。如果要删除某一单元格内容，可将光标定位在该单元格，然后选择工艺资源树右键菜单中的〈清空当前单元格〉即可。如果表中区某一行是通过工艺资源库关联填写的，当要删除填写的一行内容时，可将光标定位在该行，然后将鼠标指向工艺资源库的数据表，选择右键菜单中的〈清空当前行〉即可。

7)调用工艺资源管理器

在工艺编辑过程中，用户可随时收集知识点，存放到数据表中，完成知识积累，丰富知识库信息。

选择图 5.23 菜单中的〈调用工艺资源管理器〉菜单，进入工艺资源管理器，直接定位到当前的数据节点。在工艺资源管理器中添加相关工艺知识，退出工艺资源管理器，回到 CAPP 中，在右键菜单中选择〈刷新工艺资源树〉，可以看见刚才编辑的内容。

注意：工艺资源管理器中节点和数据表有权限设置，用户只能编辑自己有权限的节点和数据表。

8)以其他用户身份登录

工艺资源的浏览是有权限控制的，如果用户要使用自己在工艺资源管理器中建立的私有知识，必须以自己身份登录。进入 CAPP，默认状态下，是以系统管理员身份登录的，工艺资源管理器窗口中只显示公有知识，不显示个人的私有知识。

选择图 5.23 菜单中的〈以其他用户身份登录〉菜单，出现图 5.51 所示对话框，输入用户名及密码，登录后，显示公有信息和责任人为登录用户的私有信息(只显示用户有浏览权限的节点和记录)。

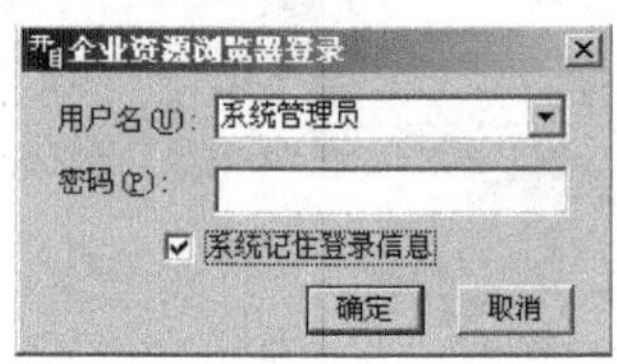

图 5.51

如果选中复选框“系统记住登录信息”，下次登录 CAPP 时，系统会直接以上次的用户身份登录，显示对应的数据信息。

5.2.7 工艺参数表的查询填写

在工艺参数库中已经把机械加工工艺手册上的机床技术参数与切削用量建立了数据库文件，供浏览、查询和填写时用。浏览数据库的方法如下：

(1)在表格填写状态下，单击需填写的表格，点击〈插入〉菜单中的〈工艺参数〉，或选择按钮，屏幕上会弹出如图 5.52 所示的对话框，其中包括机床技术参数库和切削用量库。

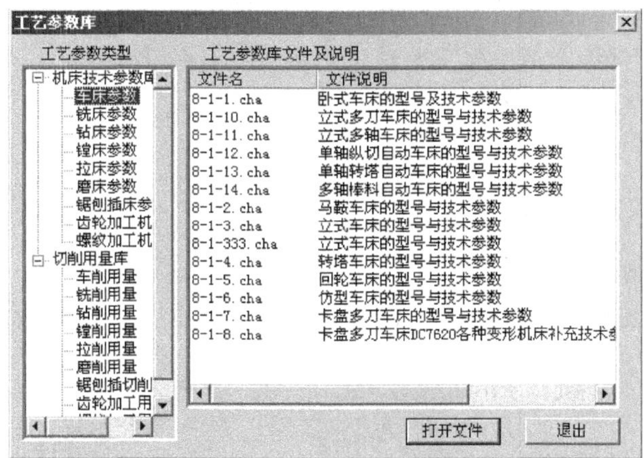

图 5.52

(2)在右边一栏中双击某一文件，系统会在屏幕上显示该文件数据库表格，图 5.53 所示是切削用量的参数表。工艺参数表可以通过鼠标右键菜单来修改。若选中某参数，只需在参数上双击鼠标左键，该参数会填写到工艺表格上。

硬质合金及高速钢车刀粗车外圆和端面的进给量

加工材料	车刀刀杆尺寸 B×H (mm)	工件直径 (mm)	车削深度 ap(mm)				
			≤3	>3~5	>5~8	>8~12	>12
			进给量 f(mm/r)				
碳素结构钢和合金结构	16X25	20	0.3~0.4	-	-	-	-
		40	0.4~0.5	0.3~0.4	-	-	-
		60	0.5~0.7	0.4~0.6	0.3~0.5	-	-
		100	0.6~0.9	0.5~0.7	0.5~0.6	0.4~0.5	-
		400	0.8~1.2	0.7~1.0	0.6~0.8	0.5~0.6	-
	20X30 25X25	20	0.3~0.4	-	-	-	-
		40	0.4~0.5	0.3		-	-
		60	0.6~0.7	0.5	0.6	-	-
		100	0.8~1.0	0.7	0.7	0.4~0.7	-
		600	1.2~1.4	1.0	1.0	0.6~0.9	0.4~0.6
	25X40	60	0.6~0.9	0.5~0.8	0.4~0.7	-	-
		100	0.8~1.2	0.7~1.1	0.6~0.9	0.5~0.8	-
		1000	1.2~1.5	1.1~1.5	0.9~1.2	0.8~1.0	0.7~0.8

放大状态
窗口放大
缩小显示
满屏显示
拾取状态

图 5.53

工艺参数表是可以由用户添加和修改的。工艺参数表以 *.cha 文件的格式存放于 Machine 和 Cutpar 目录下，所以用户可以对其内容进行修改。

工艺参数表的添加可以通过 CAPP 目录下的两个配置文件来完成：一个是 cutpar.con，用于切削用量参数表；另一个是 machine.con，用于机床参数表。这两个文件可以用任何一种文本编辑器编辑，下面是 machine.con 文件中的一段内容(花括号内为注释内容)：

c:\\kmcappwin\\machine\\ {指定参数表格的正确目录}

10-1-1.cha，台式钻床型号与技术参数，8828，Z

{10-1-1.cha 是表格名；"台式钻床……"是参数内容；"8828"是编写此文件约定的一个数字，增加参数表时，此项可以复制；"Z"是指机床类型}

10－1－2. cha，立式钻床型号与技术参数，8828，Z

10－1－4. cha，摇臂钻床型号与技术参数，8828，Z

11－1－1. cha，卧式镗床（一），8828，T

...

5.2.8 工艺库文件的修改

工艺库文件的修改可通过〈工具〉菜单中的〈工艺数据库〉来实现。

在〈工具〉菜单中选择〈工艺数据库〉，屏幕会弹出如图 5.54 所示的对话框。

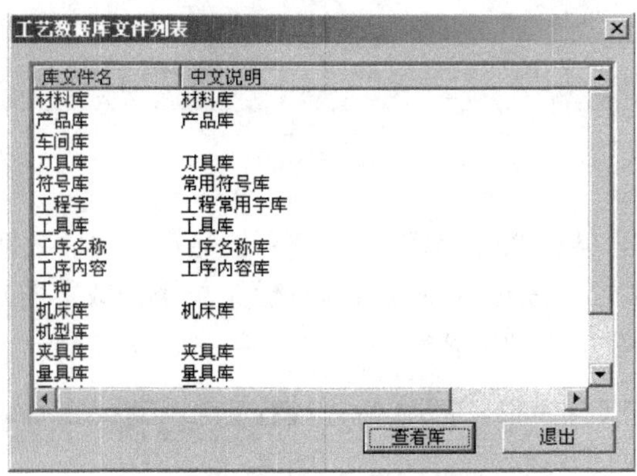

图 5.54

在其中选择要修改的库文件，然后单击〈查看库〉按钮，屏幕上会弹出浏览库窗口，如图5.55所示，库内容的修改通过窗口右边的按钮实现。

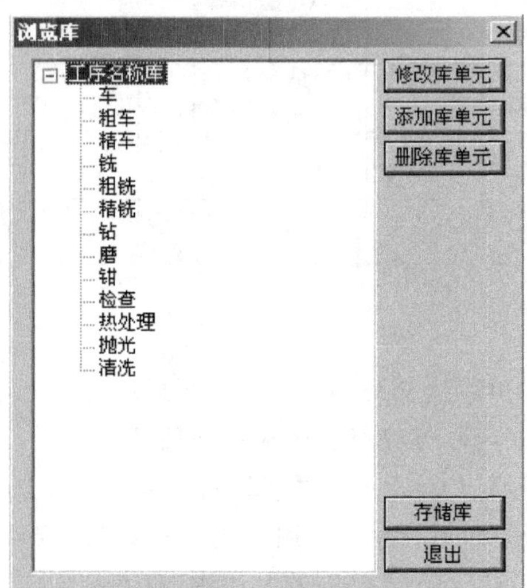

图 5.55

5.2.9 在表格填写过程中修改表格对应

在表格填写过程中，用户可以随时通过“设置表格对应”功能来设置表格对应的工艺资源管理器节点，设置后，工艺资源管理器窗口按新的对应关系显示相应的内容。

具体操作方法为：用光标定位要修改表格对应的区域（在表中区可点击列中的任一行），选择菜单〈工具〉→〈设置表格对应〉，或者使用快捷键【Ctrl】+【T】，在弹出的“指定表格对应”对话框中，在资源树上点击右键，选择〈显示资源树全部数据〉，重新指定对应的节点和字段。

5.3 工艺规程内容编制

5.3.1 工艺规程内容编排的一般步骤

一个零部件完整的工艺规程内容包括工艺过程卡、工序卡。编排工艺规程内容时，先由工艺过程卡开始，在工艺过程卡的基础上编辑工序卡，步骤如下：

(1)打开欲编制工艺规程的零件图(扩展名为 kmg、dwg、igs)。

(2)编辑封面。

(3)编制工艺过程卡。

①填写过程卡的表头区；

②进入过程卡的表中区，填写工艺路线；

③如有附图，可申请附页，然后进行绘制。

(4)如需要编制工序卡，按以下步骤编制：

①在过程卡表中区内，为带有工序号的工序申请工序卡，如果每一道工序都有工序卡，可批量申请工序卡；

②由表中区的某一道工序，直接进入该工序对应的工序卡；

③若有需要，可更改当前工序卡的格式，然后填写工序卡内容；

④绘制工序简图。

(5)在工艺过程卡中调整工序，包括增加、删除、插入、交换工序等。

(6)存储工艺规程文件。

若无绘制工序简图的要求或者没有零件图，步骤(1)可以跳过。

5.3.2 封面的编辑

若在工艺规程管理中配置了封面，则新建工艺规程文档后，在编辑区域自动产生封面，如图 5.56 所示。

封面中填写的区域与过程卡和工序卡不同，没有表格线分隔，其填写区域是在表格对应中定义出来的，填写时将光标点击此区域，即可进入表格填写状态。

在封面中填写的公有信息，可自动映射到过程卡或工序中的相应栏目，如封面中填写的“产品型号”，可自动填写到过程卡和工序卡的“产品型号”栏目中。

当系统处于过程卡或工序卡编辑时，单击工具条上的按钮可进入封面的编辑。

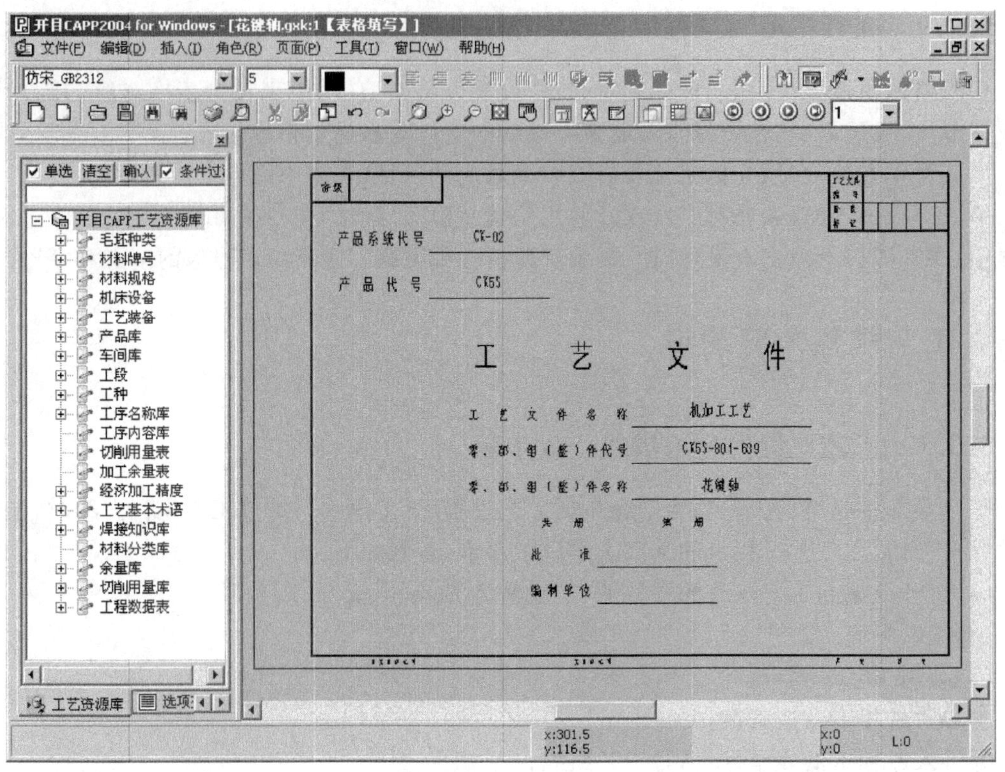

图 5.56

封面的添加、插入、复制、交换、更换格式与工序卡的相同操作类似(工序卡的页面操作在5.3.6小节中介绍),由〈页面〉菜单中〈封面〉中的〈添加封面〉、〈插入封面〉、〈删除封面〉、〈复制封面〉、〈交换封面〉、〈更换封面格式〉完成。

5.3.3 工艺过程卡的编辑

通常我们将工艺过程卡分为表头区和表中区。“表头区”是过程卡中除滚动编辑区以外的填写区域,内容涉及零件的一些总体信息,如“零件名称”、“零件图号”、“产品型号”等。“表中区”是指过程卡的滚动编辑区,工艺路线是在表中区内进行编制的。

1. 表头区编辑

在过程卡表头区可以输入零件的公有信息,这些信息可以直接映射到工序卡中。在编辑工序卡时,若修改了这些公有信息,工艺过程卡的表头信息也将被更改。

表头区的“文件编号”一般由“零件图号+表格特征号”组成,其中“表格特征号”与工艺规程类型为一一对应的关系,即每种工艺规程有一个固定的特征号。表头区的“文件编号”可按规则自动生成。规则的配置方法为:在CAPP的配置文件kmcapp.cfg中配置如下内容,例如

```
[机加工工艺]
文件编号=零件图号+$jjggy$
[装配工艺]
文件编号=零件图号+$zpgy$
```

其中，$ $之间的内容表示字符串常量，工艺规程对应的特征号直接在$ $之间进行配置。

在 CAPP 中，新建机加工工艺，填写零件图号后，将光标指向文件编号栏，会自动填写文件编号，或者在结束编辑状态下按键盘上的【R】键，能自动填写文件编号。如果用户在编辑过程中没有使用上面的“自动填写”功能，则在文件存盘的过程中完成“自动填写”的功能。

在表格的“共　页”、“第　页”处，系统会自动填写共几页，第几页。

2. 确定工艺路线

单击工具条上的按钮，即可进入工艺过程卡的滚动编辑区进行工艺路线的编排。

菜单区中〈文件〉、〈编辑〉、〈插入〉、〈角色〉、〈工具〉、〈窗口〉、〈帮助〉菜单在 5.1 节已作介绍，〈工序操作〉菜单是用于实现在过程卡中申请工序卡、取消工序卡、工序排序及导入导出其他类型的工艺文件等操作；〈返回〉菜单是指从表中区返回到主操作界面。

表中区表头所示“车间”、“小组”、“工序号”、“工序名称”、“机床名称”等是由工艺过程卡的表中区的列块作表格对应时指定的。表中区内容的填写可以采取直接输入的方式，也可以采用查询数据库或工艺参数表的方式。

在表中区编辑时，可事先设置是否自动生成工序号及工序号生成规律、工序排序方式、表中区显示每次缩放的比率、隐藏的列及数字显示字体等。

1）自动生成工序号、工序排序

单击〈工具〉菜单中的〈选项〉，在弹出的对话框中选中〈工序排序选项〉属性页，如图 5.57 所示。

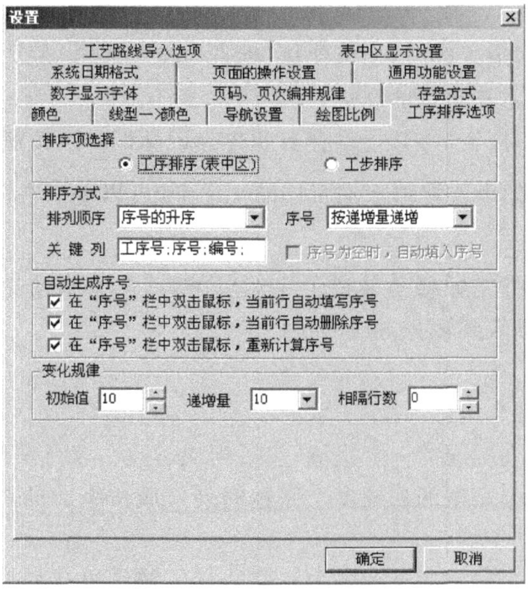

图 5.57

（1）排序方式：工序排序方式由“排列顺序”和“序号”两个选项决定，排列顺序有“位置”和“序号的升序”两个选项，序号有“按递增量递增”和“保持不变”两个选项，两两组合形成四种排序方式。

当排列顺序选择“位置”时，下面“工序号为空时，自动填入工序号”加亮显示，若选中，则在使用“工序排序”操作时，表中区所有填写了内容行的工序列中都将加上工序号。“关键列”中显示了“工序号;序号;编号;”，表示表中区工序号列定义为“工序号”、“序号”、“编号”，都可自动生成工序号，如果表中区没有一列定义为上面三者之一，则系统默认为第一列可自动生成工序号。

(2)自动生成序号：包括三项，各项说明图 5.57 中已非常清晰。

(3)变化规律：既是自动生成工序号的规律，也是工序排序时的排序规律。其中，“初始值”为第一道工序的编号，“递增量”为每两道工序之间的数字增量，“相隔行数”为每两道工序之间相隔多少行。

当工艺路线中增加、删除或交换工序后，可通过〈工序操作〉菜单的〈工序排序〉命令，按照设置的方式重排工序号。如表中区中工序号为 10 和 20 的两道工序要交换，可将工序号 10 改为 20，20 改为 10，然后选择菜单〈工序操作〉中〈工序排序〉，两道工序能成功交换。

在表中区使用快捷键【Ctrl】+【Q】或点击工具按钮，均可实现工序排序。

注意：对于比较特殊的工序号，如 10J 等，只能手工填写。

2)工序卡的申请、取消和进入

在表中区逐条填写了工艺路线后，下一步将要编辑工艺路线中每道工序对应的工序卡。下面介绍用于编辑的菜单和工具条的功能，相应的功能还可用鼠标右键菜单完成。

(1)申请工序卡：当在滚动编辑区的“工序号”处填写工序号后，表示新建了一道工序。将光标移到该工序的行上，单击本按钮或〈工序操作〉菜单中的〈申请工序卡〉，即为此道工序生成了一张工序卡。

当表中区已编辑了多道工序时，还可使用〈批量申请工序卡〉的功能，为表中区所有工序一次全部申请工序卡，免去重复申请的麻烦。

某一道工序申请了工序卡后，其行首会有颜色标记标识本道工序已产生工序卡。

(2)取消工序卡：如果要取消某道工序的工序卡，可以单击本按钮或〈工序操作〉菜单中的〈取消工序卡〉命令。

(3)进入工序卡：将光标移至某道工序对应的行，单击本按钮或〈工序操作〉菜单中的〈进入工序卡〉命令即可进入到该行对应的工序卡。

3)块选择与块复制

首先需要了解以下几个术语：

块：表中区的多行多列围成的一个区域，包括列块、行块、多行多列块。

列块：由表中区的一个完整的列或多个完整的列区域所组成的块。组成多列的列块的列可以不连续。

行块：由表中区的一个完整的行或多个完整的行区域所组成的块。组成多行的行块的行可以不连续。

多行多列块：由表中区的多个部分的行和多个部分的列组成的连续矩形区域。

(1)选择单列：按住【Ctrl】键并在表中区某列标题上单击鼠标左键，则选中此标题所在的列，选中的列背景反白显示。如果某列已选中，再按【CTRL】键并在表中区某列标题上单击鼠标左键，则取消此列的选中状态，并取消此列背景的反白显示。

(2)选择多个不连续单列：在不同的列上重复执行选择单列的操作即可。

(3)选择多个连续单列分以下两种情况：

①按住【Shift】键后，在表中区某列标题上第一次单击鼠标左键，则选中此标题所在的列，将此列作为多个连续被选中列的第一列。按住【Shift】键不放，在另一列的标题上单击鼠标左键，则此列作为多个连续被选中列的最后一列，多个连续被选中列的第一列、最后一列以及它们之间的列被选中。

此时，按住【Shift】键不放，再在其他的某一列的标题上单击鼠标左键，则此列作为多个连续被选中列的最后一列，而原多个连续被选中列的第一列不变。此时新的多个连续被选中列的第一列、最后一列以及它们之间的列被选中。

②如按住【Shift】键，在表中区某列标题上第一次单击鼠标左键前，已有单列或多个不连续单列被选中，则在此之前的最后一次有效的列选择操作中确定的选中列即为此次多个连续被选中列的第一列。按住【Shift】键在表中区某列标题上单击鼠标左键，选中列即为多个连续被选中列的最后一列。此时新的多个连续被选中列的第一列、最后一列以及它们之间的列被选中。

(4)选择单行：在表中区首行前的行号上单击鼠标左键，则此行被选中。

(5)选择多个不连续行：按住【Ctrl】键，在不同的行上重复执行选择单行的操作即可。

(6)选择多个连续行：与选择多个连续单列操作类似。还有一种简单方法为直接在行号的区域内拖动鼠标，则包括鼠标按下时所在的行号与释放时所在的行号均被选中。

(7)多行多列块的选择：当鼠标在表中区可编辑的区域内时，在欲选定区域的左上角格内按下鼠标左键，向右下方移动鼠标，在欲选定区域的右下角格内释放鼠标左键，则包括鼠标按下时所在格与释放时所在格的矩形区域被选中并被反白显示。图 5.58 中显示的是选中工序 2 到工序 5 的工序名称及工序内容。

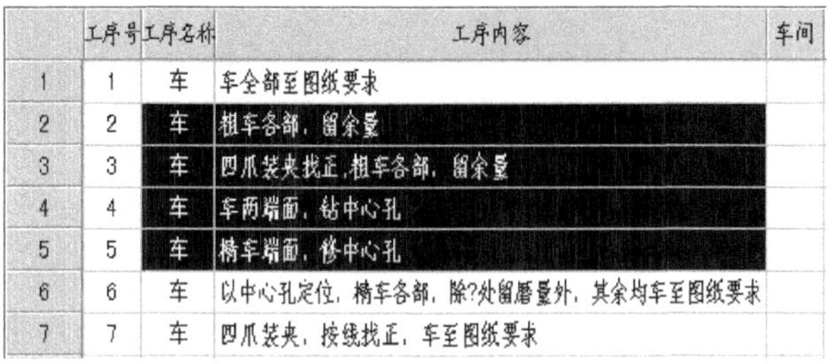

	工序号	工序名称	工序内容	车间
1	1	车	车全部至图纸要求	
2	2	车	粗车各部，留余量	
3	3	车	四爪装夹找正，粗车各部，留余量	
4	4	车	车两端面，钻中心孔	
5	5	车	精车端面，修中心孔	
6	6	车	以中心孔定位，精车各部，除?处留磨量外，其余均车至图纸要求	
7	7	车	四爪装夹，按线找正，车至图纸要求	

图 5.58

如在表中区已有块被选择，当进行以下操作之一时，取消块选择：

①不按【SHIFT】键和【CTRL】键，在表中区可编辑区域，单击鼠标左键。

②按下【ESC】键或上、下、左、右光标键。

③从一种选择状态，切换到另一种选择状态时。如已有列块被选择，再进行行选择操作，则取消原来选中的列，选中的行反白显示。

块复制包含以下几种情况：

(1)工序的复制、粘贴。

在表中区可复制一道或几道工序，方法如下：

①选择一道或几道工序。

②执行鼠标右键菜单中的〈复制〉项。

③将光标移至需要粘贴工序的行,执行鼠标右键菜单中的〈粘贴〉项,则选择的工序复制出来。如果该行已填写内容,则选择的工序插入该行前。如果复制的工序含有工序卡,粘贴时系统会询问是否复制工序卡的内容,若选择【是】,工序对应的工序卡也一同复制;若选择【否】,只复制工序信息,不复制对应的工序卡内容。

(2)将选中单格内正在编辑的内容复制到剪贴板中,粘贴到选中的多行多列块中的每一个单元格中。

例:在第 1 行第 2 列单元格中,复制内容“车”,用鼠标选中一个多行多列块,如第 4 行到第 7 行中的 2 到 3 列,选择粘贴操作,将“车”填满对应的区域,即在选中块的每一行的每一列中填写“车”,如图 5.59 所示。对此种粘贴方式,填写时不处理字符串的自动换行处理,一律视为压缩填写。如选中区域已有数据,则出现图 5.60 所示的提示框,选择〈确定〉,替换原数据;选择〈取消〉,不作任何操作。

	工序号	工序名称	工序内容	车间
1	10	车	车全部至图纸要求	
2	20	铣	台面装夹铣一平面	
3	30	钳	修圆角	
4		车	车	
5		车	车	
6		车	车	
7		车	车	

图 5.59

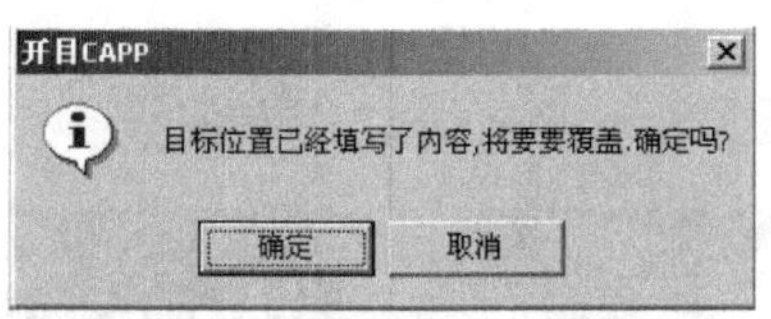

图 5.60

(3)从当前光标所在的列算起,将前面的数据按列顺序复制到对应的列中。

例:欲将第 2 列和第 3 列的内容复制到第 6 列和第 7 列,可以选中第 2 列和第 3 列,将内容复制后,然后将鼠标指向第 6 列中的某一格,执行粘贴操作。如果类型匹配,则复制的内容将对应到指定的列中,第 2 列对应第 6 列,第 3 列对应第 7 列,如图 5.61 所示;如果对应列类型不匹配,则不参加复制。

	工序号	工序名称	工序内容	设备	工艺装备
1	10	车	车全部至图纸要求	车	车全部至图纸要求
2	20	铣	台面装夹铣一平面	铣	台面装夹铣一平面
3	30	钳	修圆角	钳	修圆角
4					

图 5.61

(4)将同一列中的连续行(大于等于 1 行)的内容复制到同一列或其他列中光标所在的行及后续行(或者从光标位置起指定多行,即相同内容复制多次)。

例:选中第 1 行到第 3 行的工序内容,将其复制,然后将光标指向第 5 行,执行粘贴操作,则复制的内容对应到第 5 行及其后续行中,如图 5.62 所示。

选中第 1 行到第 3 行的工序内容,将其复制,然后选中第 5 行到第 10 行(即 6 行),执行粘贴操作,则相同内容复制了 2 次,如图 5.63 所示。

如果选择粘贴的行数不是复制内容行数的整数倍,则程序自动进行合理的截取,保持信息尽可能的完整。

将选定内容复制到其他行,与上面的操作相同。

	工序号	工序名称	工序内容
1	10	车	车全部至图纸要求
2	20	铣	台面装夹铣一平面
3	30	钳	修圆角
4			
5			车全部至图纸要求
6			台面装夹铣一平面
7			修圆角
8			

图 5.62

	工序号	工序名称	工序内容
1	10	车	车全部至图纸要求
2	20	铣	台面装夹铣一平面
3	30	钳	修圆角
4			
5			车全部至图纸要求
6			台面装夹铣一平面
7			修圆角
8			车全部至图纸要求
9			台面装夹铣一平面
10			修圆角
11			

图 5.63

(5)将指定行列(多行多列)的数据复制到光标所在的对应区域。

操作方法与(4)中的操作方法相同。相应界面如图 5.64 所示。

以上复制操作中,如果光标所在的位置无法与之对应,程序会给出相应的提示信息。

4)向下填写

工艺文件中,有时每道工序中某一列的内容是相同的,如每道工序中“车间”往往是相同的,现在只需要在第一道工序中填写内容,选中相应列块,或选中列,再选择右键菜单中的〈向下填充〉,即可将第一道工序中填写的内容填写到下面有工序号的行中,如图 5.65 所示。

	工序号	工序名称	工序内容
1	10	车	车全部至图纸要求
2	20	铣	台面装夹铣一平面
3	30	钳	修圆角
4			
5		车	车全部至图纸要求
6		铣	台面装夹铣一平面
7		钳	修圆角
8			

图 5.64

	工序号	工序名称	工序内容	车间	工段	设备	工艺装备
1	1	备料		机加工			
2							
3	2	粗车	粗车各部,各外圆留余量4-5, 各端面留余量2-3.	机加工	轴	C620-1	三爪卡盘
4							
5	3	正火		机加工			
6							
7	4	半精车	车φ40外圆及端部花键外圆.	机加工	轴	C620-1	三爪卡盘
8							
9	5	半精车	车中部花键外圆及φ22外圆.	机加工	轴	C620-1	三爪卡盘
10							
11	6	铣	铣两处花键.	机加工	轴	5350	
12							
13	7	外磨	磨各Ra≤1.6外圆至图要求.	机加工	轴	3151	
14							
15	8	花磨	磨花键至图要求.	机加工	轴	M8612	
16							
17	9	钳	去毛刺, 作件号.	机加工	轴		
18							
19	10	检查		机加工			
20							

图 5.65

5)插入行与删除行

(1)插入行:单击本按钮或〈编辑〉菜单项中的〈插入行〉命令,可在当前位置处插入一空行,插入行的快捷键为【Alt】+【Insert】。

(2)删除行:单击本按钮或在〈编辑〉菜单项中选择〈删除行〉命令,可删除当前光标所在行。若该行已申请了工序卡,则其工序卡及工序附页将一并被删除,插入行的快捷键为【Alt】+【Delete】。

6)列计算

开目CAPP提供在表中区中计算某一列或某几列的数据的和、积或平均值的功能,并将计算结果保存到剪贴板中,用户可根据需要粘贴到表中区任意一格。

具体操作方法为:选中表中区某一列或某几列后,再选择〈编辑〉菜单中的〈列计算〉,或点击工具条上的按钮,会弹出如图5.66所示的对话框。其中显示了选中列的列名,用户可对选中列进行相加、相乘或求平均值的运算。点击按钮 计算-> ,计算结果会显示在按钮后的编辑框中。如果在“保存到剪贴板”前的小方框内打√，则计算结果保存到剪贴板中，可直接粘贴到表中区指定的格。

对于所选中的列，如果某个单元格没有内容，则此格不参与计算。

如果选中的列中包含非数值型的列，则进行计算时，会弹出如图 5.67 所示的提示框，提醒用户不能进行计算。

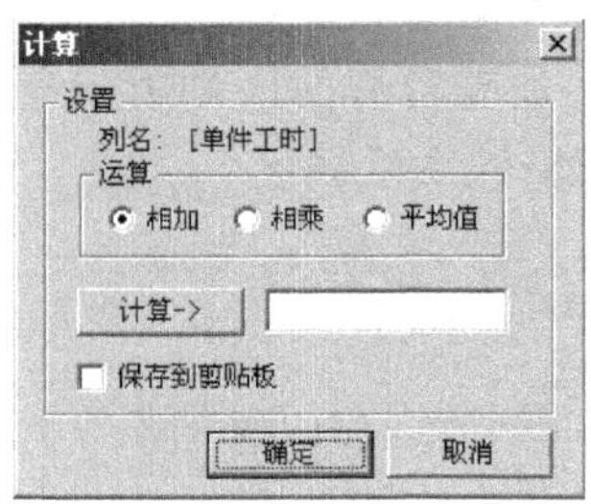

图 5.66

图 5.67

7)表中区显示设置

在图 5.68 中有几项表中区显示设置：

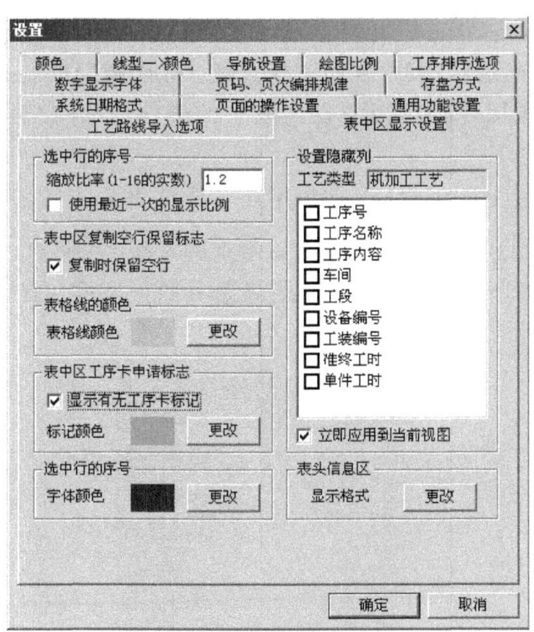

图 5.68

(1)表中区显示缩放比率：设定比率后，每点一次放大或缩小按钮，则按设定的比率放大或缩小。如果选中“使用最近一次的显示比例”，则打开其他文件，进入表中区，按最近一次的显示比例显示。

(2)表中区复制空行保留标志：复制工序时，可选择是否保留工序之间的空行。

(3)表格线的颜色：系统默认表格线的颜色为银色，如果需要改变颜色，可单击〈更改〉按钮，在弹出的调色板中选定颜色即可。

(4)表中区工序卡申请标志：某一道工序申请了工序卡后，其行首会有颜色标记标识本道工序已产生工序卡。标记的颜色可修改，方法同上。

(5)选中行的序号字体颜色：在 CAPP 表中区，将两个工序号之间的内容，作为一道工序，光标指向一道工序的任意一行，会将该工序的第一行到当前光标所在的行加亮显示。如图 5.69所示，工序 10 从第 1 行开始，到第 4 行结束，当光标在第 3 行时，就将第 1 行到第 3 的行数加亮，用户就知道这时候编辑的是工序 10 的第 3 行。加亮时行的序号用蓝色显示，同时字体改成斜体，并且加上下划线。加亮行的序号的颜色可修改，方法同上。

	工序号	工序名称	工序内容
1	10	车	1.四爪装夹找正，粗车各部，留余量3;
2			2.以中心孔定位，精车各部，除φ100H7外圆留磨量0.3-0.4
3			外，其余均车至图纸要求。
4			3.各部倒角1×45°
5			
6	20	磨	磨φ100H7外圆至图纸要求。

图 5.69

(6)设置隐藏列：在对话框右边可设置表中区隐藏列，在列名前面的小方框内打√，选中“立即应用到当前视图”，确定后，表中区相应列隐藏。在隐藏列的表头处双击鼠标，此列展开；在展开列的表头处双击鼠标，此列隐藏；在列表头的最前面的空白区双击，可以展开所有隐藏列。

(7)表头信息区：在表中区编辑时，有的用户希望将表头区信息显示出来，便于查看和修改。表头信息窗口的显示和隐藏，可通过工具条上的按钮控制。用户可以设置表头信息窗口显示表头区的哪些信息，是在一行内显示，还是分两行显示。点击显示格式后的〈更改〉按钮，弹出图 5.70 所示的对话框。

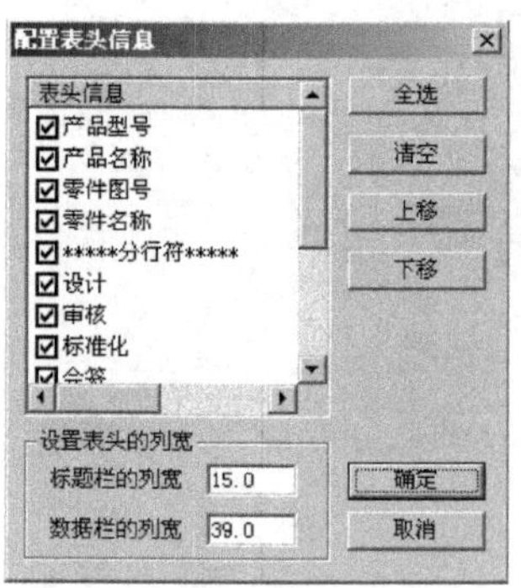

图 5.70

需要在表头信息窗口显示的项，可在其前面的小方框中打√；不需要显示的项，取消其前面小方框中√。

按钮解释：①〈全选〉、〈清空〉按钮，用于选取或取消全部表头信息。

②〈上移〉、〈下移〉按钮，用于调整表头信息的显示顺序。

③“*****分行符*****”，将表头信息分行显示，它之前的内容显示在第一行，之后的内容显示在第二行。若取消其前面小方框中√，则不进行分行处理。

按图 5.70 设置好后，在表中区显示表头信息窗口如图 5.71 所示。

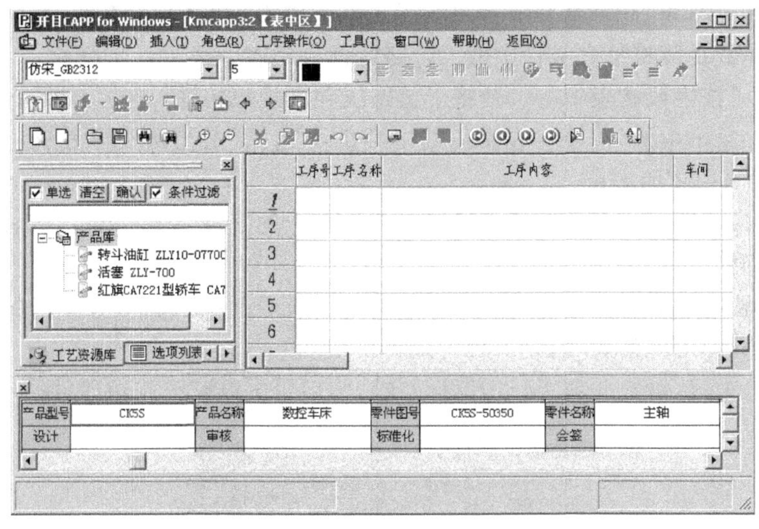

图 5.71

8)填写控制

满格填写：在表格填写时，若要求填写内容只占据一格，可单击本按钮。

自动换行：在表格填写时，若填写内容太多，一行填写不下，单击本按钮可自动换行。

修改表格字系数：可修改表格字的字宽、字距、行距、边空大小及上下标显示比例。

格式刷按钮：先复制选定格中文本的格式，再进行其他格内容选择，此格中所有内容的字体、字高、字间距、字的颜色、对齐方式都自动跟前一格保持一致。直接单击要改变格式的多个格，可改变其格式。操作完成后，再次单击格式刷或按鼠标右键以关闭“格式刷”。

设置覆盖、插入模式按钮：用鼠标单击本按钮可以改变填写方式为覆盖模式或插入模式（只对工艺资源库的挂库填写有效）。填写方式为“覆盖”时，当前光标所在的方格内的内容会被新填写的内容替代；填写方式为“插入”时，当前光标所在方格内的内容会保留下来，新填写的内容将添加到原内容之后。

显示/隐藏工艺资源库。

查询特殊字符库。

查询特殊工程符号库。

查询工艺参数表。

此按钮表示结束编辑。

9)导入、导出工艺路线

(1)导入工艺路线。

一些企业曾经用 Excel 或 Access 等软件编写工艺路线,为了直接利用这些已有的文件,避免重复输入工艺路线,开目 CAPP 提供了导入工艺路线的功能,即在表中区编工艺路线时,利用导入工艺路线功能将已有文件中的工艺路线读入到表中区。

导入时,可以按字段在表中的位置将工艺路线导入到表中区,或按对应字段名导入到表中区。单击〈工具〉菜单中的〈选项〉,在弹出的对话框中选择〈工艺路线导入选项〉属性页,如图 5.72 所示,其中有两项内容:

第一项是“按位置对应导入”,即不管原工艺路线中的字段名是否与当前表中区对应列的填写内容是否相同,均按位置导入;

第二项是“按字段名对应导入”,即只有原工艺路线中的字段名与表中区的填写内容相同时才导入,若没有相对应的列块,就不导入。

选择某一种方式,可在此项上单击鼠标左键,然后单击〈确定〉按钮即可。

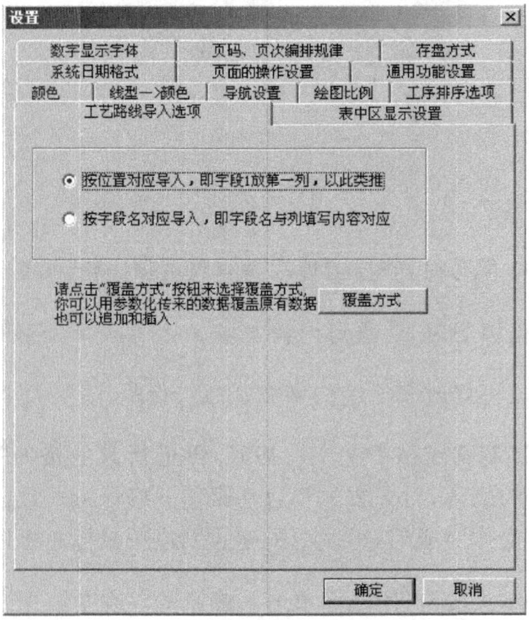

图 5.72

导入工艺路线支持以下几种文件格式:mdb、dbf、xls、mxb (开目 BOM 文件)。若选择的是 mxb 文件格式,要在导入前先输入零件图号,然后引用 mxb 文件。

单击〈工序操作〉菜单中〈工艺路线〉→〈导入〉,或按快捷键【Ctrl】+【Alt】+【I】,弹出选择文件对话框,选择文件后(例中为 mdb 文件格式),会弹出如图 5.73 所示的对话框,选择其中一个表,可指定按表中某一字段的升序或降序排列,导入到表中区。在右边上面的下拉框中选择字段名,排列次序选择“升序”或“降序”,点击〈添加〉按钮,则选择的字段名添加到下面显示框中。确定后,会弹出如图 5.74 所示的对话框,可浏览选择的工艺文件,点击〈确定〉按钮,工艺路线即导入到表中区。如果表中区有内容，导入时会弹出如图 5.75 所示的对话框。

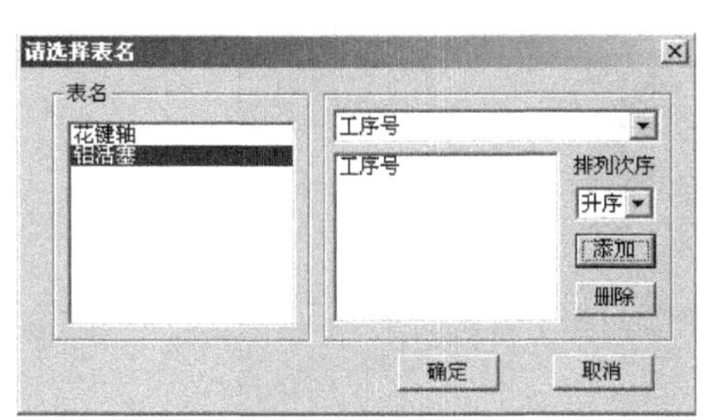

图 5.73

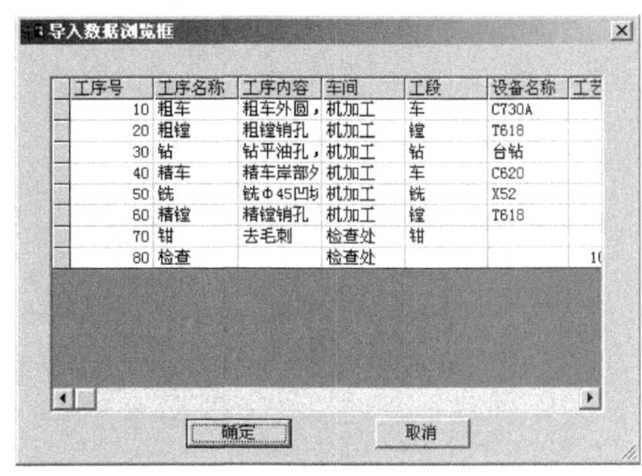

图 5.74

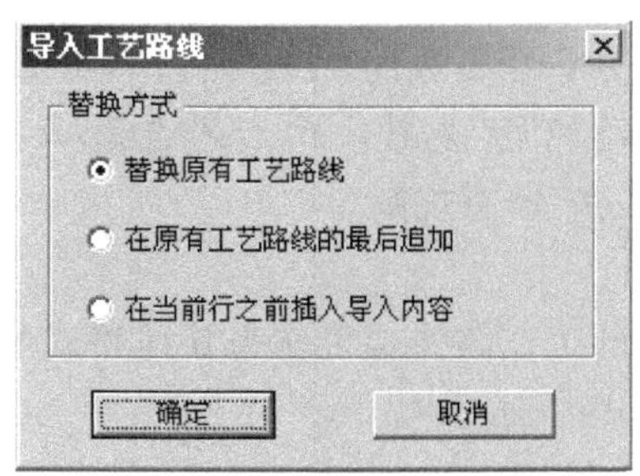

图 5.75

选择第一项“替换原有工艺路线”，则新增的工艺路线替换原有工艺路线。

选择第二项“在原有工艺路线的最后追加”，原来的工艺路线保留，新增的工艺路线加入到原有工艺路线的最后。

选择第三项“在当前行之前插入导入内容”，则在光标所在的行之前插入新增的工艺路线。

导入工艺路线时，用户选择了某一种文件类型，这一类型即存为默认文件类型，下一次执行导入功能时，文件对话框中给出上一次的选择类型。例如本次用户选择了 xls 文件，那么下次进入时，默认文件类型为 xls。

在表中区导入 *.mxb 中的工艺路线时，选中 mxb 文件后，能显示零件图号、零件名称及其工艺路线，如图 5.76 所示。选择某一零件后，能自动填写零件图号、零件名称，并将工艺路线导入到表中区。

要正确导入 *.mxb 中的工艺路线，需要在“工艺路线.con”文件（CAPP 安装目录下）中配置以下内容：

[工艺路线标识名开始]

工艺路线:=工艺路线

[工艺路线标识名结束]

[填写说明开始]

工艺路线:=Σ(表中区.工序号+"/"+表中区.工序名称,——)

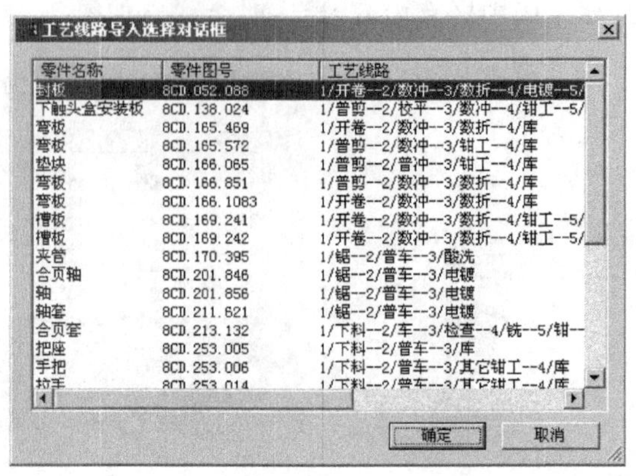

图 5.76

［填写说明结束］

其中,"工艺路线:=工艺路线"中等号右边的"工艺路线",是 BOM 汇总表中填写工艺路线栏对应的填写内容,右边的"工艺路线"不要修改,"工艺路线:=Σ(表中区.工序号+″/″+表中区.工序名称,——)"是工艺路线的填写规则。

(2)导出工艺路线。

在开目 CAPP 系统中编制的工艺路线也可作为其他格式的文件保存,由导出工艺路线功能实现。这些文件格式包括:mdb、xls、dbf。

如果选中表中区某一个块,执行导出工艺路线操作,则将选中的块的内容导入到数据文件中。在表中区不选取任何数据块,使用工艺路线导出功能,将把整个表中区的内容全部导入到数据文件中。

单击〈工序操作〉菜单中〈工艺路线〉→〈导出〉,或按快捷键【Ctrl】+【Alt】+【O】,在弹出的对话框中选择保存的文件类型,输入文件名,确定后,则此工艺路线可用相应文件格式保存。

开目 CAPP 具备工艺路线的导入、导出功能,使之与其他软件的交流能力增强,方便了用户的使用。

3. 工艺过程卡的分页

当工艺路线很长,一页写不下时,系统会自动分页。表中区分页符为一水平红线。

如果在工艺规程管理模块中定义了过程卡首页和续页,填写工艺路线时,首页和续页可自动按照预先定义的表格生成。如果没有定义续页,则续页按首页的表格生成。

在表中区,工具条上提供了一些快捷按钮来方便表中区的页面更换显示。

:光标回到第一行。

:向上翻页,即翻到上一页。

:向下翻页,即翻到下一页。

:光标到最后一行。

:将光标移至指定页。

4. 过程卡附页的编辑

过程卡附页的编辑与封面的编辑操作类似。

过程卡附页的添加、插入、复制、交换、更换格式与工序卡的相同操作类似(工序卡的页面操作在 5.3.6 小节中介绍),由〈页面〉菜单中〈过程卡附页〉中的〈添加附页〉、〈插入附页〉、〈删除附页〉、〈复制附页〉、〈交换附页〉、〈更换附页格式〉完成。

5. 过程卡附页的汇总功能

有的单位编制工艺文件时,在过程卡后面紧接着是汇总过程卡信息的明细表,如工艺装备明细表。CAPP 中提供了将过程卡中信息汇总到过程卡附页中的功能。

配置方法:

在 bom 子目录中配置 CappToBom. cfg 文件及相关的 con 文件。如过程卡附页为“工艺装备明细表. cha”,在 CappToBom. cfg 中配置如下信息:

{机械加工工艺规程}
表格文件名————工艺装备明细表. cha
配置文件名————工艺装备明细表. con

然后配置“工艺装备明细表. con”文件,如下样例:

[筛选条件开始]
工序号栏非空
[筛选条件结束]

[填写说明开始]
工序号:=表中区. 工序号
专用工艺装备名称:=表中区. 工艺装备
[填写说明结束]

上面“=”左边是过程卡附页中表格定义内容,右边是过程卡表中区表格定义内容。

操作步骤:

(1)在过程卡中填写工序号和需要汇总的内容。

(2)添加过程卡附页,选中该页关联块,点击菜单〈插入〉→〈生成汇总信息〉,则汇总结果填入过程卡附页。汇总结果将在光标所在行进行插入填写,当前行及下面的原来内容会下移。如汇总结果在当前页面填写不下,会自动续页。

上面第(2)步中也可以选择菜单〈插入〉→〈导入文件...〉,然后选择相应的 KMBOM 生成的 mxb 文件。

5.3.4　工序卡的编辑

1. 进入工序卡

进入工序卡有两种方法:一种是在表中区,将光标移至某道工序对应的行,单击按钮或〈工序操作〉菜单中的〈进入工序卡〉,即可进入到该工序对应的工序卡;另一种是在显示封面或工艺过程卡状态,单击按钮,系统切换到工序卡中,然后由翻页按钮或下拉框指定工序

卡页号进入到相应工序卡页面。图 5.77 所示为工序卡的编辑界面。

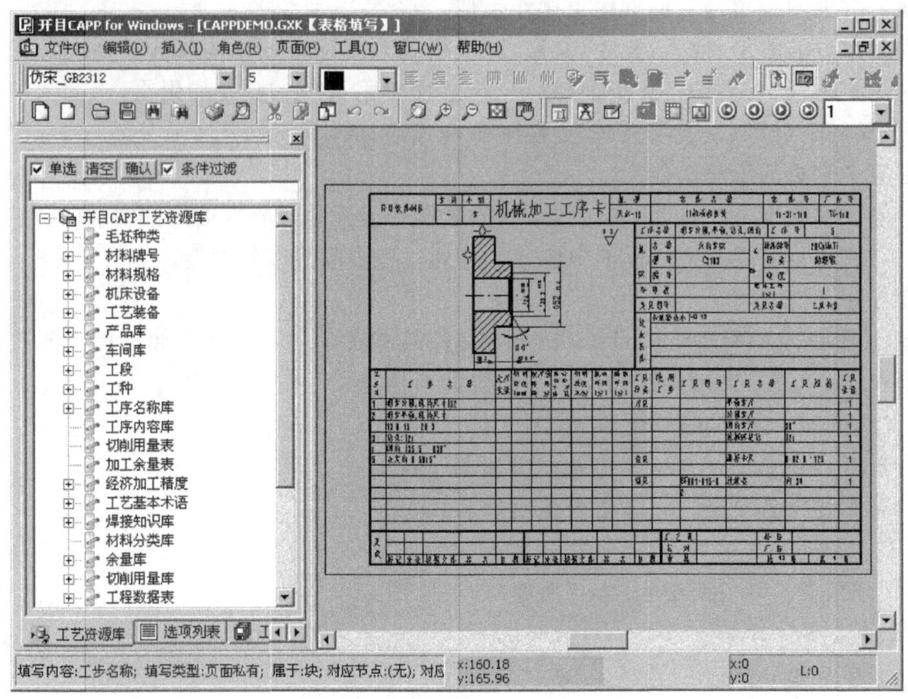

图 5.77

2. 工序卡内容的填写

1)一般内容的填写

将光标移至工序卡里欲填写的区域,点鼠标左键或按回车键,该区域被加亮,即可进行工序卡的填写。

在工序卡关联块中填写时,若插入一行,则关联块里行号大于当前行的所有内容将下移一行;若删除一行,则与该块关联的块同一行的内容将被删除。

当编辑修改某一工序时,工艺过程卡中的相关部分将一并被修改。

2)特殊内容的填写

有些企业的工序卡需要填写上道工序名称和下道工序名称。为了方便和保证填写的正确性,可以通过〈工序卡〉菜单中的〈填写上道工序名称〉、〈填写下道工序名称〉来实现这两项内容的自动填写,填写结果与过程卡中的内容具有联动关系。

为了保证能够自动得到正确的填写结果,在表格定义中要对工序卡中这两个填写区域进行正确的表格对应:在上道工序名称处填写内容应为“上道工序名称”,下道工序名称处填写内容应为“下道工序名称”,填写类型都应为“私有”。

3)工序卡中关联块多行复制、剪切、粘贴和删除

本功能只对工序卡中定义了关联块的编辑区有效。选中一行或多行后,可在本页内或其他工序卡页面内进行复制、剪切、粘贴;也可在不同的工艺文件内进行复制、剪切、粘贴。需要注意的是:粘贴处的关联块表格定义应与复制时的关联块表格定义一致,且数量一致。

用【Shift】+鼠标左键点击行中的某一格选取整行,选中行反白显示。按住【Shift】键不

放，同样的操作可选取多行。选中多行后，执行“删除行”操作，可一次删除多行。

4）一道工序的工序卡中所有工步内容能按工步号进行升序排序

当工序卡中工步内容进行调整后，往往需要重新按升序排序。具体操作方法为：将光标指向与工步号同一关联块中的任意格，点击〈页面〉菜单中的〈工步操作〉→〈工步排序〉，即可按工步号进行升序排序。同一道工序的工序卡有多页，也能实现工步排序。

如果填写的工步号不为数值，或有的工步没有填写工步号，程序会给出相应提示。

注意：(1)工序卡关联块中必须有定义为“工步号”的块，否则“工步排序”功能无效；

(2)工步排序后，空行会删除。

5）导入 Excel 文件信息到工序卡中

有的用户工艺信息是存放在 Excel 文件中的，在编制工艺文件时，可直接利用这些信息。如图 5.78 所示的 Excel 文件包含零件图号、零件名称、数量及对应的工序信息，当用户填写完装配工艺过程卡表中区工序号和工序内容后，可直接将此 Excel 文件（与装配工序卡片格式对应）的内容导入到装配工序卡中。

	A	B	C	D	E
1	零件图号	零件名称	数量	工序号	工序名称
2	93600-4012-1G	十字槽沉头螺钉 M4*12	2	工序10	安装螺钉
3	4650A-GCC-9200	脚制动轴组件	1	工序10	安装脚制动轴组件
4	46500-GCC-9200	后制动组件	1	工序20	安装脚制动轴组件
5	46501-GCC-9200-H1	后制动踏板	1	工序20	安装脚制动轴组件
6	46517-GCC-9200-H1	后制动摇臂轴	1	工序20	安装脚制动轴组件
7	46502-GCC-9200	后制动踏板护盖	1	工序20	安装脚制动轴组件
8	46507-GCC-9200	制动回位弹簧	4	工序20	安装脚制动轴组件
9	94514-18000	管夹 18	2	工序20	安装管夹
10	46510-KJ9-0001	制动锁钢索回位弹簧	1	工序20	安装弹簧
11	46515-GCC-9200	中间臂组件	1	工序20	安装中间臂组件
12	46516-GCC-9200-H1	弹簧钩	1	工序20	安装弹簧钩
13	46620-GCC-9202	制动锁钢索组件	1	工序10	安装制动锁钢索组件
14	46622-KJ9-3000	钢索胶圈	1	工序10	安装制动锁钢索组件
15	46624-KJ9-3000	调节螺栓 M6X40	12	工序10	安装制动锁钢索组件
16	94002-06000-0S	六角螺母 M6	12	工序10	安装制动锁钢索组件
17	46625-GCC-9200	踏板止动板	1	工序20	安装止动板
18	46633-KJ9-0002	止动板衬套	6	工序20	安装止动板衬套
19	50100-GCC-0002	车架	1	工序20	安装车架

图 5.78

如果要实现此功能，需要在 CAPP 服务器端的 kmcapperver.ini 中进行设置：

[CAPP 的功能设置]

工序卡导入功能＝TRUE

设置为 TRUE，开启导入功能；为 FALSE，不开启该功能。

导入的 Excel 文件的第一行应填写列名（与导入的工序卡的表格定义对应），后续行填写该列的内容。其中必须有“工序号”列，该列的内容必须是“工序＋数值”（如：工序 10），程序会根据当前工序卡所对应的工序号来与该列内容匹配，选取需要导入的记录。

进入工序卡，用鼠标点击相应关联块，选择菜单〈页面〉－〈导入〉，即可将 Excel 中内容导入到工序卡。当导入的内容在一张工序卡中填写不下时，会自动续页，格式与首页格式相同。

注意:(1)只有 Excel 中的列名跟选择的关联块的表格定义相同才能导入,不对应的列将不做处理。

(2)一个 Excel 文件中只包括一个 sheet。

5.3.5 工序简图的绘制

工序简图一般包括零件图的外部轮廓或局部视图及加工面。若在工艺编制时打开了一张零件图,工艺简图的绘制可以直接利用工序卡“0”页面的零件图,步骤如下:

1. 从“0”页面复制外轮廓到工序卡中

(1)用〈组〉工具条,选〈增〉里的 。

(2)按住鼠标左键定义两个角点,选定零件图外轮廓(外轮廓被选定后,会变为蓝色。如果外轮廓第一次不能选定,可按【Alt】+【S】图形重建后再选定)。

(3)选择外轮廓后,可以通过以下三种方法将外轮廓粘贴到工序卡上。

①直接选择工具条上的翻页按钮将页面切换到相应工序卡上。这时系统会自动以外轮廓的中心点为粘贴点,光标与此点粘贴在一起移动。

②直接按【G】键,工序卡页面逐页更换;或按【Alt】+【G】键按照指定页号更换页面,系统会自动以外轮廓的中心点为粘贴点,光标与此点粘贴在一起移动。

③选择右键菜单中的〈移动复制〉功能,然后在图形上选择粘贴点,再选择工具条上的翻页按钮,将页面切换到所需的工序卡上,这时光标粘贴在此点上,外轮廓与光标一起移动。

按【Alt】+【>】或【Alt】+【<】放大、缩小外轮廓,或利用鼠标右键弹出菜单,选〈比例〉放大、缩小外部轮廓,这时还可以用旋转光标的方法改变外轮廓的角度,当比例和位置适当后,按回车或鼠标左键确定。此时若不选择〈重选〉功能,此外轮廓还可以继续粘贴到其他工序卡上。

外轮廓复制到工序卡上后,可以看到粘贴外轮廓的区域外有 4 个白色小点,它们形成一个矩形区域,可以叫做包围框。

2. 从“0”页面复制加工面到工序卡中

在外轮廓复制完成后,可以返回到“0”页面用〈组〉中的其他选择方法选择加工面,然后切换到工序卡中粘贴,切换到工序卡的操作仍然可以用上述复制外轮廓时的三种方法。

当切换到工序卡后,无论外轮廓的比例或是角度发生变化,以及光标处在工序卡的任意一个地方,加工面都会自动锁定到外轮廓上的相应位置,并呈黄色状态。当光标在屏幕上移动时,加工面会闪动显示,按回车或鼠标左键确定。此时若不选择〈重选〉功能,此加工面还可以继续粘贴到其他工序卡上。

可以在工序卡间复制外轮廓和加工面。在工序卡中复制外轮廓时,不能用 按钮选择外轮廓(此选择方法仅限于从“0”页面选择外轮廓),只能用〈移动复制〉功能。这种方法产生的外轮廓与从“0”页复制的外轮廓一样具有锁定加工面功能。从工序卡中复制加工面的操作同前面的操作一样,不再赘述。

3. 加工面在多个外轮廓间的切换

当一张工序卡上有多个外轮廓时,复制加工面的操作可以通过切换当前外轮廓区域的方法实现,此方法是按空格键或鼠标右键菜单上的〈另一个轮廓区域内〉项实现的。如一张工序卡上有 3 个外轮廓,现在要将加工面复制到第 2 个外轮廓上,在加工面复制后进入此工序卡,则此加工面会自动锁定在第 1 个外轮廓上，可以看到加工面在第 1 个外轮廓上闪动，按键盘上的空格键，或按鼠标右键菜单上的〈另一个轮廓区域内〉项，加工面会自动切换粘贴位置，在第 2 个外轮廓上闪动。

在粘贴加工面时，可以在去除锁定功能的情况下操作。去除锁定的方法是按鼠标右键菜单，选择〈解除轮廓锁定〉项，则加工面可以粘贴到光标上随光标一起移动。

4. 对工艺简图的其他操作

如从夹具符号库中选择夹具符号、标尺寸等。工艺简图里画线圆、标注尺寸、剖面线填充、标注定位夹紧符号等操作参见第 6 章的相关内容。

注意：外轮廓的所有操作可以用 Undo、Redo 命令撤消或重做。

5.3.6　工序卡页面操作

1. 添加工序卡

当工步内容在一张工序卡内填写不下时，需要添加工序卡，添加工序卡的步骤如下：

(1)进入到要添加工序卡的页面；

(2)选择〈页面〉菜单中〈工序卡〉→〈添加工序卡〉，系统会列出在工艺规程管理模块中定义的工序卡格式；

(3)选择某一工序卡格式。

2. 工序卡的自动添加和自动删除

单击〈工具〉菜单中的〈选项〉，在弹出的对话框中选中〈页面的操作设置〉属性页，如图5.79 所示。为方便起见，将其中的三项选中。

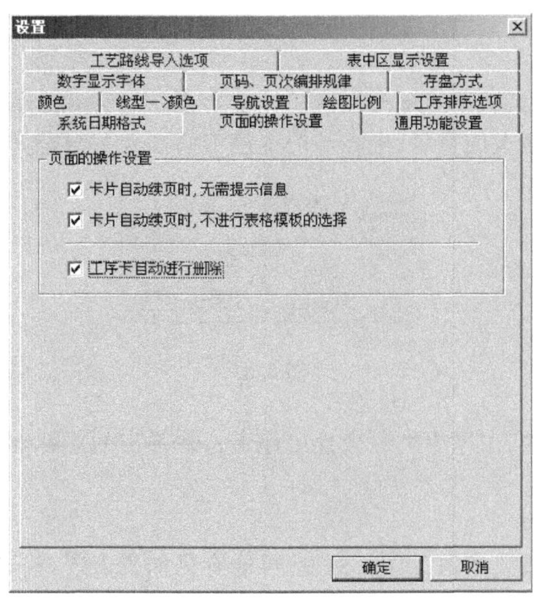

图 5.79

当某一道工步内容在第一张工序卡末尾尚不能填写完，可继续回车换行填写，结束编辑时，屏幕会弹出选择工序卡格式对话框，选择一种格式后，会弹出图 5.80 所示的对话框。选择

〈是〉,第一张工序卡中最后一道工步内容及其关联内容会移至工序卡附页中,以后每次自动续页时,直接用设定的表格模板,而不需要每次指定表格模板。

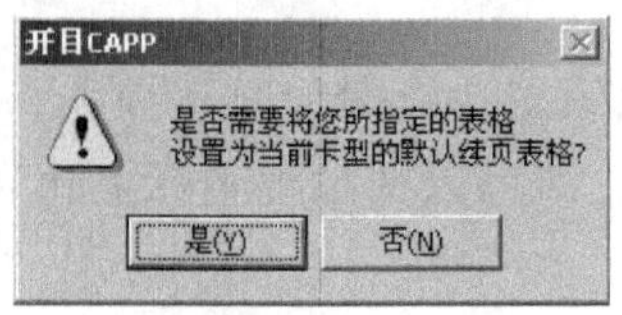

图 5.80

如果一道工序有多张工序卡,将前面工序卡关联块的内容删除后,后面工序卡相关内容会自动前移,当后面工序卡关联块中没有内容、没有绘制的工序简图或插入的图形图像、表格定义中没有定义的区域也无内容时,后面一页工序卡会自动删除。

要保证工序卡能自动添加和自动删除,必须注意以下几点:

(1)前后页工序卡表格关联块的表格定义填写内容一致。

(2)前后页工序卡表格关联块的位置顺序应一致。

(3)关联块的数量应一致。

若不能满足上述三条要求,则在选择续页卡片后,屏幕会出现提示,要求重新指定续页格式。

3. 插入工序卡

在某一张工序卡前需要加一张工序卡,可切换到此工序卡,然后单击〈页面〉菜单中的〈工序卡〉→〈插入工序卡〉,在弹出的对话框中选择工序卡格式,则此工序卡面前插入了选中格式的工序卡。

4. 复制工序卡

选择〈页面〉菜单中的〈工序卡〉→〈复制工序卡〉,系统会弹出如图 5.81 所示的对话框,在其中输入需要复制的工序卡的页号,则在当前工序卡前插入了与选择页号相同的工序卡。

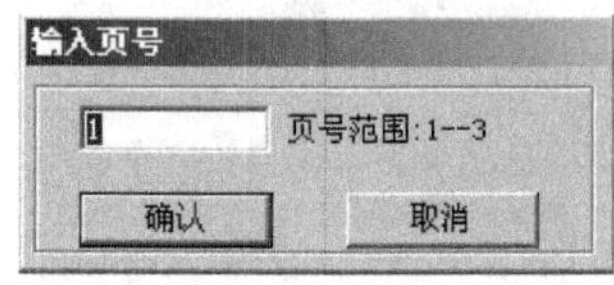

图 5.81

5. 交换工序卡

选择〈页面〉菜单中的〈工序卡〉→〈交换工序卡〉,在弹出的对话框中输入页号,即可将此页与当前页交换。

6. 工序卡格式的更换

一个完整的工艺路线有多道工序。例如,可能有机加工工序、检验工序、协作工序等,不同种工序其工序卡格式也不一样,系统允许用户选定不同的工序卡格式。若想更改某道工序的工序卡格式,步骤如下:

(1)进入到要更换工序卡格式的页面。

(2)选择〈页面〉菜单中〈工序卡〉→〈更换工序卡格式〉,会弹出选择工序卡格式对话框,在其中选择欲更换的工序卡格式,确定后,屏幕会弹出如图 5.82 所示的对话框,选择〈是〉,工序卡格式就被更换。

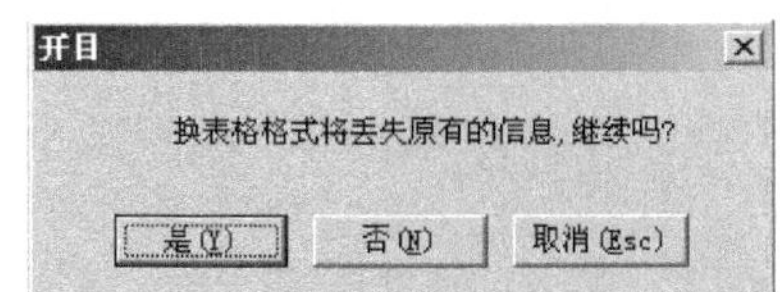

图 5.82

更换工序卡格式以后，原有的表格内容除了公共的工艺信息会保留下来，其他的如工序简图等信息将被删除，而工艺过程卡里与该工序相关的内容将重新填写到所选的工序卡里。

在工序卡列表中若没有所需要的表格，可单击〈添加表格〉按钮进行添加。

7. 工序卡的删除

删除某道工序的工序卡有两种方法。

方法一：在表中区操作。

(1)将光标移至欲删除工序卡的工序所在的行；

(2)单击按钮，则该行对应的工序卡被删除，但工序内容还保存在过程卡中。

方法二：在工序卡页面操作。

进入到欲删除的工序卡的页面；

选择菜单〈工序卡〉中的〈删除工序卡〉。

删除的工序卡为第一页、中间一页或最后一页，在弹出的对话框进行不同选择，结果会不同。下面以删除第一张工序卡为例说明工序卡的删除方法。

删除第一张工序卡时，提供三种情况的删除操作：仅删除本页；如有附页，删除本页及其附页；如有附页，删除本页及其附页和表中区工序信息。

如果某道工序有多张工序卡，删除第一张工序卡时，会弹出如图 5.83 所示的对话框，选择〈是〉，弹出如图 5.84 所示的对话框，继续选择〈是〉，弹出如图 5.85 所示的对话框，在此对话框中选择〈是〉，则删除表中区相应工序信息；选择〈否〉，则表中区工序信息仍然保留。如果在图 5.84 所示的提示框中选择〈否〉，则只删除第一张工序卡，后面的工序卡依次前移。

图 5.83

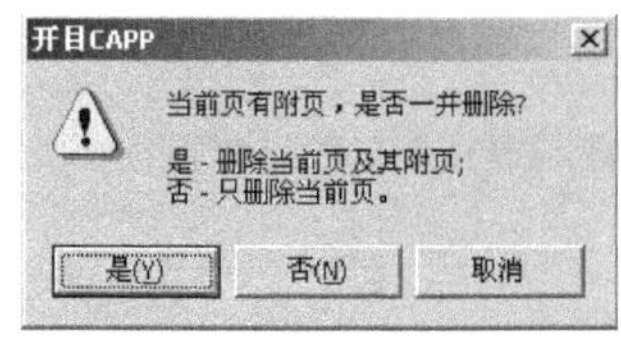

图 5.84

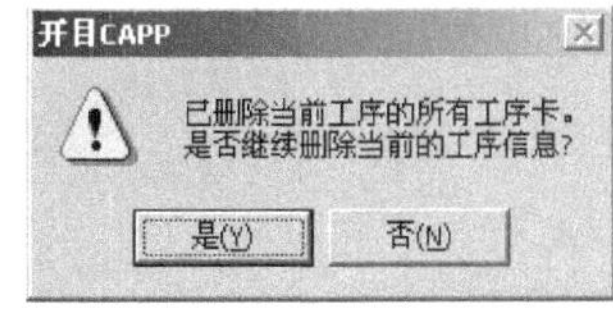

图 5.85

5.3.7　工艺规程页面的层次管理

在工艺编制过程中，用户可通过工具条上的按扭在封面、过程卡、工序卡之间切换，然后通过翻页按钮或下拉框指定页号显示页面。新版本又增加了一种更直观的操作方式，在左边工艺资源管理器窗口中，增加〈页面浏览〉属性页，通过树型结构管理工艺规程的页面，工艺文件中的每一页面，对应树上的一个节点。用户在编辑工艺文件中的某一页时，需要切换到其他的页面，直接选择对应页面的节点，编辑界面即进入相应的页面，用户可对该页面进行编辑操作。图 5.86 为某一个工艺文件对应的〈页面浏览〉属性页。

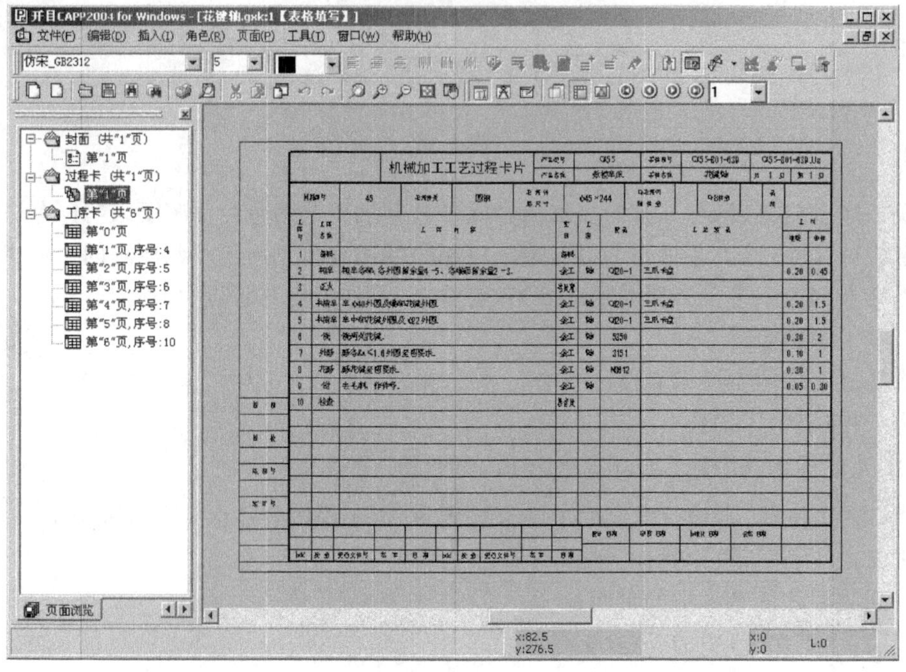

图 5.86

5.3.8 查找、替换功能

在编辑工艺内容的过程中可以通过查找、替换功能进行修改。其使用方法类似于 Word 中文字的查找、替换，在表格填写状态下，通过〈编辑〉菜单中的〈查找〉、〈替换〉两项实现。

查找功能用于查找工艺文件中指定的字符和特殊工程符号，并可指定搜索范围及查找的字符类型，如图 5.87 所示。特殊工程符号的插入和清除通过按钮〈插入符号〉和〈清除符号〉实现。

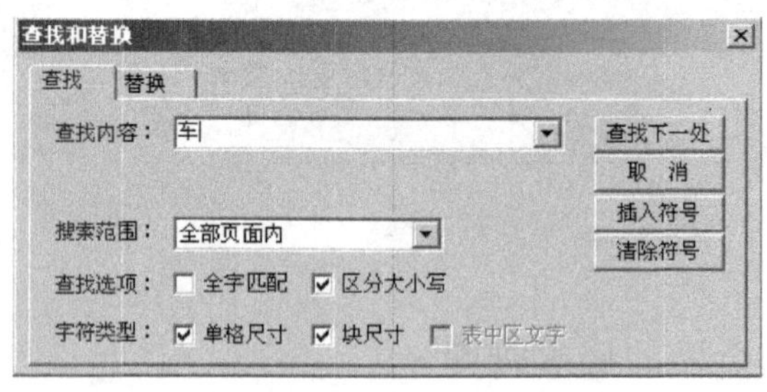

图 5.87

替换功能用于替换掉在工艺文件中指定的字符，同样也可指定搜索范围及替换的字符类型，可以逐个替换，也可以全部替换。对话框如图 5.88 所示。

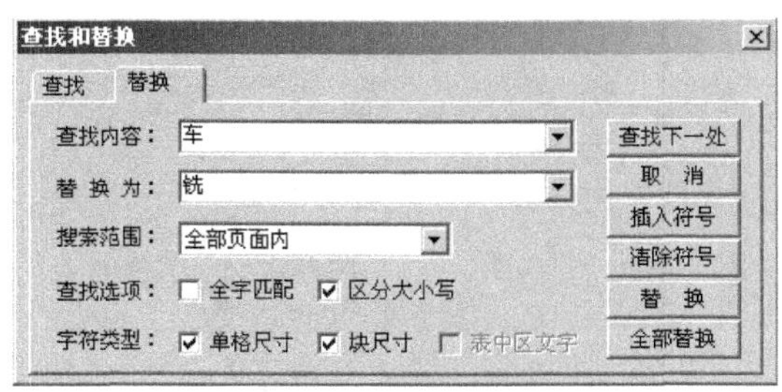

图 5.88

查找、替换中的搜索范围可以是：全部页面内、当前页内、过程卡内、工序卡内。若在过程卡和工序卡中，还可指定查找的字符类型，在这里字符类型为：单格尺寸、块尺寸、表中区文字，这几种类型分别对应填写在单格里的字符（如表头区）、填在块内的表格字（如工序卡中定义了块的部分）以及表中区填写的字符。

表中区块统计和块替换功能：块统计是指求出某一个关键词在指定区域内出现的次数；块替换是要求实现指定区域内字符串的替换功能。

块统计：用户选择块后，再选择〈编辑〉菜单中或右键菜单中的〈在选中块中统计〉，系统弹出如图 5.89 所示的对话框。输入统计内容和选择查找选项（查找选项分为是否全字匹配，是否区分大小写），点击〈开始统计〉按钮，开始统计。在对话框中跟踪累计关键词出现的次数，直到统计结束。统计结束后，点击〈复制结果〉按钮，将统计的结果复制到剪贴板。点击〈返回〉按钮，则返回到表中区。

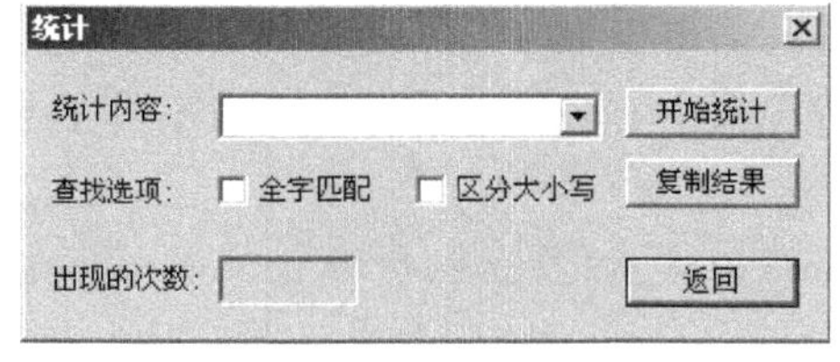

图 5.89

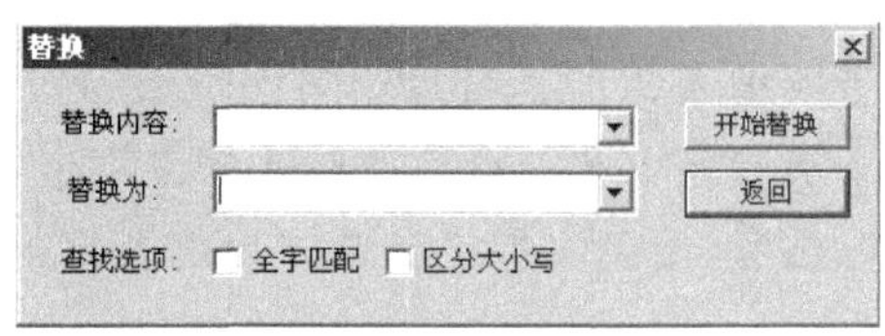

图 5.90

块替换：用户选择块后，再选择〈编辑〉菜单或右键菜单中的〈在选中块中替换〉，系统弹出如图 5.90 所示的对话框。输入查找内容、“替换为”内容并选择查找选项。点击〈开始替换〉按钮，则替换所有找到的“查找内容”关键字。替换过程中不需要用户逐个确认。替换完成，报告多少个关键字被替换。用户确认后回到块替换对话框。

5.3.9　页码、页次设置

页码的编排是指一个工艺文件中过程卡或工序卡的“共　页”、“第　页”的编码规律；页次的编排是指多个工艺文件装订到一起时，当前工艺文件中封面、过程卡、工序卡的页次编排规律。

单击〈工具〉菜单中的〈选项〉，选择〈页码、页次编排规律〉属性页，如图 5.91 所示。

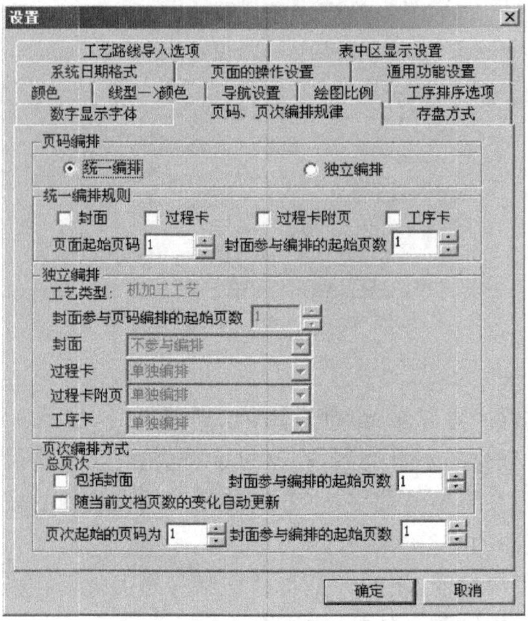

图 5.91

1. 页码的设置

页码编排方式分统一编排和独立编排。统一编排是指参与编排的封面、过程卡或工序卡一起编排页码，独立编排是指封面、过程卡和工序卡分开编排页码，下面以一个工艺文件为例具体说明页码的编排。

假设一个工艺文件页面的排列顺序为：封面（1 页）、工序目录（2 页）、过程卡（3 页）、工艺装备明细表（2 页）、辅助材料明细表（1 页）、工序卡（过程卡中有三道工序申请了工序卡，其中有 2 页检验卡和 4 页其他格式的工序卡，共 6 页）。

注意：上例中工序目录卡片配置为封面，工艺装备明细表、辅助材料明细表配置为过程卡附页。

1）统一编排

在图 5.91 中页码编排选"统一编排"，统一编排规则中钩选封面、过程卡、过程卡附页、工序卡，设置页面起始页码为 1，封面参与编排的起始页数为 1，则所有的卡片共 15 页，页码依次从 1 开始编排到 15。

在封面、过程卡、过程卡附页、工序卡四项中可任意钩选进行页码编排，如果没有钩选工序卡，则封面、过程卡、过程卡附页一起编排页码，共 9 页，页码从 1 开始编排到 9，工序卡共 6 页，页码从 1 排到 6。

有的单位，第一张封面不参与页码编排，可以设置封面参与编排的起始页数为 2。

2）独立编排

首先需要了解下面几种编排方式。

单独编排：封面、过程卡、工序卡等单独编排页码，均从 1 开始编排。如上例文件，如果各类卡片单独编排，则封面共 3 页，页码从 1 排到 3；过程卡共 3 页，页码从 1 排到 3。其他依次类推。

分类编排：某一类卡片中包含不同格式的卡片，如上例工序卡中有 2 页检验卡，4 页其他格式的工序卡，将检验卡和检验卡以外其他卡分类排序，即这两类卡的的页码分别从 1 开始编排。

跟随过程卡编排：过程卡附页不单独编排页码，跟随过程卡一起编排。

每工序编排：每道工序的页码分别从 1 开始编排。

封面有三种编排方式：不参与编排、单独编排、分类编排。

过程卡只有一种编排方式：单独编排。

过程卡附页有三种编排方式：单独编排、分类编排、跟随过程卡编排。

工序卡有三种编排方式：单独编排、分类编排、每工序编排。

要实现分类编排方式，需要在 kmcapp.ini 配置文件中添加如下配置：

```
[机加工工艺分类页码编排]
机加工工艺分类封面=工序目录
机加工工艺分类过程卡附页=工艺装备明细表;辅助材料明细表
机加工工艺分类工序卡=检验


[装配工艺分类页码编排]
装配工艺分类封面=工序目录
装配工艺分类过程卡附页=工艺装备明细表;辅助材料明细表
装配工艺分类工序卡=检验
```

其中：用“[、]”括起来的内容中，分类页码编排前是工艺规程名，如机加工工艺、装配工艺；后面几行等号后填写需要分类编排页码的卡片名称中包含的文字，多于一种卡片的工序卡分类编排时，中间用分号隔开。

页码规则设置好后，单击〈确认〉按钮，系统可将所选页码编排方式记录下来，以便下次进入开目 CAPP 编辑时直接按此方式编排页码。

2. 页次的设置

若在工艺文件中还需填写总共多少页和总第几页，则在表格对应时，这两项的填写内容应为“总页次”(填写类型为公有)、“页次”(填写类型为私有)。

页次的编排中可设置总页次的编排是否包含封面，是否根据当前文件的页数改变自动更新；可设置当前文件页次的起始页码和封面参与编排的起始页数。

5.3.10　公式计算

通过公式管理器定义工艺编制过程中需要用到的公式，如材料定额、工时定额计算公式和批量计算公式，在编制工艺时可直接调用。

1. 表头区公式计算

将光标指向需通过计算才得到结果的表格，例如此格配置了材料(圆钢)定额计算公式“重量=6.1654 * 直径 * 直径 * 长度 * 1e-6”，单击〈工具〉菜单下的〈公式计算〉项，若表头区填写的内容满足公式的检索条件，屏幕会弹出图 5.92 所示的对话框。确定计算结果精确到小数点后的位数，点击〈确定〉后，计算结果会在表格显示。

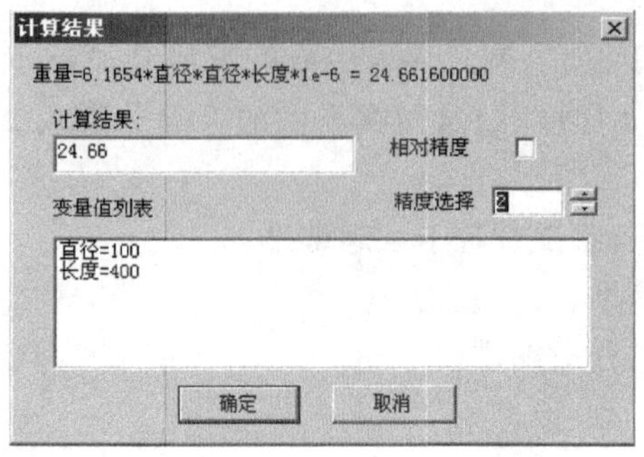

图 5.92

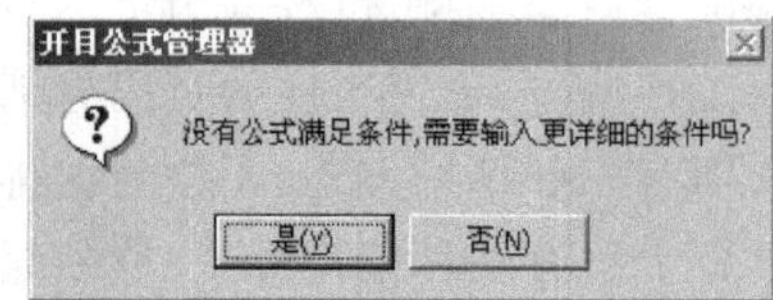

图 5.93

当在公式计算中，输入的条件不满足检索条件时，屏幕会弹出如图 5.93 所示的提示。单击〈否〉按钮，则会提示是否列出所有公式；如果选择〈是〉，则会列出所有公式，可从中选择所需公式。

2. 表头区单格的自动计算

在表格定义中，将欲自动计算的单格数据来源定义为“计算得到”，并配置计算公式。在 CAPP 中进行填写时，公式中的单格填写数值后（如果填写“100＋20”，在计算时作为“120”来计算；或填写“2×5”，能作为数值 10 来计算），结束编辑，配置公式的单格将自动填写计算后的结果。

3. 批量计算

如图 5.94 所示的工艺路线表中，“单套总计”和“本批总计”列是由下面的批量公式计算得到的：

单套总计＝单套数量×台数＋单套备件

本批总计＝本批数量×台数＋本批备件

其中，数量、备件是手工填写的，台数可以作为一个参数放入公式管理器中。用户手工输入完数量和备件后，点〈工具〉菜单中的〈批量计算〉，弹出对话框，输入台数，可自动将所有行的总计数值计算出来。例如台数为 1，则计算结果如图 5.95 所示。

零件名称	单套数量	单套备件	单套总计	本批数量	本批备件	本批总计
	23	26		1	2	
	31	32		3	4	
	33	32		5	6	

图 5.94

单套数量	单套备件	单套总计	本批数量	本批备件	本批总计
23	26	49	1	2	3
31	32	63	3	4	7
33	32	65	5	6	11

图 5.95

4. 自动汇总工艺信息

在公式管理器中，将自动汇总工艺信息公式配置好后，进入 CAPP，在表中区相应区域填写数值，点击菜单〈编辑〉→〈自动汇总工艺信息〉，或点击工具条上按钮，计算结果会填入表头区相应单元格。对于查表的公式，当变量查不到满足条件的记录时，计算结果会显示为“0”。

5.4　技术文档编辑

打开或新建一个工艺技术文档后，屏幕显示如图 5.96 所示。

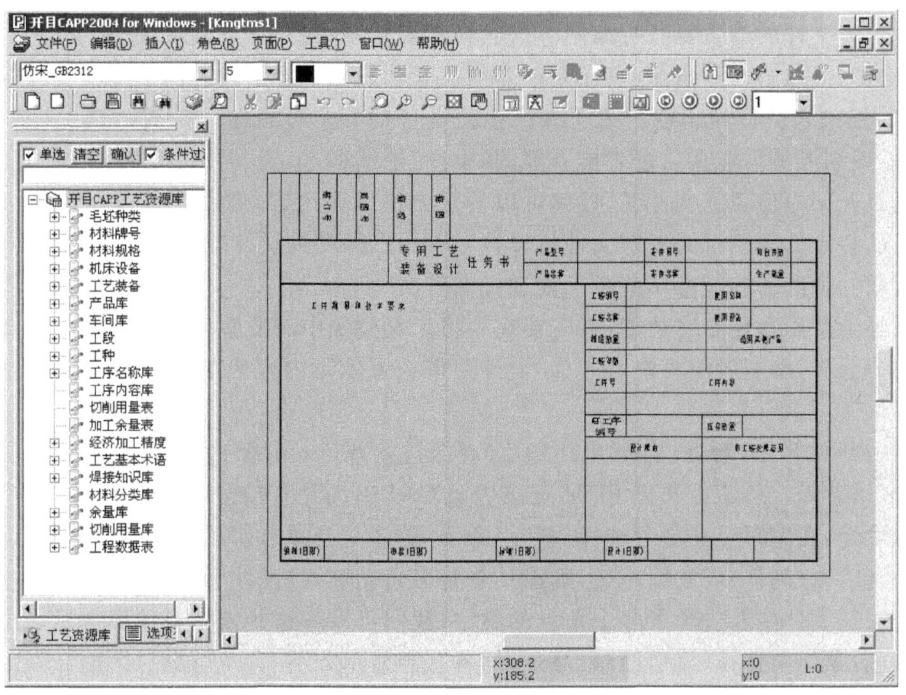

图 5.96

技术文档编辑及工艺图的绘制方法与工艺规程的编制是一样的，不再复述。

虽然技术文档的填写与工艺规程的编制同属一个模块，但两者界面略有不同。技术文档没有过程卡和工序卡，〈页面〉菜单如图 5.97 所示。

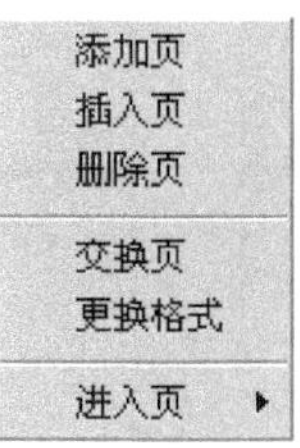

图 5.97

(1)增加页：在最后一页后增加一页。

(2)插入页：在当前页面后增加一页。

(3)删除页：删除当前页。

(4)交换页:输入一页号,可以与当前页交换页号及页面内容。

(5)更换格式:可更改当前页为技术文档配置中定义的任何一种格式,操作界面同更换工序卡格式。

(6)进入页:通过下一级菜单提供的几种方式进入指定的页面。

5.5 角色

一套工艺文件的产生要经过编制、审核、会签等步骤,每一个步骤都要由专门的人员来完成,相应地,完成以上每一步骤,责任人都必须在工艺表格中签字。我们把工艺文件的编制、审核、会签等相关人员称为角色。为了保证工艺文件的安全可靠性,每一种角色只能有一种权限,即工艺编制人员只能在工艺表格下部的"设计"处签字;审核人员只能在"审核"处签字。不同的角色打开同一份工艺文件时,彼此可以看对方的工作内容,但不能修改。角色可以签名,可以用自己特定的颜色批阅工艺文件。设计者可用多种颜色设计工艺文件,审核、会签的人员则分别可用一种醒目的颜色作些意见处理批阅等。

要正确地使用角色签字功能,首先要在表格定义模块中对要签字的表格作表格定义,填写类型全部为公有,编制者填写内容应为"设计",审核者填写内容为"审核",会签的填写内容为"会签"。

角色由开目 PDM 管理,当由开目 PDM 登录进入开目 CAPP 时,角色就有了身份,如属于设计者、审核者等。若不由开目 PDM 登录进入 CAPP,而是直接进入 CAPP,则系统认为此时的角色为设计,在〈角色〉菜单中选择〈签字〉命令,屏幕上会弹出如图 5.98 所示的对话框,输入设计者姓名后点〈确认〉或按回车键,则设计者姓名自动填入"设计"处。

一个工艺文件中若包含了多个角色的签字,我们可以将这些签字有选择地显示出来,方法是:在〈角色〉菜单中选择〈显示控制〉命令,屏幕上会显示如图 5.99 所示对话框,然后在角色身份上打"√"来选择显示的角色。

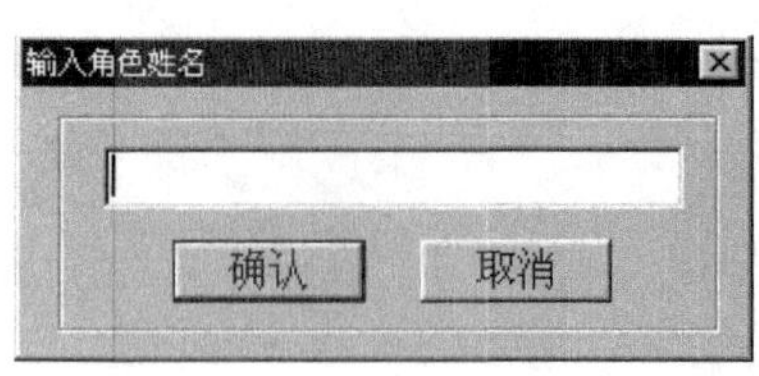

图 5.98

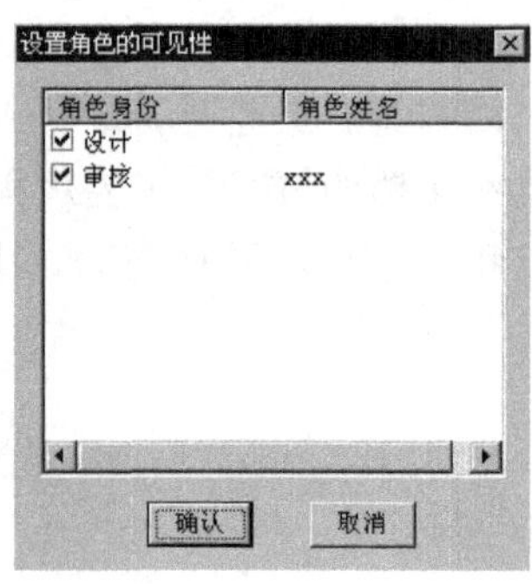

图 5.99

第 6 章　工艺简图绘制

6.1　基本绘图操作

在填写工序卡时，除了填写工步内容外，常常需要绘制工序简图。开目 CAPP 工艺编制模块中自备工艺简图绘制子模块，提供了类似开目 CAD 的绘图环境。单击工具条上的按扭 ，即可进入绘图界面，如图 6.1 所示。

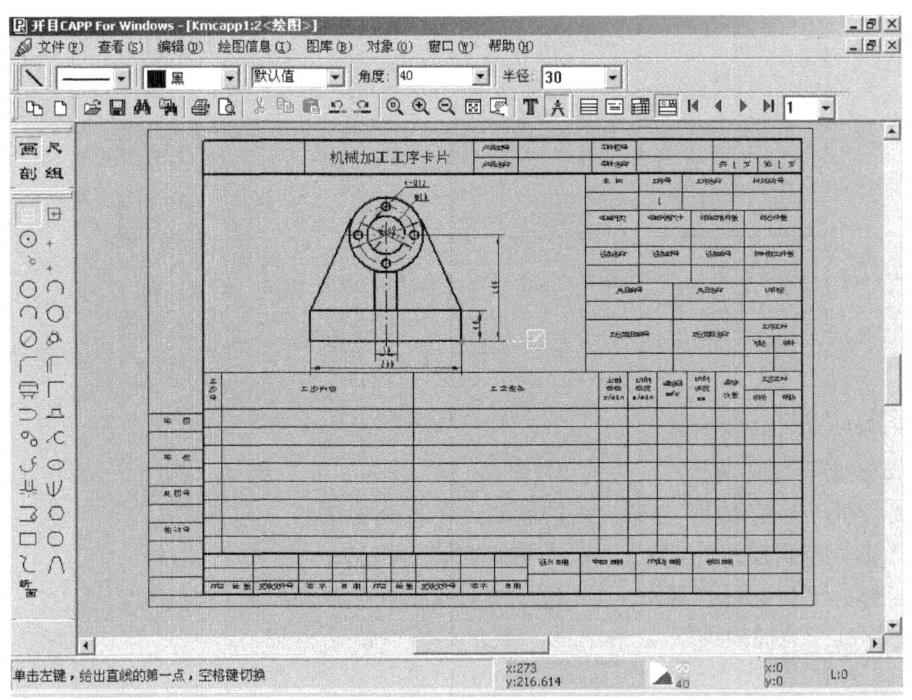

图 6.1

6.1.1　绘图信息显示

1. 信息显示

在绘图界面最下面，系统的信息提示如图 6.2 所示，各标记意义分别如下：

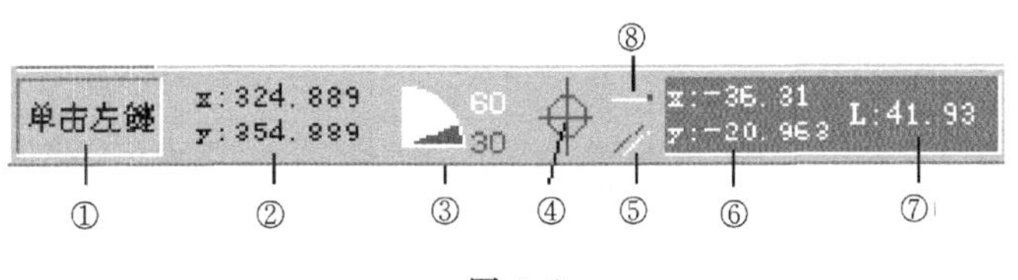

图 6.2

①适时的操作提示。

②光标所在位置的 X、Y 坐标值(绝对坐标值)。

③显示光标方向。

④显示光标所在位置是某圆或弧的圆心,当光标不在圆心时③处为空白。

⑤显示光标方向与当前线的关系,∥为平行,⊥为垂直,∠为斜交。

⑥显示当前线在 X、Y 方向投影的长度。

⑦显示当前线的长度。

⑧显示光标与当前线的位置关系,用六种图形表示这种关系。其中红色圆点表示光标所在点,白色表示当前线的当前段,黑色表示非当前线,共有六种图标。各图标表示的意义如图 6.3 所示(其中细线表示白色,粗线表示黑色和红色)。

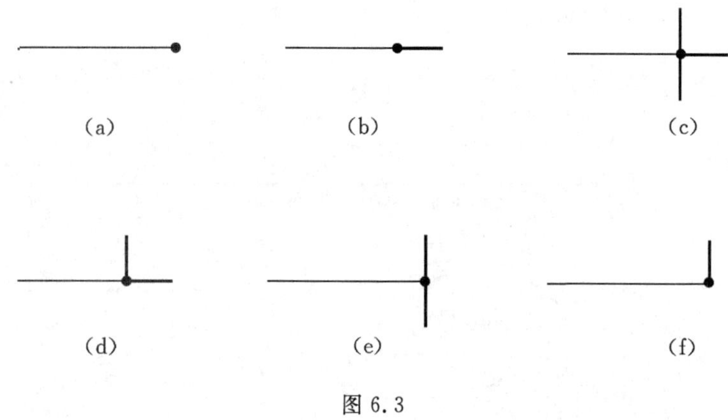

图 6.3

(a)光标处于当前线的端点。

(b)光标处于当前线上。

(c)光标处于当前线上,与另一线的非端点在该处相交。

(d)光标处于当前线上,与另一线的端点在该处相交。

(e)光标处于当前线的端点上,与另一线的非端点在该处相交。

(f)光标处于当前线的端点上,与另一线的端点在该处相交。

2. 光标类型

在开目 CAPP 中用一组图形光标表示作图方式、作图位置、作图方向等信息。

6.1.2 常用操作

开目 CAPP 中绘制图形时,各种操作都保证了其准确性,并且非常方便和快捷,在本节的以下部分将分别予以介绍。

1. 移动

1)一般移动

(1)光标沿水平、垂直方向移动。

不论光标方向如何,不论光标为何种形式,按下键盘上的移动键【←】、【→】、【↑】、【↓】,光标将分别向左、右、上、下移动。

①移动距离为 1 mm:按一下一般移动键,光标移动 1 mm。

②移动距离为 10 mm：按住加速键【Shift(左)】后按一下一般移动键，光标移动 10 mm。

③移动给定距离：先键入一数据再按一般移动键，光标即移动给定距离。

④移至给定的 X(Y)坐标：先键入一数据，再按【A】(绝对量 Absolute)，再按一般移动键，光标移至相对于当前坐标原点的给定的 X、Y 坐标点。按【←】、【→】、【↑】、【↓】分别为"负 X、正 X、正 Y、负 Y"方向。

(2)光标沿给定方向移动。

按【L】(或【K】)画线光标沿(或逆)光标方向移动。

①移动距离为 1 mm：按一下【L】(【K】)，沿(逆)光标方向移动 1 mm。

②移动距离为 10 mm：按【Shift(左)】+【L】(【Shift(左)】+【K】)，沿(逆)光标方向移动 10 mm。

③移动给定距离：先键入一数据，然后按【L】(或【K】)，沿(逆)光标方向移动给定距离，如图 6.4 (a)所示。

先键入一数据和【X】(或【Y】)，再按【L】(或【K】)，光标沿(逆)光标方向移动相应距离，该距离的 X(或 Y)方向分量为给定值。如图 6.4 (b)、(c)所示。

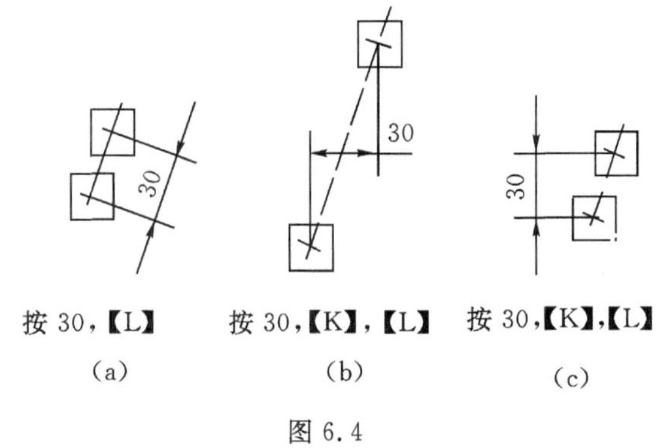

图 6.4

④移至与线圆相交：按下【Ctrl】+【L】(【Ctrl】+【K】)，沿(逆)光标方向移至最近的线或圆上，如图 6.5 所示。

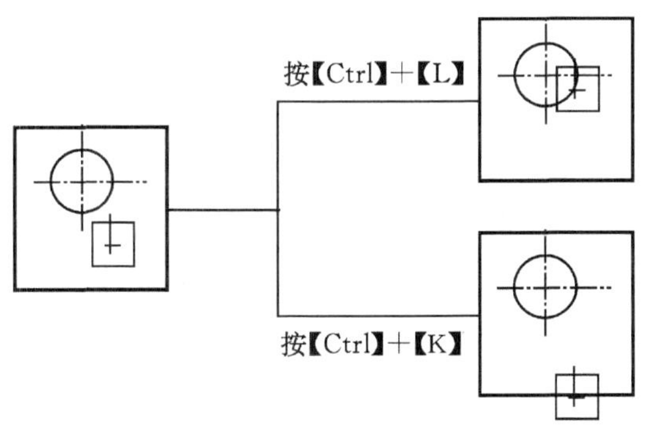

图 6.5

2)特殊移动

特殊移动是指光标作对齐、对准或对正已有图素的移动。用【Home】、【End】、【PageUp】(有时简写为【PgUp】)、【PageDown】(有时简写为【PgDn】)键分别表示左右上下四个方向的特殊移动。这样定义键是因为在一般文本编辑软件中，将这四个键定义为到行首（左端）、行末（右端）、向上翻页（上端）、向下翻页（下端），这样一类比，利于记忆。

（1）对齐移动。开目 CAPP 有三种对齐操作：

①水平垂直方向对齐：指将光标水平或垂直移动至与本视图内某个特征点 X 或 Y 坐标一致的操作。

②视图之间对齐：指将光标水平或垂直移动至与其他视图内的特征点长对正、宽相等、高平齐位置的操作。

③对称对齐：指在同一视图内将光标水平或垂直移动至某特征点相对于指定的对称线的对称位置的操作。

具体操作如下：

对齐本视图中的特征点：直接按特殊移动键（【Home】、【End】、【PageUp】、【PageDown】），光标沿坐标方向移动至对齐同一视图中最近的一个或几个已画图素的特征点，被对齐的点用红色光点表示，在下面的各种对齐和对准操作时，被对齐和被对准的点均用红色光点表示。如图6.6所示。

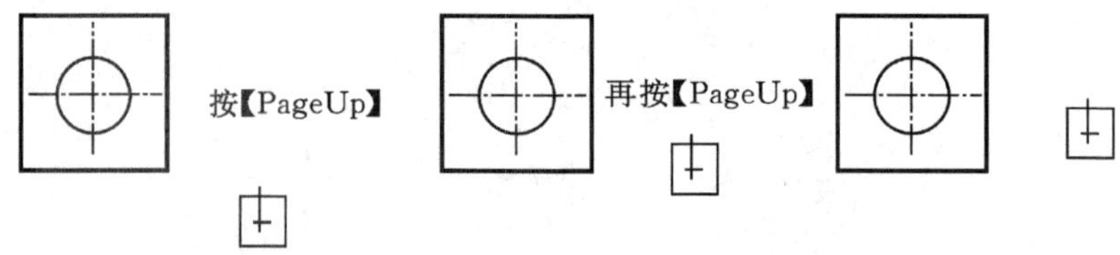

图 6.6

对齐其他视图中的特征点：按下【Ctrl】键的同时再按特殊移动键（【Home】、【End】、【PageUp】、【PageDown】），光标在左右上下对齐另外视图中已画图素的特征点。由于各视图投影方向的不同，视图之间对齐移动应注意方向的变化。例如光标在左视图上向左（右）做对齐移动，对于俯视图的目标则是上（下）对齐，如图 6.7 所示。

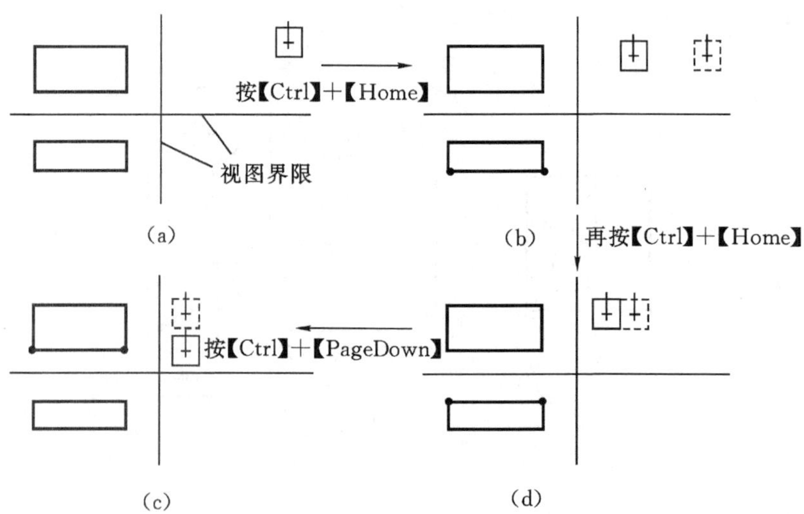

图 6.7

对称对齐移动：光标上线到直线上后按对称线键【|】或点鼠标右键，在该右键菜单里，单击〈定义对称线〉则定义了对称线，此后同时按住【Alt】和特殊移动键(【Home】、【End】、【PageUp】、【PageDown】)，光标移至相对于对称线的另一边已有图素特征点的对称的位置(如图6.8所示)。

注意：对称对齐定义的对称线可以是任意线型的直线，但该线必须为水平或垂直，每一个视图只能定义水平和垂直各一条对称线。

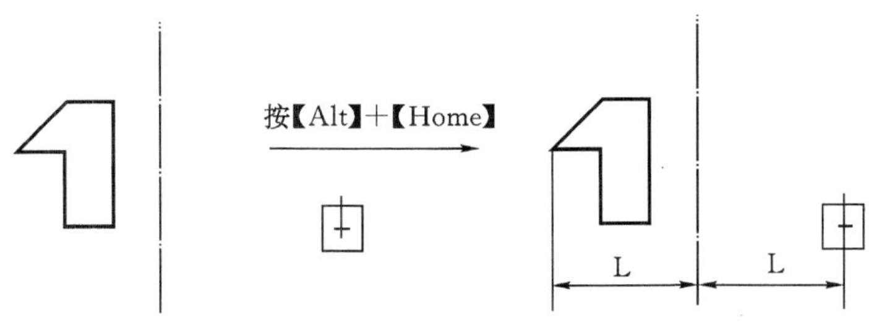

图 6.8

(2)对准移动。对准操作是指将光标沿坐标轴方向移动(或绕光标位置点转动)沿光标方向对准已有图素的特征点的操作。对准操作中被对准的特征点称为对准目标。

开目 CAPP 有三种对准操作：

①画线、画圆光标移动对准：将画线、画圆光标沿水平或垂直方向移动，使光标对准最近特征点，移动时光标角度不变。具体操作为：按【shift(右)】+特殊移动键(【Home】、【End】、【PageUp】、【PageDown】)。

②画线光标和画圆光标转动对准：光标位置不动，角度逆时针转动或顺时针转动对准各类特征点。具体操作为：按【shift(右)】+【F3】(【F4】)。

③画圆光标半径增减对准：画圆光标半径增加或减小对准各类特征点，光标圆心不动。具体操作为：按【shift(右)】+【F5】(【F6】)。

对红光标(画线光标)，作第①、②种对准操作后，如再按【Enter】键，则光标移至对准目标；如按【Ctrl】+【Enter】，则画出一条从光标至特征点的直线(见图 6.9)；对黄光标(画线光标)，作此操作后，需先回车，再按【Ctrl】+【L】移动到特征点画线。用此方法可方便地作出圆(弧)的给定方向的切线，用此法做出的切线称为“平动切线”。“平动切线”又分为“垂直平动切线”(按【Shift(右)】+【PagUp】或【Shift(右)】+【PageDown】对准后作出的切线)和“水平平动切线”(按【Shift(右)】+【Home】或【Shift(右)】+【End】对准后作出的切线)。

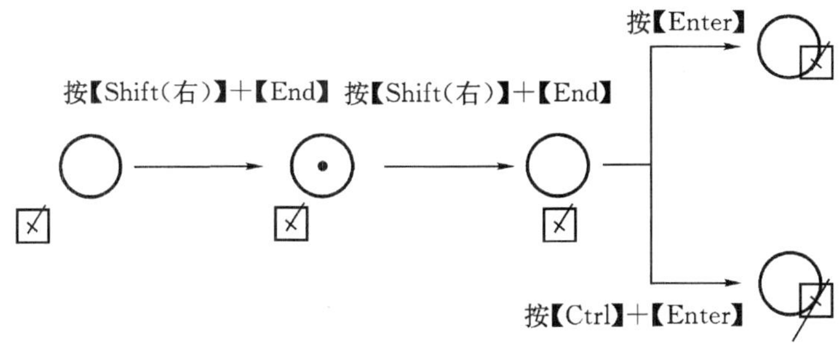

图 6.9

对于画圆光标作第①、③种对准操作后，如按【Enter】，则圆心不动，光标笔转动到对准目标；如按【Ctrl】+【Enter】，则以光标心的位置为圆心，画圆光标的半径为半径，顺着笔方向画出一条从笔的位置到对准目标的圆弧。

画圆光标的对准操作，最适合于已知切圆弧(圆)的半径和圆心的某个坐标值(X 或 Y 坐标)的情况下，画另一圆或直线的切圆弧。对画圆光标还有以下几种特殊用法：

①按【F2】键可改变作圆弧的方向(顺、逆时针)，见图 6.10(e)。再按【Ctrl】+【Enter】画出一圆弧，见图 6.10(f)。

②按【C】键可作一个经过特征点的整圆，见图 6.10(g)

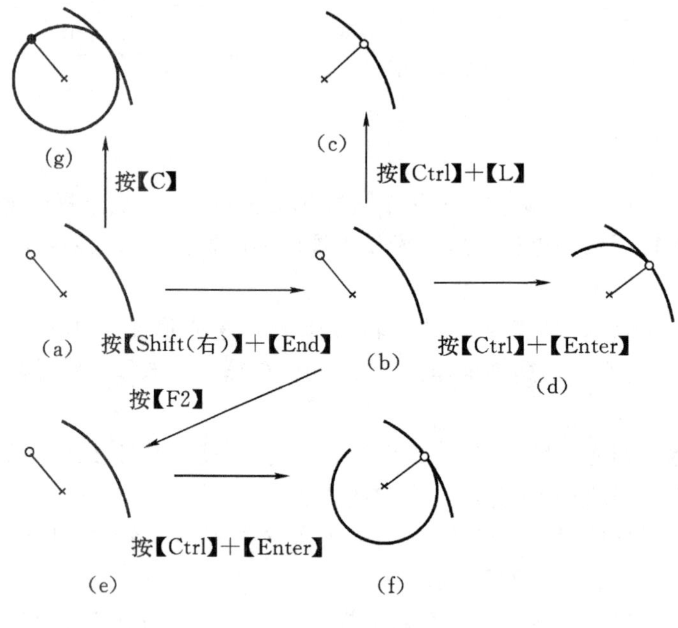

图 6.10

图例中被对准的目标是圆弧的切点，所作的圆弧即为切圆弧。用这种方法所做切圆弧称为“平动切圆”，可分为“水平平动切圆”和“垂直平动切圆”。

对齐移动与光标的方向无关，不管光标是否有方向性，只是光标的中心与图中的特征点在水平或垂直方向对齐。对准移动与有方向性的光标有关。

(3)对正移动。在画线光标状态下按下【shift(左)】+【Home】(【End】、【PageUp】、【PageDown】)光标作对正移动。

按【shift(左)】+【PageUp】(或【shift(左)】+【PageDown】)，光标顺着光标方向向上(或向下)移动至与光标垂直方向已有图素的特征点对齐的位置(见图 6.11)。

按【shift(左)】+【Home】(或【shift(左)】+【End】)，光标沿着光标垂直方向向左(或向右)移动至与光标方向已有图素的特征点对齐的位置(见图 6.12)。

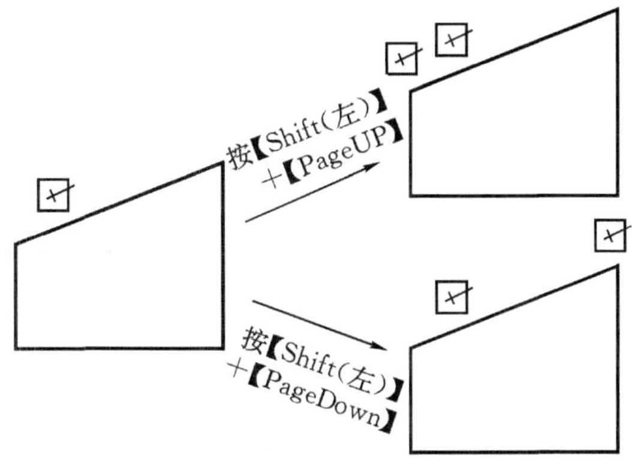

图 6.11

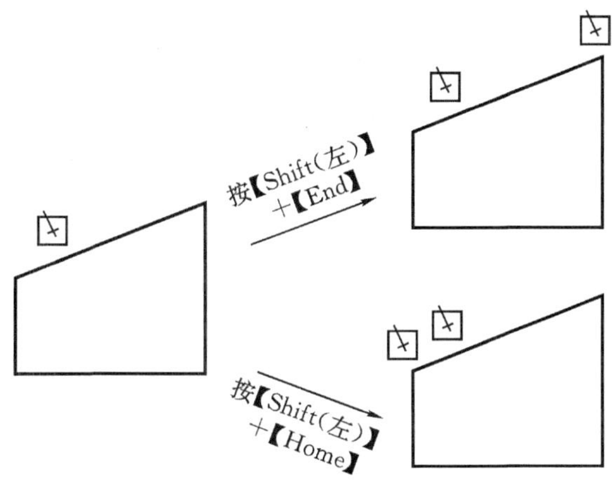

图 6.12

对正操作主要用于作斜向局部视图。注意【Shift(左)】+【PageUp】和【Shift(左)】+【PageDown】是沿光标方向移动的，而【PageUp】有向上的含义；【PageDown】有向下的含义；【Shift(左)】+【Home】和【Shift(左)】+【End】是垂直于光标方向移动的，而【Home】有左移的含义，【End】有右移的含义，图 6.13 表示光标在各方向作对正移动时的方向。

2. 转动

在开目 CAPP 中光标有方向，信息区中显示了光标的方向(见图 6.2 中③)，光标角度的转动有两种方式。

在屏幕左上方的工具条中，可以在角度后面的组合框中直接输入绝对角度值，另外在组合框中也设置了许多特殊角度，如 0°、45°、90°、135°、180°、225°、270°、315°等供选择。

也可用键盘进行如下的操作：

1)一般转动

(1)转动 1°：直接按【F3】(【F4】)，光标逆时针(顺时针)转动 1°。

(2)转动 10°：按【Shift(左)】+【F3】(【Shift(左)】+【F4】)，光标逆时针(顺时针)转动 10°。

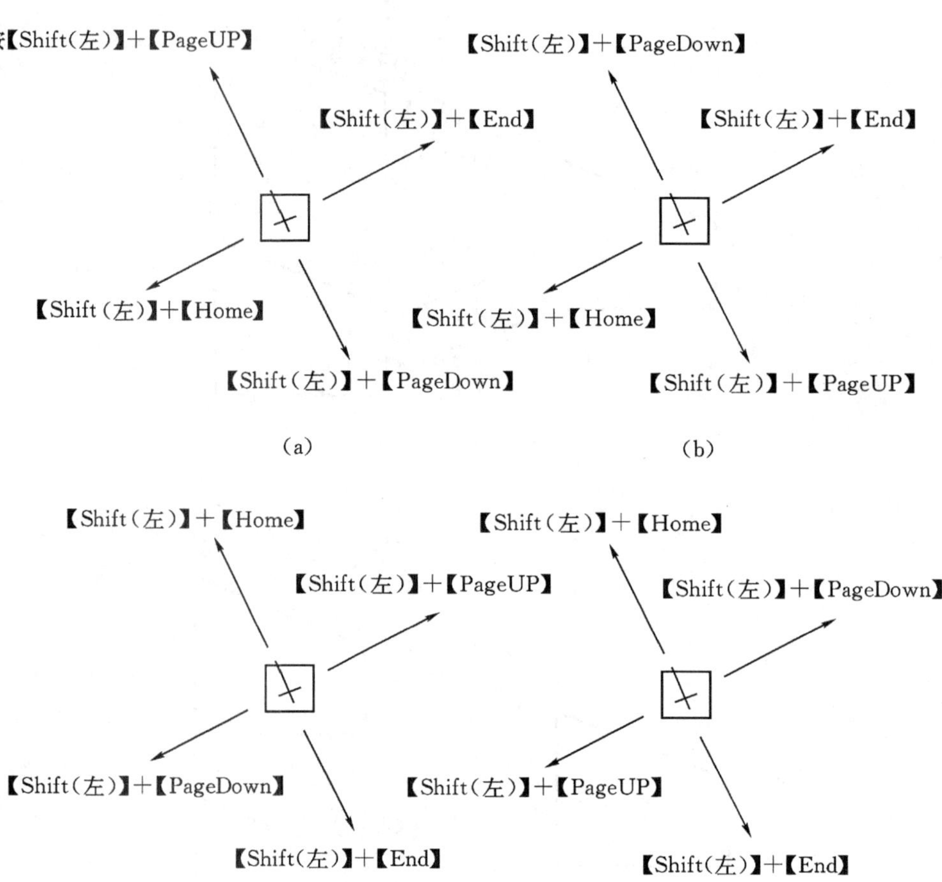

图 6.13

(3)转动给定角度。

①设置光标的绝对角度(即与 X 轴正向的夹角):键入数据后按【A】,再按【F3】(【F4】),光标角度变为给定值(以水平向右处为 0°)。

②键入一数据,再按【F3】(【F4】),光标在原来的基础上逆(顺)时针转动给定角度。

(4)转动常用角度。

①按【T】,逆时针转 15°;按【Shift】+【T】,顺时针转 15°;

②按【D】,逆时针转 90°;按【Shift】+【D】,顺时针转 90°;

③按【F】,转 180°。

(5)对画圆光标、,按【Ctrl】+【L】,光标沿光标笔方向转动至与已有线或圆相交,按【Ctrl】+【K】,光标逆光标笔方向转至与已有线或圆相交。

(6)按【Z】,光标转至最近的水平或垂直方向上(见图 6.14(a))。

(7)按【Ctrl】+【Z】,光标转至与线相同的方向(见图 6.14(b)、(d))。

(8)按【Alt】+【Z】,光标转至与线垂直的方向(见图 6.14(c)、(e))。

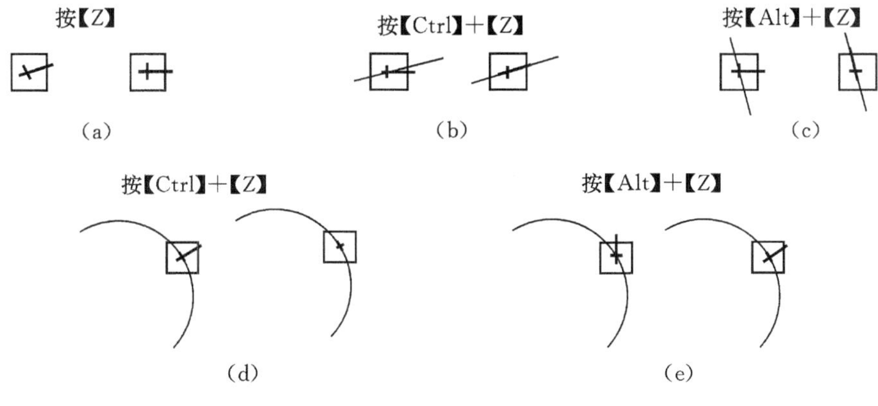

图 6.14

(9)鼠标右键菜单。单击鼠标右键,弹出如图 6.15 所示菜单,选择〈旋转角度〉的子菜单中的相应命令子项,光标即可按所要求的角度旋转。

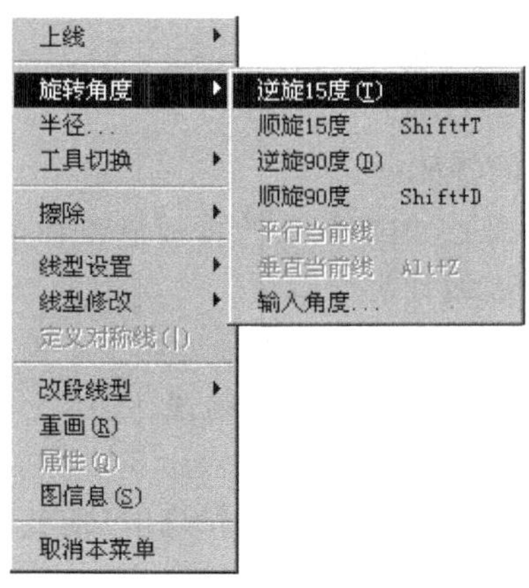

图 6.15

对于画圆光标、,一般转动键可用【L】或【K】代替。此时,【L】沿光标笔方向转动,如光标笔方向为逆时针,按【L】则逆时针转动(等于【F3】);如光标笔方向为顺时针,按【L】则顺时针转动(等于【F4】)。【K】是逆光标笔方向转动。用【L】和【K】可实现第 1、第 2、第 3、第 5 种转动。由于光标笔方向可直观看到,而逆时针和顺时针往往需要想一下,加上【F3】和【F4】又没有什么特征帮助记忆,用【L】、【K】有时更方便。

2)对准转动

对画线光标,按【Shift(右)】+【F3】(【Shift(右)】+【F4】),光标转至对准图形的特征点,对于画线红光标,此后直接敲【Enter】可将光标移至特征点,或用【Ctrl】+【Enter】作光标至特征点的连线(与对准移动类似,见图 6.16);对于画线黄光标,用【Ctrl】+【L】(【K】),可将光标移至特征点,或在起始处按【Enter】后,再用【Ctrl】+【L】(【K】)作光标至特征点的连线。用此法可由光标所在点作圆的切线,此种切线称为“转动切线”。

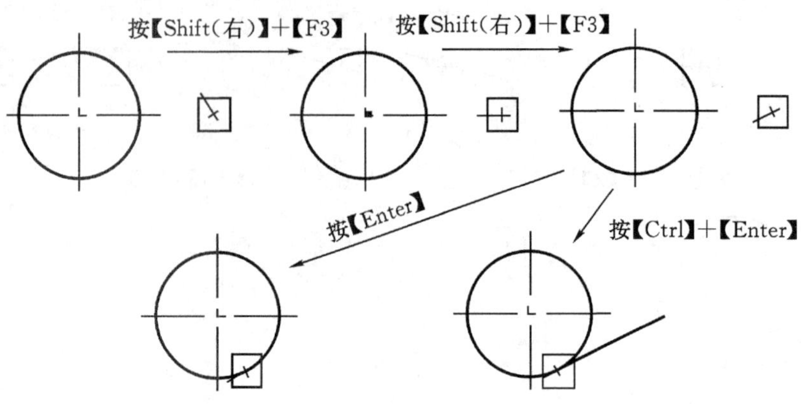

图 6.16

3. 上线

光标上线移动是指光标移至距其最近的线或特殊点上的移动，上线移动也属于一种特殊的移动方式。

(1)由于开目 CAPP 具有智能导航系统，所以上线、找点非常容易，只需把光标放在目标附近“导航范围”内，系统就会找到目标。

(2)用【N】上线和上到图形的特征点。

①按【N】，光标移至最近的线上，如果该线的特征点也在上线范围内，则优先移到该线的特征点上。光标上线后，光标所在线称为当前线。

②光标已在线上，按【N】光标移至距当前线最近的一个特征点上。如光标已在一特征点上时，按【N】则移至另一个特征点上(一般是向当前段一边移动)，用此键可让光标到达线的任一特征点上。

③当光标在线与线的交点上时，按【Alt】+【N】，当前线在相交的几条线上切换，如图 6.17(a)到图 6.17(b)的变化所示。

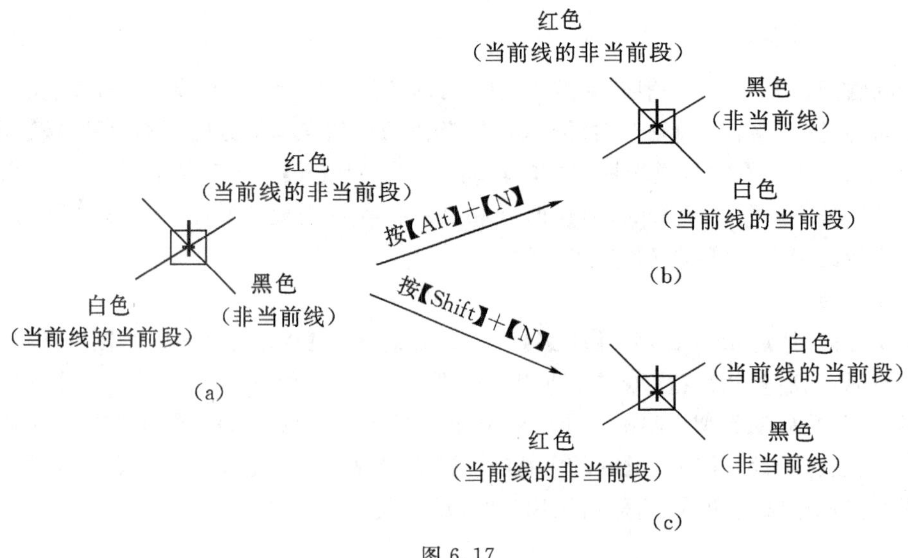

图 6.17

④光标在交点上时，按【Shift】+【N】，当前段与非当前段在交点两边切换，如图 6.17(a)到图 6.17(c)的变化所示。

⑤按【Ctrl】+【N】，系统出现选择菜单如图 6.18 所示，可将光标移动到各类特征点上：

• 直线：光标移至最近的直线上；
• 圆周：光标移至最近的圆周上；
• 端点：光标移至最近线的端点；
• 圆心：光标移至最近的圆或圆弧的圆心；
• 交点：光标移至最近的交点；
• 虚交点：光标移至最近的虚交点(延长线上的交点)；
• 线中点：光标移至当前线中点(光标在线上时才有效)；
• 段中点：光标移至当前段中点(光标在线上时才有效)；
• 线交换：当前线与非当前线切换，光标在交点处才有效(【Alt】+【N】)；
• 段交换：当前段与非当前段切换，光标在交点处才有效(【Shift】+【N】)；
• 原点：光标移至坐标原点；
• 该圆心：光标移至当前圆或圆弧的圆心，执行这一操作前光标应在圆或圆弧上；
• 图框角点：光标移到图框角点(光标应距角点 100 象素以内)；
• 选中某项后，光标作相应的移动。

(3)按鼠标右键，出现如图 6.19 所示菜单，用鼠标点子菜单中的〈上线(N)〉，也可上线。

注意：当光标在线上时，按【N】光标在当前线上所有的交点和端点上移动，而按【Alt】+【N】和【Shift】+【N】时光标并不运动，停留在原来交点上，只是当前线或当前段被改变。

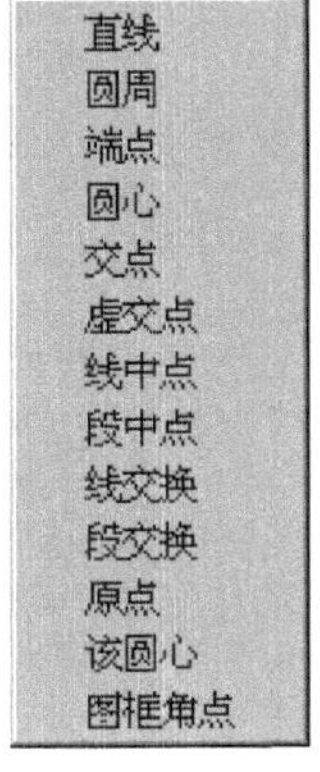

图 6.18

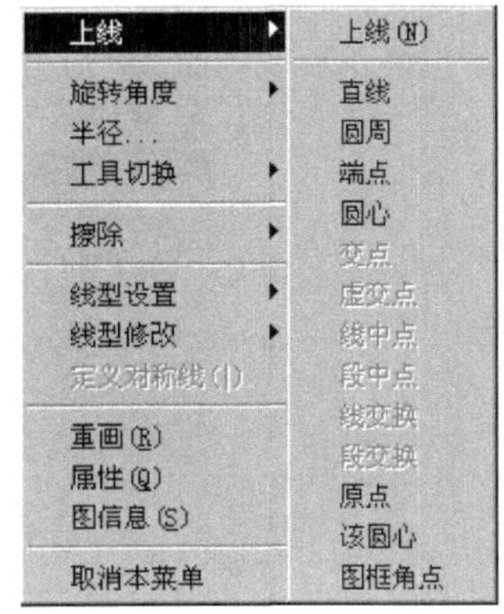

图 6.19

4. 线型

开目 CAPP 中设有七种线型：粗实线、细实线、虚线、点划线、双点划线、非打印线、编辑辅助线，按图 6.20 的设置线型栏右方的图标来直接选择，或按【F8】在这些线型中循环切换。由于在绘图过程中粗实线用得最频繁，可直接按左方的图标来设置粗实线。画线时的线型取决于设定的当前线型，当修改线型后线宽值会自动变为相应线型的“默认值”。

如要改变一条已画图素当前线的线型，先用光标上线功能将光标移至要改变的线上，然后单击鼠标右键，在右键菜单里有〈线型修改〉一项，单击其子菜单（见图 6.21）中的相应项即可；也可上线后按【Ctrl】+【F8】，系统也会弹出〈线型修改〉的子菜单，然后单击相应项即可把当前线的线型改为所需的线型。例如，已画了一条直线，其线型为细实线，想把这条线的线型改为粗实线，先上线，单击鼠标右键，选择〈线型修改〉→〈改为粗实线〉或按【Ctrl】+【F8】，在弹出的菜单中单击〈改为粗实线〉，则当前线即变为粗实线。

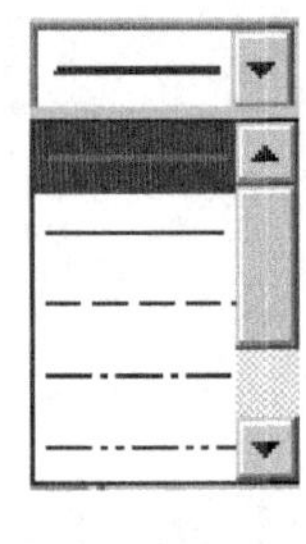

图 6.20

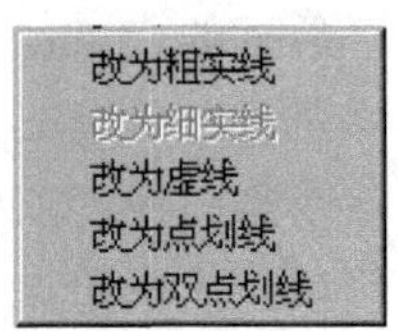

图 6.21

如要改变一条已画图素当前段的线型，先用光标上线功能将光标移至要改变的线上，然后单击鼠标右键，在右键菜单里有〈线型修改〉一项，单击其子菜单中的相应项即可。如要改变一组已画图素的线型，先用〈组〉中〈增〉的方式选中一组目标，再按【Ctrl】+【F8】或点〈编辑〉菜单中〈改线型〉项。有关“组”的内容将在以后章节中讲到。

5. 擦除

擦除线段可用擦除键【E】，或用鼠标右键菜单的擦除项，如图 6.22 所示。

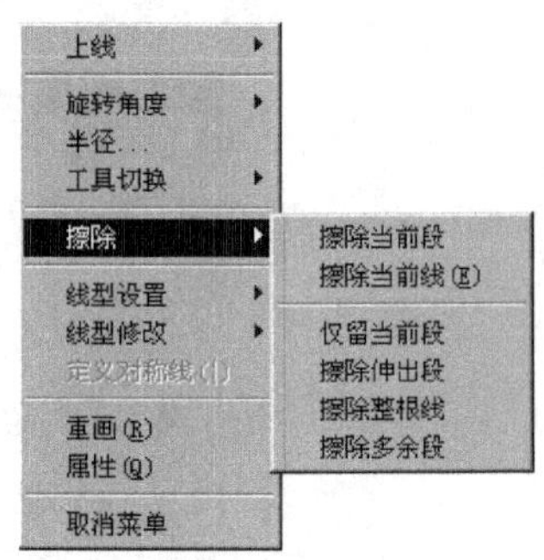

图 6.22

若当前线含有多个线段，光标上线后，当前段为白色，非当前段为红色，按擦除键【E】只能擦除当前段。若要擦除整条线，可按【Alt】+【E】擦除。

在鼠标右键菜单中擦除的各项含义分别如下：

(1)擦除当前段：仅擦除光标所在的当前段；

(2)擦除当前线：擦除光标所在的整条线；

(3)仅留当前段：除了光标所在的段，当前线的其他段全部擦除；

(4)擦除伸出段：擦除当前线两端的线段（线条两端的线段为伸出段）；

(5)擦除多余段：擦除图上所有线条的伸出段，注意：擦除点划线的伸出段时会在交点处自动保留 2～3 mm。

6. 屏幕缩放与移动

1) 屏幕缩放

每当新建或打开工艺文档，切换到绘图状态时，系统自动将表格以充满屏幕方式显示。显示比例的改变用【.】和【,】(英文状态下的句号和逗号)。显示比例可以是 1∶8～256∶1 范围内的任意数。修改显示比例的具体操作如下：

(1)直接按【.】或单击工具栏中图标，显示比例放大，即屏幕上图形放大一倍。

(2)直接按【,】或单击工具栏中图标，显示比例缩小，即屏幕上图形缩小到一半。

(3)键入一数据后按【>】(上档键)，显示比例为原显示比例乘以所给数值。

(4)键入一数据后按【<】(上档键)，显示比例为原显示比例除以所给数值。

(5)键入数据后按【A】(Absorlute)再按【>】(或【<】)，不论当前显示比例是多少，显示比例一律为给定值。

(6)键入 A 再按【>】(或【<】)或直接单击工具栏中的充满视图图标，调整显示比例使图框刚好充满屏幕绘图区域，此功能相当于其他软件的 ZoomALL。

(7)单击工具栏中的局部放大图标，然后可拉一个窗口，系统调整显示比例将此窗口内容充满屏幕。

凡是用【.】、【,】或【>】、【<】对图形进行放大或缩小，都是以当前光标位置为屏幕中心位置，即显示以光标为中心的图。

2) 屏幕移动和重画

屏幕的移动可通过滚动条来实现。当需上下移动屏幕时，用鼠标拖动右边的垂直滚动条上下移动，当需左右移动屏幕时，用鼠标拖动下面的水平滚动条左右移动，也可以按住【Ctrl】移动鼠标来在整个屏幕中移动图形，还可单击工具栏中整图移动图标，然后按住鼠标左键移动整图。

在英文状态下按【R】键，可进行屏幕重画。一般在图形移动或复制后用此操作。

6.1.3　设置

1. 颜色设置

颜色设置包括背景颜色、临时线、当前线、当前段、导航线和对齐点的颜色以及所有线型的颜色。

单击〈工具〉菜单中的〈选项〉，在弹出的对话况中选择〈颜色〉属性页，如图 6.23 所示。如设置线型颜色，选择〈线型→颜色〉属性页，如图 6.24 所示。各项颜色的设置只需单击右方的按钮，系统则显示 16 种颜色供选择。

颜色设定好之后，在图 6.23 中间位置会显示设定的效果，单击〈应用〉按钮，则所有设置都在屏幕上显示出来，如果满意，单击〈确定〉按钮。如果不满意可重新设置。单击〈复原〉按钮，所有颜色设置回到系统缺省设置。

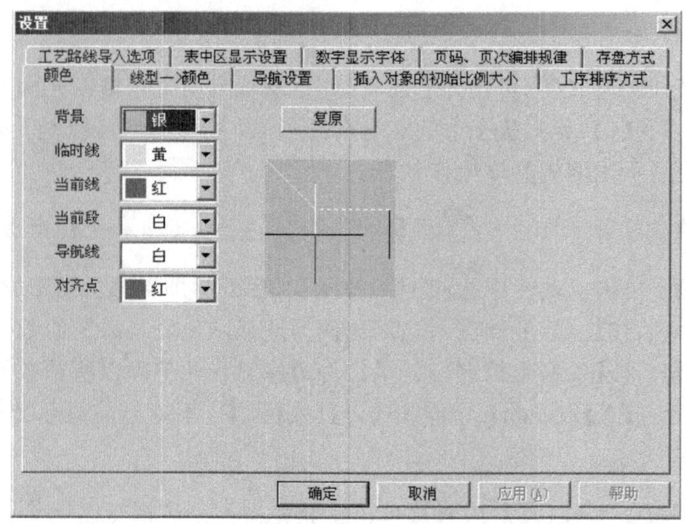

图 6.23

“线型→颜色”设定好之后，点按钮〈全部黑色〉，则所有线型颜色变为黑色，见图 6.24。点〈出厂配置〉，则调出系统的默认配置。修改好所有颜色配置后，可点〈保存设置〉，则可将当前“线型→颜色”设置保存下来，下次进入开目 CAPP 系统时，自动调出线型的颜色配置。

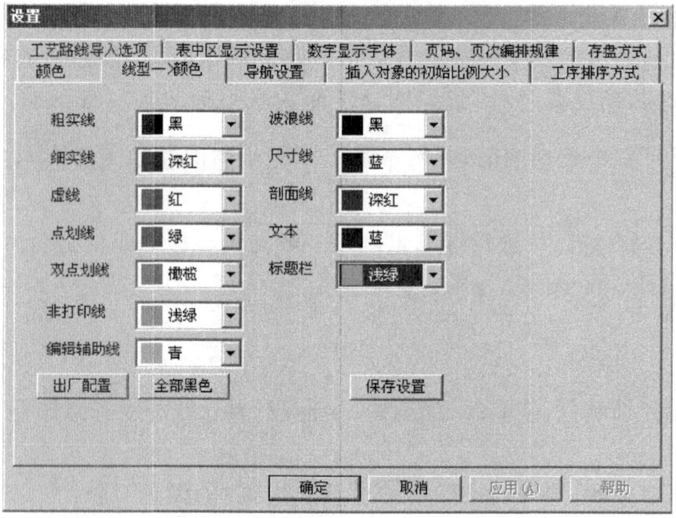

图 6.24

2. 导航设置

导航是指当鼠标在移动状态下，系统根据用户的设置，在一定范围内，智能地搜索各种特殊位置和特殊点，并由计算得到的结果，重新设置光标坐标值的过程。

开目 CAPP 中的导航具有如下内容：

(1)支持尺寸标注。

(2)多个导航结果成立时，进行联立求解。

开目 CAPP 中能够完成如下类型的导航：

①捕捉空间 X、Y 方向对齐点：类似于对齐操作，系统搜索各类可对齐的特殊点，包括端点、交点、切点、圆心等。

②上线：判断光标是否在线或圆上。

③相切：对黄光标画线，当在圆上时，判断是否接近切点；对画圆光标，在线上或圆上时，判断是否接近切点。

④水平或垂直：对黄光标，判断临时线是否接近水平或垂直；对圆光标，判断光标与临时圆心的 X、Y 坐标是否一致。

⑤对称导航：当用户设置了对称线之后(设置方法如前“对称对齐”中定义对称线方法)，系统自动进行对称导航，捕捉各种类型的对称点。

⑥交点、端点、中点：光标上线后，判断是否在交点、端点或中点。

⑦临时线与光标平行：对黄光标有效，当以上导航均不成立时系统才进行此项导航计算。利用此项，也可用黄光标画出已知起点和方向的直线。

选择“设置”对话框中的〈导航设置〉属性页(如图 6.25 所示)，可打开或关闭导航开关、设置导航类型及导航范围。

导航开关可以控制在绘图时是否使用导航方式绘图。在“导航开关”前的小方框内打√，表明导航开关打开；去掉小方框内的√，表明导航开关关闭。

导航范围用来设置在多大范围内进行搜索，可设置为 1～20 个像素点，增大此值，更易于捕捉到特殊点，但其余点干扰的可能性也增大。

注意：检查是否在圆心是由系统自动判断的。

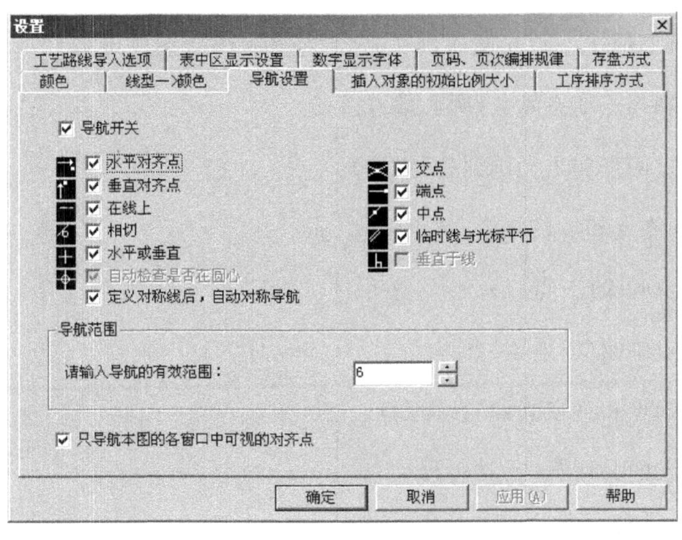

图 6.25

(3)结果显示。对于对齐类型的导航结果，系统以虚线显示目标与导航点之间的连线，导航有多个目标时，一般是最近的一个目标增亮显示，颜色为对齐点色，导航线颜色为导航线色，以上颜色均可由用户设置。对齐点默认为红色，导航线默认为白色。

当上线成立时，所上的线会加亮显示。

其余类型的结果成立时，光标右下角将显示标志光标类型的图标，分别为：

圆心：　X轴对齐：　Y轴对齐：　水平或垂直：

中点：　交点：　切点：　端点：

临时线与光标方向一致：

(4)说明。

①目前在光标右下角只显示一种图标，即使多个结果同时成立。优先次序为(从高至低)：在圆心→在端点→在交点→在中点→在切点→水平或垂直→临时线与光标方向一致。

②是否在圆心由系统自动检查。

③是否上线系统也会自动检查，不设置该选项时，一般在3个线素点范围内为上线。

导航是指当鼠标在移动状态下，系统根据用户的设置，在一定范围内，智能地搜索各种特殊位置和特殊点，并由计算得到的结果，重新设置光标坐标值的过程。

6.1.4　基本绘图操作

1."画"工具条

"画"主控按钮是用来画图的，其子按钮栏各图标的功能分别为：

黄光标动态画线(画线工具)。

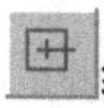

红光标("丁字尺")画线(画线工具)。

已知中心点及圆周上一点动态画圆(中心点画圆)。

已知圆心和半径画圆或画弧(定半径、圆心画圆或弧)。

已知半径和圆周上一点画圆或画弧(定半径和通过点画圆或弧)。

已知圆心和端点动态画弧(圆心端点画弧)。

给定圆周上两点和半径画圆(两点圆)。

给定起点、终点和半径画弧(两点弧)。

过给定三点画弧(三点弧)。

过给定三点画圆(三点圆)。

给定直径起点和终点画圆(直径圆)。

做三个图素的公切圆(三线切圆)。

作两图素的圆角(圆角)。

作已知图素的倒角(倒角)。

轴孔倒角(轴孔倒角)。

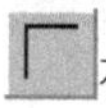

在两图素相交处修整(修整)。

作键槽(键槽)。

作凸台(凸台)。

作两圆弧或圆的公切线(公切线)。

过点作圆或弧的切线(切线)。

过点作圆或弧的切弧(切弧)。

给定椭圆中心和一个轴端点及椭圆上的一点画椭圆(椭圆)。

作相贯线(相贯线)。

作抛物线(抛物线)。

作轴端断面(轴端断面)。

作正多边形(正多边形)。

作矩形(矩形)。

作圆角矩形(圆角矩形)。

画波浪线(波浪线)。

已知齿数、模数画齿廓(齿廓)。

作回转体零件的断面(断面)。

2. 画直线

直线是图形中最常见、最简单的图素。绘制直线的工具有画线黄光标(以下简称黄光标)与画线红光标(以下简称红光标)两种。同时还可用【Space】在这两种光标之间切换。

对于这两种画线工具,其基本操作方法有以下几种:

第 1 种:用鼠标确定直线的起点和终点画线,可以画任意长度的直线;

第 2 种:确定起点,给一数据(直线长度),按方向键(【↑】、【↓】、【→】、【←】、【L】、【K】),确定终点,画一定长直线;

第 3 种:给一数据,按【+】键,沿光标方向画定长线。

1)黄光标画线

在绘制草图或绘制两点间的连线时,通常用第一种方式,即黄光标来画线,黄光标可以画任意长度和任意角度的直线。如图 6.26 的线,绘制步骤如下:

(1)单击鼠标左键或【Enter】确定第一点,如点 1。

(2)用鼠标移动光标至点 2。

(3)单击鼠标左键或【Enter】确定第二点,如点 2。

在按数据画水平线的情况下,通常用第二种方式,如图 6.27 的线,其绘制步骤如下:

(1)单击鼠标左键或【Enter】确定第一点,如点 1。

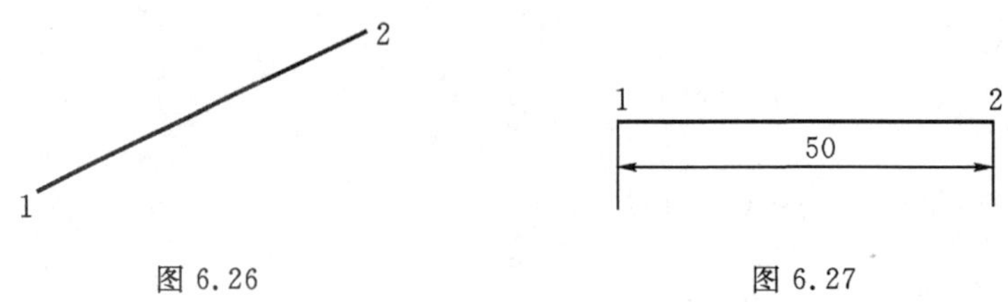

图 6.26　　图 6.27

(2)输入 50,按【→】,移至点 2。

(3)单击鼠标左键或【Enter】确定第二点,如点 2。

用黄光标可连续画线完成一封闭图形,在定义了线的起点后移动光标,始终有一条黄色的临时线连着起点和光标,象一根橡皮筋,确定终点该线生成,接着画下一条线,不必再确定起点。当临时线在其他线上确定终点时,才会断开,若要取消临时线,可按【Space】,取消后光标定位在原地;也可按【Esc】,光标回到起点。通常利用临时线的灵活性来测量两点间的距离。

当光标有一定角度,需按给定角度的方向画线时,通常用第三种画线方式,如图 6.28(a)所示,其操作步骤为:

(1)给定角度,确定画线的位置。

(2)输入 30,按【+】。

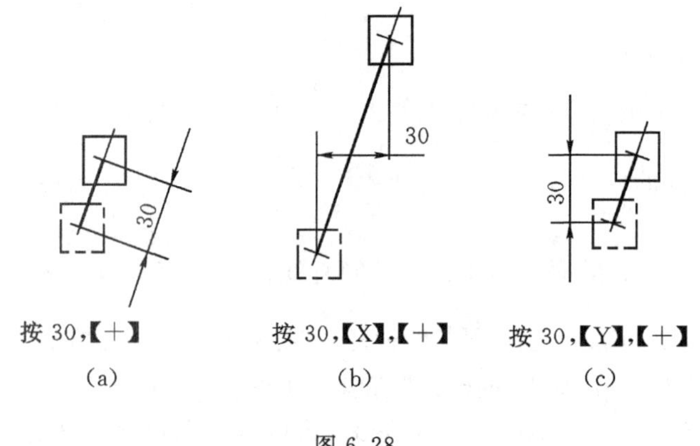

(a)　　(b)　　(c)

图 6.28

【+】被称为画线键,它有以下几种用法:

(1)画 1 mm:按一下画线键【+】,沿光标方向画 1 mm。

(2)画 10 mm:按【Shift(左)】+【+】,沿光标方向画 10 mm。

(3)画给定长度:键入一数据后再按【+】,沿光标方向画给定长度直线,如图 6.28(a)所示。

(4)画 X(或 Y)方向为给定长度:键入一数据后按【X】(或【Y】),再按【+】,则沿光标方向画一直线,直线的 X 或 Y 方向的分量为所输入的数据,如图 6.28(b)、(c)所示。

与画线键【+】相对应的是擦线键【-】,操作方式与画线相同,使用数字键加擦线键【-】,当擦线长度大于线本身的长度时,线被完全擦去。用擦线键【-】擦线时注意光标应处于线的端点向外且平行于线。

另外，在临时线状态下用乘号键【*】与除号键【/】还可以起到找对称点与找中点的作用。如：

(1)直接按乘号键则临时线(黄色)长度乘 2(起点位置不变，方向不变，终点位置改变)，常用于画具有对称结构的图形。

(2)输入一数据后再按乘号键则临时线长度乘给定数据。

(3)直接按除号键则临时线长度除以 2，常用于找中点。

(4)输入一数据后再按除号键则临时线长度除以给定数据，常用于定比分点操作。

2)红光标画线

红光标相当于工程制图上的丁字尺，画线前先将丁字尺摆好，即把光标移到所需的位置，转至适当的方向，然后沿丁字尺方向画线。

红光标的绘图方法与黄光标基本相同，不同的是红光标每次只画一条线，确定终点后光标与线脱开，而且只能沿着光标方向画线，故需预先调整光标的角度，而黄光标可以向任何方向画线。

如果已画了一条直线，光标已离开该线，又需延长或缩短该线，则用红光标先上线，将光标移动到需延长的线的端点，将光标方向转动到与该线平行(用【Ctrl】+【Z】)，并且指向外，将当前线型变为该线的线型，再用任何一种画线方式，即可继续延长或缩短该线。另外，如需作一条直线的垂线，只需将红光标上线后，按【Alt】+【Z】将光标方向转动到与该线垂直，然后再进行画线即可。

用画线光标(黄光标、红光标)还可快速画圆和补圆(弧)的中心线，操作方法为：将光标放到圆心处，输入数据(该圆的直径)，按【C】，圆就画好了，该圆的中心线和画线光标的方向一致。

补圆(弧)中心线的方法为：画线光标上线到圆或弧，调整好光标的方向(同该圆中心线的方向一致)，然后按【C】即可。中心线的角度可根据要求任意设定，线型自动为点划线，且自动伸长 2～3 mm。

这种画圆和中心线的方式在 Undo 操作时分两次进行，第一次去掉十字中心线，第二次去掉圆。

注意：在黄光标下，临时线只与起始点和光标当前位置有关，与光标方向无关，因此，并不像红光标画线那样总需要转动光标，而是直接向任何方向移动后按【Enter】或单击左键即可画线。

不管是用红光标还是用黄光标画线，黄色直线均是临时线，只有单击左键或按过【Enter】后才成为正式线。

红光标的画线方向与光标角度是一致的，所以画线时要注意设置工具栏中的光标角度是否与所需角度一致。若不一致，需调整角度后，再开始画线。

当用绘图工具绘制图形时，光标接近某一图素的特征点，出现导航信息(、、、)，只需点【Enter】或鼠标左键，就可以将光标移到该特征点上。

3. 画圆(弧)

画圆(弧)共有四种工具，即〈画〉的工具栏中的、、和。由画直线工具切换到画圆(弧)可直接点击工具栏中的按钮，也可单击鼠标右键，出现如图 6.29 菜单，在〈工具切换〉子菜单中选取所要切换的工具即可。

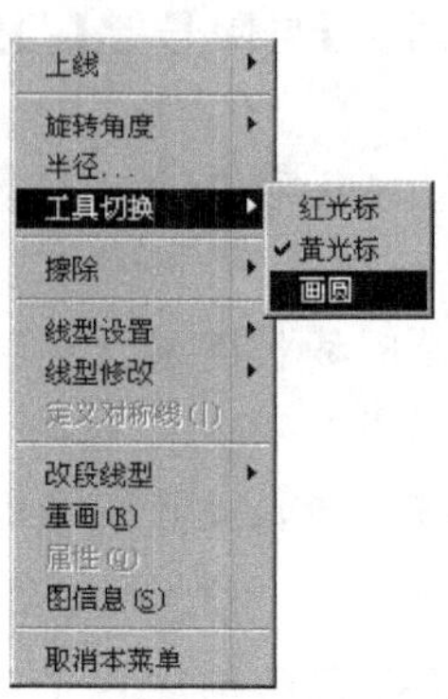

图 6.29

1)半径增减

(1)设置半径为给定值:在设置工具栏的半径栏中直接输入半径值或按数据键后,按【A】(绝对量键)再按【F5】或【F6】,半径变为给定长度。

(2)增加(减小)1 mm:直接按【F5】(【F6】),半径增加(减小)1 mm。

(3)增加(减小)10 mm:按【Shift(左)】+【F5】(【Shift(左)】+【F6】),半径增加(减小)10 mm。

(4)增加(减小)给定长度:键入一个数据再按【F5】(【F6】),半径增加(减小)给定长度。

(5)、两种画圆(弧)方式按【Shift(右)】+【F5】(【Shift(右)】+【F6】)键,半径增加(减小)至圆弧刚好通过已有图素的特征点(对准)。如图 6.30 所示点划线圆可用此功能方便地画出,操作过程如图所示。用此功能还可方便地作出圆心给定且与已有图素相切的圆弧(称为半径增减切圆),操作过程如图 6.31 所示。

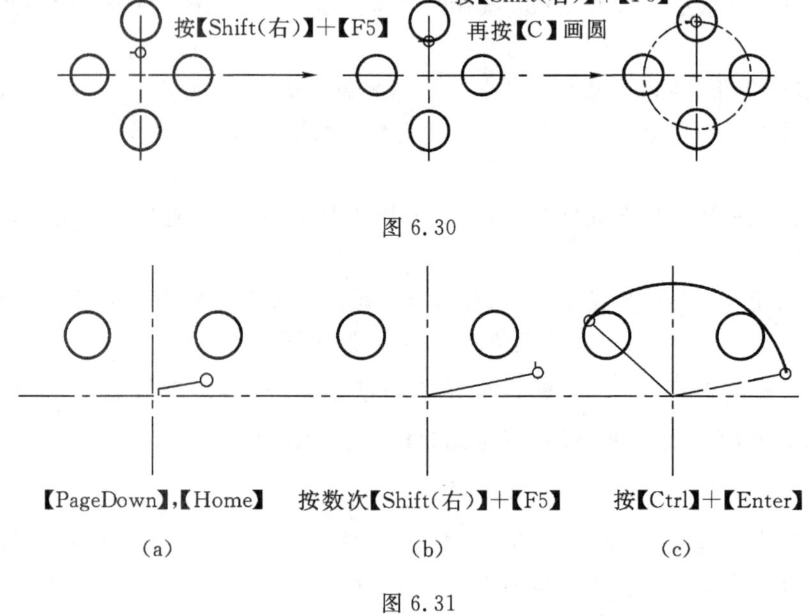

图 6.30

图 6.31

2)定圆心画圆

操作方法为:确定圆心,确定圆上一点画圆。

如图 6.32 所示的圆操作步骤如下:

(1)将光标上到 O 点,单击鼠标左键(或【Enter】)确定圆心。此时移动鼠标就有一临时圆随光标的移动而改变半径大小。

(2)光标上到 A 点,单击鼠标左键(或【Enter】)确定圆上一点。

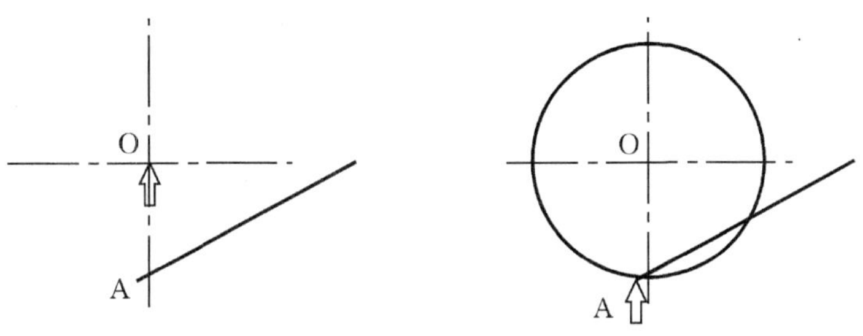

图 6.32

3)定半径画圆(弧)和

(1)画圆。前者用来画给定半径、圆心的圆或弧,后者用来画给定半径和圆周上的点的圆或弧,有时这两种方式要互相配合使用。

图 6.33 为画圆光标及其组成,红色为光标的位置点。光标笔为红色时,位置点在光标笔的圆心处;光标心为红色时,位置点在光标心两条红线交点处。在做对齐和导航操作时,以光标位置点作为对齐、导航点,图中用粗线表示光标的红色部分。

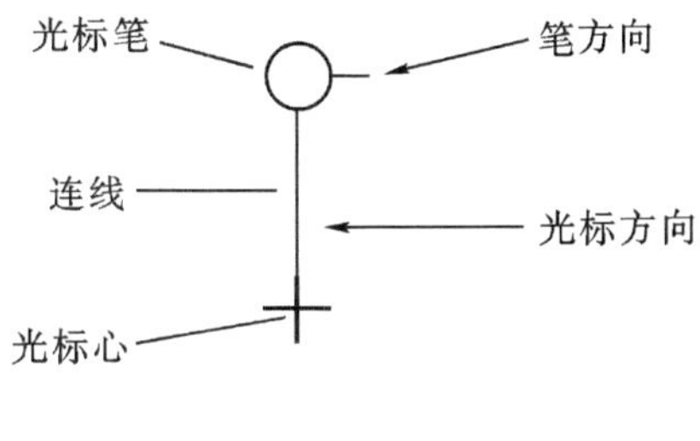

图 6.33

作图方法如图 6.34 所示,图 6.34(a)是已知圆心画圆方式,图 6.34(b)是已知圆上某点的画圆方式。

(2)画弧及擦除。画圆弧都是以光标心为圆心,沿光标笔指示的方向画弧。光标笔直线段所指方向表示画弧方向的切向,分逆时针和顺时针,按【F2】可在顺时针和逆时针之间切换光标方向,如图 6.35 所示。

画圆弧用画线键【+】;也可逆光标方向擦线,用擦线键【-】。画圆弧有以下几种方法:

①画 1°圆弧:按一下画线键【+】。

②画 10°圆弧:按一下【Shift(左)】+【+】。

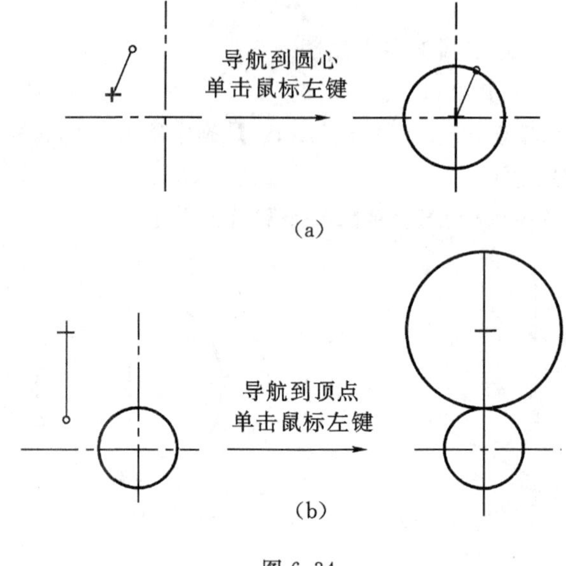

图 6.34

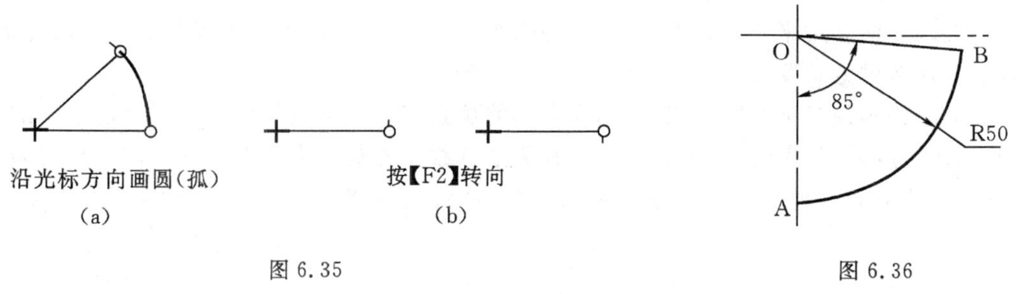

图 6.35

图 6.36

③画给定角度的圆弧：键入数据后按画线键【+】。

图 6.36 的绘制步骤：在设置工具栏将半径调为 50，角度调到 270°；将圆心光标上线到 O 点；输入 85，按【+】，即可完成弧 AB。

④画弧至与已有图素相交：按【Alt】+【L】。

⑤画四分之一圆：按【Shift(左)】+【C】。

⑥给定圆弧在 X 方向的分量画圆弧：键入一数据，按【X】，按画线键【+】，如图 6.37(a)。当给定的数据比较大而无法按给定值作出圆弧时，则画圆弧至 0°或 180°位置，如图 6.37(b)所示。

4)定圆心及弧的两端点画弧

用来完成已知圆心和圆弧的起点与终点画圆弧，方法是：

(1)将光标移到圆心，单击左键确定圆心，移动光标就有一条相当于弧半径的黄色临时线出现。

(2)将光标移到弧的起点，单击鼠标左键，确定弧的起点，移动光标就有一临时弧出现。

(3)光标移到弧的终点，单击鼠标左键，即完成图 6.38，弧 AB 的作法：

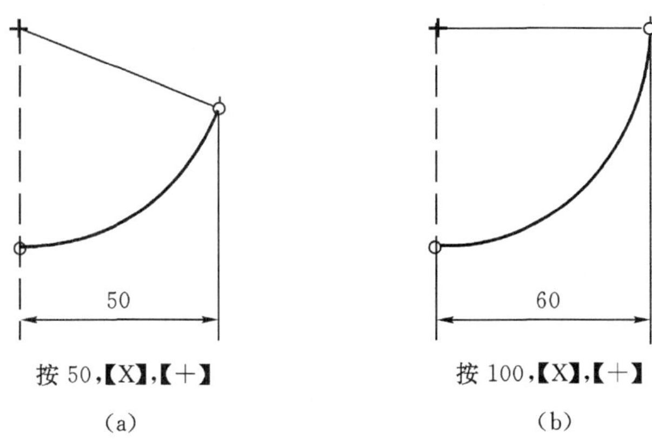

图 6.37

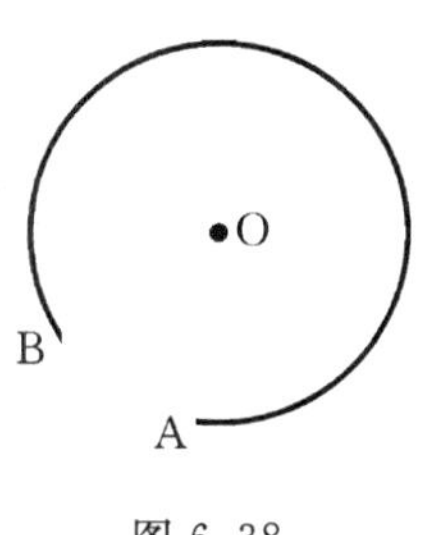

图 6.38

光标移到 O 点,单击左键确定圆心;

光标移到 A 点,单击左键确定弧的起点;

光标移到 B 点,单击左键确定弧的终点。

5)两点圆

用来完成给定圆周上两点和半径画圆,先在工具条半径栏里确定圆的半径,然后单击鼠标左键或按【Enter】键确定圆周上两点;再将光标移到圆心一侧,单击鼠标左键或按【Enter】键确定圆心在哪一侧,即可画圆,如图 6.39 所示。

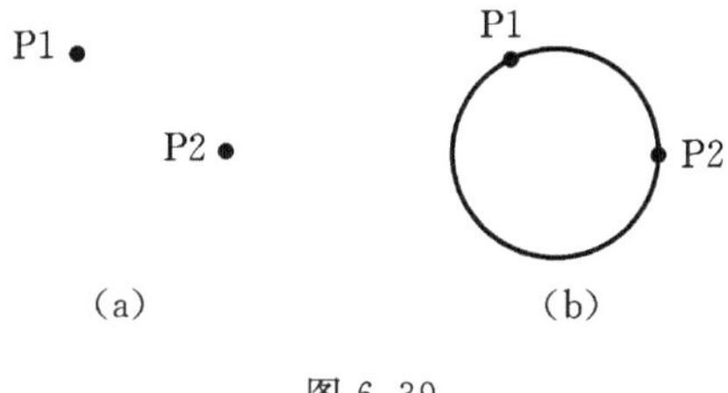

图 6.39

6)两点弧

用来完成给定两点和半径画弧。其中第一点为弧的起点,第二点为弧的终点,见图 6.40。先确定半径,然后分别将光标移到 P1 和 P2 位置单击鼠标左键或按【Enter】键确定弧的起点和终点,将光标移动到圆心一侧(P1、P2 下方),单击左键或按【Enter】键即可。

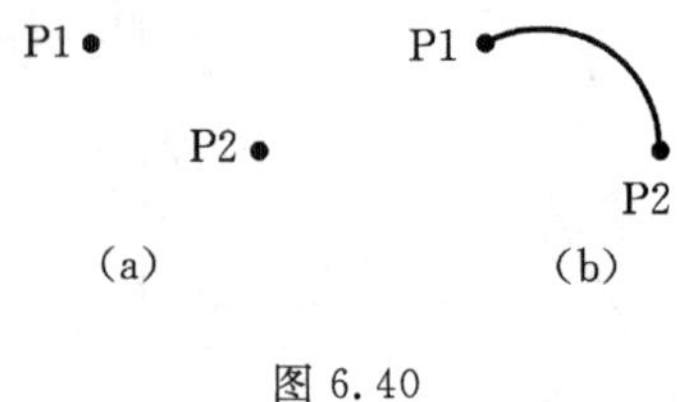

图 6.40

7)三点弧

用来完成过三点画弧,其中第一点和第三点为圆弧的起点和终点。见图 6.41,分别将光标移动到 P1、P2 和 P3 点,单击左键或按【Enter】键即可。

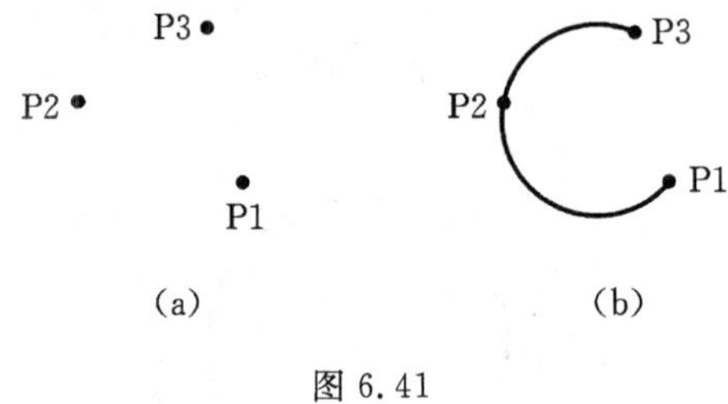

图 6.41

8)点圆

用来完成给定圆周上三点画圆。单击鼠标左键或按【Enter】键确定圆周上三点。如图 6.42所示,将光标分别移到 P1、P2、P3 后单击左键或按【Enter】键。

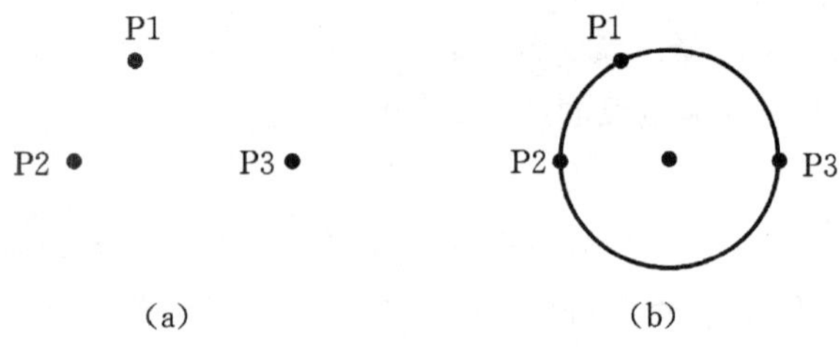

图 6.42

9)直径圆

给定直径的两端点画圆,见图 6.43,将光标分别移到 P1 和 P2 点,单击鼠标左键或按【Enter】键即可完成。

4. 公切工具

1)三线切圆

用来绘制与三个图素相切的公切圆,这三个图素可以是直线,也可以是圆(弧)。

如图 6.44 所示,要作 C1、C2、L 的公切圆,按如下步骤操作:

(1)点图标后,将光标移到 C1 切点附近,单击左键或按【Enter】;

(2)将光标移到 C2 切点附近,单击左键或按【Enter】;

(3)将光标移到 L 切点附近,单击左键或按【Enter】;

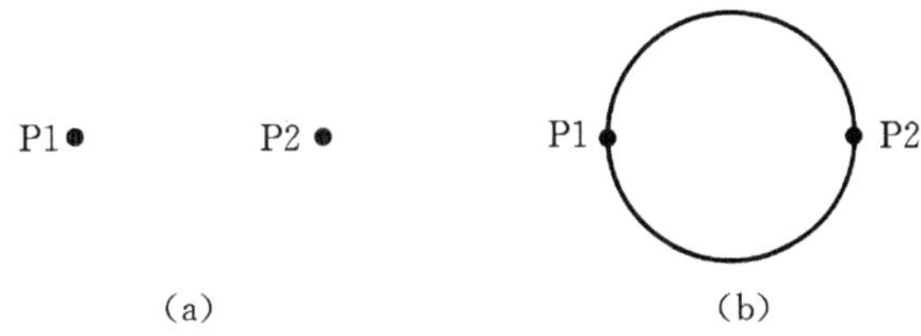

图 6.43

(4)公切圆 C 做好后，系统会询问是否要此图形，单击〈是〉，则做出公切圆 C。

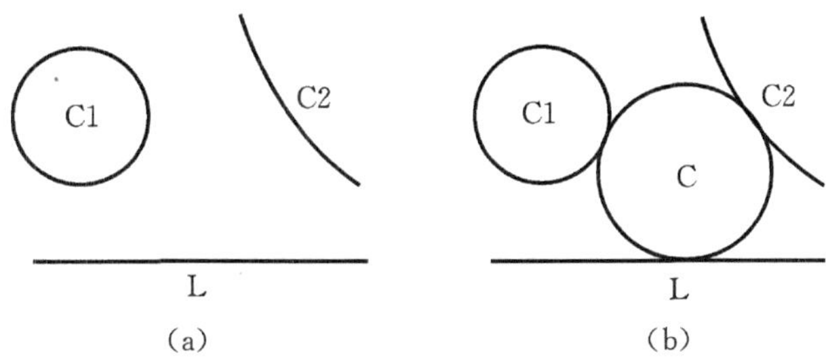

图 6.44

2)公切圆弧

公切圆弧工具可作直线与直线、直线与圆弧、圆弧与圆弧的公切圆弧。

单击图标后，其半径为公切圆半径。信息显示窗口和设置工具条的半径栏均显示公切圆半径，半径改变可直接在工具条的 半径: 5 中输入(默认值为 5)，再用半径增减键【F5】、【F6】，或用数字键+【A】，再按【F5】或【F6】。

图 6.45 所示图形的具体操作过程如下：

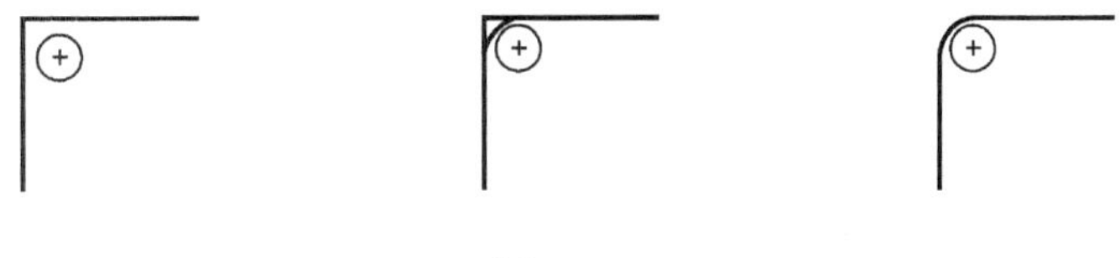

图 6.45

(1)单击图标后光标变为⊕，在设置工具栏中给定圆角半径；

(2)将光标移动到需作公切圆弧的两线夹角内，单击鼠标左键；

(3)多余部分被加亮，并弹出图 6.46 所示的对话框，点〈擦除〉即可。

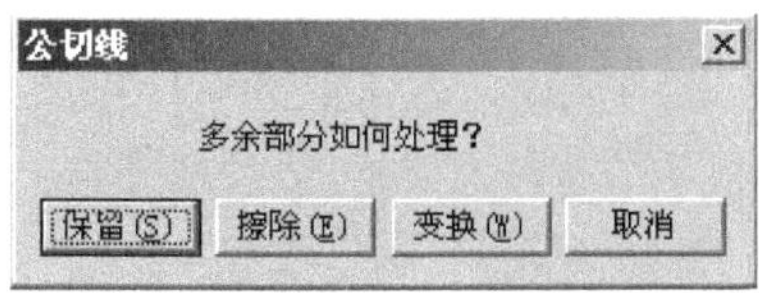

图 6.46

若图素较多，需作公切圆弧的图素在自动搜索不易找到的情况下，就要将光标上线后点鼠标左键指定这两个需作公切的图素，再将光标移到这两个图素的夹角内作公切圆角。

当出现如图 6.47 所示的公切线对话框后，若单击〈保留〉选项，则保留多余部分；若点中〈擦除〉则去掉多余部分；若单击〈变换〉，则在多余部分图素中切换，选择需要擦除的多余线段。再单击〈擦除〉，可擦除被点亮的线段，即多余线段。图 6.47 示意了三种选项的结果。

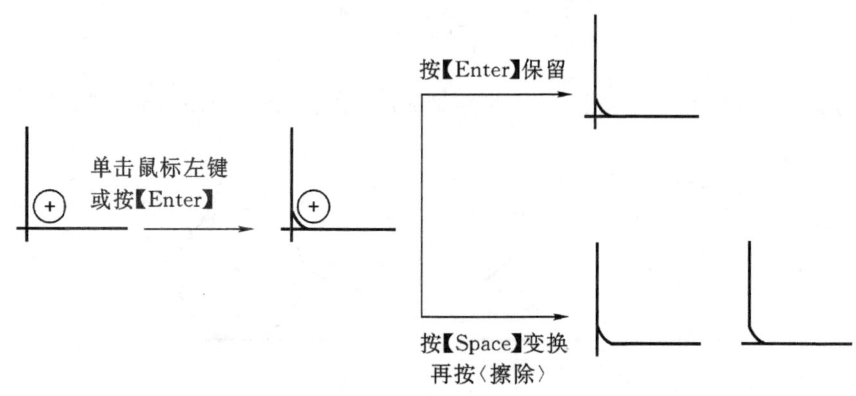

图 6.47

当被切元素是圆时，根据光标中心在圆内还是在圆外决定画内切圆或外切圆。当被切元素是线时，根据光标中心在线的哪一侧来决定画哪一边的公切圆。当被切元素太短时，将被加长，当被切线太长时，屏幕上出现如图 6.46 所示的对话框，可选择保留多余部分、擦除多余部分或变换多余部分。

若画圆角处已有圆角存在，则系统将给出如图 6.48 所示对话框，用户可选择〈退出不做〉、〈替代原有〉或〈同时存在〉。

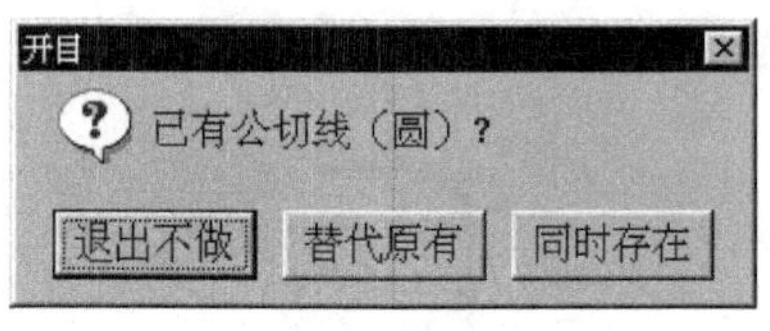

图 6.48

3）倒角

作倒角有两种方式，即倒角和轴孔倒角。

（1）倒角。倒角的操作与公切圆角的操作相似，通常用它来作单边倒角。倒角大小可在设置工具栏的 半径: 3 中输入（默认值为 3），再用半径增减键【F5】、【F6】，或用数字键＋【A】，再按【F5】或【F6】。

倒角角度可在设置工具栏的 角度: 45 中给定（默认值 45°）。

如图 6.49 所示，图形的具体操作过程如下：

①单击后，在设置工具栏中给定倒角大小；

②将光标移动到需作倒角的两线夹角内，单击鼠标左键；

③多余部分被加亮，并弹出图 6.46 所示的对称框，点〈擦除〉即可。

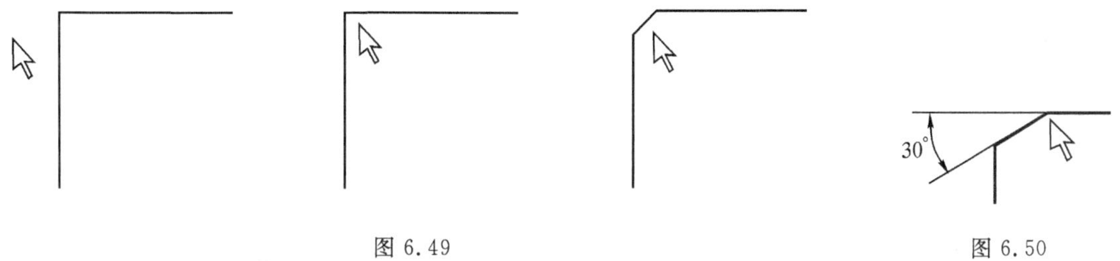

图 6.49　　图 6.50

如需做非 45°倒角，可改变当前角度，然后再作倒角。注意，倒角光标距哪条线近则该条线与倒角线所成夹角就等于给定值。图 6.50 所示倒角为 30°时的结果。

(2)轴孔倒角。轴孔倒角即用来作孔或轴的倒角。同样，其角度和半径都可在设置工具栏中调整。轴端、孔端倒角的作图过程如表 6.1 所示。

表 6.1

操作说明	点击图标，输入倒角角度和大小，光标移至图示位置，单击鼠标左键	光标移至另一角处，如图示，单击鼠标左键	完成图
轴			
孔			

如需作非 45°倒角，可用角度改变键(【F3】、【F4】、【T】等)在 5°～85°之间改变当前角度(角度的改变操作与红光标的角度改变操作类似，开目 CAPP 里的基本绘图操作是统一的)，然后再作倒角。

4)修整

可作两图素相交处的修整。修整用于去掉多余线头和补齐缺少的线。其操作和圆角操作相似（等价于半径为零的圆角）。

如果需要去掉已作的圆角或倒角，恢复尖角状态，也可用此功能，但必须上线指定图素。

5）键槽及三线切圆（弧）

可作三直线的切圆。操作方法是：将光标分别移至三条直线附近，单击鼠标左键或按【Enter】键。系统出现图 6.48 所示提示，然后根据系统提示选择〈保留〉或〈擦除〉。得到图 6.51所示结果。

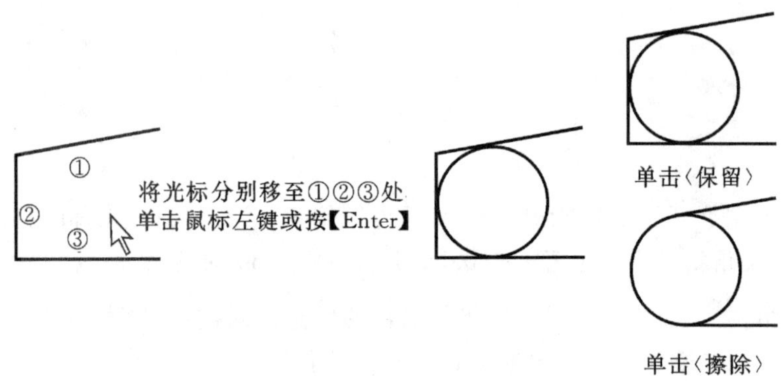

图 6.51

6）工艺凸台

画凸台圆角。凸台圆弧的半径可在 半径: 3 中输入，方向如横线所指，并且可调整其角度，圆弧顺时针和逆时针方向可用【F2】切换，操作过程如图 6.52 所示。此功能的特点是当凸台较高时会自动加一直线，当凸台较低时圆弧自动调整至小于 90°弧。

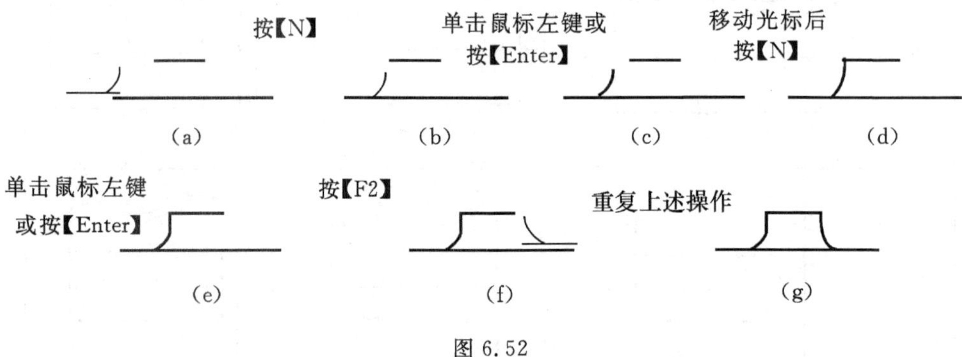

图 6.52

7）公切直线

作圆（弧）与圆（弧）的公切直线，将光标移至圆或弧的切点附近，单击鼠标左键，确定需作公切线的一个圆（弧），见图 6.53(a)；移动光标至另一个圆或弧的切点附近，见图 6.53(b)；单击鼠标左键，则绘出两圆（弧）的公切线，见图 6.53(c)。多余线的处理与公切圆相似。

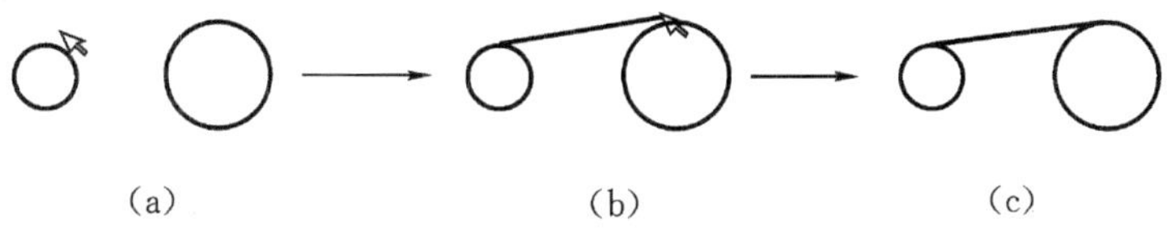

图 6.53

8)过点作圆(弧)切直线

过一点作圆(弧)的切线。操作过程如图 6.54 所示。移动光标到所需的点 P 处按【Enter】键或单击鼠标左键,然后移动光标到圆(圆弧)切点附近再单击鼠标左键或按【Enter】键即作出切线。

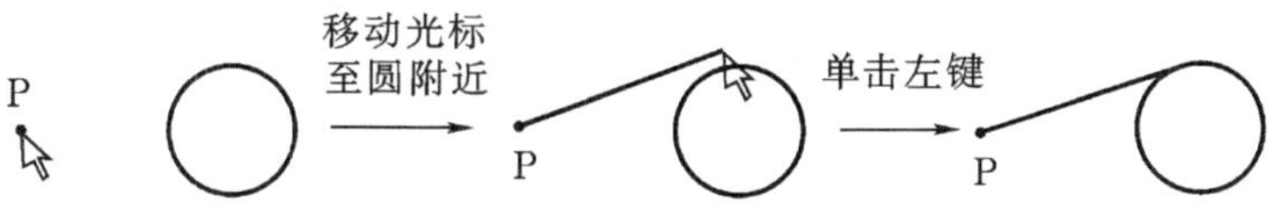

图 6.54

9)过点作直线或圆(弧)的切圆弧

过一点作直线或圆(弧)的切圆弧,操作过程如图 6.55 所示。移动光标到所需的点 P 处单击鼠标左键或按【Enter】,然后移动光标到直线或圆(弧)附近再单击左键即作出切圆弧,多余线的去除与作圆角时一样。

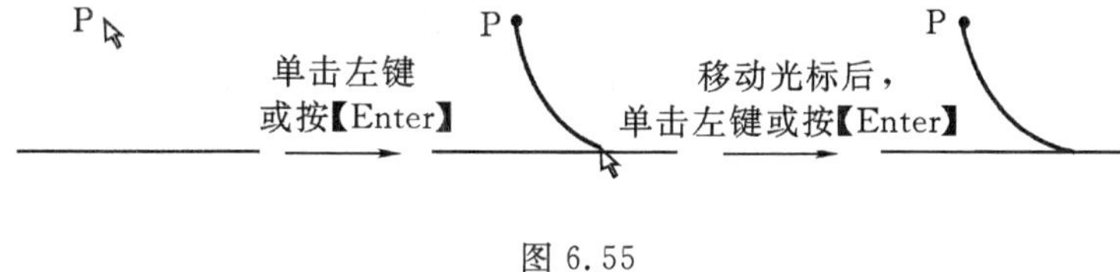

图 6.55

圆弧的凸凹方向用【F2】切换(如图 6.56 所示,半径大小可在设置半径栏中改变,与圆光标的半径改变操作方法一致。

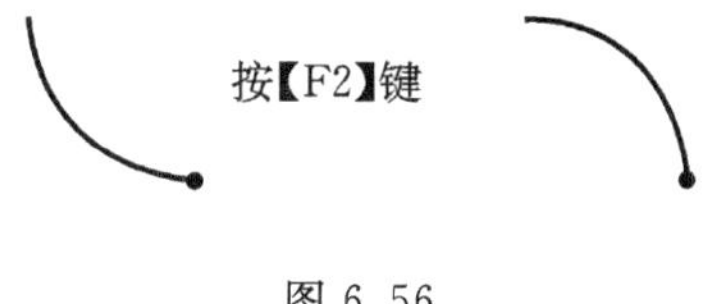

图 6.56

如果拖动光标向离开 P 的方向移动,使光标位置距 P 点的距离大于切圆弧直径,再使光标向靠近 P 的方向移动,则画出的切圆弧在优弧与劣弧之间转换(光标随之变化)。图 6.57(a)是作劣弧时定下点 P 后的光标示意。图 6.57(b)是劣弧切圆弧作好后的情形。图 6.57(c)是移动光标,使光标位置距 P 点大于切圆弧直径。图 6.57(d)是变成作优弧后光标的形式。

图 6.57(e)是优弧切圆弧作好后的情形。

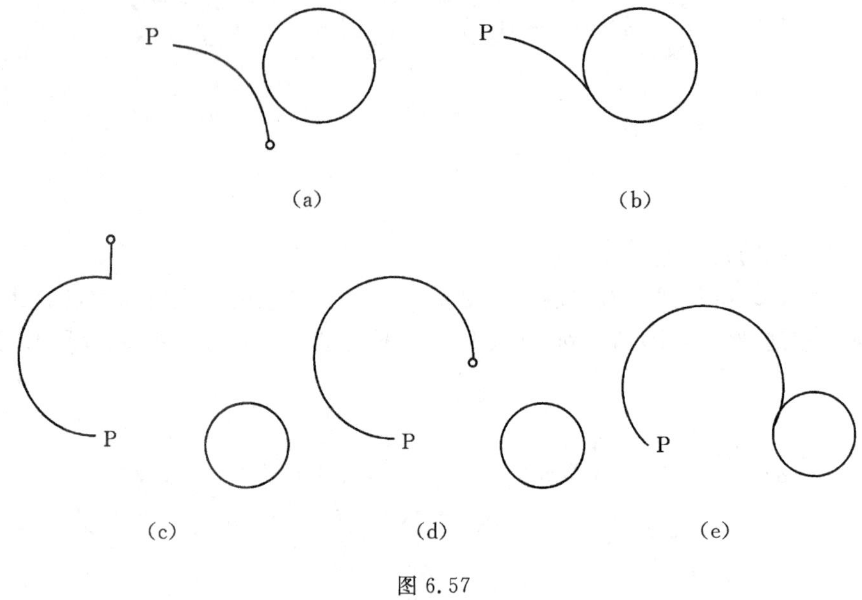

图 6.57

5. 特殊线条的画法

1)椭圆

单击椭圆，输入椭圆中心、长轴或短轴端点、椭圆通过的一点即可画出椭圆。如图6.58所示，其操作步骤如下：

(1)将光标移至椭圆的中心 O 点，单击鼠标左键或按【Enter】键。

(2)将光标移至椭圆的长轴或短轴端点 A，单击鼠标左键或按【Enter】键。

(3)将光标移至椭圆通过的某点 B，单击鼠标左键或按【Enter】键。

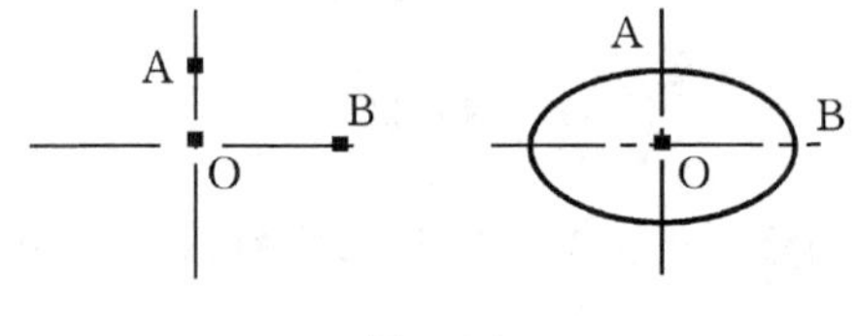

图 6.58

2)相贯线

在工程绘图中，对于两轴线垂直相交的圆柱面的相贯线，常用过相贯线上三个特征点的圆弧代替，该圆弧称为近似相贯线。

单击按钮，作近似相贯线，如图 6.59 所示的具体操作步骤如下：

(1)点图标后，光标上线到中心线 O1 上，单击鼠标左键确定第一回转轴(注意：第一回转轴一定是直径大的圆柱的中心线)。

(2)光标上线到中心线 O2 上，且在上方部分，单击鼠标左键，确定第二回转轴。

(3)系统将相贯线 C1 显示出来，并出现相贯线是否要的对话框，单击〈是〉按钮，则相贯线

C1 完成，用同样的方法完成相贯线 C2(作 C2 时上线到 O2 的下方，确定第二回转轴。)

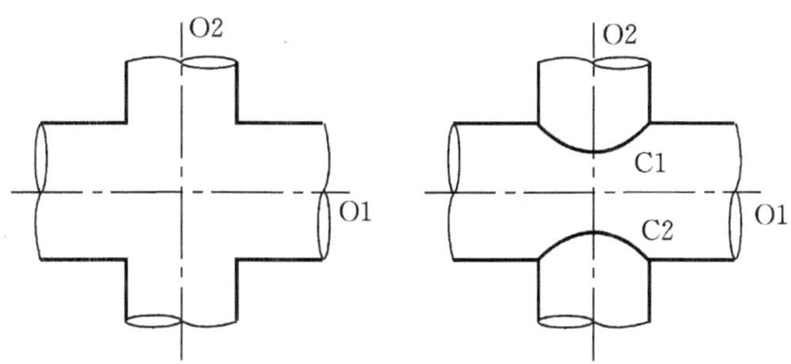

图 6.59

3)抛物线

单击抛物线按钮，出现如图 6.60 所示对话框，可完成四种抛物线绘制。

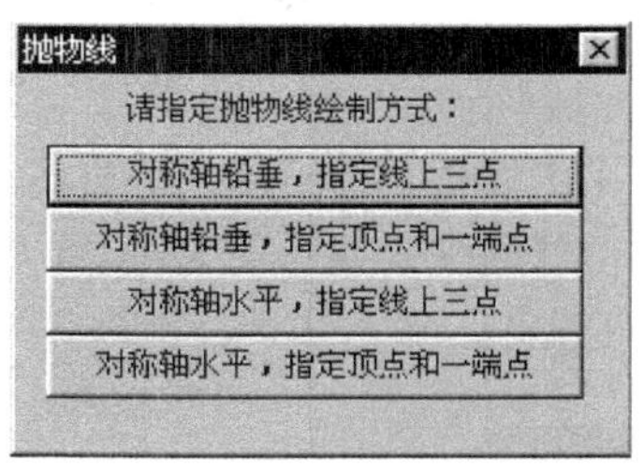

图 6.60

图 6.60 中的四种情况分别对应于图 6.61 中的四个图。(a)图为单击鼠标左键或按【Enter】确定抛物线上 P1、P2 和 P3 点，P1 和 P3 为抛物线的两端点；(b) 图为单击鼠标左键或按【Enter】确定 P1 和 P2，则抛物线以 P1 为顶点，P2 及其关于对称轴的对称点 P3 为抛物线的两端点；(c)图与(a)图类似，不同之处只是对称轴水平；(d)图与(b)图类似，不同之处只是对称轴水平。

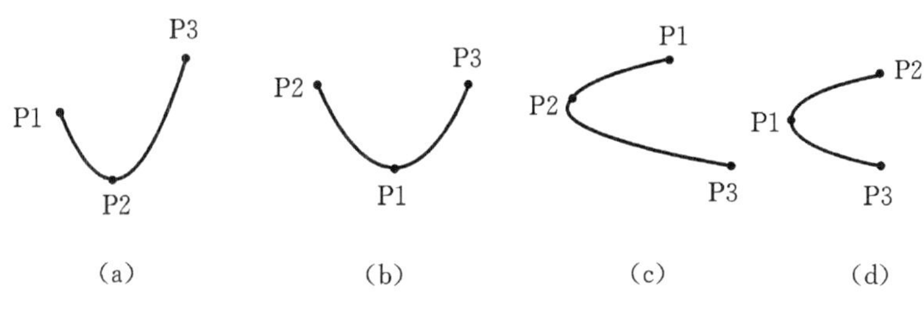

图 6.61

4)轴端断面

可用来完成轴的断面，如图 6.62 所示，步骤如下：

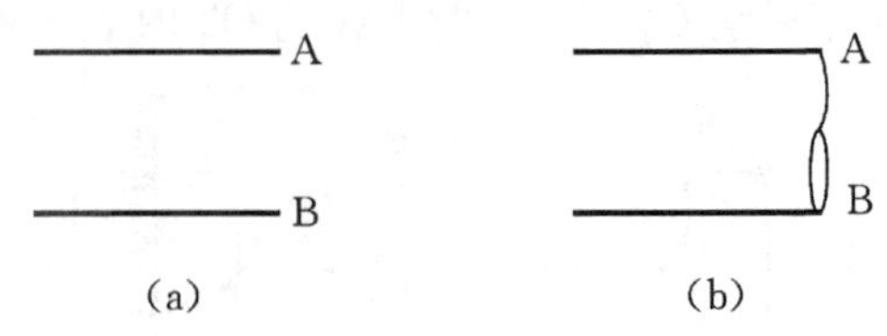

图 6.62

(1)单击按钮;

(2)将光标上线到 A 点,单击左键或按【Enter】键;

(3)将光标上线到 B 点,单击左键或按【Enter】键,得到如图 6.62(b)所示结果。

5)正多边形

正多边形是指由三条以上等长线段组成的封闭图形。用来绘制内接或外切正多边形,具体操作步骤如下:

(1)点图标后,出现图 6.63 所示对话框,选择多边形方式(内接或外切)。

(2)确定正多边形边数(如图 6.64 所示),假设边数为“5”。

(3)对于内接正多边形,所作正多边形如图 6.65(a)所示;对于外切正多边形,所作正多边形如图 6.65(b) 所示。用【F5】、【F6】键改变半径的大小,或直接在设置工具栏中改动,移动光标到合适的位置,转到适当角度即完成。

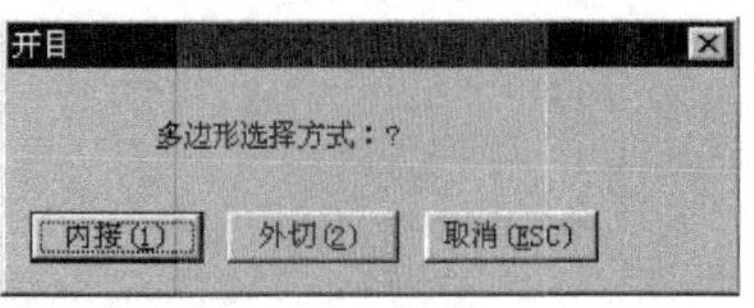

图 6.63

图 6.64

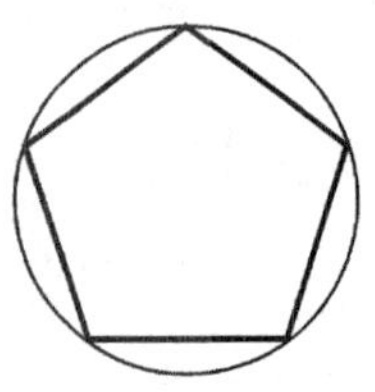

(a)内接正多边形

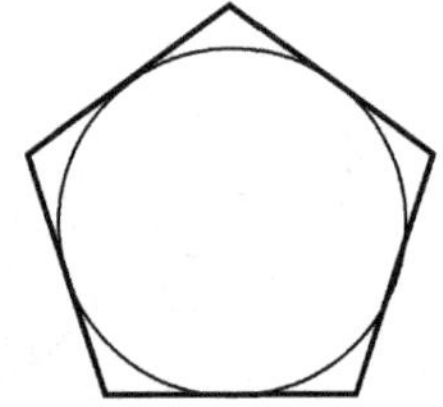

(b)外切正多边形

图 6.65

6)矩形的作法

单击矩形按钮,作图 6.66 所示矩形的操作步骤如下:

(1)单击矩形按钮。

(2)将光标移动到 A 点,单击左键或按【Enter】。

(3)移动光标到 B 点，或键入 50，【↓】，100，【→】移到 B 点，单击左键或按【Enter】，即完成。

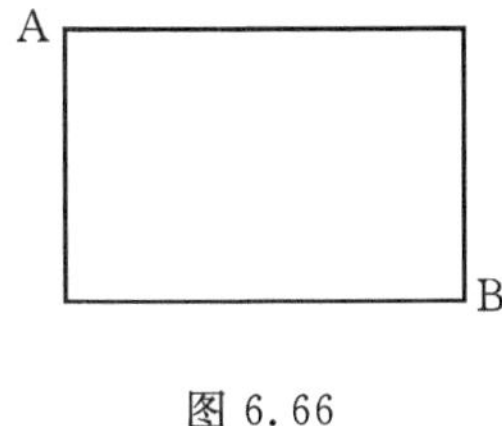

图 6.66

此矩形还有一个重要的功能，可方便地作轴或孔，如图 6.67 所示，画一个阶梯轴的步骤如下：

(1)画一条点划线，见图 6.67(a)。

(2)单击矩形按钮，单击工具栏上的按钮，改变当前线型为粗实线。

(3)光标上线到点划线上的 A 点，见图 6.67(b)。注意：此处一定要以点划线为当前线，否则不能作出以该点划线为对称线的轴或孔。

(4)单击左键或按【Enter】，确定第一个起点 A，见图 6.67(c)。

(5)拖动鼠标，此时会出现一个动态的以点划线为对称轴的矩形，见图 6.67(d)。

(6)单击左键或按【Enter】，确定第二个角点 B，一段轴即完成，见图 6.67(e)。

(7)同上方法可作出轴的其他段，见图 6.67(f)。

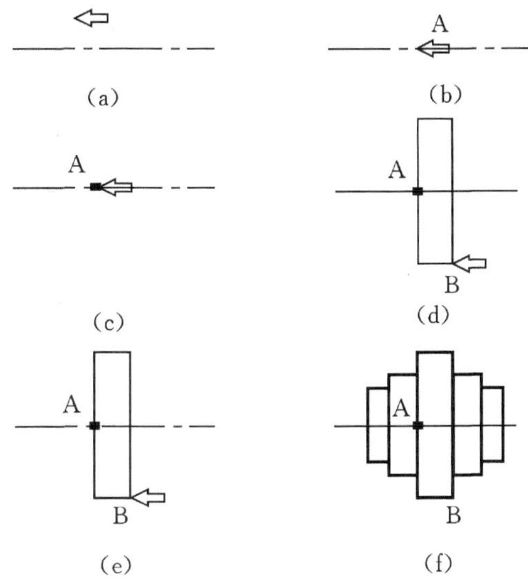

图 6.67

矩形还支持倍乘【*】和倍除【/】的操作。当光标在中心线上时，按【*】键，矩形或圆角矩形平行于中心线的边长不变，垂直于中心线的边长乘以 2。如图 6.68(a)，矩形框从 A 点拖到 B 点(B 点在中心线上)，按【*】再单击鼠标左键或按【Enter】，得到如图 6.68(b)所示结果。

当光标不在中心线上时，按【*】键，矩形或圆角矩形的长和宽都乘以 2。如图 6.69(a)，在确定 B 点之前按【*】键，得到图 6.69(b)所示结果。

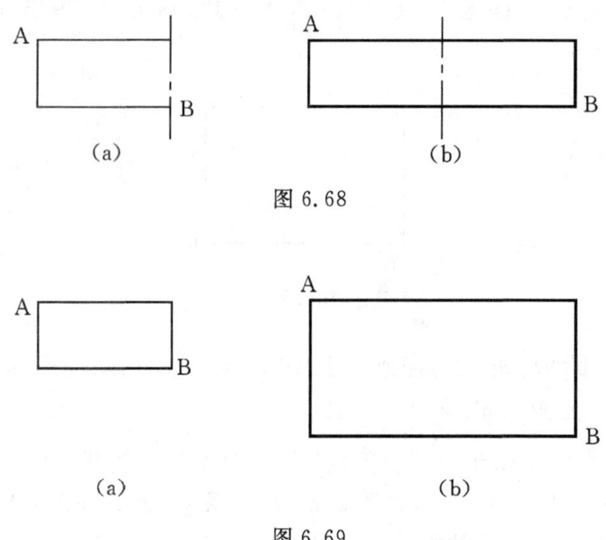

图 6.68

图 6.69

按除号【/】,则矩形或圆角矩形的长和宽都除以 2。如图 6.70(a),在确定 B 点之前按【/】,得到图 6.70(b)所示结果。

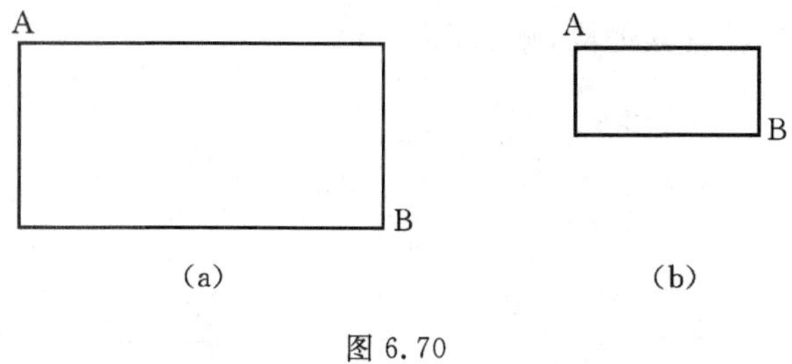

图 6.70

7)圆角矩形的作法

圆角矩形按钮用来作圆角矩形,其作法与作矩形相似,圆角的大小可直接由在设置半径栏中输入的半径值确定。绘制图 6.71 所示的圆角矩形步骤如下:

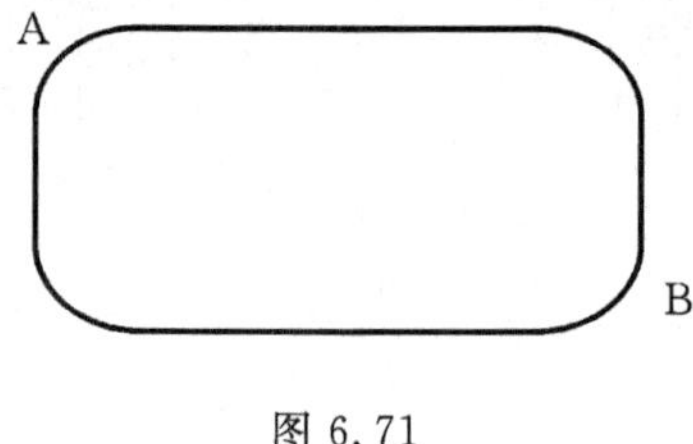

图 6.71

(1)单击圆角矩形按钮;

(2)在设置半径栏中键入 8,将半径设为 8;

(3)将光标移到 A 点,单击左键或按【Enter】;

(4)将光标移动到 B 点,或键入 100,【→】,50,【↓】移到 B 点;

(5)单击左键或按【Enter】,即完成圆角矩形。

8)波浪线

单击按钮,按住鼠标左键移动鼠标可画波浪线。如图 6.72 所示波浪线,绘制步骤如下:

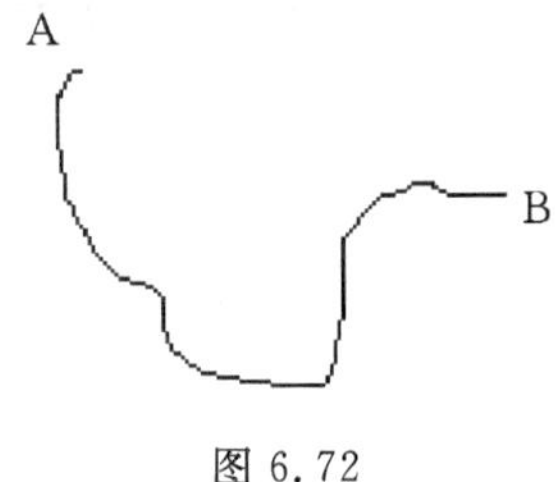

图 6.72

(1)单击按钮,将光标移动 A 点;
(2)按住鼠标左键,拖动鼠标到 B 点;
(3)松开鼠标左键,鼠标走过的轨迹即为波浪线。

9)齿廓

可作渐开线齿廓,其操作步骤如下:

(1)画中心线和齿轮分度圆,见图 6.73(a),单击按钮,然后将光标移至画齿廓中心处(齿轮分度圆上),单击左键或按【Enter】。

(2)依次输入齿数、模数、齿廓的倾角(与水平方向的夹角),即可绘制出一个齿廓,见图 6.73(b)。

(3)如需全部齿廓,利用组编辑功能中的圆周均布作出全部齿廓。组编辑的内容在后续章节中讲到。

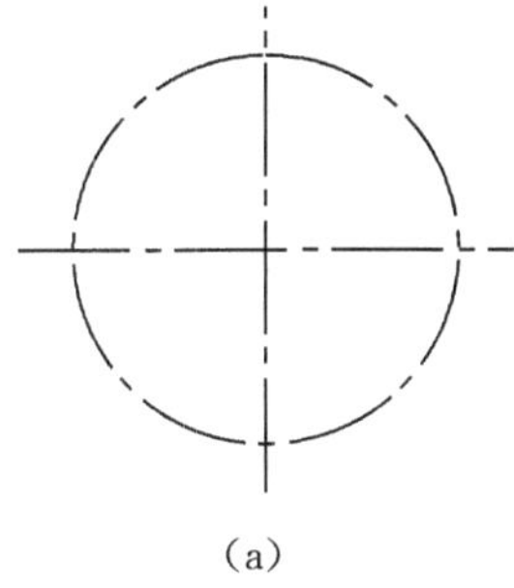

(a)

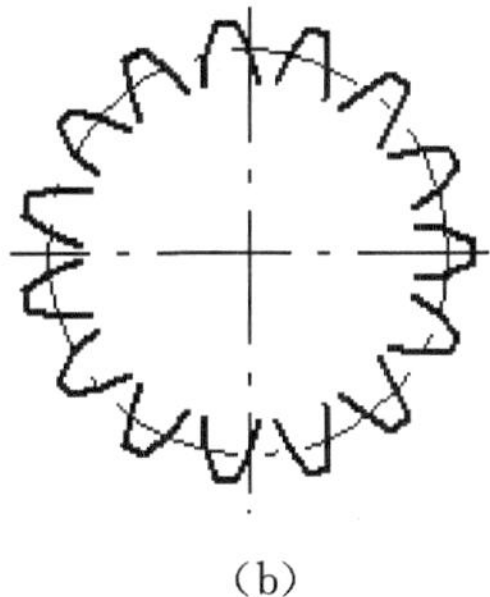

(b)

图 6.73

10)断面的生成

断面功能生成盘套类零件的投影图。方法是:先单击,然后将光标移至中心线上,单击左键则系统由中心线向外侧搜索,并给出黄线表示的投影,同时出现如图 6.74 所示对话框,需要此投影则单击〈是〉按钮或按【Enter】,否则单击〈否〉按钮跳过。如按【ESC】或单击〈取消〉,

则不再向外搜索。搜索完毕，断面投影被自动锁定在投影方向上，将其移至适当的地方，单击左键或按【Enter】确认。使用该功能可以由圆柱面的直线投影生成圆投影，也可由圆柱面的圆投影生成直线投影，在生成直线投影时投影直线为双端不定长线，在叠加时将向两端延长到交点，如图 6.75 图 6.76 所示。

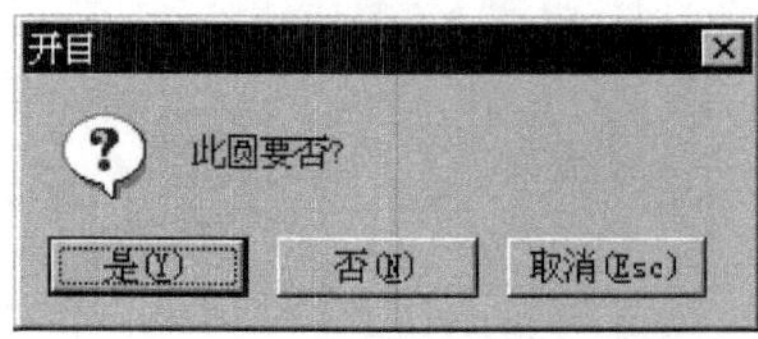

图 6.74

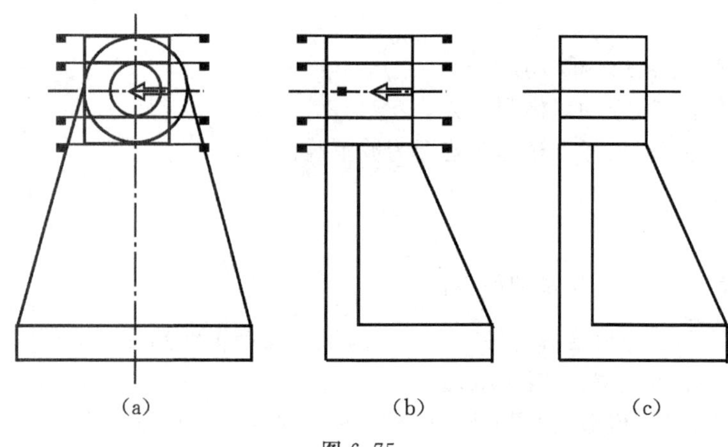

(a) (b) (c)

图 6.75

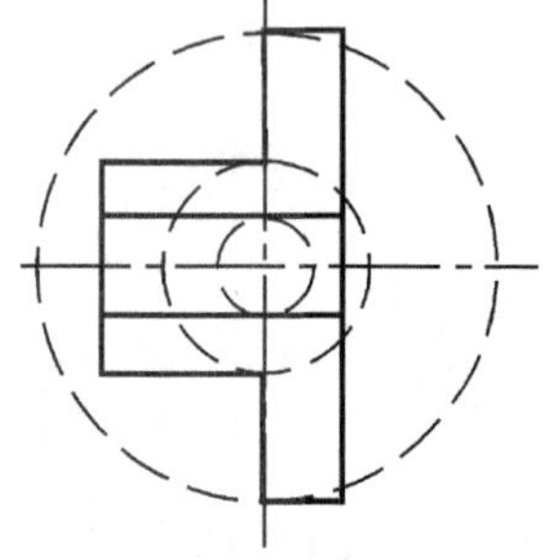

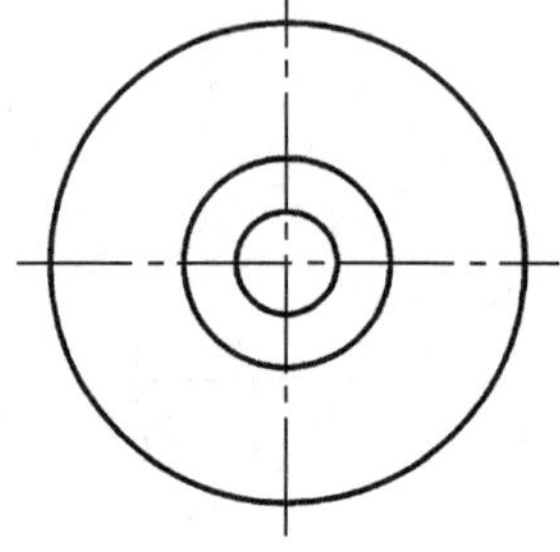

图 6.76

11)样条曲线

(1)样条曲线。样条曲线可生成折线、B 样条、三次样条曲线。其方法是：单击，然后将光标放在合适位置单击左键，即定义了第一个节点，往下用同样的办法定义节点，在定义节点的过程中，所定义的节点以黄色临时线的形式连接在一起，全部节点确定后，单击鼠标右键，系统会弹出图 6.77(a)的菜单。

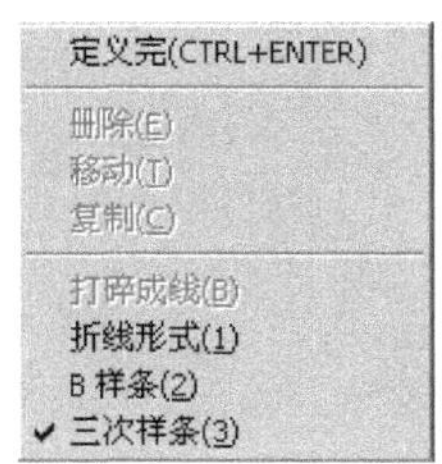

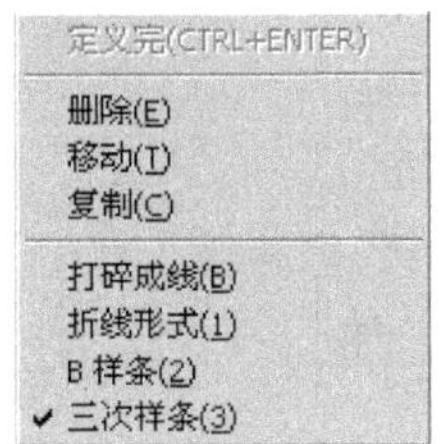

图 6.77

单击该菜单中的〈折线形式〉、〈B 样条〉或〈三次样条〉，黄色临时线会以相应的曲线形式显示，单击〈定义完〉，则临时线变成正式线，曲线生成。

曲线生成后，可对其进行〈删除〉、〈移动〉与〈复制〉的操作，将光标放在样条曲线上，曲线变为红色，表明找到目标，此时单击右键，会弹出图 6.77(b)的菜单。单击其中的〈移动〉，样条曲线与光标在光标所在点粘连在一起，移动鼠标即可移动样条曲线。同样，〈复制〉即对当前样条曲线进行复制；〈删除〉即将当前样条曲线删除；〈打碎成线〉则是将当前样条曲线打碎成波浪线。

(2) 文件生成样条曲线。样条曲线还可由文件生成。在〈画〉中点 ，点主菜单〈图库〉，再将光标放在子菜单〈读样条曲线〉上，系统会弹出如图 6.78 所示的子菜单。

图 6.78

然后单击〈直角坐标〉或〈极坐标〉，这时会弹出如图 6.79 所示的对话框，选中需打开的文件后，点〈打开〉，便可读取数据文件绘制样条曲线。数据文件是文本文件，可用 WINDOWS 中的“记事本”编辑，以直角坐标或极坐标的形式定义样条曲线中的节点，编辑好〈存盘〉为 txt 文件。

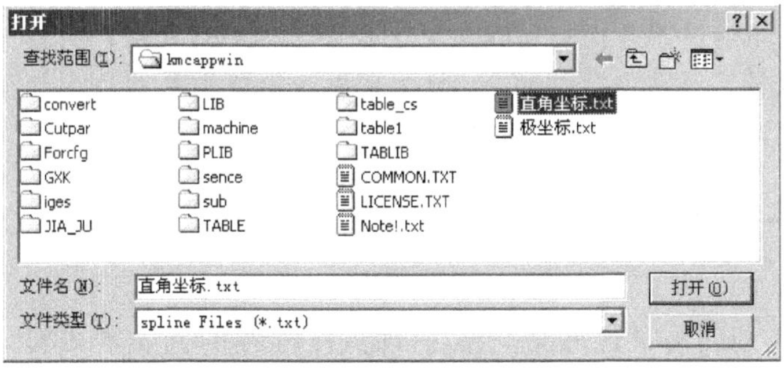

图 6.79

其文件格式非常简单，只需定义节点坐标值即可。

直角坐标的数据文件格式如下：

x1,y1

x2,y2

x3,y3

……

其中,x1、y1 等为节点的 X、Y 坐标值。

极坐标的数据文件格式如下:

ρ1,θ1

ρ2,θ2

ρ3,θ3

……

其中,ρ1、θ1 等为节点的极坐标值。

注意: 系统以光标所在点为原点,光标所在的方向为 X 轴或极坐标方向。

6.2 高级绘图功能

6.2.1 剖面填充

在封闭区域内画剖面线或其他有规律的重复图案时需用剖面填充操作。开目 CAPP 的剖面填充时无需指定边界,操作简便。在主工具条下单击剖按钮出现如图 6.80 所示的子工具条。

1. 填充剖面线

绘制机械工程图时,常见的剖面线填充形式是 30°、45°、60°、120°、135°、150°剖面线和 45°、135°网纹,图 6.80 中前面七种分别对应工程制图最常见角度的剖面形式。单击某种剖面形式按钮,光标则变成选中的剖面形式。将光标移入要填充的封闭区域内,单击鼠标左键或按【Enter】键,则剖面线自动填满整个区域。

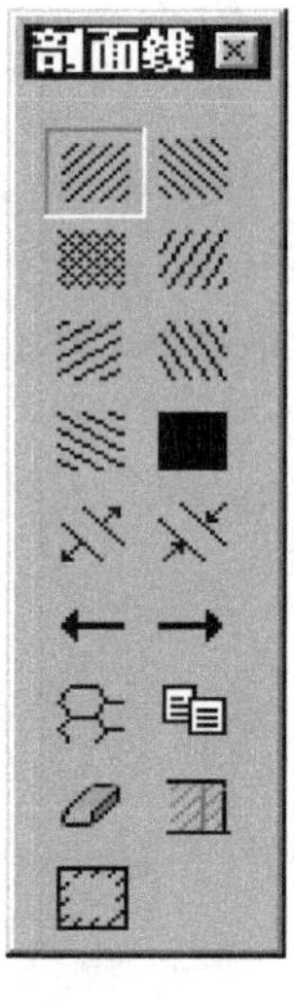

注意: 填充时应注意区域的封闭性,并使被填充区域全部位于屏幕内。若填充时区域不封闭而导致剖面线填到区域外,则按下【ESC】键,该次填充的操作被取消。如填充已完成,则须使用擦除选项进行擦除。如要填充一个未封闭区域,必要时应画辅助线将其封闭。如果欲填充的区域只有一部分在屏幕内,则要进行屏幕移动或缩小图面等操作,将拟填充的封闭区全部移至屏幕内。

剖面线

图 6.80

2. 填黑

在工程图中,有时需将某区域完全涂黑,填黑按钮即可。单击图 6.80 中的按钮,然后将光标移到需填的区域中,单击鼠标左键或按【Enter】键,系统即自动搜索封闭区域并将其涂黑。填黑实际上就是很密的剖面线,要想填得更密,则可将图形放大后再填充。

3 增大间距

按钮用来增加剖面线间距,即将剖面线变得稀一些。在选中剖面形式之后,单击按钮可加大间距，也可按【＋】增大剖面线间距，两者效果相同。

4. 减小间距

按钮用来减小剖面线间距，即将剖面线变密些。选中剖面形式之后，单击按钮可减小间距，也可按【－】减小剖面线间距，两者效果相同。

5. 剖面线错位

在机械制图中“剖中剖”的表达方法是将剖面线错开画。图标、就是用来进行剖面线错位的，图标使剖面线往左移位；图标使剖面线往右移位。如图 6.81 所示，A 区和 B 区的剖面线形式完全一样，在交界位置错位。方法如下：

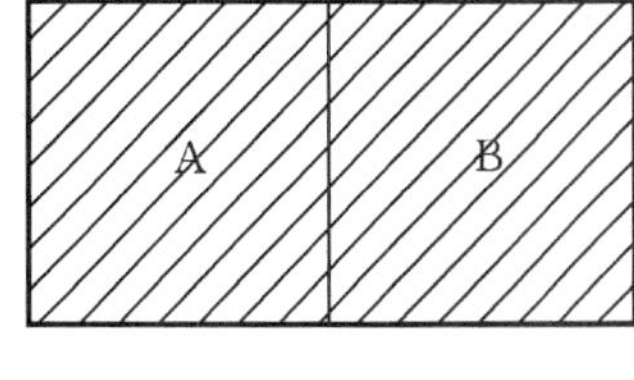

图 6.81

(1)按(【＋】)或(【－】)将剖面间距调整好。

(2)光标移到 A 区内，单击鼠标左键，填充 A 区。

(3)单击图标数次，使剖面线往左错位。

(4)将光标移至 B 区，单击鼠标左键填充 B 区。

6. 图案填充

在工程图中，剖面符号的形式是多种多样的，除斜线、网格和涂黑外，还有许多其他图案的剖面符号。其他图案可通过点击图标来绘制，具体步骤是：

(1)打开图案库。点击图标，打开如图 6.82 所示对话框。

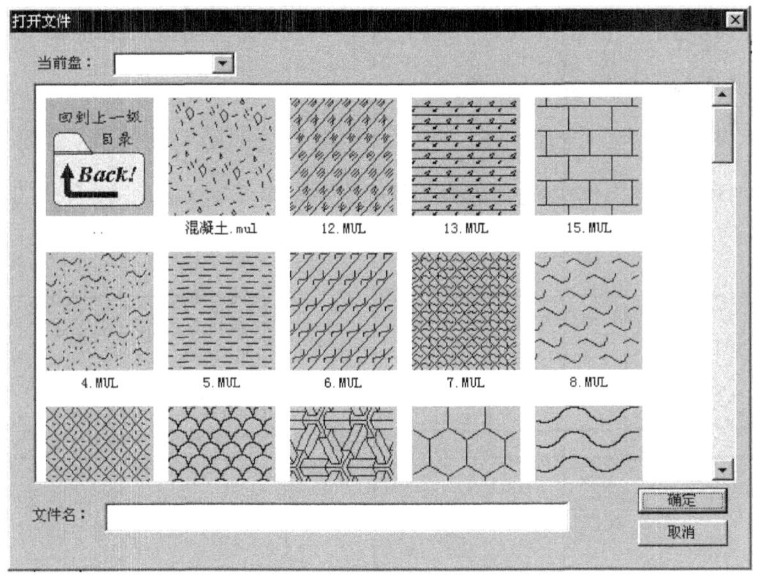

图 6.82

(2)选择图案。将光标移至选中的图案上，单击鼠标左键，单击〈确定〉，此时光标变为“⇨”。

(3)预填充。将光标移至填充区域，单击鼠标左键。

(4)调整图案。用【↑】、【↓】、【←】、【→】、【,<】、【,<】移动和缩放图案至满意为止。

(5)单击鼠标左键确定。

7. 剖面取样

剖面取样图标用来选择图中已填充的剖面线形式。如图 6.83 所示，A、B 区的剖面线已填好，现在来填 C 区剖面线，并使 C 区和 A 区的剖面线完全一致。如何获取 A 区域剖面符号的信息呢？方法如下：

(1)单击剖面取样图标；

(2)将光标移到 A 区内，单击鼠标左键；

(3)将光标移至 C 区内，单击鼠标左键。

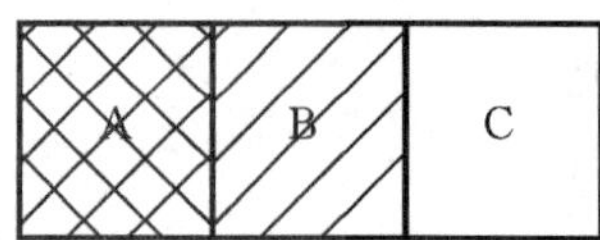

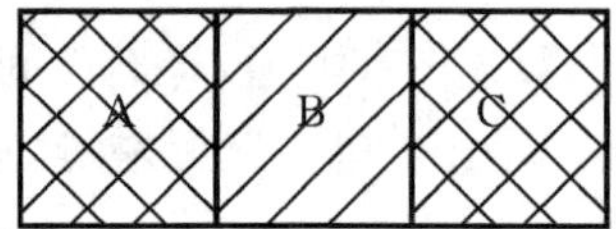

图 6.83

8. 剖面擦除

剖面擦图标是用来擦去剖面线的，包括常用剖面形式和剖面图案。点击，光标变为“”，将光标移至要擦除剖面线的区域，此时剖面线变红，单击鼠标左键，即可擦除剖面线。

9. 改变填充边界

在填充剖面时，有时只需粗实线作为填充边界，有时需粗实线和细实线都作为填充边界。粗、细实线边界的切换由按钮来切换。

缺省状态下，即按钮未被按下时，粗实线和细实线都是填充边界，见图 6.84，当把按钮按下时，系统只认粗实线作为填充边界，填充结果见图 6.85(图 6.84 和图 6.85 填充光标均在 A 点单击鼠标左键)。

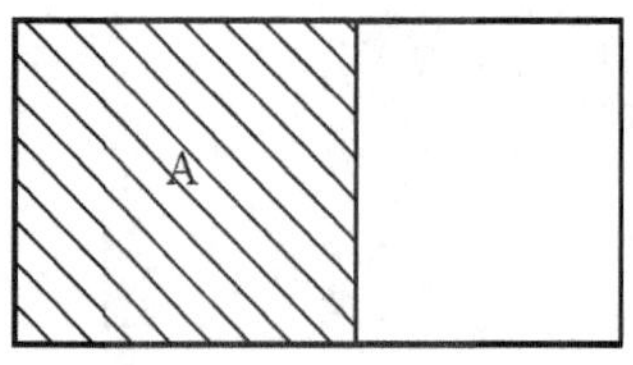

图 6.84

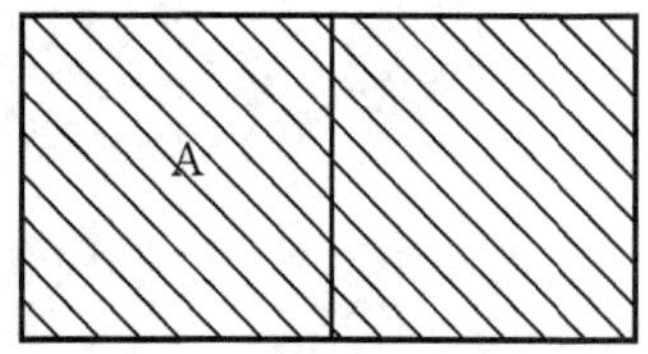

图 6.85

10. 周边填充

在工程图中，还有一种剖面符号填充形式，即只在边界附近填充剖面符号，如图 6.86 所示。系统设置了一个开关，先点击图标，即打开了这一开关，再按一般的填充方法进行操作即可。如果要恢复到一般的填充状态，再点击一次图标即可。

图 6.86　　　　图 6.87

11. 剖面修改

开目 CAPP 的剖面修改是一个面向对象的操作，在剖面的任一光标状态下，将光标放在剖面上，则剖面变红，表明系统已找到目标为当前剖面，即可对当前剖面线进行操作，此时单击鼠标右键，会弹出如图 6.87 所示的菜单，单击菜单中某一项，可完成对当前剖面线的相应修改。右键菜单里前八项是用来改变当前填充形式的，如单击〈填黑〉，则当前剖面变为“填黑”的剖面形式，单击〈45°〉，则当前剖面变为 45°的剖面线。

单击〈剖面间隔〉，输入一个数值，可调整当前剖面线的间隔为输入值。

单击〈剖面平移〉，系统会提示输入“错动间距”，可使当前剖面线平移一段距离，与它周围的剖面错开位置。

单击〈细实线非边界〉，前面有一开关可切换，“√”表示该项打开，细实线将不作为填充边界，无“√”表示该项关闭，细实线作为填充边界。

“定义边界线”可定义非连续线型(如虚线、点划线、双点划线)为边界，光标在剖面状态时，将光标上线到需定义的线上，单击鼠标右键，在弹出菜单里单击〈定义边界线〉，则该线可作为填充边界。

“删除剖面线”与剖面擦图标的功能一样，擦除当前剖面线，但只能删除剖面线，不能删除图案。

12. 临时改变边界线型

前面提到过填充剖面线时必须是在封闭区域内，否则会填充到边界外。在图 6.87 所示的鼠标右键菜单中〈定义边界线〉可定义非粗实线、非细实线的其他线型(如虚线、点划线)为边界，光标在剖面状态时，将光标上线到需定义的线上，单击鼠标右键，在弹出菜单里单击〈定义边界线〉，则该线可作为填充边界，填充时不会因为是非连续线型导致填充到边界外。

6.2.2　成组操作

表达一个结构的图线往往不止一条，而是一组图素。我们定义若干图线(直线、圆弧、波浪线等，不包括样条曲线)和字符的集合为图组。图组操作就是对图组中的图素进行复制、搬迁、镜面、删除等编辑操作。

在主控工具栏中单击组图标，出现如图 6.88(a)所示的子工具栏，在子工具栏中有 11 种选择图标。要将已入组的图素从图组中删去时，单击减图标，如图 6.88(b)所示，此时有 6 种选择图标可用。

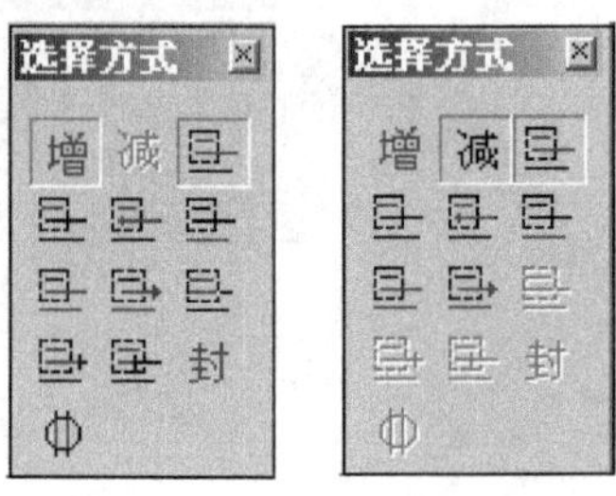

图 6.88

1. 构造组的方法

开目 CAPP 用矩形区域圈定元素入组。根据图素与选择框的关系(在框内、在框外、与框有交)有 12 种不同的选择方式(封与Φ不用矩形选择框)。

下面以第 1 种组的选择方式为例介绍表示构造组的不同方式的按钮的含义。如图 6.89所示,线Ⅰ代表图框内的元素,线Ⅱ代表与框的边界有交的元素,线Ⅲ代表框外的元素。按钮中红色的线(在本书中为粗线)代表入组的元素。这种图形的含义是:所有在选择框内的元素和与选择框有交的元素为被选中的元素。按钮中黑色线(图中细线)代表未入组的元素。

下面通过实例说明图组操作的一般步骤。

例:选取图 6.90 中的圆及与圆相交的线为组中图素。操作步骤如下:

(1)单击〈增〉图标;

(2)单击图标;

(3)将光标移至 A 点,按住鼠标左键,拖动光标到 B 点,松开鼠标左键。则图 6.90 中的圆及与圆相交的线同时闪亮,表明该图素被选中。

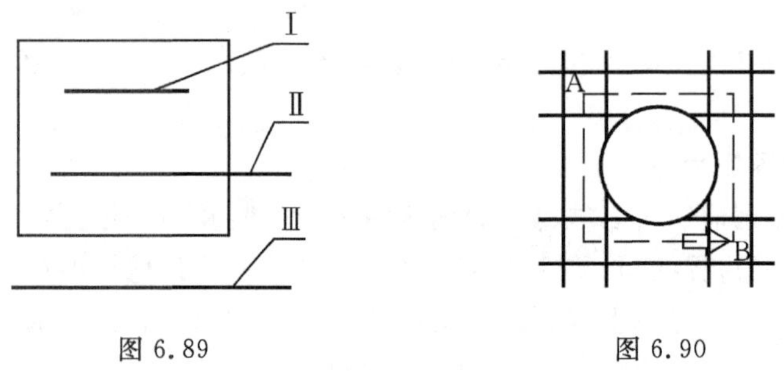

图 6.89　　图 6.90

1)前九种选择方式

下面通过图 6.90 所示图形,说明用不同的选择方式构造图组的结果。各种方式所用的选择框大小相同(如图 6.90 中的虚线所示)。选择结果见表 6.2。

在实际操作中,被选中的图线会改变颜色,即为入组图线。在构造同一个图组时,可用几种不同的选择方式来选定组中图素。

表 6.2

序号	图标	被选中的图线	未被选中的图线	功能说明
1		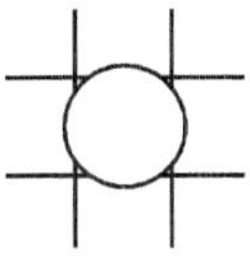	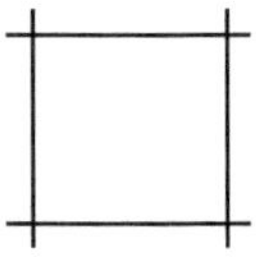	在选择框内的图线和与选择框边界有交的图线为被选中的图线
2		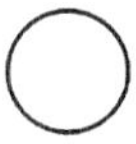	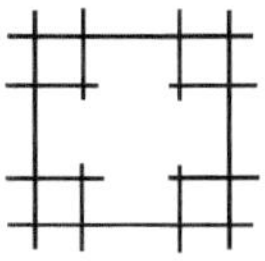	在选择框内的图线为被选中的图线
3		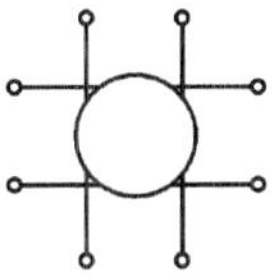	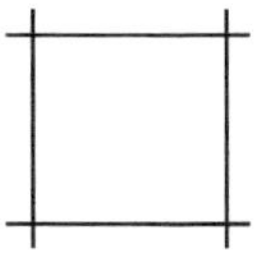	在选择框内的图线和与选择框有交的圆为被选中的图线。与选择框边界有交的直线,在选择框内的一端入组
4		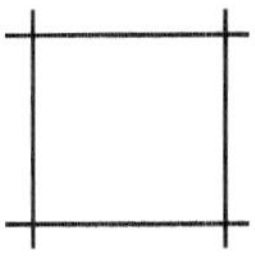	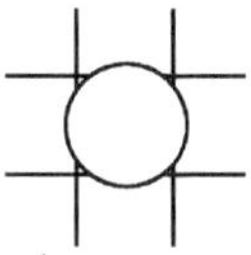	在选择框外的图线为被选中的图线
5		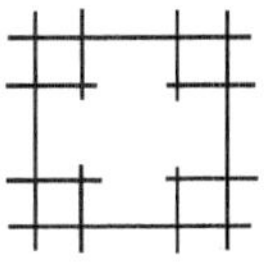	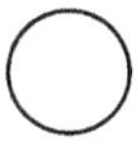	在选择框外的图线和与选择框边界有交的图线为被选中图线
6		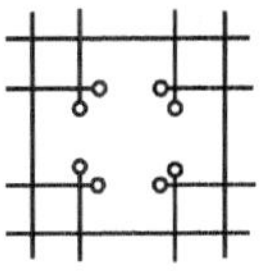	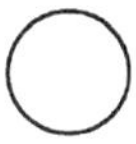	在选择框外的图线和与选择框边界有交的圆为被选中的图线。与选择框边界有交的直线,在选择框外的一端入组
7		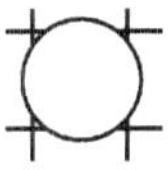	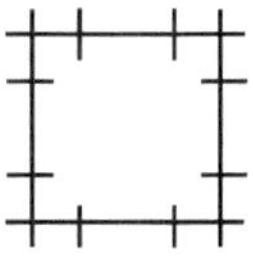	在选择框内的图素和与选择框边界有交的图线,其在选择框内的部分为选中图线(窗口裁剪)
8		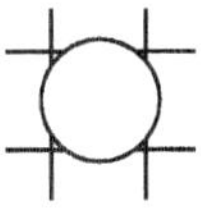	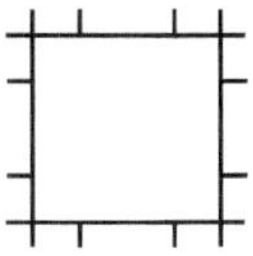	选择框内的图线被选中。与选择框边界有交的图线,其框内端点到选择框外的第一个交点部分被选中
9			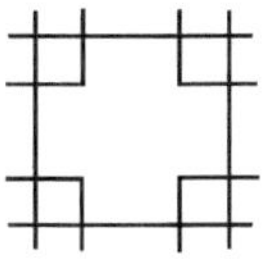	选择框内的图线被选中。与选择框边界有交的图线,其框内端点到选择框内离边界最近的交点的部分被选中

由表 6.2 可以看出，第 1、2、3 种选择的是框内的图素，第 4、5、6 种选择的是框外的图素。第 1 种与第 4 种选择范围互补；第 2 种与第 5 种互补。从图形上看，第 3 种与第 1 种选中的图线相同。但第 3 种方式只选中直线在选择框内的端点，选择框外的端点（表中带小圆圈的点）未被选中。在做移动复制、原图搬迁等操作时，未入组的端点是不会移动的，如图 6.91 所示（粗实线表示图组中的图线）。

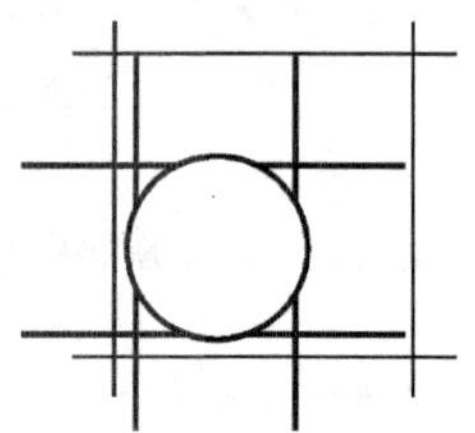

(a)用第 1 种方式选取图素　　(b)用第 3 种方式选取图素

图 6.91

第 8 种方式常用于由零件图画装配图的作图过程中。用第 8 种选择方式将零件图的那些在装配图上不画出的图线选出擦除。由装配图拆画零件图时常用第 9 种选择方式。

2)封闭图形

子工具栏中的封，是专门用来选取封闭图形的，且只以粗实线为边界。只需在封闭图形内点鼠标左键，系统会自动寻找最小的封闭图形。它通常是用来进行计算的，如计算面积、计算重量、计算形心等，也可用它选取封闭图形，然后作封闭图形的等距线，如图 6.92 所示。

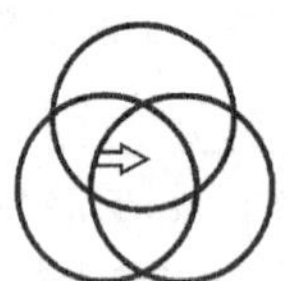

(a)点击 封 ，光标放在图示位置，单击鼠标左键

(b)图中粗实线为所选取的封闭图形

(c)封闭图形的等距线

图 6.92

3)选取外轮廓

子工具栏中的是专门用来选择零件图外部轮廓的。有关此选择方法的具体操作在 4.3 节中有详细讲述。

4)圆形选择框及局部放大

子工具栏中的图标，为圆形选择框。点击该图标，光标变为圆形，这时选择框为一个圆，它是专门用来作局部放大的。其半径可在设置工具栏进行调整。操作方法为：将圆形光标移到要放大的局部，点鼠标左键，输入比例值后，确定放大图形的位置，并给定代号确定其标注位置即可，如图 6.93 所示。

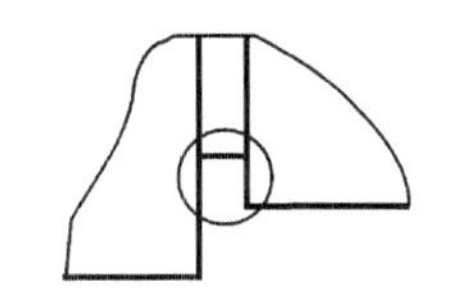

(a)选定图素并输入比例值

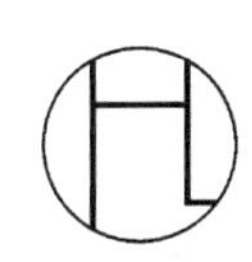

(b)确定图形位置

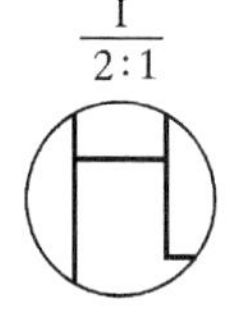

(c)确定尺寸位置

图 6.93

2. 减少组中元素

若部分组中元素不是所要的元素，则可单击图 6.88 减 按钮，选择出组方式与入组方式一样。

3. 清空组中元素

当有元素入组后，要清空组中元素，有以下两种方法：

(1)单击主菜单中的〈编辑〉下拉菜单中的〈重选〉选项；

(2)单击鼠标右键，出现图 6.94 所示的右键菜单，单击〈重选〉选项。

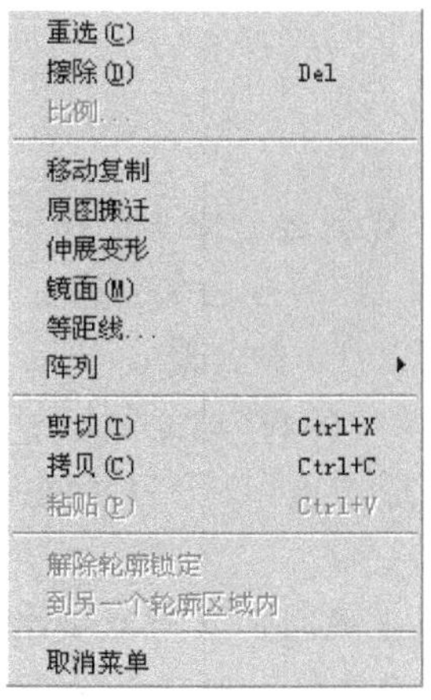

图 6.94

4. 擦除组中元素

当有很多元素需要擦除时，用 增 中某种方式选中需擦除的元素，然后再做擦除操作，操作方法如下：

单击鼠标右键，弹出如图 6.94 所示的菜单，然后选择菜单中的〈擦除〉选项或单击主菜单中的〈编辑〉下拉菜单中的〈擦除〉选项。

6.2.3 组中元素的编辑

如需对元素做移动、镜面、比例、缩放等操作，可用图形编辑来实现。选中元素之后，单击鼠标右键，弹出图 6.94 所示的菜单，或直接点击主菜单中的〈编辑〉下拉菜单，如图 6.95 所示。

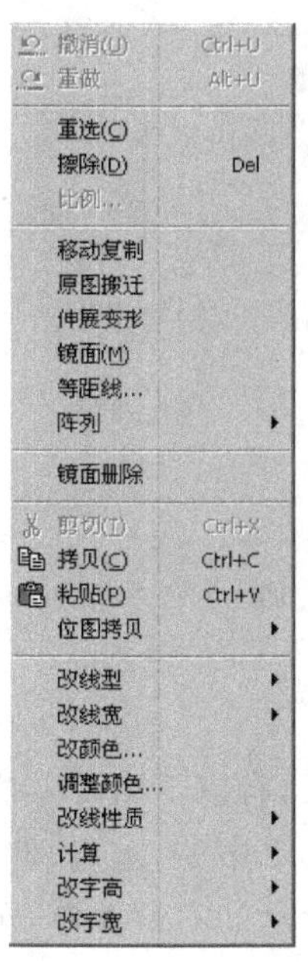

图 6.95

1. 移动复制

"移动复制"用来复制组中元素，复制之后原来的图形仍保留。如果想从图 6.96(a)得到图 6.96(b)中的图形，可以用"移动复制"的方法来完成：

(1)用组的方式选中(a)图的圆 C1，C1 被加亮。

(2)单击鼠标右键，点击右键菜单中的〈移动复制〉。

(3)光标移到圆心 A 点，单击鼠标左键，确定为复制图形的定位点。此时移动光标，有一与图组相同的图形与光标粘在一起。

(4) 将光标移到 B 点，单击鼠标左键，则 C2 就复制出来了。依此类推，可复制出 C3、C4。

(5) 打开右键菜单，点击〈重选〉或按【Esc】，结束操作。

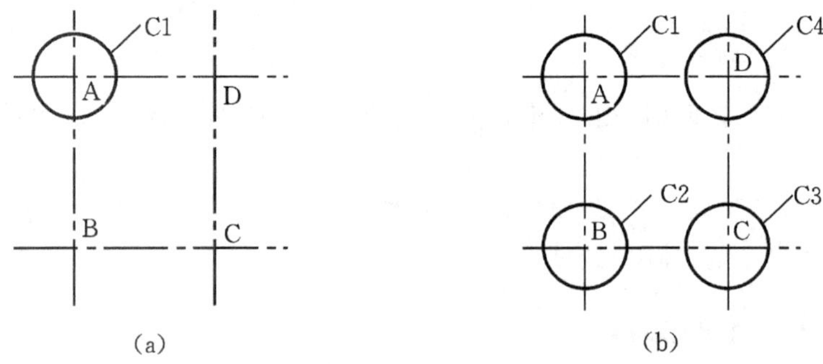

图 6.96

注意：(1)如果图形比较复杂，选中图形后，会出现提示："线较多，是否采用局部加速临时显示?"选择〈是〉，可加速图形显示速度。

(2)在组中元素进行移动复制，还有后面要介绍的原图搬迁、伸展变形、圆周均布等操作时，系统依据在确定粘着点基准点时光标所在的位置和方向来定位与光标“粘连”的图形，此时光标移动、转动时就会带动组中元素一起运动，这就要求在单击鼠标左键确定粘着操作之前，应将光标移动到组中元素的基准点(一般是端点、交点或圆心点等特殊点)。其中“镜面”操作，无须确定粘着点基准点，但必须把光标的方向转到与镜面操作对称轴平行的方向。

2. 原图搬迁

“原图搬迁”用来将一个图形从一个地方搬迁到另一个地方，如图 6.97 所示(将圆由 A 点搬到 B 点)。

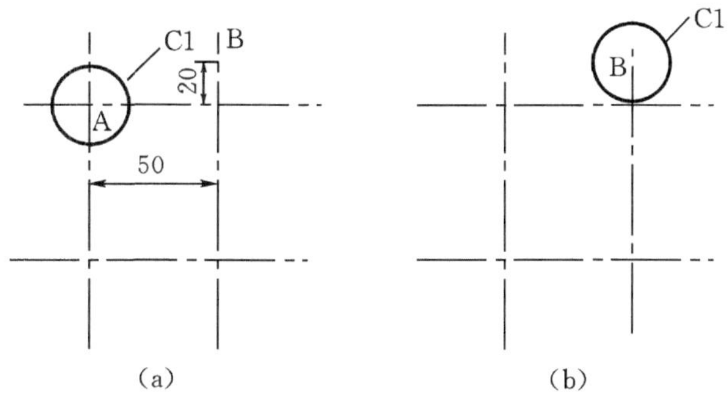

(a)　　(b)

图 6.97

(1) 将 C1 用“增”中一种方式选中。

(2)单击鼠标右键，选中右键菜单中的〈原图搬迁〉选项，或点击主菜单中的〈编辑〉下拉菜单中的〈原图搬迁〉选项。

(3)将光标移至圆心 A 点，单击鼠标左键确定粘着点(或基准点)，此时图形与光标粘在一起。

(4)将光标移至 B 点，单击鼠标左键或按回车即可。

3. 伸展变形

伸展变形也是一种搬动图形的操作，但与原图搬迁不同的是，移动图形某部分时，所有相关部分作相应变化，且保持图形相切相连接等关系不变。

图 6.98 说明了伸展变形操作的特点以及与原图搬迁的区别。

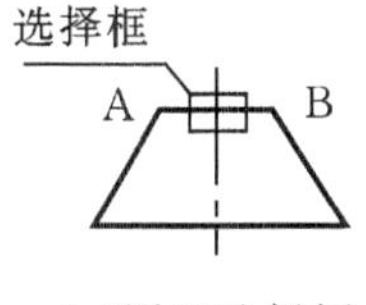

(a)图组选择框
(第一种选择方式)

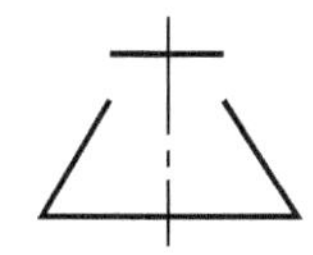

(b)原图搬迁操作，
向上移动光标，
组中图线 AB
长度不变

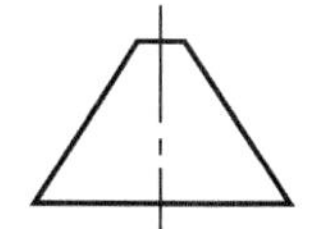

(c)伸展变形操作，
向上移动光标，
组中图线 AB 长
度变短，且保持
与其他图线相接

图 6.98

图 6.99 是一个伸展变形的例子。

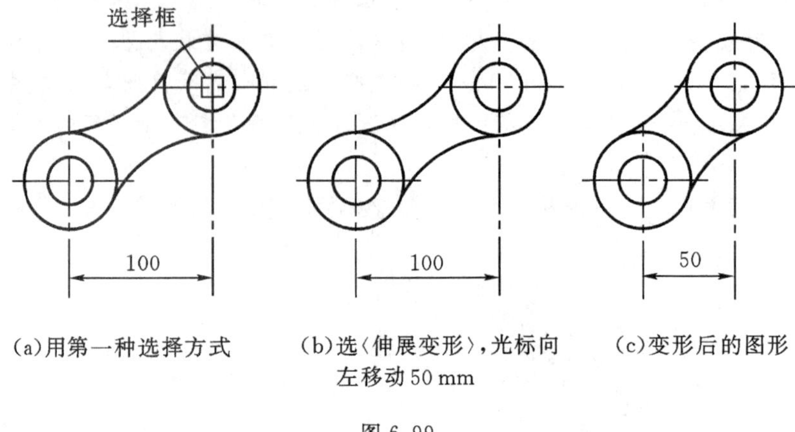

(a)用第一种选择方式　(b)选〈伸展变形〉,光标向左移动 50 mm　(c)变形后的图形

图 6.99

在这个例子中,可以看到当图形变形后,仍然保持图形中的相切关系。

注意:在进行移动复制、原图搬迁、伸展变形等操作时,系统会提示指定粘着点或基准点,单击左键确定后,光标与图形粘连,光标移动、转动就会带动黄色图形一起运动,这就要求在单击鼠标左键确定粘着点之前,应将光标移动到组中图素的基准点(一般是端点、交点或圆心点等特殊点)。

4. 镜面

"镜面"主要是用来简化对称图形的绘制。如果想从图 6.100(a)得到图 6.100(b)或(c)中的图形,可以用"镜面"的方法迅速完成。

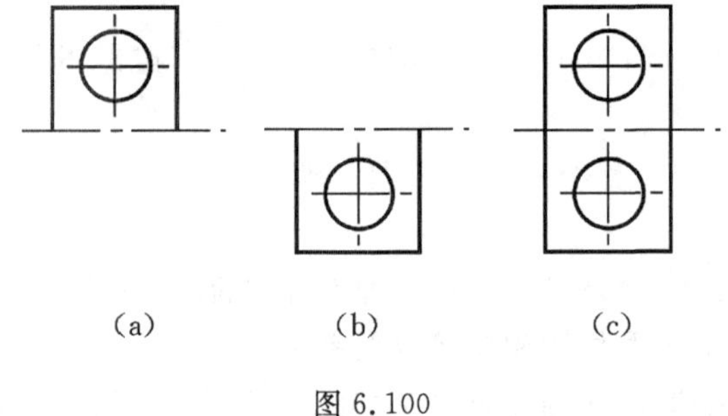

(a)　(b)　(c)

图 6.100

(1)用组的第一种方式选中图 6.100 (a)中的所有图素。

(2)单击鼠标右键,在右键菜单中单击〈镜面〉选项,此时生成一个与选中图形一样的黄色图形,左下角的信息区提示"移动鼠标到合适位置和角度"。

(3)将光标方向调整到与对称线方向一致,利用"导航"把光标移动到对称线上使两者重合,然后单击鼠标左键确定。此时屏幕会弹出一提示询问是否删除原图,若选择〈是〉,则原图删除,屏幕上只有镜面的结果,如(b)图的图形;若选择〈否〉,则屏幕既有原图又有镜面的结果,如(c)图的图形。

注意:选中〈编辑〉菜单中的〈镜面删除〉项,在对图形作镜面操作时,系统会提示"原图形是否删除"。如果不选中〈编辑〉菜单中的〈镜面删除〉项,在对图形作镜面操作时,不会有相关提示,不删除原图形。

5. 阵列

1)圆周均布

“圆周均布”是用来完成某一图形在圆周上均匀排列的操作。如图 6.101 所示,6 个圆均布在圆周 C2 上,可以这样来完成:

(1)将 C1 画好,点击组,进入图组操作状态,用第 7 种方式,将圆 C1 选好。

(2)单击右键菜单〈阵列〉选项中的〈圆周均布〉。

(3)将光标移到圆心 O,单击鼠标左键确定圆心位置(这一步很重要),出现如图 6.102 所示的对话框,系统提示输入“均布个数”,输入 6,单击〈确定〉按钮。

(4)系统提示是否全部都需要,同时均布的结果以黄色显示在屏幕上。若选〈是(Y)〉,则画出图 6.101(b)所示图形;若选〈否(N)〉,系统则沿圆周逐个显示均布的图素,提示用户是否需要,如果需要,选〈是(Y)〉,否则选〈否(N)〉。

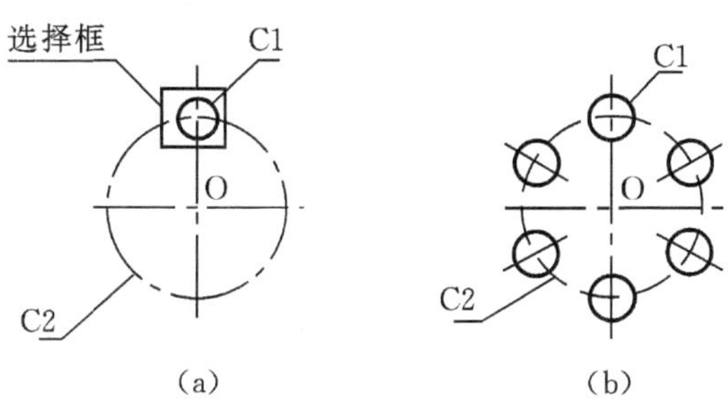

图 6.101

图 6.102

2)矩形阵列

“矩形阵列”是用来绘制矩阵排列的工具。图 6.103(b)的操作步骤如下:

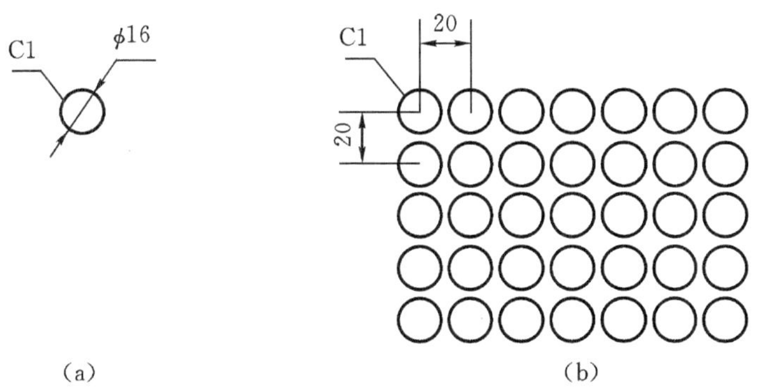

图 6.103

(1)将圆 C1 选好，然后选右键菜单中的〈阵列〉选项的〈矩形阵列〉，或点击主菜单中的〈编辑〉下拉菜单中的〈矩形阵列〉选项；

系统提示输入：

“←向重复个数”，输入“0”，单击确定或按回车

“→向重复个数”，输入“6”，单击确定或按回车

“↓向重复个数”，输入“4”，单击确定或按回车

“↑向重复个数”，输入“0”，单击确定或按回车

“←→重复间距”，输入“20”，单击确定或按回车

“↑↓重复间距”，输入“20”，单击确定或按回车

(2)系统将阵列均布的结果以黄颜色显示出来，出现图 6.104 所示的对话框，对显示结果是否满意，选〈是(Y)〉，则显示结果如图 6.103 所示的(b)所示。

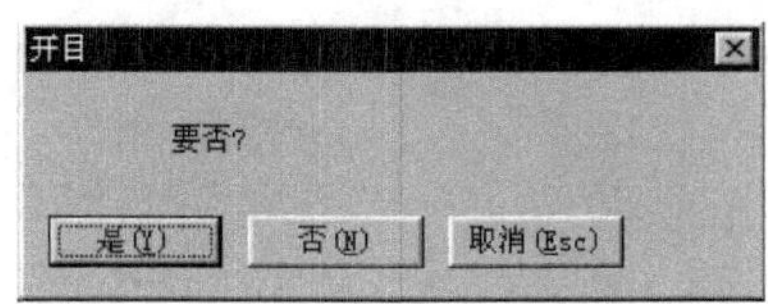

图 6.104

3)单项排列

“单向排列”可将选中的图形沿某个特定的方向进行单向排列复制，例如由图 6.105(a)到图 6.105(b)。其具体操作是：先用“组”将(a)图中圆选中，然后单击〈编辑〉菜单的〈单向排列〉或直接单击鼠标右键中的〈阵列〉菜单的〈单向排列〉，系统提示“排列个数?”，输入排列个数 3，单击〈确定〉，系统提示“排列方向(角度值)?”，输入 30，单击〈确定〉，系统弹出“排列间隔?”，输入 30，单击〈确定〉，系统提示“要否?”，如果点〈是(Y)〉，就可得到(b)图，如果单击〈否(N)〉，复制的黄色图形消失。

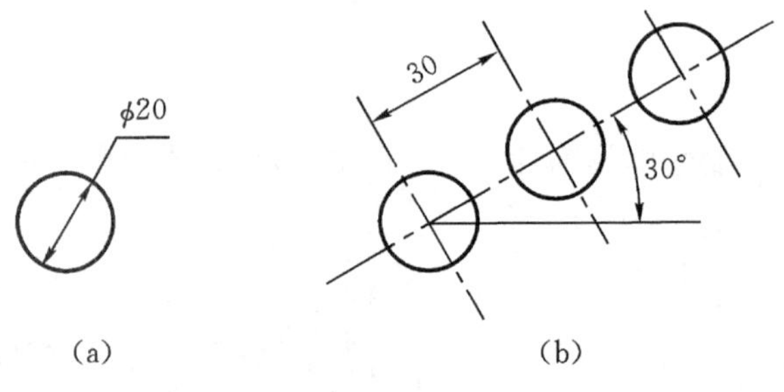

(a) (b)

图 6.105

4)周项排列

“周向排列”可将选中的图形沿某个中心点进行周向排列复制，例如由图 6.106(a)到图 6.106(b)。其具体操作是：先用“组”将(a)图中圆选中，然后单击〈编辑〉菜单的〈周向排列〉或直接单击鼠标右键中的〈阵列〉菜单的〈周向排列〉，然后将光标放置在中心点单击左键，系统提示“排列个数(包括自身)”，输入排列个数 4，单击〈确定〉，系统提示“是否逆时针排列?”，单击

〈是(Y)〉或〈否(N)〉,系统提示“排列间隔(相对原图形的夹角)?”,输入 30,单击〈确定〉,系统提示“要否?”,如果点〈是(Y)〉,就可得到(b)图,如果单击〈否(N)〉,系统会一个一个地提示是否“要”。

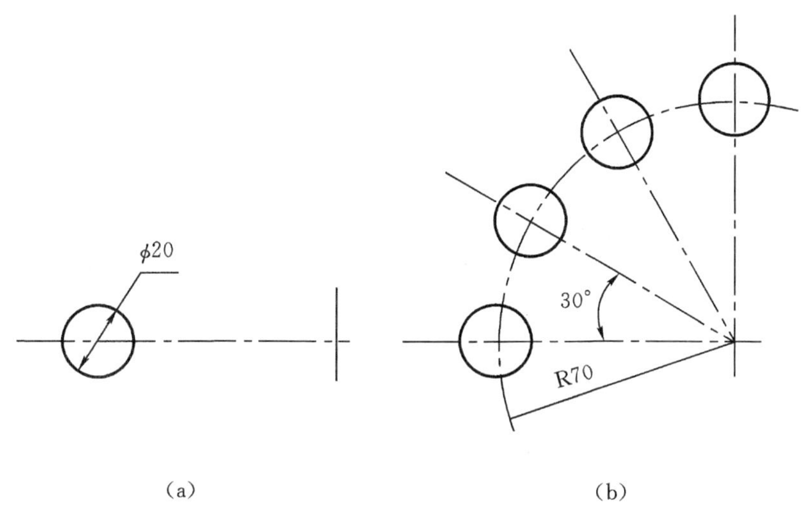

图 6.106

6. 等距线

〈编辑〉菜单中的〈等距线〉用来作等距线(见图 6.107)。假设 L_1 已经作好,需作等距线 L_2:

(1)用增中的某一图素选择方式将组成 L_1 的图素全部选中。

(2)单击右键菜单中的〈等距线〉选项,或点击主菜单中的〈编辑〉下拉菜单中的〈等距线〉选项。

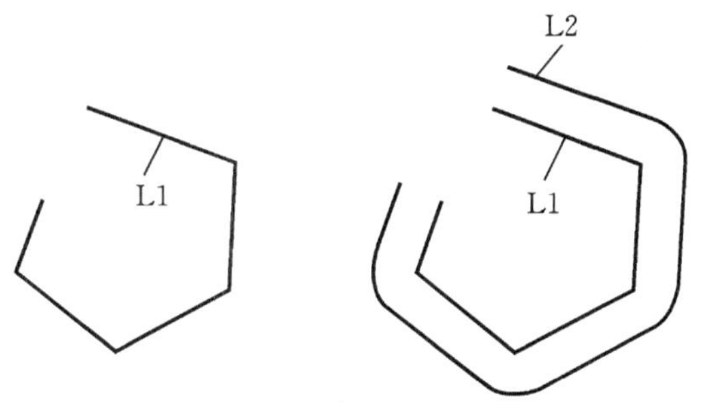

图 6.107

(3)出现图 6.108 所示对话框,系统以箭头提示画等距线的方向,如果等距线在箭头所指边,单击〈是(Y)〉,否则单击〈否(N)〉。

(4)出现图 6.109 所示对话框,提示输入“等距线的距离”,输入“20”,单击〈确定〉。

(5)系统提示是否加做倒圆,如果需要倒圆,单击〈是(Y)〉,否则单击〈否(N)〉。系统将等距线的结果用临时线颜色显示出来。

(6)系统询问要否,单击〈是(Y)〉,即完成 L_2。

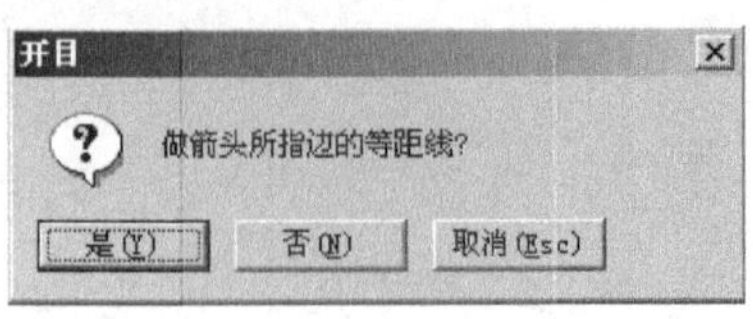

图 6.108

图 6.109

在作等距线时要注意组成等距线的原始图即 L_1 一定要是依次首尾相接的一组图线,否则等距线不能做出。原始图形可以不封闭,但不能有分支。

7. 拷贝

"拷贝"是将图形从一张图纸复制到另外一张图纸上,其比例随当前图纸进行相应变化,此功能通常用来由零件图画装配图时使用。其具体操作是:先将需拷贝的图形选中,然后点右键菜单里的〈拷贝〉或图标,屏幕上出现"手指"光标,移动"手指"到图形上的某点,单击鼠标左键,确定定位基点。然后再打开另一张图,点图标,图形就与光标粘在一起,随光标移动,比例随当前图纸进行了相应变化,将光标移动到插入点,点左键确定,则图形拷贝过来,完成后点右键菜单中的〈重选〉结束操作。

8. 改线型、线宽、颜色

"改线型"、"改线宽"、"改颜色"是用来改变组中图素的线型、线宽、颜色。用"增"中的一种方式将需改线型的图素选中,单击主菜单中的〈编辑〉下拉菜单中的〈改线型〉(或〈改线宽〉、〈改颜色〉选项,以"改线型"为例),即出现图 6.110 所示的菜单,在所需线型上用鼠标点一下即可,也可按【Ctrl】+【F8】同样出现图 6.110 所示的菜单。这里介绍的改线型是将很多图素同时修改。如果仅有一个图素,比如一条线或一段弧或圆,可以先上线再按【Ctrl】+【F8】达到修改的目的,不必进入"组"中来修改。

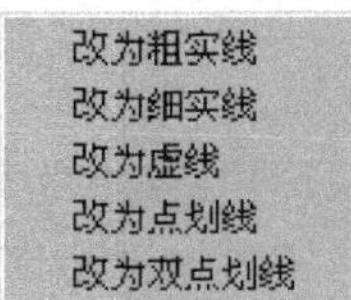

图 6.110

9. 改线性质

"改线性质"是用来修改线的性质为表格线或非表格线。该功能主要是为表格填写作准备的。"表格填写"只能在由表格线组成的区域中填写。对于用绘图工具画好的表格,组成它的线是非表格线,要用"改线性质"将其变为表格线以后才能用"表格填写"往里写字。对于从系统中调出的表格,组成它的线全部自动设置为表格线,不必"改线性质",可以直接往里填写汉字。

在开目 CAPP 中将线分为表格线与非表格线,当需把非表格线变为表格线时,先用"增"中的一种方式将需变元素选中,单击主菜单〈编辑〉中的〈改线性质〉,出现图 6.111 所示菜单,单击〈改为表格线〉即可。

图 6.111

10. 计算

在图组操作状态下,还可对图形的线长度和、面积、形心位置坐标、板件重量进行计算。

“线长度和”是计算所选组中元素的长度之和。方法是先用“增”中的一种方式将需计算的元素选中，单击主菜单〈编辑〉下拉菜单中的〈计算〉选项，出现图 6.112 所示子菜单，单击〈线长度和〉，系统将计算的元素的总长度显示出来。

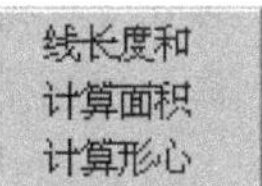

图 6.112

“计算面积”是用来计算所选封闭图形的面积，封闭图形的选择一定要用图 6.88 中的封即封闭图形来选择。需计算面积的图形应为单块区域(即只有一个外轮廓线)，内部可有多个孔。方法是选好封闭图形后，单击主菜单〈编辑〉下拉菜单中的〈计算〉选项，出现图 6.112 所示子菜单，单击〈计算面积〉选项，系统即将所选封闭图形的面积计算并显示出来。

“计算形心”用来计算所选封闭图形的形心，图形的形心的坐标值在屏幕上给出，方法是选好封闭图形后单击主菜单〈编辑〉下拉菜单中的〈计算〉选项，出现图 6.112 所示子菜单，单击〈计算形心〉选项即可。

11. 改尺寸字体、字高、字宽

用这种办法可将组选尺寸的字体、字高、字宽一次性进行修改。其具体操作是：用组将目标选中，与这些目标相关联的尺寸同时也被选中，然后单击〈编辑〉菜单中改字体、改字高、改字宽，可修改这些尺寸的字体、字高、字宽。

其中改尺寸字体，是先在尺寸设置栏中将需要的字体设置好，再用组操作进行尺寸字体的修改。例如：要将图中的所有尺寸字体改为“宋体”，就需要先在“尺”状态的设置工程栏中，将字体设置为“宋体”，然后再到“组”状态下将图选中，点〈编辑〉菜单中的〈改尺寸字体〉→〈宋体〉即可。

12. 图组操作应用举例

例 6.1　将图 6.113(a)、(b)中阶梯孔复制一个，两孔距离 30 mm，结果如图 6.113(c)所示。

解　(1) 用第 1 种入组方式，如图 6.113(a)，光标移动到 A 点按住鼠标左键，拖动光标到 B 点，松开鼠标左键(以下定义矩形框的方法与此相同)。对第 1 种入组方式，只要与框有交的线就入组，因此框的边界不要压到上下两条线。也可用第 2 种入组方式，见图 6.113(b)。对第 2 种入组方式，完全在框内的线才入组，因此框应包含所有要移动的线。

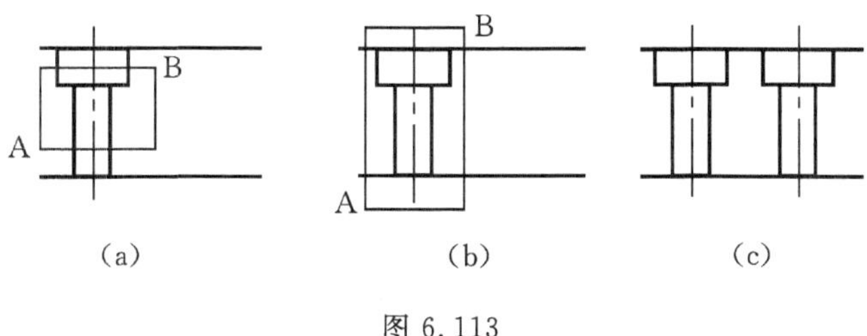

(a)　(b)　(c)

图 6.113

(2)组中的线选好后单击右键菜单中的〈移动复制〉选项或单击主菜单〈编辑〉菜单中的〈移动复制〉选项，用鼠标左键给出基准点，再输入 30，按【→】，再按【Enter】或单击鼠标左键即可。

在此例中，不存在利用光标准确定位问题，仅仅是平移给定距离，因此在选择组移动方式时对基准点所在位置不一定要特别在意。

例 6.2 将图 6.114(a)中丝杠的螺纹部分加长 20 mm，全长相应加长，两端结构不变。

解 (1)用第 3 种入组方式(见图 6.114(a))，完全在框内的线入组，单端在框内的线在框内的一端入组(在此例中有五条线单端入组)，因此框应包含所有要移动的线。

(2) 组中的线选好后单击〈编辑〉菜单(或右键菜单)中的〈原图搬迁〉或〈伸展变形〉，用鼠标左键给出基准点，再输 20，按【→】，再按【Enter】或单击鼠标左键即可得到图 6.114(b)。

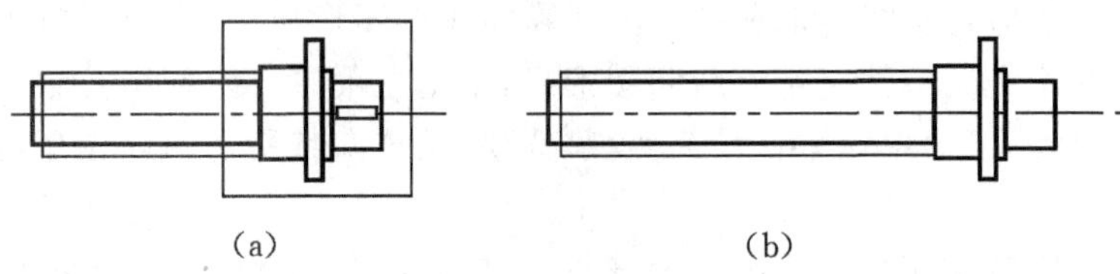

图 6.114

例 6.3 画法兰盘上均布的孔系(见图 6.115(b))，原为 8 孔均布，由于法兰盘被削去一块，有一个孔不能要。

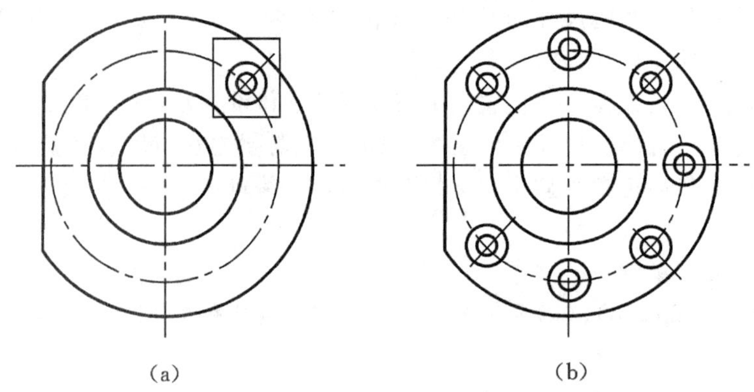

图 6.115

解 (1)见图 6.115(a)，在法兰盘上先画一组孔及中心线，选第 2 种入组方式，用图示方框圈定组中图线(两个圆和短点划线)。

(2) 单击鼠标右键菜单中〈阵列〉选项中的〈圆周均布〉选项，或点击主菜单中的〈编辑〉下拉菜单中的〈圆周均布〉选项。

(3) 将光标移动到图 6.115(a)所示圆心单击鼠标左键或按【Enter】(这一步很重要，因为圆周均布是以光标所在点进行的)。

(4) 系统提问是否全要，单击〈否(N)〉按钮或按【N】，然后系统将逐个提问是否要，根据实际情况选择【Y】或【N】即可。

例 6.4 从图 6.116(a)所示装配图中拆画衬套的零件图。

解 (1)选第 9 种入组方式作矩形框圈定入组图素，如图 6.116(a)所示，框内的线入组，与框有交的图线向内收缩至交点，点划线向内收缩后又向外伸出一小段。

(2) 单击鼠标右键菜单中的〈拾取〉选项，或点击主菜单中的〈编辑〉下拉菜单中的〈拾取〉

选项。

(3) 出现提问是否删去非组中图线，单击〈是(Y)〉或按【Y】，非组中图线被删除，如图 6.116(b)所示图形。

(4) 选第 2 种入组方式作矩形框见图 6.116(b)，框内的图线入组，单击右键菜单中的〈擦除〉，或单击主菜单中的〈编辑〉下拉菜单中的〈擦除〉，即可得到零件图——衬套，如图 6.116(c)所示。

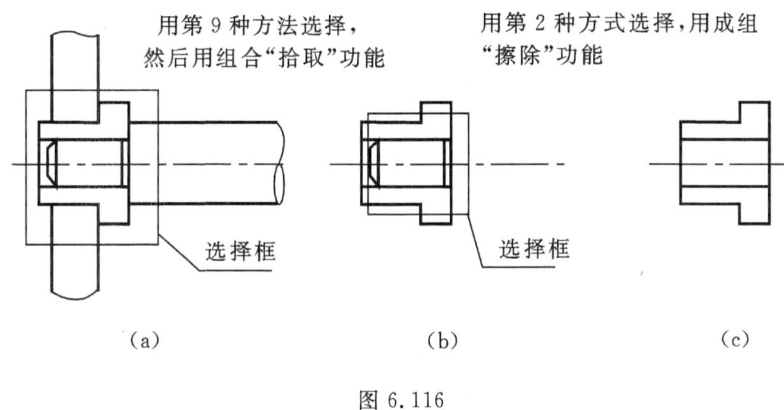

图 6.116

例 6.5　调整图 6.117(a)中箱体上两组孔系的位置至如图 6.117(b)所示。

解　(1)选第 1 种入组方式，用(a)图所示矩形框圈定两中心线入组。

(2) 单击鼠标右键菜单中的〈伸展变形〉，或单击主菜单〈编辑〉菜单中的〈伸展变形〉。

(3)移动光标到十字线中心，单击左键确定粘着点。

(4)移动光标到所需位置，单击左键定位。

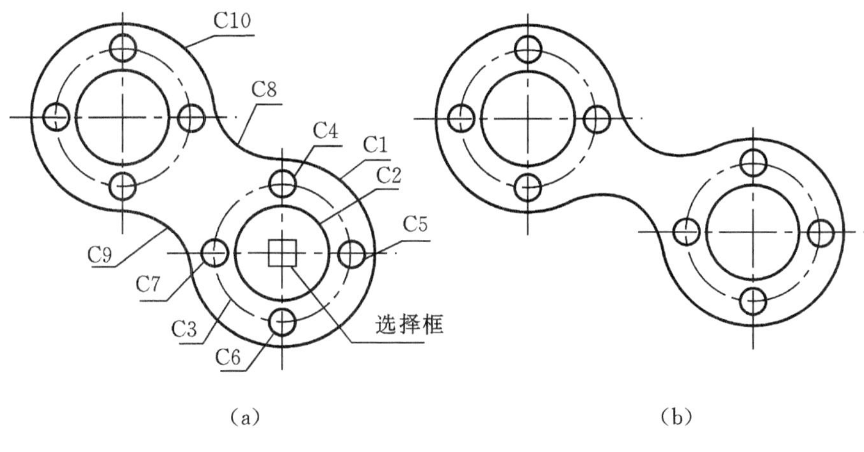

图 6.117

由于选择了"伸展变形"移动方式，与十字中心线相关联的图线发生相应的变化：

(1)大圆弧 C1、内孔 C2 和点划线圆 C3 的圆心在十字中心线交点上，因而跟随十字中心线一起移动。

(2)四个小孔圆 C4、C5、C6、C7 的圆心在点划直线和点划线圆的交点上，也随之移动。

(3)两公切圆弧 C8 和 C9 保持与 C1 和 C10 圆弧的相切关系，重新确定圆心位置。

例 6.6 改变图 6.118(a)中梯形的高度，上下底宽度不变。

解 选第 3 种入组方式，用图 6.118(a)所示矩形框选择组中图线，其中两条斜边为单端入组。单击右键菜单中的〈伸展变形〉，或点击主菜单〈编辑〉菜单中的〈伸展变形〉，光标上移，带动组中图线上移，由于选用了"伸展变形"选项，圆弧将重新生成，最后单击鼠标左键定位。

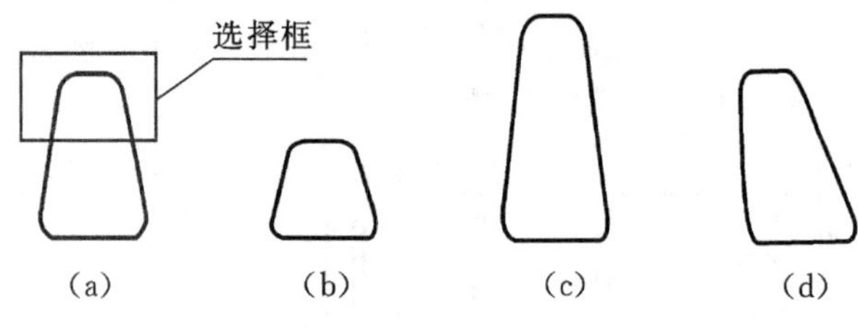

图 6.118

此类图形的拉伸规则如图 6.118(b)～(d)所示：拉伸时保持上下底恢复为尖角后的宽度不变，上下圆弧的半径不变，并保持与两边的相切关系，但弧长会有变化。

例 6.7 以图 6.119 说明"伸展变形"与"原图搬迁"选项的区别。

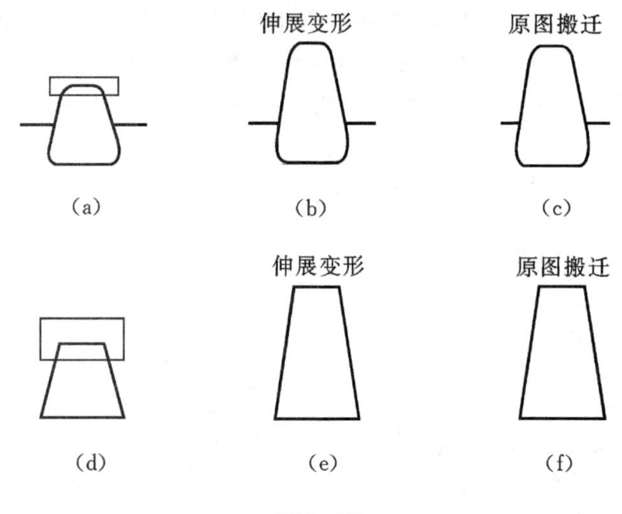

图 6.119

解 在图 6.119(a)中选第 3 种入组方式，用图示矩形框选择入组图线向上拉，如采用了"伸展变形"选项，得到图 6.119(b)所示结果(相切性质得以保持，上下底宽度不变，两侧水平线被自动缩短以保证端点在斜线上)；如采用"原图搬迁"选项，得到图 6.119(c)所示结果(在四个点上相切关系被破坏，上下底仅仅是直线端点间距离不变，两侧水平线端点在斜线上的条件被破坏)。

在图 6.119(d)中选第 3 种入组方式，用图示矩形框圈定入组图线向上拉，如采用了"伸展变形"选项，得到图(e)所示结果；不用"伸展变形"选项而用"原图搬迁"选项，得到图(f)所示结果。这种情况下没有需要连带变形的图线，因此结果一致。同样道理，在例 6.2 中可用"伸展变形"，也可用"原图搬迁"来完成。实际使用中可用"原图搬迁"完成的应尽量用"原图搬迁"。

例 6.8　利用不同的入组方式作“原图搬迁”和“伸展变形”，所得结果如图 6.120 所示。

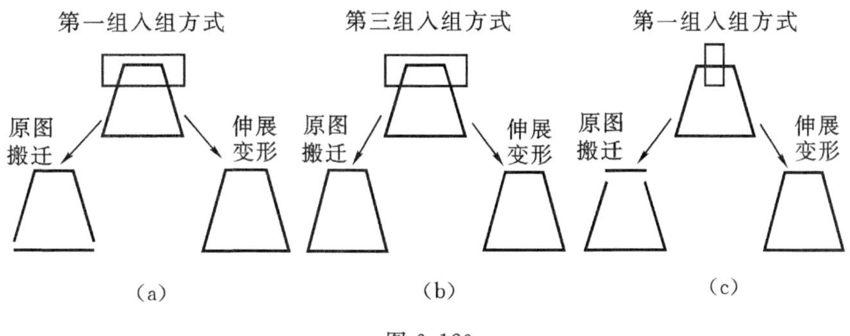

图 6.120

6.2.4　图库操作

开目 CAPP 中提供了零件结构库、滚动轴承库、紧固件库、子图库、夹具符号库、表格库，其选择全部采用图形菜单方式，用户可将库中的图形调出，修改比例后复制到正在画的图形中。选择菜单项〈图库〉，该菜单如图 6.121 所示。

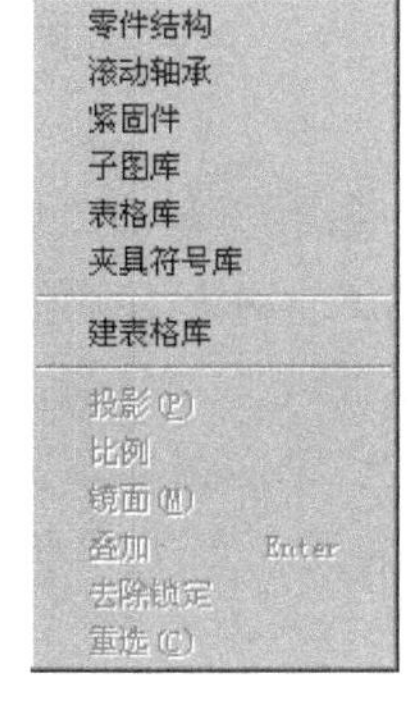

图 6.121

1. 零件结构库

零件结构库中包括通孔、盲孔、阶梯孔、螺纹孔、键槽等机械设计中常用的结构。单击图 6.121 中的〈零件结构〉，出现图 6.122 所示的结构库，可用水平或垂直滚动条来查看所有结构形式。被选中的结构的图标和文字以加亮色显示，如图 6.122，柱形通孔被选中。

选中某种结构之后，单击〈下一步〉按钮或直接双击该图标，出现图 6.123 所示对话框，输入所选结构的参数和螺纹标准。如果所选结构不满意，想改选另一种结构，单击〈上一步〉按钮，回到图 6.122 对话框，重新选择结构形式。

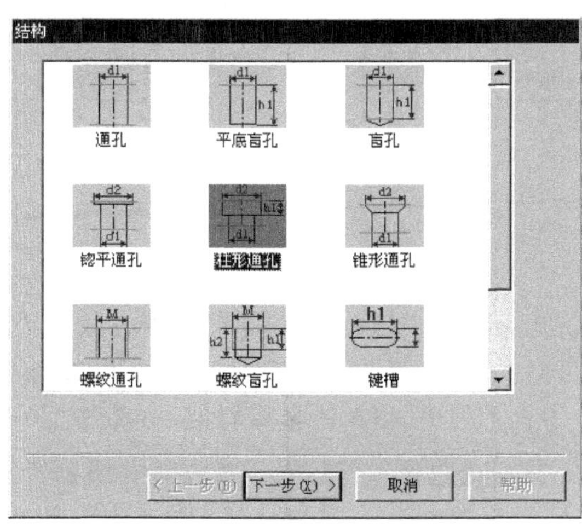

图 6.122

结构参数可直接在对应的编辑框中输入，螺纹直径通过右边的上下按钮选择。螺纹装配精度、螺钉形式、沉孔结构和垫圈形式，均可通过单击右边的按钮选择。

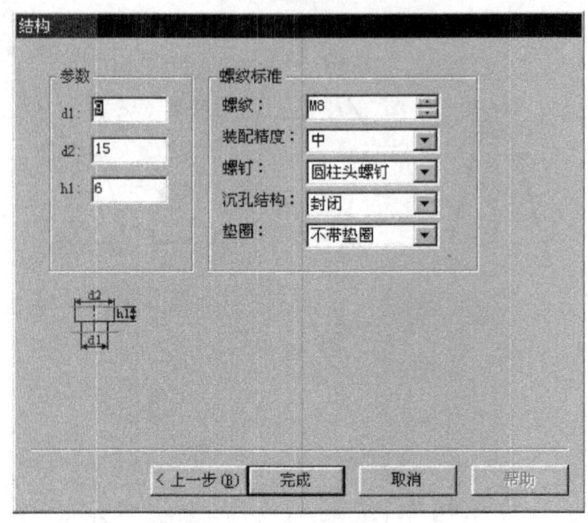

图 6.123

参数全部确定后，单击〈完成〉按钮，对应参数大小的所选结构的图形就与光标粘在一起，如图 6.124 所示，随光标一起移动，在中心线的两端点和别的线未相交的端点上有一小圆圈，表示此线为不定长度线，该端可自动延长至与别的元素相交。如图 6.124(a)，将光标上线到 L1 上，单击鼠标左键或回车，结构孔小端自动延长到与 L2 相交，得到如图 6.124(b)所示的结构；如图 6.124(c)所示位置，单击鼠标左键或按回车键，则两端都延伸到与 L1 和 L2 相交，如图 6.124(d)所示。

这组图形与光标“粘连”，可随光标一起移动、转动、导航、对齐，到合适位置后，按【Enter】键，不定长线自动画线到与别的元素相交，当没有元素在其延长线上与之相交时，则保持原有长度，所需结构即画好。

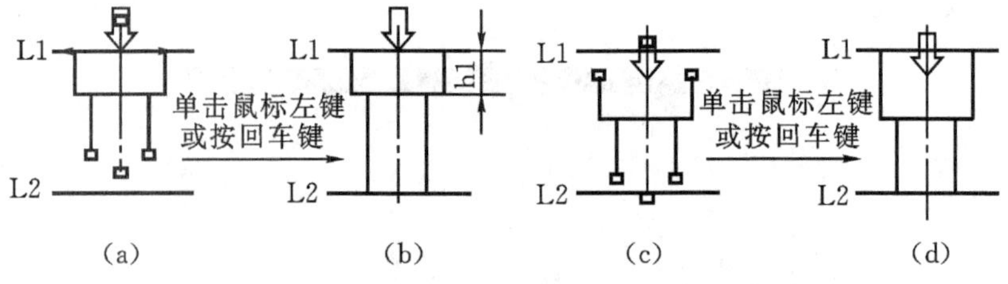

图 6.124

在本例中，参数 h1 是沉孔深度。如按【Enter】键之前，光标在线上，如图 6.124(a)所示，则 h 数 1 值可以保证。如果希望孔再深一些或浅一些，先调整光标位置，再按【Enter】键，如图 6.124(c)所示。

如需画该结构的另一方向的投影，可单击鼠标右键，出现图 6.125 所示菜单，点〈投影〉选项，此时出现该结构的另一方向的投影 ⊕，且光标被锁定在当前方向上，单击鼠标左键或按【Enter】即可。如要去除锁定，则单击图 6.125 中的〈去除锁定〉，则该投影可在任意位置放置，不再锁定在该投影方向。

菜单中的〈比例〉可改变所调用标准件的比例，在确定之前单击鼠标右键，点〈比例〉选项，出现图 6.126 所示对话框，在编辑框中输入比例值，单击〈确定〉按钮，粘在光标上的图形即根据比例值缩放图形。

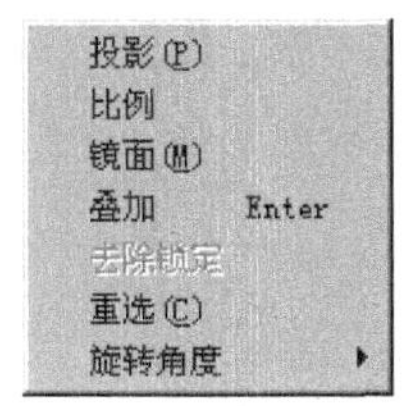

图 6.125

图 6.126

菜单中的〈镜面〉可以将粘在光标上的图形进行以光标方向为对称轴的镜面操作，〈叠加〉的功能同单击鼠标左键和【Enter】键的功能一样。

菜单中的〈重选〉将粘在光标上图形清掉，重新进入选择状态。

注意：当有图库图形与光标粘在一起时，为了避免误操作，在垂直工具条里所有按钮均被屏蔽，变成灰色而不能用，这是正常现象，需点〈重选〉后，方能重新恢复。

菜单中的〈旋转角度〉用于图库图形与光标一起旋转，也可用方向旋转键来转动，如【D】、【T】等。

2. 滚动轴承库

滚动轴承库中包含冶金工业出版社出版的《机械零件设计手册》中全部滚动轴承的图样。单击图 6.121 中的〈滚动轴承〉，出现图 6.127 所示的对话框，用来选择轴承类型。用鼠标单击欲采用的轴承类型后，单击〈下一步〉按钮或直接双击该图标，出现图 6.128 所示的参数修改框，用来选择轴承尺寸系列和轻重、宽窄系列，如果所选轴承型号不对，可单击图 6.128 中〈上一步〉按钮返回到图 6.127 所示对话框，重新选择轴承类型。

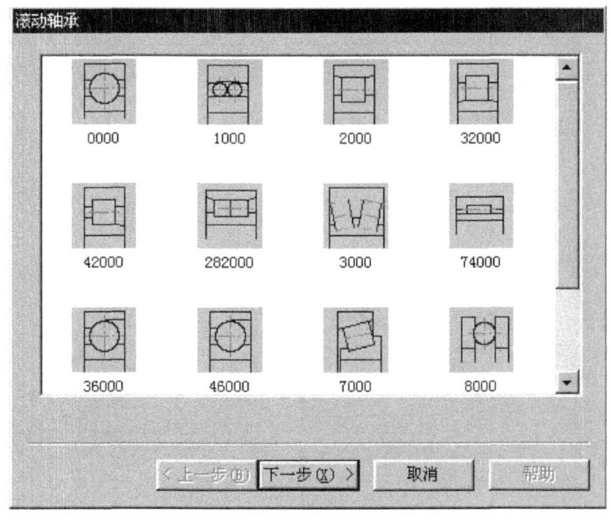

图 6.127

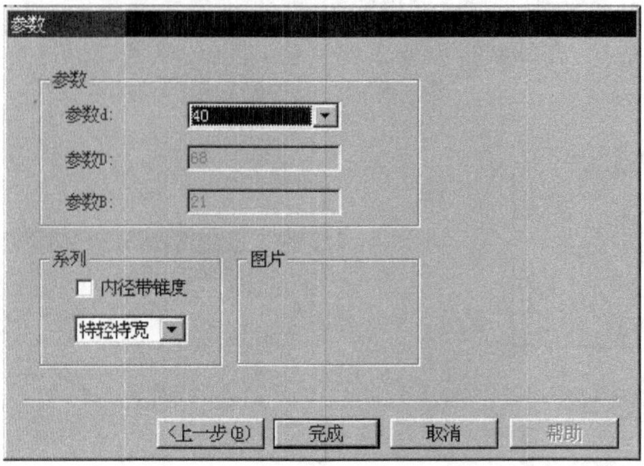

参数

参数

参数d: 40

参数D: 68

参数B: 21

系列

内径带锥度

特轻特宽

图片

<上一步(B)　完成　取消　帮助

图 6.128

在图 6.128 中,参数框中的参数 d 通过按右方的按钮来选择大小,d 的值是根据国标系列来递增或递减的,参数 D 和参数 B 是不能随意改的,这两参数值随 d 值自动确定。

内径是否带锥度可由“内径带锥度”选择框确定。当该按钮为灰色时,表示不允许用户选择。轴承系列可在特轻、轻窄、中窄、重窄中选择。最后单击“确定”按钮,则所选系列轴承与光标粘在一起,到合适的位置单击鼠标左键确定。其右键菜单包括所有图库的右键菜单与“零件结构库”的右键菜单基本相同,操作方式也统一,只是某些选项视具体图库不同而成灰色无效。比如“投影”项,轴承库不带有投影,则该项无效。

3. 紧固件库

单击图 6.121 中的〈紧固件〉,出现图 6.129 所示的对话框,选择装配联接件组的形式,如螺栓联接、螺钉联接、螺柱联接等。以下以螺栓加螺母紧固形式为例来说明该图库调用的整个操作过程。

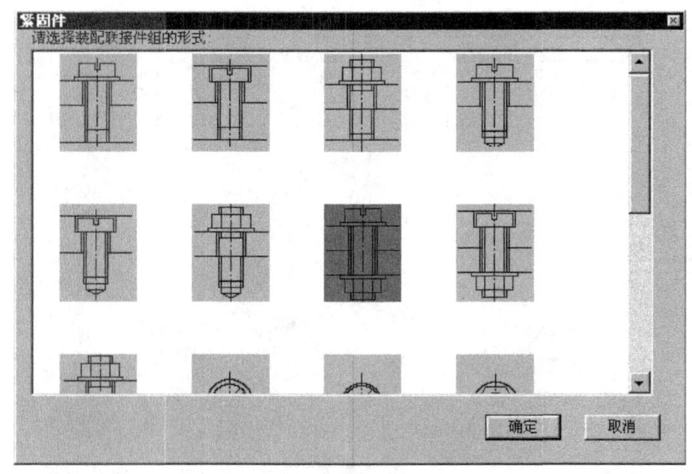

图 6.129

(1)单击〈紧固件〉菜单,出现图 6.129,选择联接形式。

(2)单击螺栓加螺母紧固形式,此图片颜色加深再单击〈下一步〉按钮。

(3)出现图 6.130 螺钉形式,选择螺钉头形式,有圆柱头、沉头、内六角头、半圆头、外六角头等,将光标移至圆柱头螺钉上单击鼠标左键,单击〈下一步〉按钮或直接双击该图标。

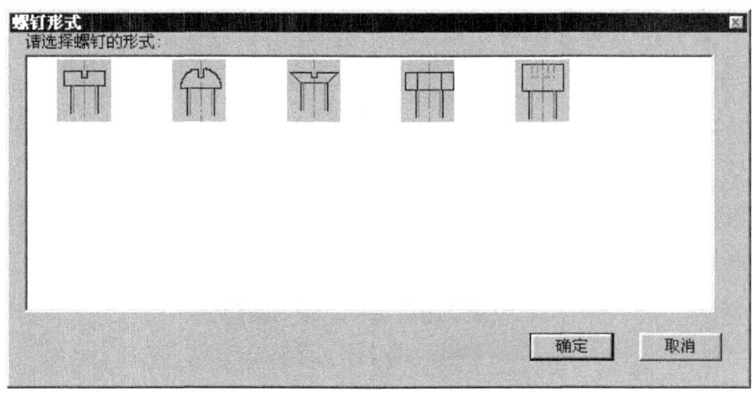

图 6.130

(4)出现图 6.131 垫圈形式,选择螺钉垫圈形式,有平垫圈、弹簧垫圈等,单击平垫圈形式,单击〈下一步〉按钮或直接双击该图标。

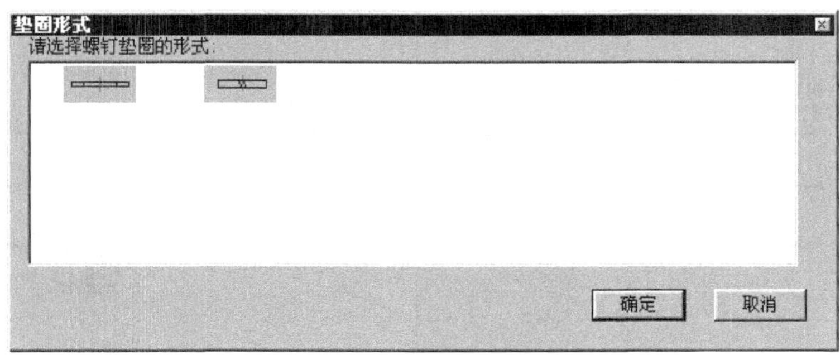

图 6.131

(5)在图 6.131 中,再选择螺母的垫圈形式,同方法(4)。

(6)出现图 6.132 螺母形式,选择螺母形式,单击六角螺母,单击〈下一步〉按钮或直接双击该图标。

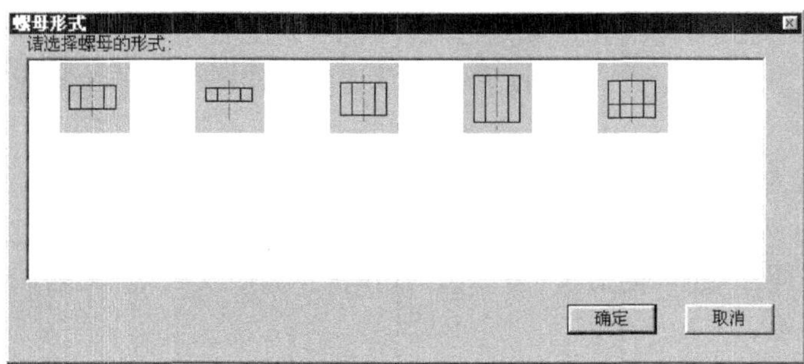

图 6.132

(7)出现图 6.133 对话框，选择螺纹直径，单击右方的小按钮可选择螺纹直径，螺纹直径按国标递增或递减，将螺纹直径选为 M10，单击〈完成〉按钮，此时所选联接组件与光标粘在一起，粘连点在螺钉的垫圈下(见图 6.134(a))。用转动操作将光标顺旋 90°，移动光标带动紧固件组到适当位置(可将光标上线，见图 6.134(b))，单击鼠标左键或按【Enter】，则螺钉头定位(见图 6.134(c))，光标自动跳至螺母垫圈上，且光标方向被锁定(光标在点划线上且带箭头)，以后光标移动时不会离开当前方向。光标再移动时，螺钉头部分不再随之移动，只有螺母部分随之移动，螺钉长度自动被拉长或缩短，并自动调整到标准长度上。拖动螺母至适当位置(在本例中应上线，见图 6.134(d))，单击鼠标左键或按【Enter】，确定好位置，整个紧固件组画好。若单击鼠标右键再点图 6.125 中的〈投影〉选项，即会得到俯视图的投影，且被自动锁定在投影方向上，选好位置后，单击鼠标左键或按【Enter】即完成。

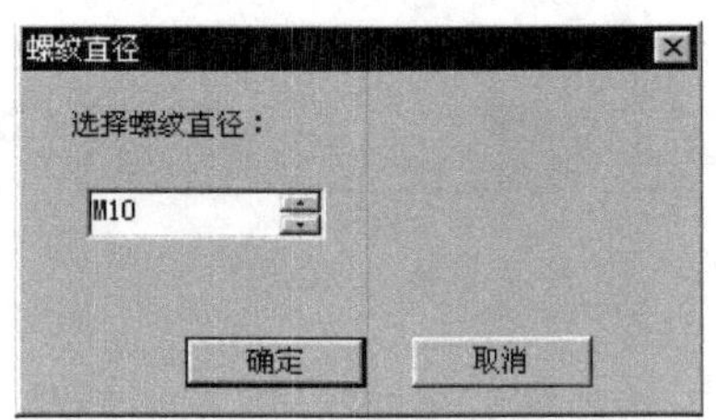

图 6.133

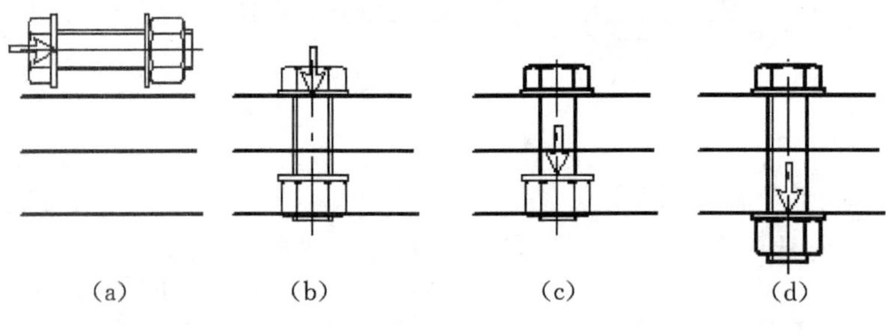

图 6.134

注意：若只需螺钉头，则在确定螺钉头位置后(如图 6.134(c)所示)，单击鼠标右键，单击图 6.125 菜单的〈重选〉即可。

对螺钉直接旋入零件的紧固方式，螺钉头定位后，光标自动跳至螺钉上距螺钉尾部等于标准旋入深度的位置上，以便用上线方法安装螺钉时，旋入深度恰好合适。对于螺钉直接旋入零件的紧固方式，且零件上的螺纹孔为螺纹通孔的情形，系统将提问是否钻螺纹通孔。

图 6.125 菜单中的投影、比例、镜面、叠加、重选的操作同前面的结构库操作。

4. 子图库

开目 CAPP 已为用户建立了内容丰富的子图库，单击图 6.121 中的〈子图库〉，弹出图 6.135 所示的对话框，系统默认子图库目录为 Sub 目录，双击〈Back〉退回到上一级目录，可打开其他子图库目录。此外，还可能通过“当前盘”选择盘符，在“文件名”处输入正确的路径和文件名来打开所需的子图。

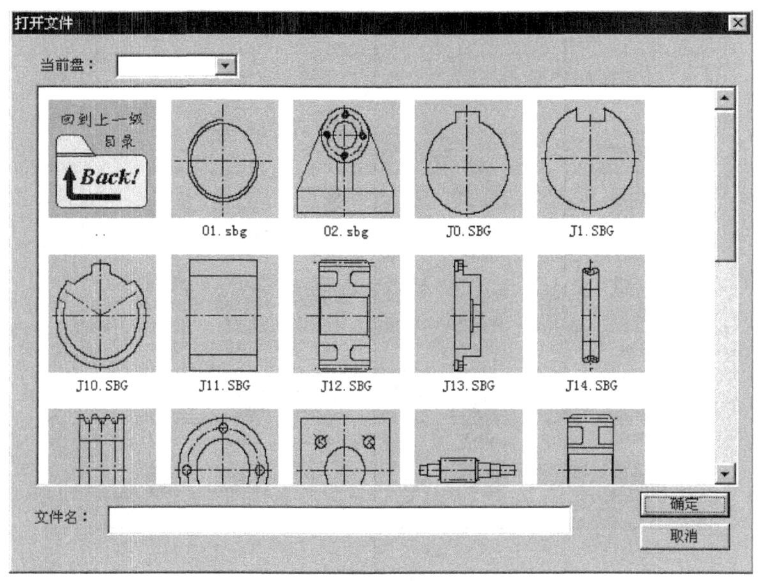

图 6.135

开目 CAPP 的子图库具有参数化设计功能，从子图库中调出图形后，屏幕上会出现图并会弹出如图 6.136 所示的对话框。若需要尺寸驱动，单击〈是〉按钮，屏幕会弹出尺寸驱动对话框，如图 6.137 所示，单击每一尺寸，在图形中相应的尺寸变红，这时直接输入尺寸数值，在所有尺寸数值输入完后，单击〈驱动〉按钮，图形的大小会根据所输入尺寸变化，得到所需的结果。

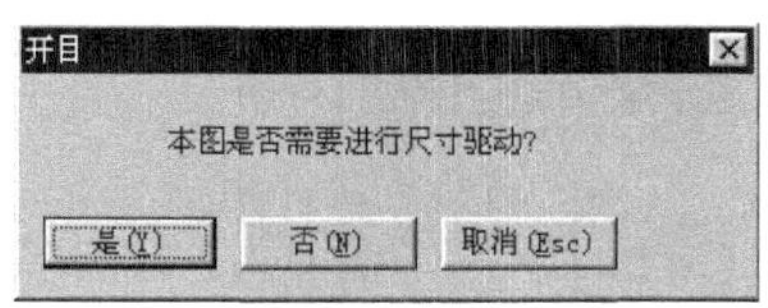

图 6.136

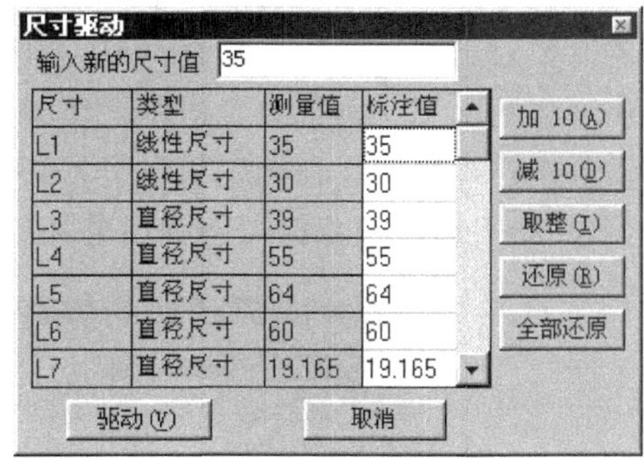

6.137

5. 夹具符号库

开目 CAPP 已为用户建了一个夹具符号库，主要用于工艺简图上定位夹紧符号的绘制。点图 6.121 所示菜单中的〈夹具符号库〉，屏幕上将显示出如图 6.138 所示的一个图形菜单。用户可用鼠标选择相应符号，单击〈确定〉或直接双击该图标，修改比例后复制到正在画的图中。夹具符号的选择也可通过在图形菜单上部的“定位夹紧文件名”中直接输入夹具符号的文件名及正确路径。

夹具符号调出后粘连在光标上，可以用【Alt】+【>】、【Alt】+【<】改变其大小，通过光标上线来定位。

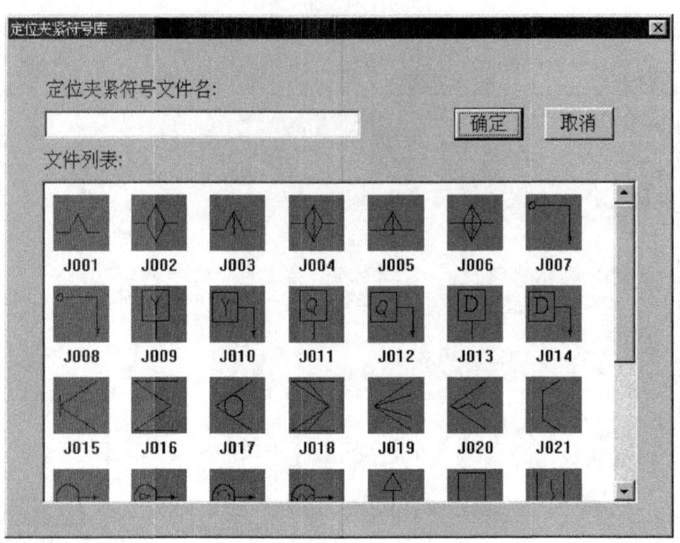

图 6.138

夹具符号可由用户自己建立，存放到夹具符号库中。操作方法为：绘制夹具符号后，用〈组〉选中，然后选择右键菜单中的〈添加到符号库〉，选择基准点，在弹出的对话框中，选择 CAPP 目录下的“JIA_JU”目录，指定文件名即可(扩展名为 slg)。

6. 表格库

开目 CAPP 系统中带有许多表格，这些表格都是通过 CAPP 中的绘图工具绘制成表格，然后用建表格库工具存进表格库中。系统默认表格库目录为 Table，表格文件扩展名为 cha。

若需要对已有表格进行修改，可从表格库中调出表格，单击图 6.121 所示菜单中的〈表格库〉，出现如图 6.139 所示的表格库。在表格库的左边，列出了系统已有的表格，可通过其右边的滚动条来选择表格。表格库的右边，为表格的预览窗口，在此窗口中可以放大、缩小显示表格，这些功能可通过按鼠标右键弹出的菜单来实现，菜单形式如图 6.140 所示。

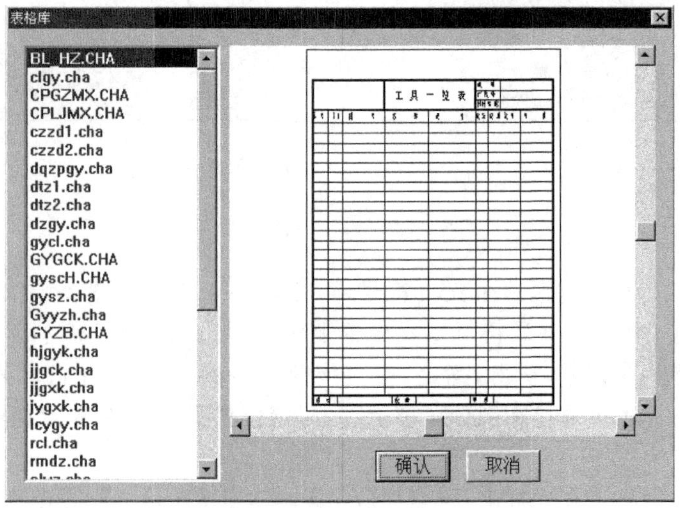

图 6.139

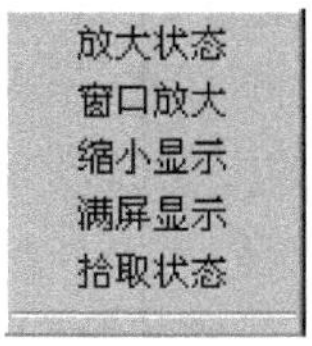

放大状态
窗口放大
缩小显示
满屏显示
拾取状态

图 6.140

7. 建表格库

对于经常用到的表格，如标题栏，工艺表格等，开目 CAPP 允许将其放在图库中调用。建表格库的过程是：

(1)首先按所需表格的格式绘制成表格。

注：表格一定要画外图框(即细实线框)。

(2)表格绘制好了以后，要用〈组〉编辑里〈改线性质〉将所绘表格的所有线改为表格线。

(3)填写完表格内容。

(4)点图 6.121 中的〈建表格库〉，“系统信息区”会有提示：“左键指定标记点”，将光标“⇨”放在表格的某特殊点(一般为角点)，单击鼠标左键或按【Enter】，即定义了此标记点为调图库的基准点，调图库时，光标与该表格在该点“粘连”在一起移动。

8. 建子图库

子图库是一个开放的图库，用户可以很方便地往里添加，如将厂标、部标或典型零件建到图库中，以后可方便地调用。

子图的建库方法：欲将图 6.141 的图形建在“子图库”中，其过程是首先将该图形画好，并标注尺寸，图中 AB(EF)与 CD(GH)如果有尺寸，应像 BC(FG)一样标一线性尺寸，如果没有确定的尺寸值，则可不标注尺寸，在建库时将该线定义为“不定长度线”即可。

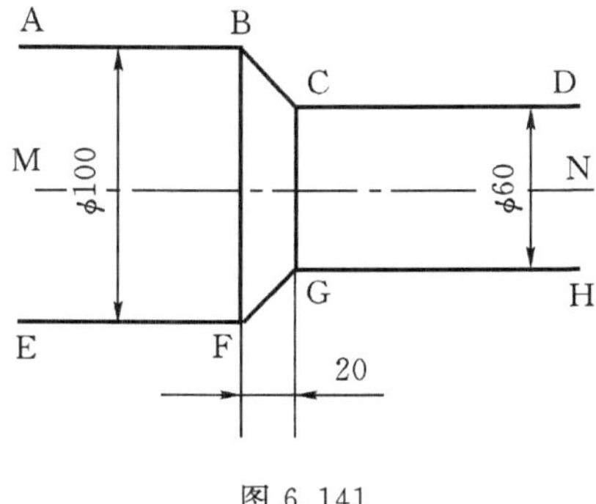

图 6.141

对于在调用时需进行尺寸驱动的图形，在建库前应作尺寸分析，看尺寸标注是否正确，并且用一组可能的尺寸值进行尺寸驱动。能驱动成功的图，在调用时才能进行“尺寸驱动”，对于在调用时不需进行尺寸驱动的图形，也可不进行尺寸分析、尺寸驱动。

单击〈图库〉菜单中的〈建子图库〉，会弹出如图 6.142 所示的子菜单，第一项“定义不定长线”即用来定义那些长度不确定(在调用时根据实际情况来确定)的线。定义的方法很简单，单击〈定义不定长线〉，将光标移到线的端点，单击鼠标左键或按回车即可，这时在该端点上就有一个闪动的小红点。在图 6.141 中，将光标上到 A 点，单击鼠标左键或按回车即可，用相同的方法定义 M 点、E 点、D 点、N 点和 H 点，那么在 A、M、E、D、N、H 等处就有一小红点闪动，表明这些点在调用时可顺着该点所在直线的方向自动延伸到其最近的图素与之相交。如果图形中没有长度不确定的线，这一步操作可省略。

单击图 6.142 中的〈入库〉，在屏幕左下角的“信息提示区”有“左键指定标记点”的信息提示，图形入库之前都必须定义一个标记点，也就是图形调用时的定位基准点。一般来说该点应该是一特殊点，如圆心、交点等，对于需驱动的子图，标记点最好是尺寸分析基准的交点，定义的方法是将光标移到特殊点上，单击左键或回车即可。定义标记点后，弹出“另存为”的对话框，选定所需的目录，输入文件名(不需要扩展名，所建子图的扩展名均为 sbg)，单击〈保存〉或按【Enter】即完成该图形的建库。

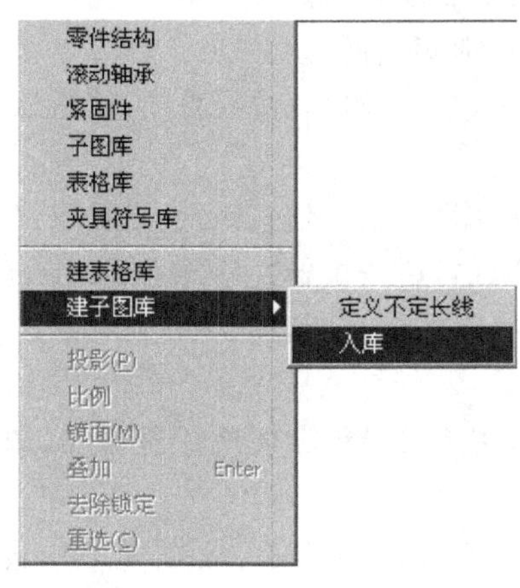

图 6.142

6.2.5 插入对象

1. 插入图形、图像

在工艺简图的绘制中可以插入图像文件和其他软件绘制的图形，可插入的图像格式有：bmp、jpg、tiff、pcx 等，可插入的图形格式有：kmg、dwg、igs、cha(开目表格文件)。对象插入后，其比例大小等属性可以修改，而且还可动态链接相应的应用软件进行编辑，也就是说，在不退出开目 CAPP 环境的情况下，就可打开相应的应用软件编辑对象。

1) 插入

插入图像或图形时，可选择菜单〈对象〉中的〈插入图像〉或〈插入图形〉命令，屏幕会弹出打开文件对话框，在对话框中可以选择文件类型，指定文件所在路径，即可将对象插入工艺卡片中。

2) 编辑

CAPP 中可复制、剪切、删除、编辑对象，还能修改对象的大小比例。上述操作均要在绘图的黄光标状态下进行，对象插入后，用黄光标在对象上单击，在对象的四周会产生一个矩形框，光标在对象区域内也变为“✥”状，此时为对象编辑状态，单击鼠标右键后屏幕会弹出如图 6.143 所示菜单。

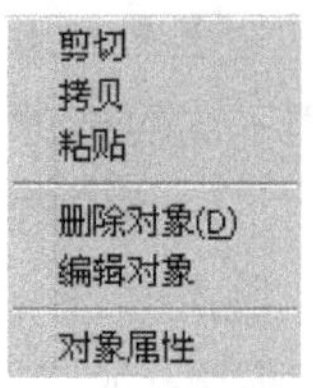

图 6.143

(1)剪切、拷贝、粘贴对象。对图象的剪切、拷贝、粘贴可通过图 6.143 中的〈剪切〉、〈拷贝〉、〈粘贴〉来完成。

(2)删除对象。删除对象可在对象编辑状态下,选中一对象,用鼠标右键菜单的〈删除对象〉完成。

(3)编辑对象。选中对象后在鼠标右键菜单中选择〈编辑对象〉或双击对象可调用对象的相应的应用程序来编辑对象。对象的插入是动态链接的,所以对像被修改实际上是被插入的图像或图形被修改。

(4) 对象属性。鼠标右键菜单中的〈对象属性〉中有文件名、缩放比例、尺寸显示系数、图形四周调整距离等属性。

文件名:包括插入对象的路径及文件名,在这里可以通过更改对象的文件名和路径来更换插入的对象。

缩放比例:插入对象占的矩形区域太大或太小,可以通过缩放比例来调整对象至合适的大小,此缩放比例是相对于当前图的大小而言的。

尺寸显示系数:有时插入的图形中尺寸字体的太小,打印不出来,可以通过该项将尺寸放大。

图形四周调整距离:有的时候插入对象实际占的矩形区域比矩形框大,矩形框的产生是按线圆求边界,尺寸可以标注在线圆外,所以有时会出现尺寸超出矩形框的情况。调整四边大小主要是为了通过改变图形距四周的距离将尺寸也能包进矩形框中,在移动或修改对象后显示刷新时屏幕上不会保留原图象的痕迹。

2. 插入 OLE 对象

在工艺简图的绘制中还可插入 OLE 对象,对象包括 AutoCAD 绘制的图形、Word、Excel 文件,BMP、JPG、TIFF、PCX 格式的图像等。不仅可以新建对象,还可以插入已有的对象,并对其进行编辑。插入已有的 OLE 对象,能自动嵌入到表格中的工艺简图区。

1)定义工艺简图区

在表格定义中定义 OLE 对象存放的区域为“工艺简图区”,如果有多个区域,可定义为“工艺简图区 1”、“工艺简图区 2”等。

2)插入 OLE 对象

下面以插入 DWG 图形为例说明具体操作过程。

点击图 6.144 所示的〈对象〉菜单中的〈插入 OLE 对象〉,出现“插入对象”对话框,如图 6.145所示。

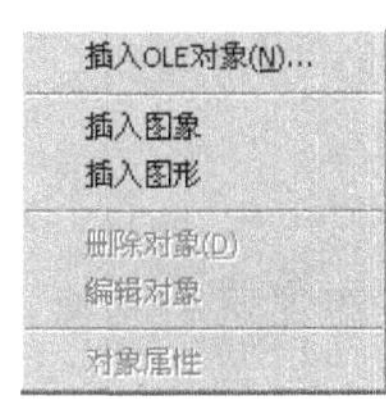

图 6.144

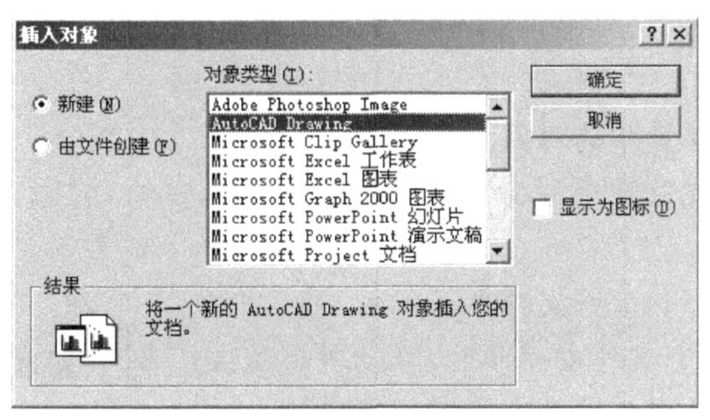

图 6.145

(1) 插入新建的 DWG 文件。选择〈新建〉,选择〈AutoCAD Drawing〉,点〈确定〉后,编辑界面变成了 AutoCAD 软件的编辑界面。绘制好图形后,退出 AutoCAD 软件编辑界面,回到开目 CAPP 的编辑界面,显示出绘制的 DWG 图形。注意:对于新建的 OLE 对象,不能自动嵌入到工艺简图区。

(2) 插入已有的 DWG 文件。选择〈由文件创建〉,通过〈浏览〉选择一个已存在的 DWG 文件,如图 6.146 所示,点〈确定〉后,OLE 对象自动嵌入到工艺简图区的中心位置,图形会自动缩小(如果图形区域较大)。如果有多个工艺简图区,插入 OLE 对象时按定义的先后次序嵌入简图区。如果所有简图区均插入了 OLE 对象,再插入 OLE 对象时,就不会自动定位和缩放了。

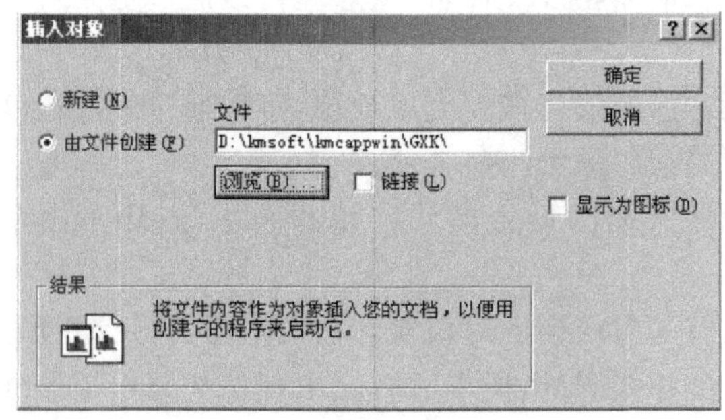

图 6.146

3. 编辑 OLE 对象

用黄光标选中对象,选择〈对象〉菜单中的〈编辑对象〉,进入相应的软件编辑界面。修改完成后,退出软件编辑界面,回到 CAPP 的编辑界面,对象显示出修改后的内容。

4. 剪切、拷贝、粘贴对象

用黄光标选中对象后,点击右键,弹出如图 6.147 所示的右键菜单,可进行剪切、拷贝、粘贴对象。对象的操作不具有 UNDO、REDO 功能。

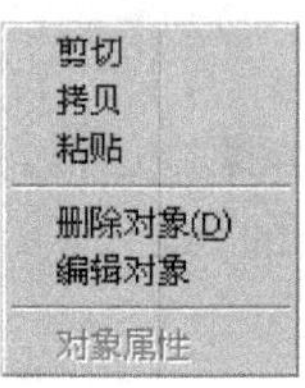

图 6.147

5. 删除选中的对象

用黄光标选中对象后,选择右键菜单中的〈删除对象〉或按下【DEL】键,可删除选中的对象。

注意:(1)工艺文件中插入的 OLE 对象,保存在工艺文件中;

(2)工艺文件中插入的 OLE 对象越大,CAPP 加载 OLE 对象的速度就会越慢。

6. 工艺参考图及工序简图的操作

工艺参考图指工艺文件中零件图页图形,即存放在工序卡“0”页面的图形,作为绘制工序简图的参考。

6.2.6　更换零件图页图形

当用户在参考以前编制好的工艺文件或应用标准、典型工艺文件时，工艺文件的零页面的图形可能并不是用户所需要的，希望更换为正在编制的零件的图形。此功能的实现方法为：切换到工序卡"0"页面，单击菜单〈工具〉→〈工艺图〉→〈更换零件图页〉，在弹出的对话框中选择〈是〉，选择某一图形，则零页面更换为选中的图形，并且标题栏信息会更换表头区的相关信息。可更换的图形文件包括 KMG、DWG、IGES 文件。

6.2.7　设置绘图比例

编制工艺时，往往需要参照工序卡"0"页面的图形绘制工序简图，将"0"页面的图形复制到工序卡中，一般情况下需要缩小以适应工序卡的绘图区域。如果重新标注尺寸，可能与零件图尺寸不符。现在通过改变绘图比例缩小图形，标注尺寸时能与零件图保持一致。

打开一张 KMG 图纸(绘图比例为 1∶2)编制工艺，切换到工序卡"0"页面，选择菜单〈工具〉→〈选项〉，在〈绘图比例〉选项卡中，可以看到绘制图形的比例，如图 6.148 所示。

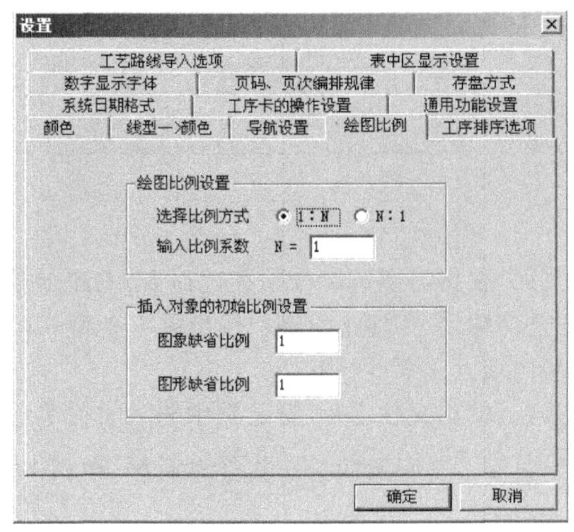

图 6.148

如果绘制工序简图时需要缩小，建议按以下步骤进行：

(1)改变绘图比例。

(2)从"0"页面提取外轮廓及加工面(或复制图形)，当询问是否复制尺寸时，选复制。

(3)调整尺寸。

注意：如果提取外轮廓后再改变绘图比例，则提取加工面时加工面不能准确定位在外轮廓上。

6.2.8　输出工序简图

有时用户需要将工艺卡片上的工序简图生成为 KMG 或 DWG 图形文件，以便于在其他应用软件中查看或修改。在开目 CAPP 中，可以将工序简图有选择性地输出，生成 DWG 文件或 KMG 文件。

在表格填写状态下，单击菜单〈工具〉下的〈输出工序简图〉，弹出如图 6.149 所示的对话框，在其中设置输出工序简图的页面和输出文件名称。

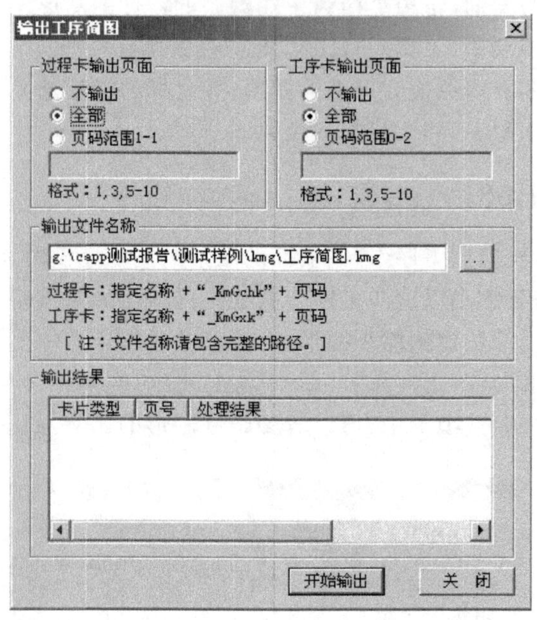

图 6.149

过程卡、工序卡输出页面：根据需要可以分别在过程卡、工序卡输出页面栏中选择输出页码范围。如过程卡页面要全部输出，工序卡页面只输出第 1、3、5～10 页，则过程卡输出页面选“全部”，工序卡在页码范围内填入 1、3、5～10。

输出文件名称：可直接在“输出文件名称”显示框中输入文件名(带全路径、扩展名)，也可点击按钮 ··· ，系统弹出如图 6.150 所示的指定文件对话框，在其中指定文件名(默认文件名为“工序简图”)。

图 6.150

(1)一次输出一张卡片上工序简图时,文件名为用户指定的名称。

如用户指定文件为"c:\\data\\file.dwg",一次输出卡片为过程卡第 1 页,则实际生成的文件名称为"c:\\data\\file.dwg"。

(2)一次输出多张卡片上工序简图时,文件名为用户指定名称+卡片类型+页号。

如用户指定文件为"c:\\data\\file.dwg",一次输出卡片为过程卡第 1 页,工序卡第 1、3 页,则实际生成的文件名称为

c:\\data\\file_KmGchk_1.dwg

c:\\data\\file_KmGxk_1.dwg

c:\\data\\file_KmGxk_3.dwg

输出结果会在对话框下部显示出来。输出工序简图完毕后,会出现"工序简图输出完毕"的提示。

6.2.9 将工艺简图存成位图文件

工艺简图能以位图的形式保存到剪贴版中,然后粘贴到 Word 等文档中。操作方法为:进入绘图状态,找到有工艺简图的页面,点击菜单〈编辑〉→〈位图拷贝〉→〈复制到剪贴版中〉,此时光标为较大的空心箭头光标,拉矩形选取图形,然后切换 Word 文档中粘贴。

工艺简图还能存成位图文件(*.bmp 和 *.jpg 两种格式),以方便日后对这些图形的使用。操作方法为:点击菜单〈编辑〉→〈位图拷贝〉→〈复制成图形文件〉,选取要保存的图形,程序弹出如图 6.151 所示的对话框,输入文件名,选保存的类型,点〈保存〉按钮,刚才选取的区域图形就保存成了相应格式的文件。

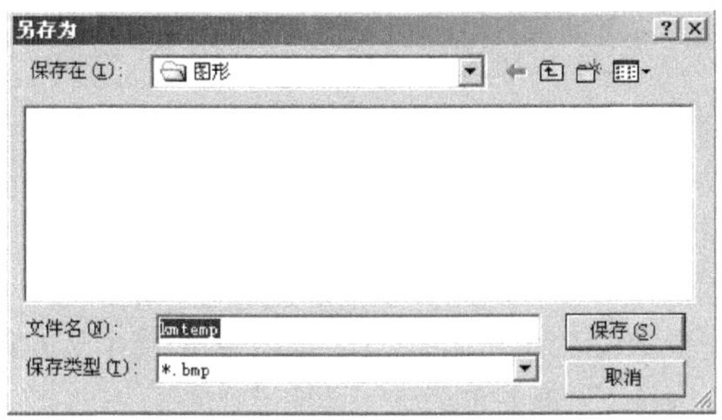

图 6.151

6.3 尺寸操作

本章主要介绍尺寸标注的所有方法。单击主控工具条里的 尺 图标,弹出其子工具条,见图 6.152,用来标注各类尺寸。尺寸标注覆盖了国标规定的所有类型。

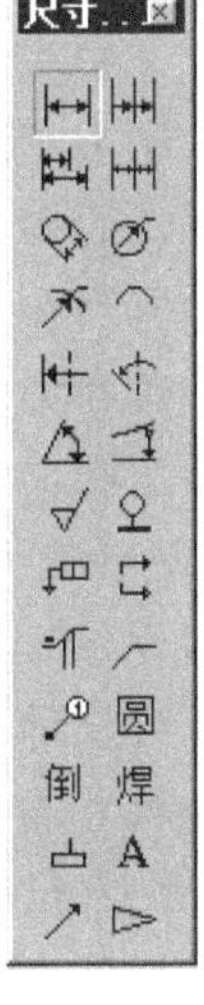

图 6.152

6.3.1 尺寸标注的基本方法

一个尺寸通常是由尺寸界线、尺寸数据、尺寸线及尺寸线的终端符号 4 个部分组成的。标注尺寸的光标(工具)有有向光标与无向光标两种,标注线性尺寸、粗糙度、形位公差等的光标为有向光标,按【D】、【T】等键光标会转动;标注直径尺寸、半径尺寸等的光标为无向光标。尺寸标注过程均有以下 4 个步骤:

(1)选取尺寸标注工具(光标),对于有向光标需调整其方向,标注对称尺寸需定义对称线。

(2)如果为有向光标,则需确定标注对象的尺寸界线;如果为无向光标,则直接上线确定标注的对象。系统自动弹出尺寸输入窗口,如图 6.153 所示。

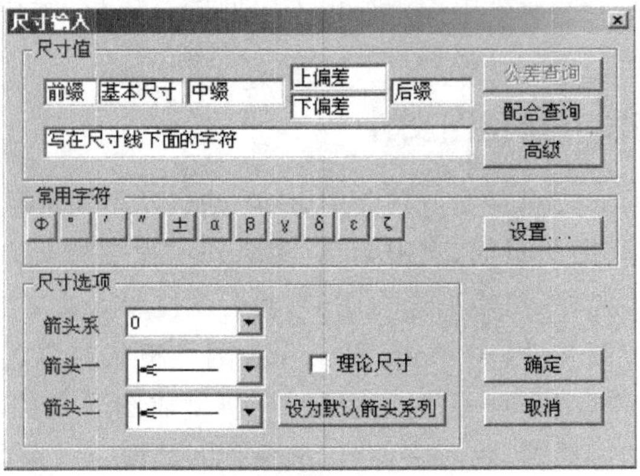

图 6.153

(3)输入尺寸数据并且对尺寸标注进行设置。

在图 6.153 的“尺寸值”中,可编辑的有 7 个栏目:

①前缀:用来写“直径尺寸标志 Φ”、“螺纹尺寸标志 M”等尺寸特征符号;

②基本尺寸:用来写尺寸数据(系统已自动填入该图素的实际尺寸),此区域一般只输入数据(不带符号);

③中缀:可写任意字符,典型的用法是在此区域内输入尺寸公差代号与等级;

④上、下偏差:用来填写上、下偏差值及+、-符号;

⑤后缀:可键入任意字符;

⑥写在尺寸线下面的字符:可填写任意字符。

若在中缀栏已输入尺寸公差代号及精度等级,单击〈公差查询〉按钮,系统会自动根据尺寸公称值和尺寸公差代号查出上下偏差数值并写入上下偏差栏。若在中缀栏输入公差配合,单击〈配合查询〉按钮,系统会根据尺寸数据及公差代号自动查出配合的间隙和过盈量,如 ϕ50H7/g6,单击〈配合查询〉,显示“间隙配合:最大间隙:0.050 最小间隙:0.009”。单击〈高级〉,可显示可视化公差查询界面,在前面已介绍过。

尺寸输入对话框的中间还设置了“常用字符”按钮,可直接选用。常用符号最多可设置 12 个,单击〈设置〉按钮即可进行“常用字符”的添加和修改。

另外,在尺寸输入对话框中的理论尺寸,是指选中此项后,则在尺寸数字上加一方框。

根据国标的要求有 4 种尺寸终端符号,如图 6.154 所示,可在尺寸选项中选取,箭头的大小也可在此选取。选取后，点击〈设为默认箭头系列〉按钮，则下次标注尺寸时按默认的箭头标注。

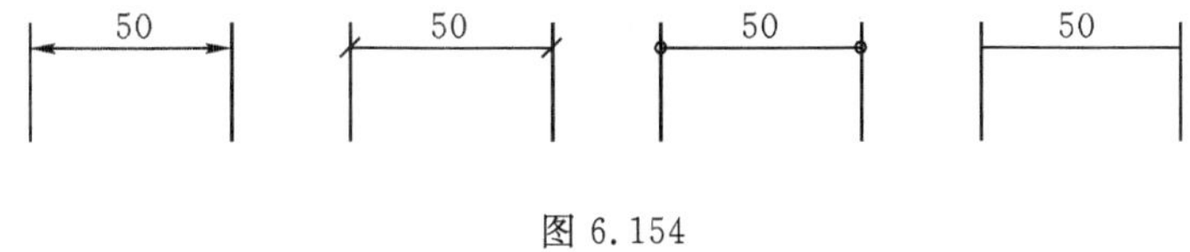

图 6.154

(4)确定尺寸标注方式、尺寸界线的形式及尺寸位置。

尺寸标注有引出与不引出两种方式，可按【Space】切换，如图 6.155 中的尺寸“30”。尺寸界线有斜向引出与非斜向引出两种形式，可通过右键菜单中的〈斜向引出尺寸〉切换，如图 6.155中的尺寸“40”。

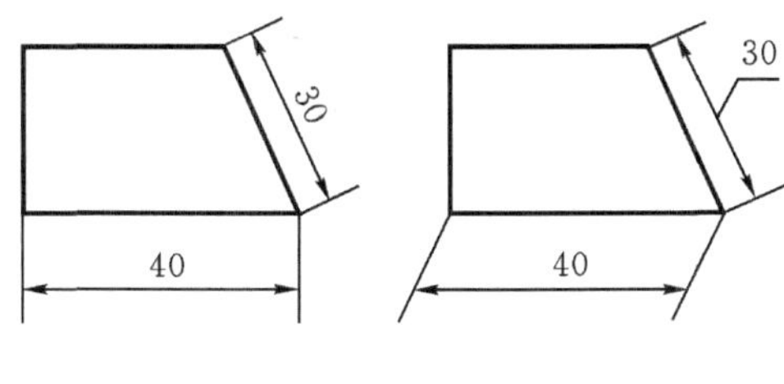

图 6.155

6.3.2 直线尺寸标注

进入尺寸标注状态，默认光标为“⊟”，即一般直线尺寸的光标。方框外的短划线为光标方向，两边的竖线为尺寸界线，中间横线为尺寸线，可用转动键改变其方向。注意：该光标是有方向的，标水平尺寸时横线应转到水平方向，标垂直尺寸时，横线应转到垂直方向，标斜向尺寸时，光标需转到平行于斜线的方向。

直线尺寸的标注方法有两种：第一种是最常用的利用导航或对齐标注尺寸；第二种是直接上线确定直线长度。

第一种标注方法如下：

(1)点取图标，调整光标方向，使之与尺寸界限同向。

(2)确定尺寸界线引出点。根据导航信息，当光标对准了尺寸界线引出点后，单击鼠标左键确定第一尺寸界线。再确定第二尺寸界限，即会弹出尺寸输入对话框，如图 6.153 所示。

(3)输入尺寸数据并对尺寸标注进行设置。在弹出的尺寸输入对话框中，基本尺寸区已显示出计算机测量的长度，供设计时参考。输入要标注的各项后，单击〈确定〉。

(4)确定尺寸位置及标注形式。拖动鼠标调整尺寸位置，按【Space】切换“引出”或“非引出”标注方式，单击鼠标左键完成标注。

对于对称尺寸，应先上到点划线上，用右键菜单中的〈定义对称线〉指定对称线，这时，该对称线加亮，图 6.156 显示了标注对称尺寸的过程。对称尺寸若不指定对称线也能标注，但这种尺寸没有对称性，若进行尺寸驱动，会影响驱动的结果，因图形不会以中心线为对称进行驱动。

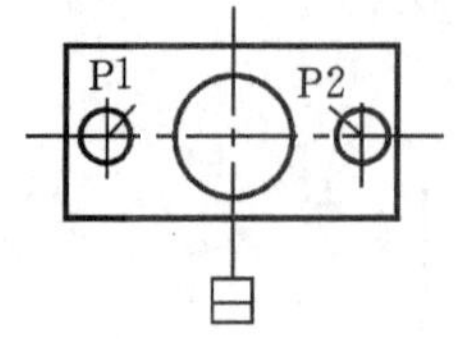

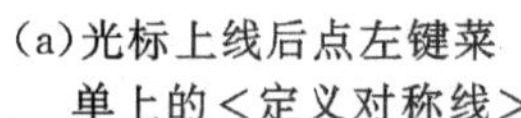
(a)光标上线后点左键菜单上的<定义对称线>

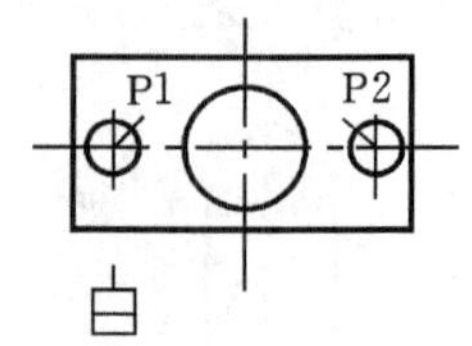

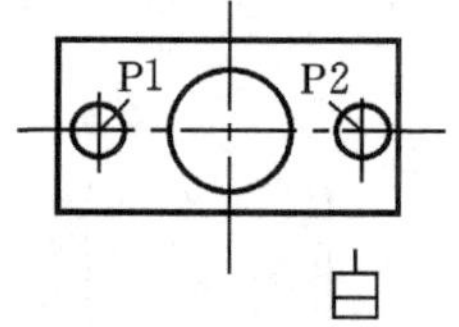

(b)通过导航或按若干次点击【Home】(【End】),使光标对齐 P1 点,点三个鼠标左键或【Enter】,确定 P1、P2 两点尺寸界线

图 6.156

在尺寸为黄色临时状态时,尺寸的字高、字体及颜色可在设置工具栏中进行更改,对于尺寸的字高,还可按【Alt】+【>】(或【<】)改变尺寸的字高,(尺寸的字号为国家标准推荐的2.5、3.5、5、7、10、14、20 共七种)。

在尺寸标注未完成之前单击〈取消〉或按【Esc】则退出标注过程,此次标注无效。

第二种上线标注,图 6.157 所示上线标注时光标的方向不得与线同向。图形中数据为“20”的尺寸,用上线方法标注,系统判断出直线的端点有一倒圆或倒角后自动调整尺寸界线的位置到与之相关的另一直线上,或将尺寸界线引出点定在两直线的虚交点。

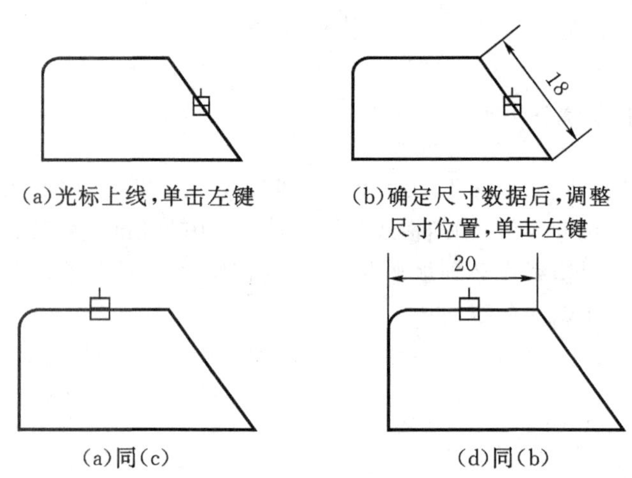

(a)光标上线,单击左键

(b)确定尺寸数据后,调整尺寸位置,单击左键

(a)同(c)

(d)同(b)

图 6.157

6.3.3 连续线性尺寸标注

标注连续尺寸,共有三种。

1. 坐标式线性尺寸的标注

标注方法类似于线性尺寸,第一个尺寸的标注与一般线性尺寸的标注完全一致,以后连续标注的尺寸只用确定第二边即可。如图 6.158(a)所示,其步骤如下:

(1)调整光标方向后,对齐到左边线 ab 边,单击鼠标左键或回车。

(2)对齐到 01 点,单击鼠标左键或回车。

(3)修改尺寸数据,单击〈确定〉或回车。

(4)调整尺寸位置,单击鼠标左键或回车。

此时 ab 边的坐标为 0,01 点坐标在例中为 26,当接着标注后面的坐标尺寸时,坐标 0 点不变,也不用重复指定,直接对齐到 02 点单击鼠标左键或按回车,重复(3)、(4)步骤即完成。

图 6.158(b)的标注方法为:选择按钮,先用鼠标选取第一边界线,再用鼠标选取第二边界线的同时,按下【Ctrl】键即可,其余的操作跟连续标注一致,也可以用键盘上线进行标注。

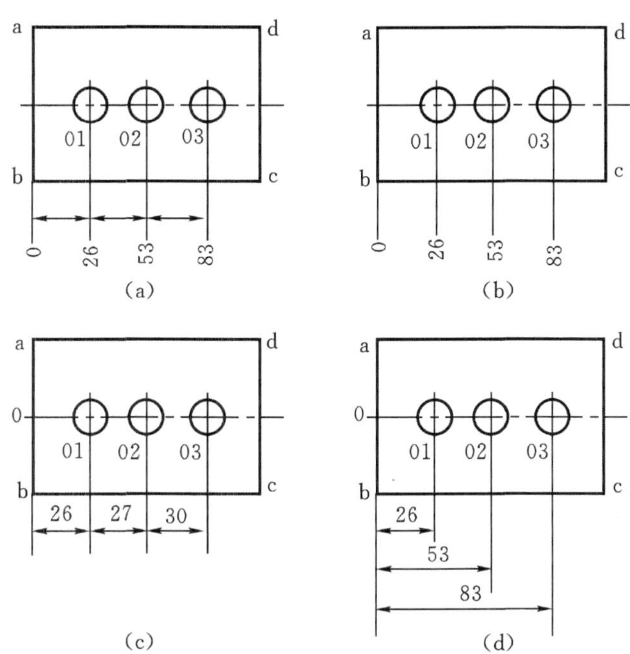

图 6.158

2. 连续标注线性尺寸

如图 6.158(c)所示,标注方法同(a)图,即第一个尺寸标注与一段线性尺寸的标注完全一致,第二个尺寸及以后的连续尺寸都不再需要确定第一边,即以上一尺寸的第二尺寸界线(第二边)作为当前尺寸的第一尺寸界线(第一边)。

3. 同一基准连续标注线性尺寸

如图 6.158(d)所示,标注方法同第一种,即各尺寸都以第一尺寸的第一边为当前尺寸的第一边。

4. 对称半直线尺寸标注

对称半尺寸的标注方法与对称图形标注方法相似,如图6.159所示,对称结构只画出一半或大半时,只在一端标注出箭头和尺寸界线。

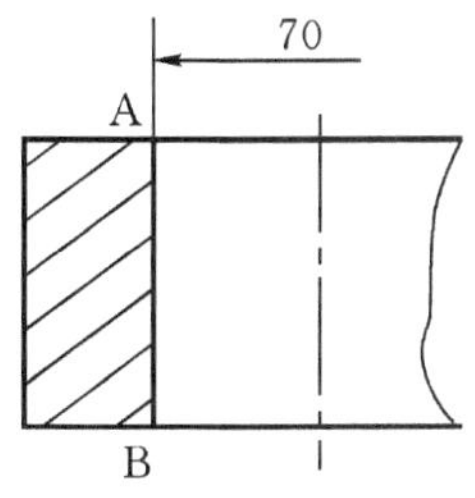

图 6.159

其操作过程如下:

(1) 点图标,将光标移到中心线上点右键菜单中的〈定义对称线〉。

(2)用导航到 AB 边,单击左键确定第一边,再在原地单击左键,则弹出尺寸输入对话框。

(3)修改尺寸数据后,单击〈确定〉。

(4)移动尺寸到合适的位置,点左键即可。

6.3.4 圆及圆弧尺寸标注

1. 对称直径尺寸标注

单击按钮,即进入对称直径尺寸的标注环境,其光标为“⊖”。属于对称尺寸,它的操作方法与线性尺寸的对称标注方法相似。图 6.160 显示了对称直径尺寸的标注过程。其操作步骤如下:

(1)将光标上到中心线上,在右键菜单中单击〈定义对称线〉。

(2)对齐第一边,单击左键确定第一边;再单击左键,光标自动对齐到第二边,单击左键确定第二边。

(3)在尺寸对话框中修改数据后,点〈确定〉。

(4)移动光标选择尺寸标注方式及位置,单击左键即完成。

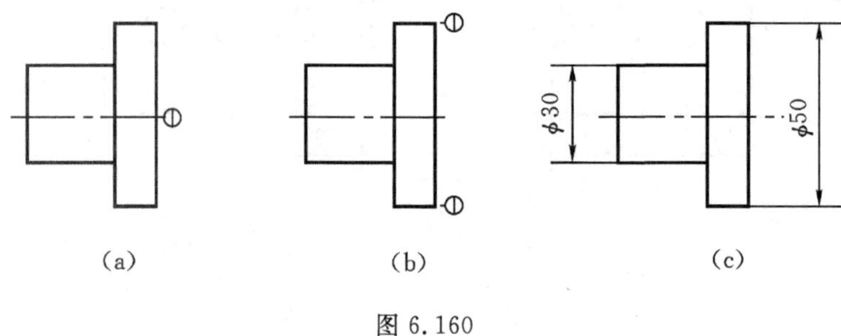

图 6.160

图 6.161 所示各类直径尺寸属于对称尺寸,必须有对称线。图 6.161 中(a)~(c)图如不指定对称线,则系统假设有一对称线通过圆心且平行于尺寸界线,(d)图必须指定对称线。(a)图定义对称线 L1 之后,导航到 A 点单击鼠标左键;光标在原地再单击鼠标左键,则光标自动找到对称点 B,此时单击鼠标左键即可调出尺寸输入对话框。

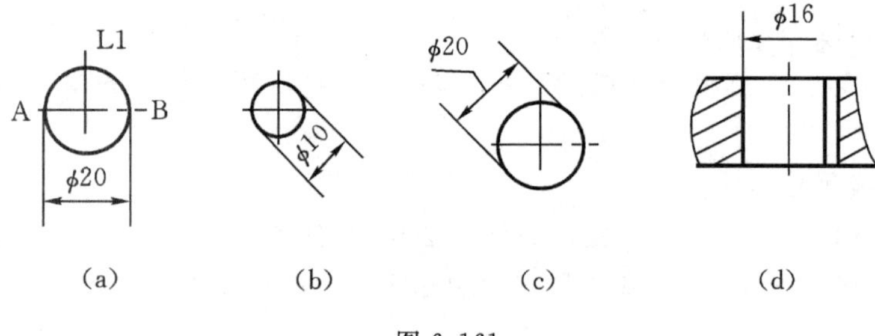

图 6.161

如果有多个对称尺寸的对称线是同一条,那么将该条线定义成对称线后,可连续标注多个对称尺寸,不必要重复指定对称线。当改变光标角度时对称性自动被取消。

2. 直径尺寸标注

单击直径尺寸标注图标，光标变为"⌀"，它可用来标注圆或圆弧的直径。具体的操作如下：

(1)选取光标。

(2)将光标移至圆上，单击鼠标左键。

(3)在尺寸对话框中修改数据后，点〈确定〉。

(4)移动光标选择尺寸标注方式及位置，单击左键即完成。

与线性尺寸一样，在尺寸为黄色时，可用空格键切换尺寸的放置方式，如图 6.162 所示。

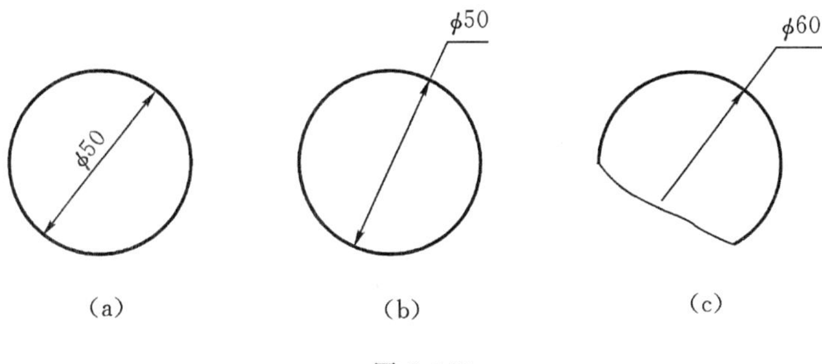

图 6.162

若要将全部半径相同的圆一起标注，可将光标移到需标注的圆附近，点鼠标右键菜单上的〈同半径圆〉，这时当前视图里所有直径相同的圆被加亮。在尺寸输入对话框中会自动填入"n－Φ"，这样可以将同半径的圆一起约束。若图形需作尺寸驱动，则应采用这种方法进行标注。

若需指定几个同半径的圆标注，则可以逐个上到圆上按【Ctrl】＋【左键】或按【Ctrl】＋【Enter】确定直径相同的圆后，再单击鼠标左键或按回车。

同一圆被分成多段圆弧的情况如图 4.3－12 所示，上线后可按【Shift(左)】＋【左键】或按【Shift(左)】＋【Enter】，同时选中这个圆上的多段圆弧(同圆心、同半径、同线型的多段圆弧)，最后单击鼠标左键或按【Enter】。

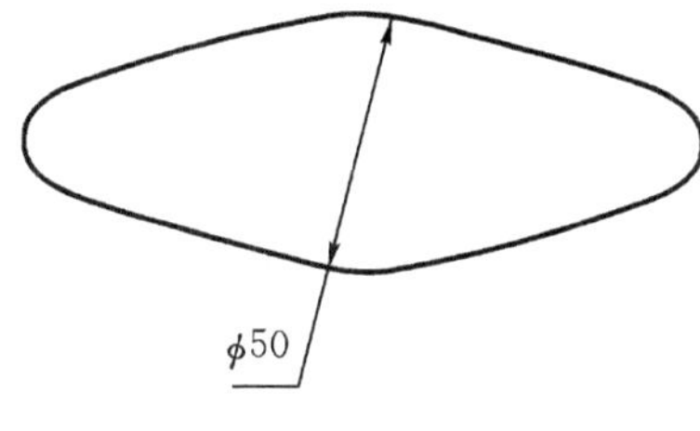

图 6.163

3. 半径尺寸标注

单击半径尺寸标注图标，光标变为" "，它可用来标注圆或圆弧的半径尺寸。它的标注方法与直径尺寸的标注方法十分相似，具体的操作如下：

(1)选取光标。

(2)将光标移至圆上，单击鼠标左键。

(3)在尺寸对话框中修改数据后，点〈确定〉。

(4)移动光标选择尺寸标注方式及位置，单击左键即完成。

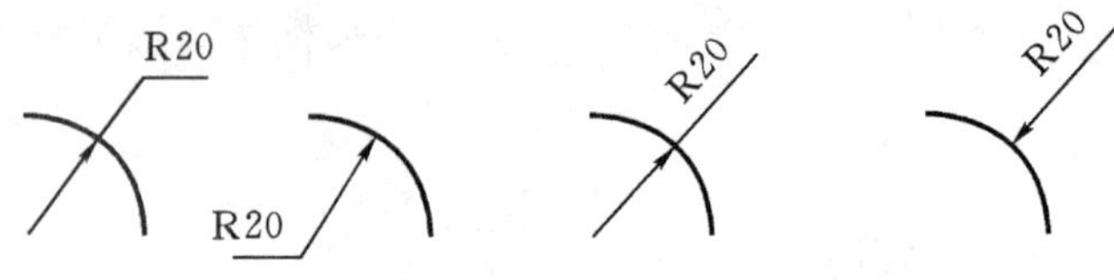

图 6.164

半径尺寸有四种标注形式，如图 6.164 所示。在确定尺寸位置时，按【Space】键在这四种方式间切换，点工具栏的〈字高〉窗口可调整尺寸数字的字高，或按【Alt】+【＞】可将尺寸数字的字号加大，按【Alt】+【＜】可将尺寸数字的字号减小。若尺寸箭头位置不在圆弧上，则自动添加延长弧。

6.3.5 弧长尺寸标注

单击弧长尺寸标注图标，则进入弧长标注状态。将光标上线到需标注的弧上，单击左键，系统弹出尺寸输入对话框，即以该弧的两个端点为边界，标注该弧长，如图 6.165(a)所示。

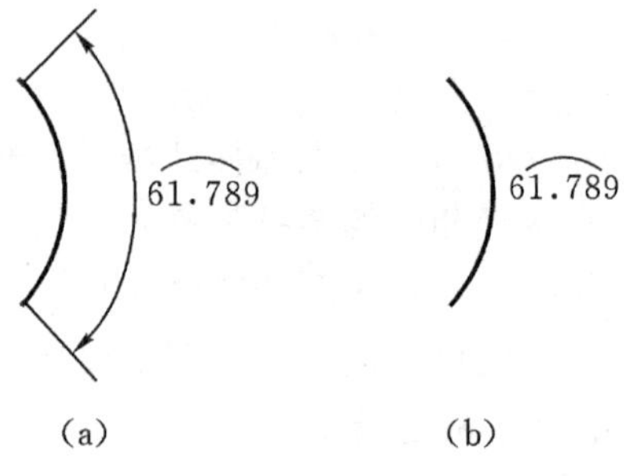

图 6.165

在尺寸为黄色状态时按【Space】键，可在如图 6.165 所示的两种标注形式之间切换。

6.3.6 角度尺寸标注

1. 无实交点的角度标注

这种角度标注的方法是：只需指定两条边即可标注出角度尺寸，这是比较常用的一种标注方式。如图 6.166 显示了一个角度尺寸的标注过程，其操作步骤如下：

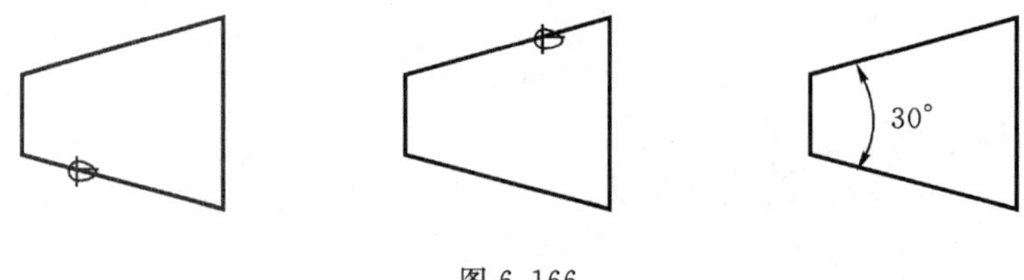

图 6.166

(1)单击。

(2)将光标移到线附近，单击左键，确定第一边；将光标移到另一条线附近，单击左键，确定第二边。

(3)在尺寸对话框中修改数据后,点〈确定〉。

(4)移动光标选择尺寸标注方式及位置,单击左键即完成。

用这种标注方法,在确定位置前可移动光标,显示其补角或对顶角供选用。

除了线性尺寸、线性直径尺寸有对称尺寸的概念外,角度尺寸也有对称尺寸,如图 6.167 所示,其操作步骤如下:

(1)将光标上到中心线上,在右键菜单中单击〈定义对称线〉。

(2)分别确定需要约束的两条边,光标位置如图所示。

(3)在尺寸对话框中修改数据后,点〈确定〉。

(4)移动光标选择尺寸标注方式及位置,单击左键即完成。

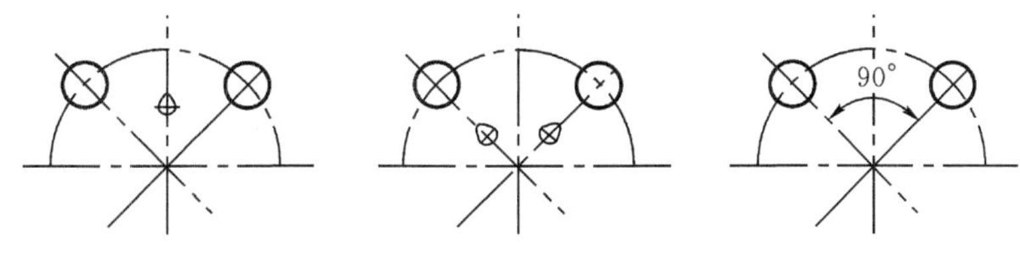

图 6.167

图 6.168(a)中标注斜线与坐标轴的夹角的方法为:调整光标方向与坐标轴平行,将光标上到直线的端点 A 点,且当前线为欲标注角度的斜线时,点左键或按【Enter】键,再修改数据确定尺寸位置即可。

对于图 6.168(b)的标注方法为:用光标分别选择需要约束的两条边,点左键,在尺寸对话框中输入尺寸数据后点〈确定〉,移动光标选择标注方式和位置,此类标注在确定标注位置阶段可自动根据光标所在位置变换需标注角度值,如补角、对顶角等,并且角度值随之变化,确定好标注方式和位置后点〈确定〉即可。

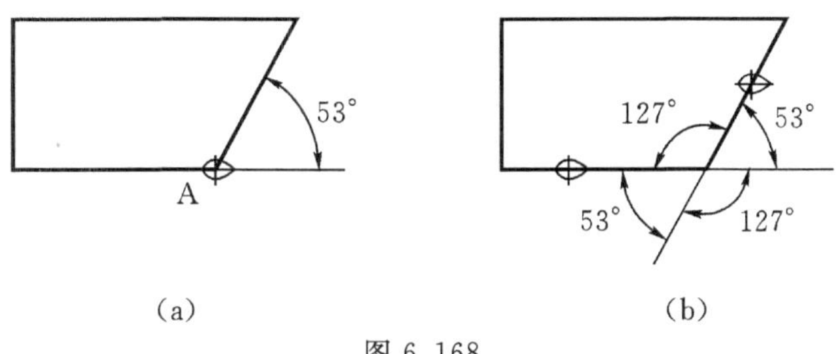

(a)　　(b)

图 6.168

2. 有实交点的角度标注

这种角度标注的方法是:先指定顶点,再指定两条边或弧的两端点来标注角度尺寸。它通常用于需要定顶点标注角度的情况下,如图 6.169 所示的尺寸。

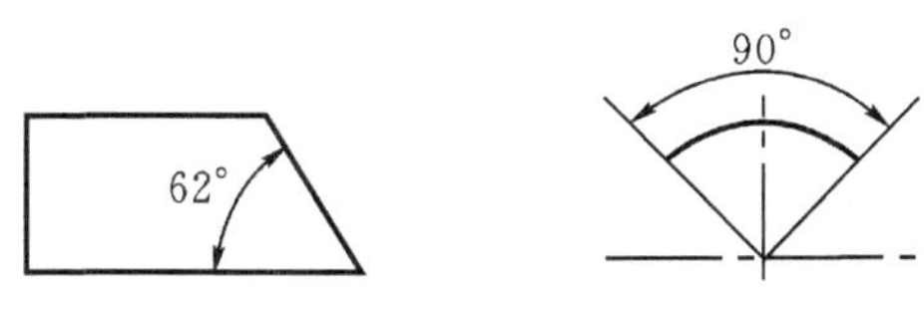

图 6.169

3. 对称半角度尺寸标注

对称半角度标注的方法与标注半线性尺寸类似，如图 6.170 显示了一个对称半角度尺寸的标注过程。其操作步骤如下：

(1)单击图标。

(2)将光标上线到中心线，点左键确定中心线，然后将光标移到欲标注线上单击鼠标左键确定第一边，再将光标移到对称线另一边，单击鼠标左键。

(3)在尺寸对话框中修改数据后，点〈确定〉。

(4)移动光标选择尺寸标注方式及位置，单击左键即完成。

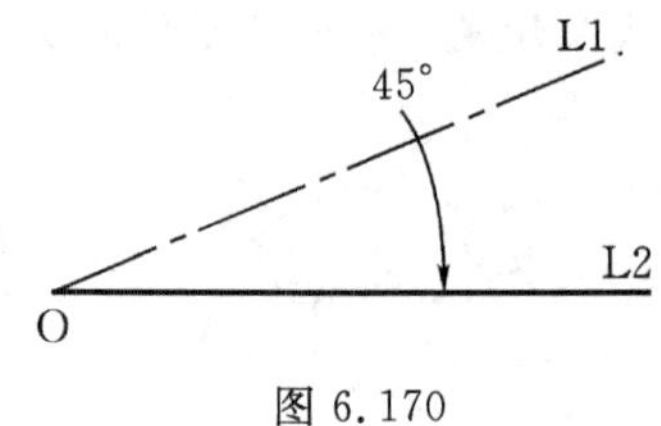

图 6.170

6.3.7 粗糙度标注

单击按钮，将光标上到欲标注粗糙度的图素上，单击鼠标左键，出现如图 6.171 所示的对话框，用来设置粗糙度类型数值大小。

粗糙度类型共有三种，选择其中一种，根据需要在对应的 a～f 六个区中填写字符，粗糙度参数 b 的数值即粗糙度值可以直接在 b 框中填写，也可用其右边的下拉按钮选择，备选的粗糙度值为国标中规定的数值。单击〈确定〉，移动光标到合适位置。单击鼠标左键或按【Enter】键即可。粗糙度符号也有引出和非引出两种形式，在移动位置时按空格键切换。

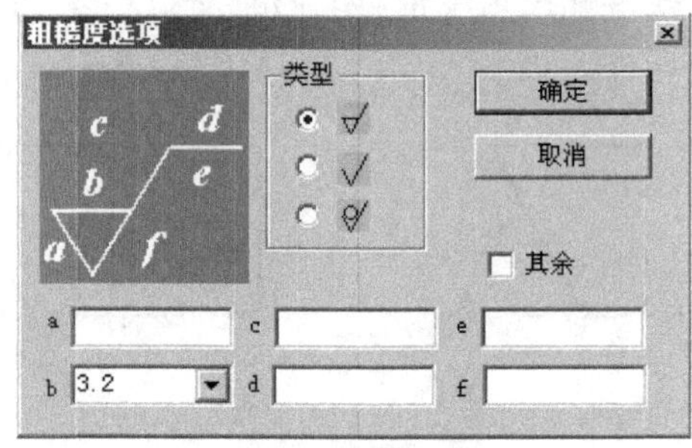

图 6.171

标注了一个粗糙度后，单击鼠标左键，直接标出与上次相同的粗糙度，而且可以连续标注多次，只有当单击右键后，才退出连续标注状态，再单击左键弹出对话框，选择另一种粗糙度符号或粗糙度值。

绘制工序简图时，往往要在图形右上角标注，为了方便操作，在粗糙度标注对话框中增加“其余”的单选框，在前面的小方框内打“√”，然后选择粗糙度数值，即可实现上面的标注形式。

粗糙度可标注在任意位置，也可上线标注，上线标注时，光标自动调整到当前线法线方向，并且光标被锁定在当前线切向方向，如删掉该当前线，则粗糙度也随之删除。

在开目 CAPP 里，尺寸与图素已建立起关联关系，尺寸是建立在图素的基础上的，其他工程符号的标注形式也存在着这样的关联关系。如删掉该当前线，则尺寸也随之删除。

6.3.8　形位公差标注

1. 形位公差基准标注

点中此项进入参考基准标注状态。这类标注一般上线标注。方法是：光标上线单击鼠标左键或按【Enter】键，出现图 6.172 所示对话框，提示输入基准代号和引线长度，系统将自动显示上次标注的基准代号的下一个代号。用户可按或小按，钮按字母顺序改变基准代号。

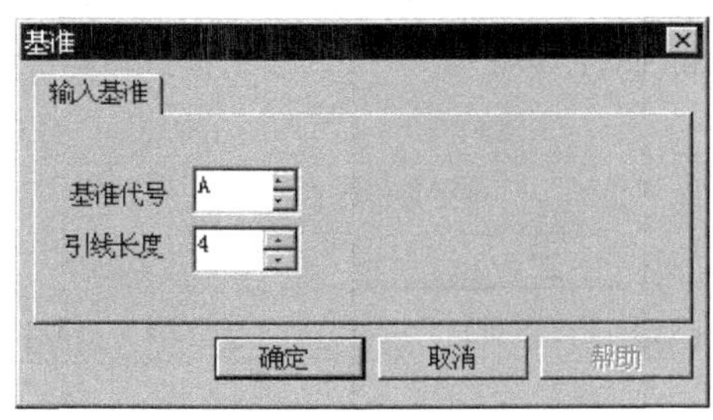

图 6.172

单击〈确定〉按钮进入光标〈粘连〉状态。这时光标自动处于当前线切线方向锁定状态，不离开当前线。用鼠标或移动键可移动基准的位置，单击鼠标左键或按【Enter】键即可完成标注。图 6.173 是参考基准标注的例子。当光标在斜线上时，按〈Space〉键可以切换显示方式。

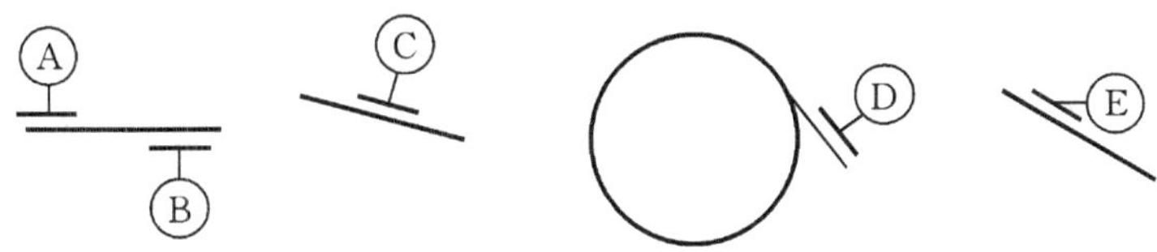

图 6.173

2. 形位公差标注

点中此项可进行形位公差标注状态。这类尺寸进行上线标注，光标上线单击鼠标左键或按【Enter】键，系统将自动调节光标角度，使之垂直于当前线，出现如图 6.174 所示对话框，前 14 类为国标规定的形位公差。

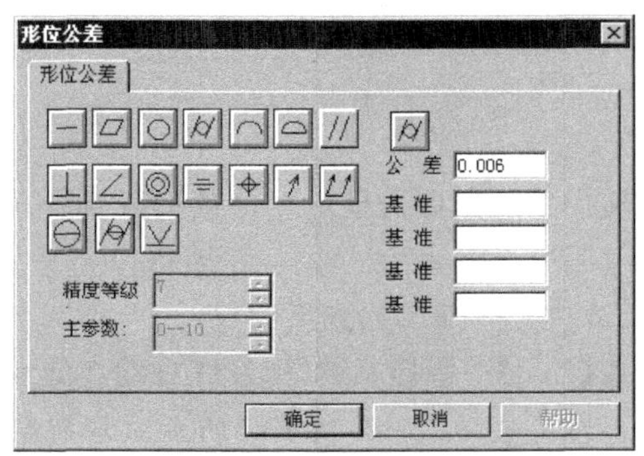

图 6.174

用鼠标按下某项公差类型按钮即选择了该种类型公差。在“公差”区内输入形位公差值，在“基准”右面的输入框中输入基准符号，最多可有四个基准。形位公差值也可通过查手册来确定，在“精度等级”和“主参数”框中输入精度等级和主参数区间，然后在公差框中自动得到对应的公差值。单击〈确定〉按钮系统将询问是否继续标另一个形位公差，如输入“Y”或单击〈是〉按钮，可以再输入一个形位公差，得到如图 6.175 中最下面两组在一起的形位公差。输入“N”或单击〈否〉按钮，则进入下一步，这时，箭头光标被锁定在当前线上，只能沿当前线的切线方向移动。再按【Enter】键或单击左键，则箭头光标被定位，同时，形位公差的数据及外框与光标“粘连”，移动到适当位置按空格键，全部尺寸输入完毕。在移动外框位置时按【Space】键可将外框竖置。

如在公差值或基准区基准字符后输入“M”、“E”（此处字母一定要大写）等，将自动画一个圈表示基准原则。

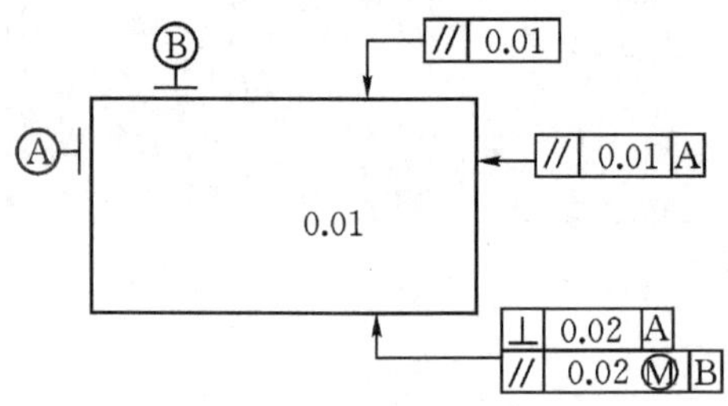

图 6.175

3. 剖切符号

此项用于标注剖切位置符号。其中箭头所指方向为投影方向，与箭头垂直的直线代表剖面的位置。操作步骤如下：

(1)将光标移至适当位置(可用对齐键)，调整好方向，单击鼠标左键或按【Enter】键，出现如图 6.176 所示对话框输入剖切位置的符号，输完后单击〈确定〉按钮，则开始标注。

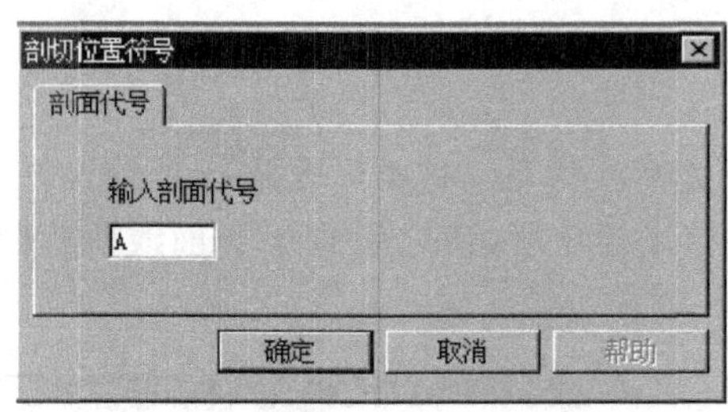

图 6.176

(2)此时移动光标到需转向的地方单击鼠标左键或按【Enter】键，则系统自动在初始点和转向点画上短线标记。

(3)转动光标(在图 6.176 中是转 90°)回到第(2)步。

(4)在剖切的终点位置按【Ctrl】+鼠标左键，则系统自动在终点位置画上短线标记。在各转弯处自动写上剖切符号，标注完成，如图 6.177(a)所示。若在第(1)步不按【Enter】键或不单击鼠标左键，而按【Ctrl】+鼠标左键，则得图 6.177(b)所示结果，在剖切标注的起点和终点带有表示投影方向的箭头。

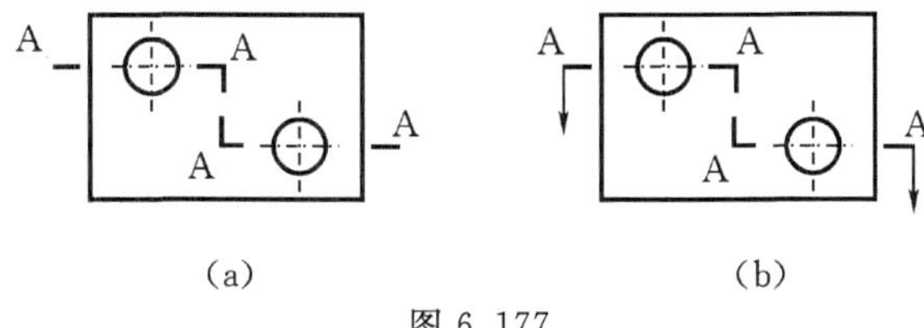

图 6.177

如图 6.178 所示旋转剖，标注方法如下：

(1)调整光标方向至水平向右，对齐移动至第一点 01 按【Ctrl】+鼠标左键；

(2)移动光标至大圆圆心 0 按【Enter】或单击鼠标左键；

(3)拖动鼠标将光标移动到 02，再按【L】顺着光标方向移动到大圆外，单击【Ctrl】+鼠标左键结束。

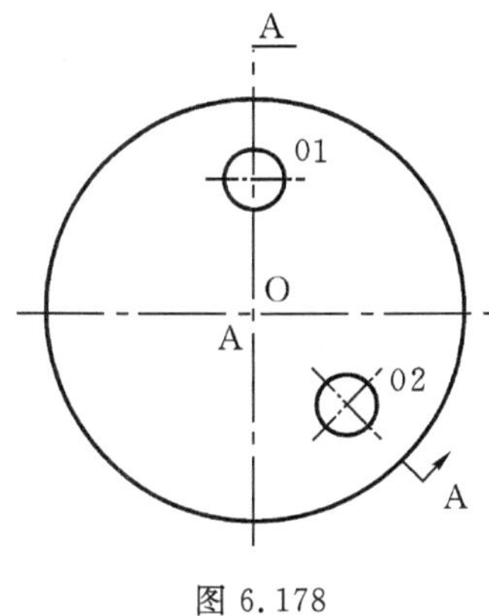

图 6.178

4. 倒角尺寸标注

此项用于标注如图 6.179 所示倒角尺寸。标注方法是：将光标移至倒角线 AB 或 CD 上，单击鼠标左键或按【Enter】键，此时弹出尺寸数据输入对话框并显示系统测量值“X×45°”，可修改这个值。其他操作与直线尺寸标注类似。在确定尺寸位置时，按【Space】键可在图 6.177 所示的方式间切换。

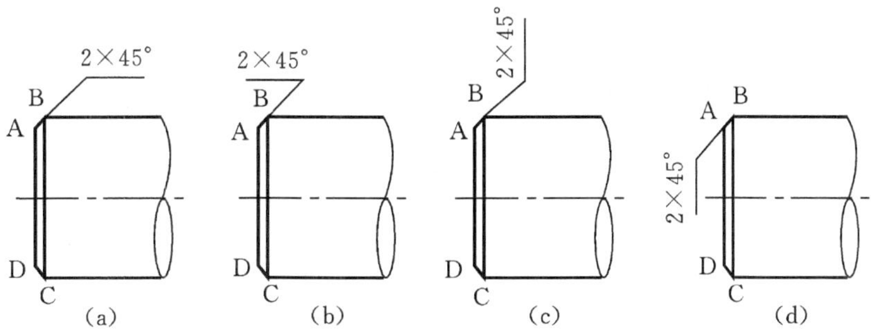

图 6.179

5. 引出标注

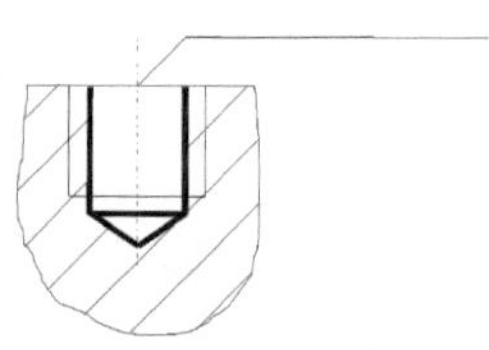

图 6.180

本项可进行如图 6.180 所示的一类的引出标注。在选择好引出点(可用上线移动功能捕捉准确位置)后单击鼠标左键或按【Enter】键,出现图 6.181 所示对话框,即进入尺寸数字输入步骤,这类尺寸的尺寸数据为水平方向,输入方式与一般尺寸值输入一样。输入完后单击〈确定〉按钮或按【Enter】键,则尺寸数字与光标“粘连”。选择好适当位置单击鼠标左键或按【Enter】键,则该尺寸标注完毕。

图 6.181

6. 未注圆角尺寸标注和未注倒角尺寸标注

在工程图上,常有些圆角、倒角尺寸不在画圆角、倒角的地方进行标注,而在绘图区域的右上方注明“未注圆角××”、“未注倒角××”,本选项用来标注这些尺寸。

点中圆图标,则出现图 6.182 所示对话框,输入半径值,单击〈确定〉按钮或按【Enter】键系统自动填入“未注圆角××”字样;点中倒图标,则出现图 6.183 所示对话框,输入未注倒角长度值,单击〈确定〉按钮或按【Enter】键即进入确定尺寸位置状态,按【Alt】+【>】可将尺寸数字的字号加大,按【Alt】+【<】将尺寸数字的字号减小,其余操作与直线尺寸类似。这种标注相当于对所有未注的倒角、圆角进行了标注。

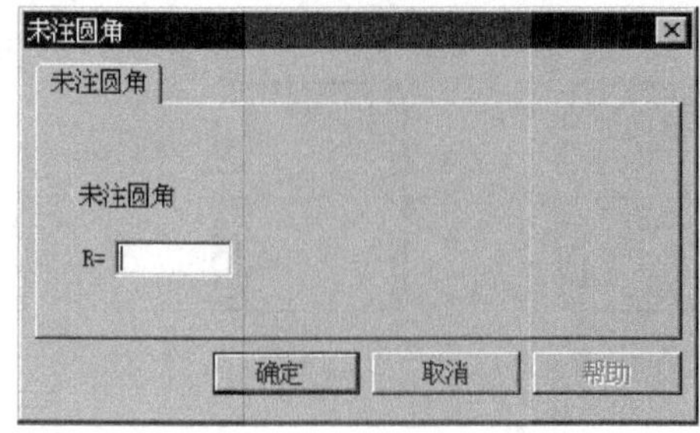

图 6.182

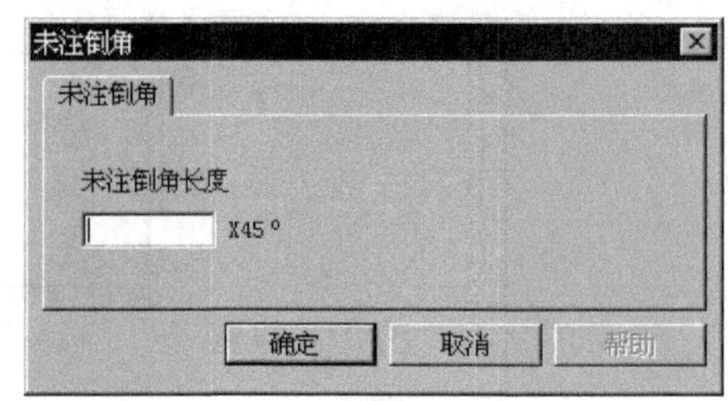

图 6.183

7. 焊接符号

此项用于标注焊接符号。标注的焊接符号引出线可以是有转折的线。标注方法如下：

(1)光标移动上线到需标注焊接符号的线或交点上，单击鼠标左键或按【Enter】键确定标注引出位置(焊接标注必须上线后才能标注)。

(2)选择焊接符号，此时出现图 6.184 所示对话框，用鼠标点中所需的项，系统自动将组合的焊接符号显示在中间较大方块区域中。当有字符要输入时，在对话框右边的 a～g 区的输入框中输入所需字符，会自动放到焊接符号对应的位置。焊接方式有“在箭头侧”、“对称焊缝”和“双面焊缝”三种，可单击前方的小方块按钮来选择。选择完毕单击〈确认〉项，不满意可单击〈重选〉按钮来重新放置。

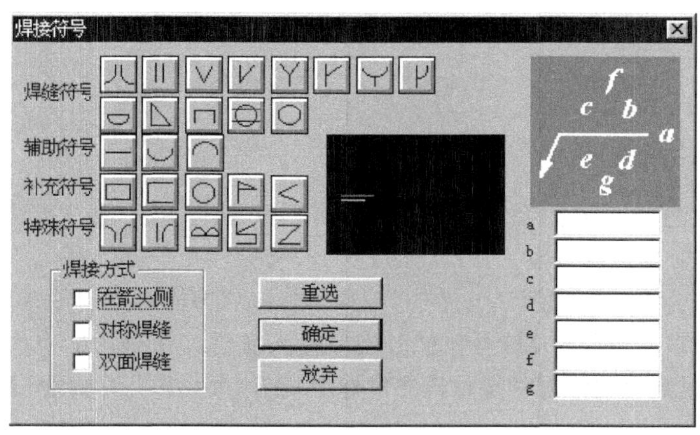

图 6.184

(3)单击〈确定〉按钮，整个焊接符号与光标“粘连”，按空格键可有两种形式的切换。选择好适当位置，单击鼠标左键或按【Enter】键确定，则焊接符号标注完毕。

(4)若焊接符号的引出线不转折，如　　的引出线，可以在位置选好后，按住【Ctrl】键并单击鼠标左键，则标注完毕；若焊接符号的引出线转折，则在每一转折点处按鼠标左键，最后确定时按住【Ctrl】键并单击鼠标左键，则标注完毕。

另外在选择焊接方式时注意，如焊缝在箭头侧，则基本焊缝符号标在基准线的实线侧，如图 6.185(a)所示；如焊缝在非箭头侧，则基本符号在基准线的虚线侧，如图 6.184(b)所示；标对称焊缝及双面焊缝时，不加虚线；标对称焊缝时在实线两侧符号一样，如图 6.185(c)所示的焊接标注，只需选一次焊接符号即可，系统自动将该符号一边一个对称地放置在基准线两侧。双面焊缝允许实线两侧焊接符号不一样，如需标注如图 6.185(d)所示的双面焊缝，此时若是在图 6.184 所示的“焊接方式”下，可先点“在箭头侧”前的小方框，然后再点“双面焊缝”前的小方框，将“焊接方式”调整为如图 6.186(a)所示的方式，此时再单击　选定实线上侧的焊接符号。选实线下侧的焊接符号是同样的方法，首先选择〈焊接方式〉，可先点“双面焊缝”前的小方框，再点“在箭头侧”前的小方框，然后再点“双面焊缝”前的小方框，将“焊接方式”调整为如图 6.186(b)所示的方式，此时再单击　选定实线下侧的焊接符号，即可标注如图 6.186(d)所示的双面焊缝的焊接符号标注形式。

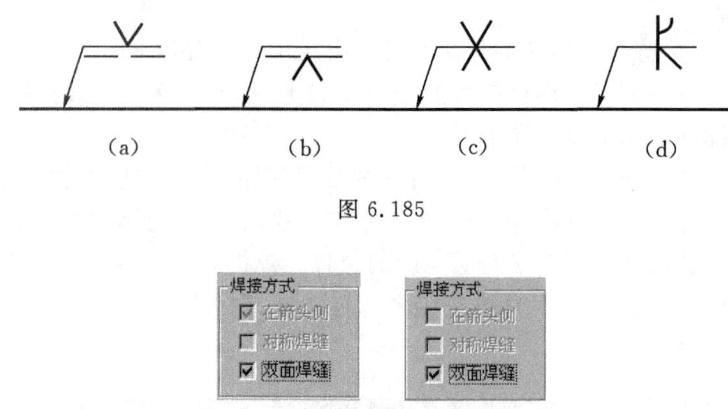

图 6.185

图 6.186

8. 单行字符

用于在图纸上注写单行字符(如字母汉字等),光标为"□"。书写方法是:单击鼠标左键或按【Enter】键,此时出现字符输入窗口,如图 6.187 所示。

可在"前缀"、"公称"、"中缀"、"上标"、"下标"、"后缀"等输入框中输入所需的字符。用鼠标移动光标到各窗口或用【Tab】键可切换各当前输入窗口。在对话框中输入完字符后,单击〈确定〉按钮,字符呈黄色的临时状态粘连在鼠标上,字体大小可用【Alt】+【>】、【Alt】+【<】或工具条改变。

单行字符
尺寸数字
前缀:
公称:
中缀:
上标:
下标:
后缀:
线下字符:
常用字符
Φ ° ′ ″ ± α β γ δ ε ζ 设置...
确定 取消 帮助

图 6.187

9. 大块文字

此项用来填写多行字符,在需写多行字符的位置单击鼠标左键,则出现如图 6.188 所示的写字板,此时可在写字板上书写所需文字或字符。字符输入完毕之后,单击〈确定〉按钮,所写字符与光标粘在一起,这时可通过屏幕上方的设置工具条改变字体、字大小,也可直接按【Alt】

+【＞】或【Alt】+【＜】调整，移动光标到所需位置，单击鼠标左键确定。

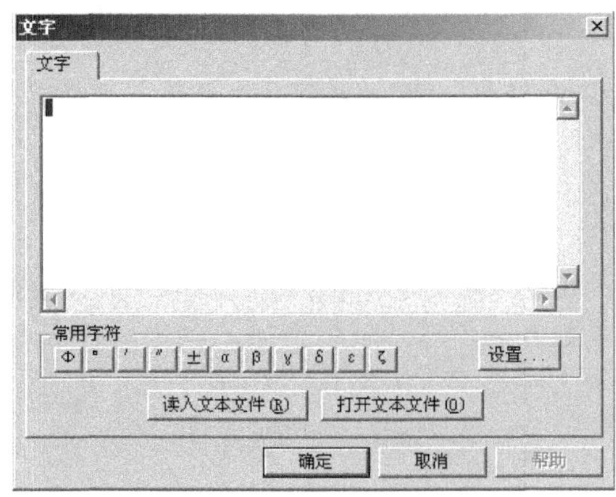

图 6.188

在图 6.188 所示对话框中，点击〈读入文本文件〉按钮，选择所需读入的文本文件，可将文件内容全部读进来。点击〈打开文本文件〉按钮，选定需打开的文本文件，将文件内需读入的文本段选中，单击鼠标右键，弹出右键菜单，在菜单中选〈复制〉，即可进行复制。点×将打开的文本文件关闭，然后在写字板里单击鼠标右键，选〈粘帖〉即可将复制的文本内容读入到写字板里。

在大块文字输入中，能输入分数、上下标和带圈字符，我们将其定义为转义字符。定义转义字符的规则如下：

(1) \A;×××;×××;

以\A 开始的表示分数形式，以分号相隔的×××分别表示分子、分母。

(2) \B;×××;×××;

以\B 开始的表示上下标形式，以分号相隔的×××分别指上标、下标。

(3) \C;×××;

以\C 开始的表示带圈字符形式，×××为圈中的内容。

(4) \A;

输出字符串"\A"。

(5) \B;

输出字符串"\B"。

(6) \C;

输出字符串"\C"。

例如在绘图状态下填写$\frac{111}{222}$的操作步骤如下：

(1)进入绘图界面，选择【尺】下的【A】按钮，任意点击弹出文字输入对话框。

(2)在对话框中输入"\A;111;222;"。

(3)点〈确定〉即可。

对于这三种规则，具体示例如下：

输　入：\A;111;222;　　　　\B;111;222;　　　　\C;111;

显示为：　$\frac{111}{222}$　　　　$\begin{matrix}111\\222\end{matrix}$　　　　⑪

注意：(1)用于定义转义字符的“\”、“;”必须是半角英文字符，“A”、“B”、“C”必须是大写字符。

(2)“\A”(或者“\B”、“\C”)的后面一定要有分号“;”；若没有分号，表示不是转义字符串。

(3)分子分母(或者上标下标)的字符之间一定要有“;”隔开；若没有分母或者没有下标，也需要加上分号；只有当分号是整个字符串的结束时，才可以不加上分号，系统会自动识别，但建议最好加上末尾的分号，以免出错。

(4)目前 CAPP 中的转义字符不支持嵌套定义，即不支持分子(或分母或上标或下标)中的重复定义转义字符。

10. 单项标注

单击图标，在工具条下会出现如图 6.189 所示的子工具条，这是单项标注的三种形式，单击其中一种即可，此三种标注过程一样，以为例。

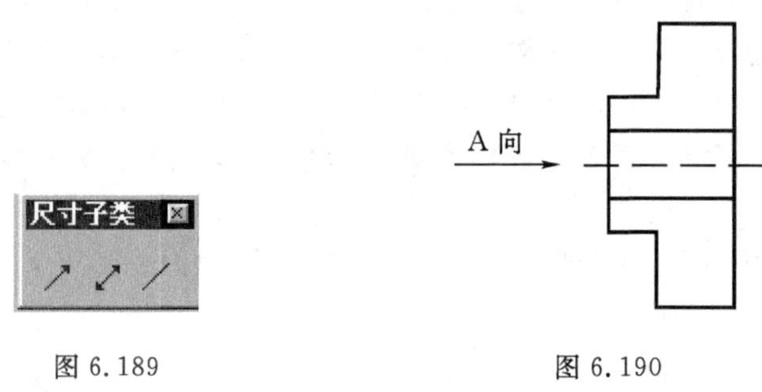

图 6.189　　　　图 6.190

单击图标，在需标注位置单击左键或按【Enter】键，确定单箭头的尾部位置，拖动鼠标，调整合适的方向和箭头位置，若引出标注不需转折，按住【Ctrl】键，单击鼠标左键即可确定，如图 6.190 所示；若需转折标注，可单击鼠标左键确定第二点，并以此方法确定以后几点，最后结束时，按住【Ctrl】键，单击鼠标左键确定。其他两项使用方法相同。

11. 锥度、斜度尺寸标注

此项用于锥度、斜度标注。单击图标将出现如图 6.191 所示，锥度、斜度各有两种形式，分别针对不同的情况。

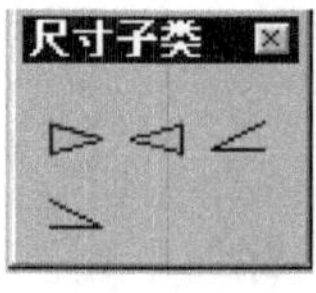

图 6.191

数字标注在锥度、斜度符号的后面。这类标注必须先上线后才能标注。方法是上线后按【Enter】键。出现如图 6.192 所示数据输入窗口。系统自动在前缀区填入“1:”，光标处于本尺寸区，用户可在该区输入一个正整数。在对应的位置输入相应信息，最后单击〈确定〉按钮可得图 6.193 所示的引出标注形式。

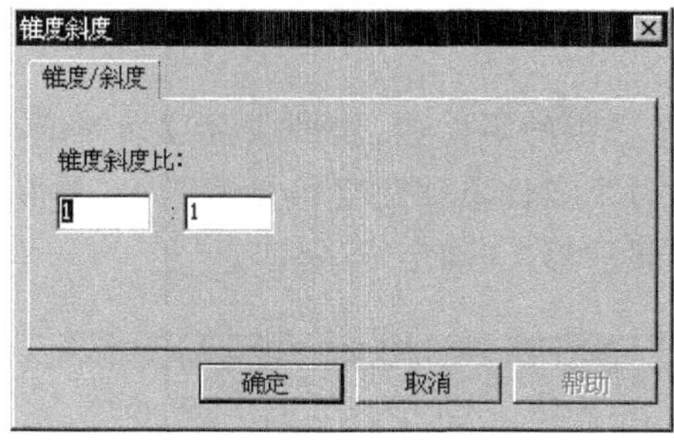

图 6.192

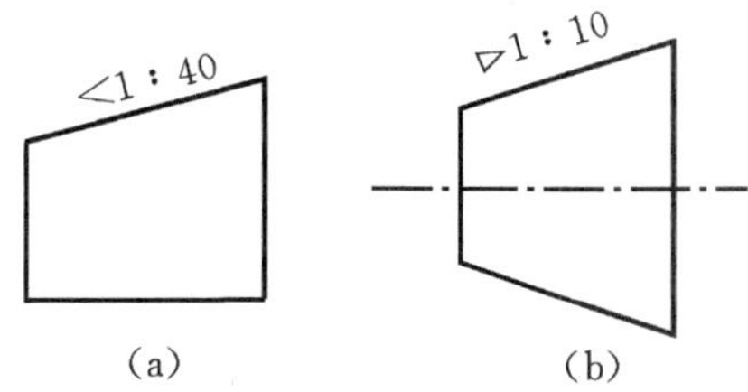

图 6.193

6.3.9　零件编号

此项用于标注图纸上的零件编号，光标为，单击此图标，出现图 6.194 所示的子工具栏，用于确定采用哪种标注形式，用鼠标单击该图标来选择。

图 6.194 中前三种是用来标注单个零件的，操作方法如下：

(1)选中前三种的某一种标注形式。

(2)将光标移到引出点位置附近，单击鼠标左键。

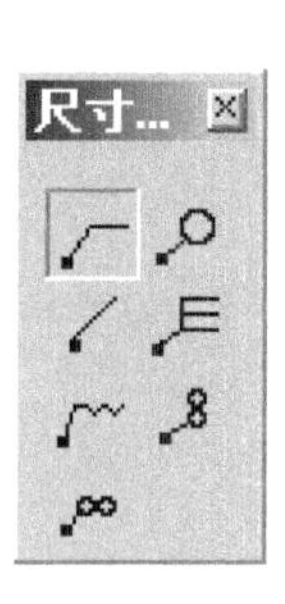

图 6.194

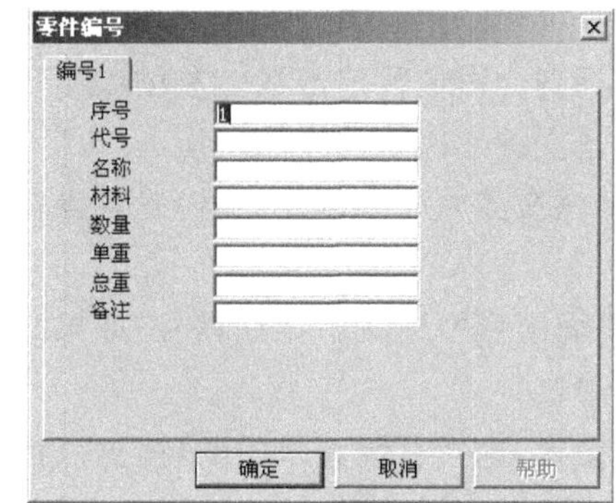

图 6.195

(3)出现图 6.195 所示对话框，提示用户输入对应零件的序号、代号、名称等信息。可用鼠标单击对应的输入框来输入信息，也可用【Tab】键在各输入框中切换。填写完之后按回车键或单击〈确定〉按钮，则序号与光标粘连。

(4)移动光标到合适位置单击鼠标左键或回车键，确定编号的引出点，再移动光标到合适的位置，也可用【Home】、【End】、【PgUp】、【PgDn】键对齐已标注的零件编号，最后单击左键或回车键确定，则在图纸上标注了零件引出号。

如果是在工序卡的 0 页面进行标注，会同时在图纸右下角标题栏上自动产生了明细栏，接着再标注，明细栏自动叠加(在工艺规程的其他页面标注，不会产生了明细栏)。

零件编号的引出点为一小圆点，对于薄壁零件，确定引出点时，上线后按回车键或单击鼠标左键，引出点变为一小箭头。

图 6.194 后四种用来标注零件组，操作方法如下：

(1)选中某种方式。

(2)移到合适的位置，单击左键或按回车键。

(3)出现图 6.196 所示对话框，提示用户输入零件组的零件数，假设项目数为 6，单击〈确定〉按钮或按回车键；出现图 6.197 所示对话框，为每个零件单独建立信息输入框，类似图 6.194 前三种标注方式，将各个零件对应的信息输好，最后单击〈确定〉按钮。

图 6.196

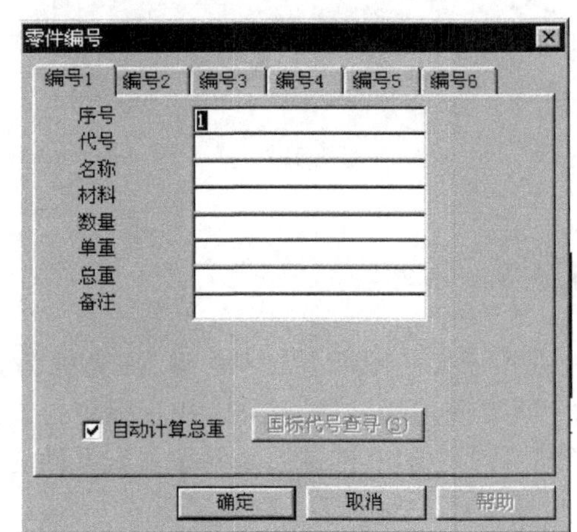

图 6.197

(4)移动光标到合适位置单击鼠标左键或回车键，确定编号的引出点，再移动光标到合适的位置，最后单击左键或回车键完成标注。

零件组的标注最多为 6 个零件标号，确定零件项目数后，在图 6.197 中即列出对应数目的零件信息输入栏。

工序卡 0 页面图形中标注了零件编号，如果将图形复制到工序卡中，需要同时复制零件编号，可按以下步骤执行：

(1)选中此图形，选择右键菜单中的〈拷贝〉，指定粘贴点。

(2)选择右键菜单中的〈重选〉。

(3)切换到工序卡中，选择右键菜单中的〈粘贴〉，在弹出的“尺寸是否复制？”对话框中选择〈是〉，在弹出的“零件编号是否复制？”对话框中选择〈是〉，则零件编号复制过来。

注意：零件编号的复制方法与一般图形的复制方法不同，不能用〈移动复制〉命令，否则零件编号不能复制。

在 CAPP 中打开带有以下明细类型中的任何一种 KMG 图纸，在工序卡 0 页面可添加、删除、修改明细相应类型的标注。

1. 明细类型 7

这种明细标注方法主要面向机床行业，是根据机床行业的行业标准来进行开发的。具体的零件标注结果如下(见图 6.198)：

(1)明细标注的引出线为定长 55 mm。

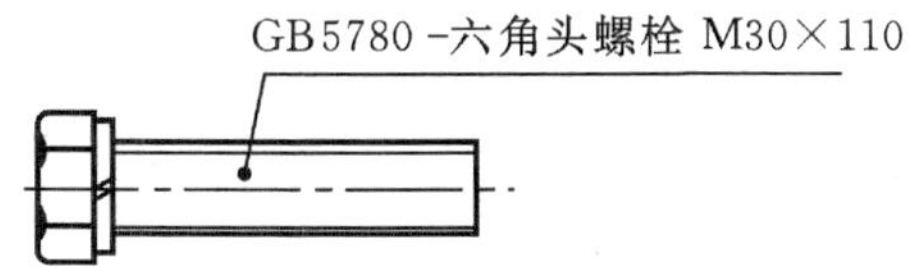

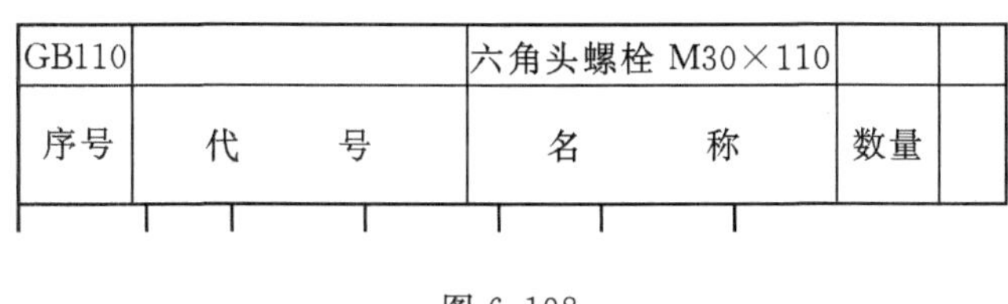

GB110		六角头螺栓 M30×110		
序号	代　　号	名　　称	数量	

图 6.198

(2)若明细标注的字符长度小于 55 mm 时，自动将填写的字符均匀地填写在引出线上。

(3)若明细标注的字符长度大于 55 mm 时，自动进行字符压缩填写。

(4)明细标注的方式为“序号-名称”。

2. 明细类型 8

这种明细标注方法主要面向纺织行业，是根据纺织行业的行业规范来进行开发的。具体的零件标注结果如下(见图 6.199)：

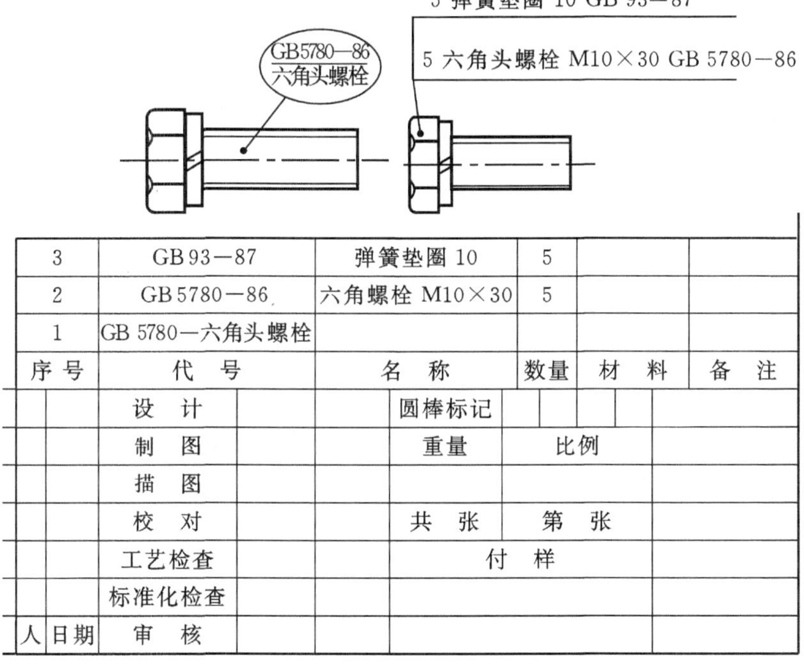

3	GB 93—87	弹簧垫圈 10	5		
2	GB 5780—86	六角螺栓 M10×30	5		
1	GB 5780—六角头螺栓				
序 号	代 号	名 称	数量	材 料	备 注

		设 计		圆棒标记	
		制 图		重量	比例
		描 图			
		校 对		共 张	第 张
		工艺检查		付 样	
		标准化检查			
人	日期	审 核			

图 6.199

(1)用圆圈标注零件时，圆圈的直径为定长 ϕ16 mm。

(2)用圆圈标注零件时，若明细标注的字符长度超出圆圈直径，系统会自动调整字符大小使字符能填写到圆圈中。

(3)用圆圈标注零件时，若在代号栏中填入的内容含字符“-”(英文中的横杠)，则在圆圈内填写时将字符“-”左边和右边的内容分别以分子分母的形式标注。

(4)用标注明细时，明细标注的方式为“数量 名称 代号”。

3. 明细类型 9

这种明细标注方法主要是面向汽车行业的规范进行开发的。具体的零件标注结果如下(见图 6.200)：

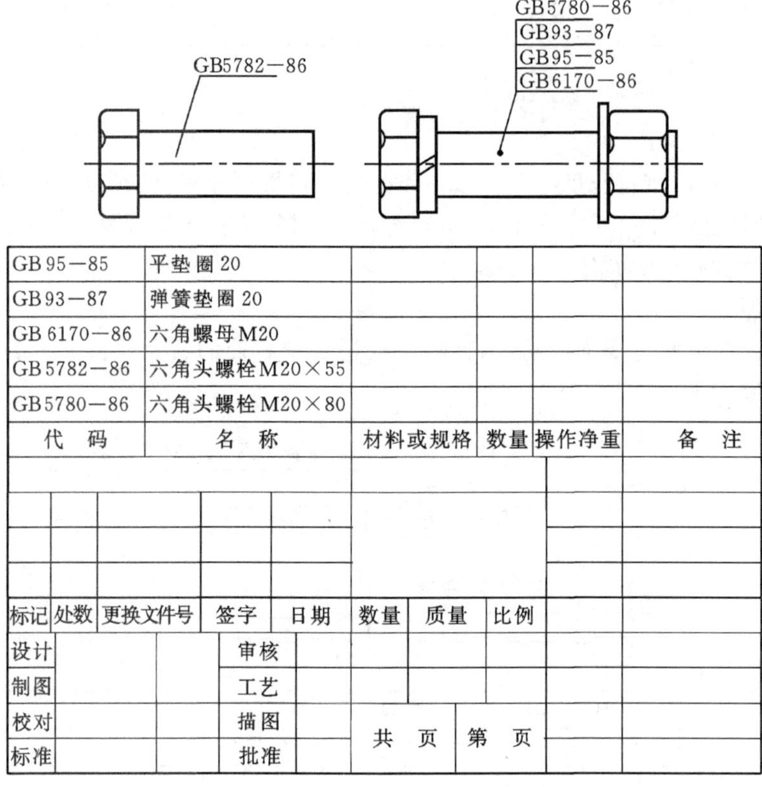

GB 95—85	平垫圈 20				
GB 93—87	弹簧垫圈 20				
GB 6170—86	六角螺母 M20				
GB 5782—86	六角头螺栓 M20×55				
GB 5780—86	六角头螺栓 M20×80				
代　码	名　称	材料或规格	数量	操作净重	备　注

标记	处数	更换文件号	签字	日期	数量	质量	比例
设计			审核				
制图			工艺				
校对			描图		共　页	第　页	
标准			批准				

图 6.200

(1)用横线标注零件时，明细栏中没有序号栏，并且在引出线上标注代号。

(2)支持代号相同零件。

(3)在〈明细栏编辑〉中可点〈按代号排序〉对明细表中的零件按代号进行排序。

(4)用标注明细时，明细标注的方式与同。

(5)对于其他几种标注方式也支持代号相同零件，标注方法同标准的明细标注方法。

6.3.10　尺寸修改

开目 CAPP 提供了面向对象的尺寸修改功能，非常方便与快捷。如果要修改图某一尺寸，当光标在尺寸状态下的任一光标时，把光标移到该尺寸上，该尺寸即可变红，表明系统已找到该尺寸目标。此时按【E】键，该尺寸则删除。此时若单击鼠标右键，则弹出如图 6.201 所示的右键菜单，左键单击右键菜单里的〈删除当前尺寸〉，则该尺寸被删除；若单击〈移动当前尺寸〉,则该尺寸恢复到黄色的临时状态,与标注尺寸时一样可对其位置、字体、字高、标注形式等进行动态直观地调整;若单击〈当前尺寸属性〉,则弹出如图 6.153 所示的〈尺寸输入〉对话框,与“标注尺寸”时尺寸输入一样,可在对话框内各窗口里对该尺寸进行全面修改。

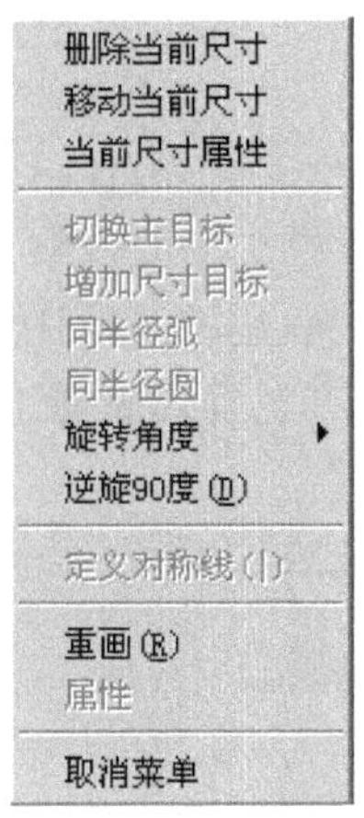

图 6.201

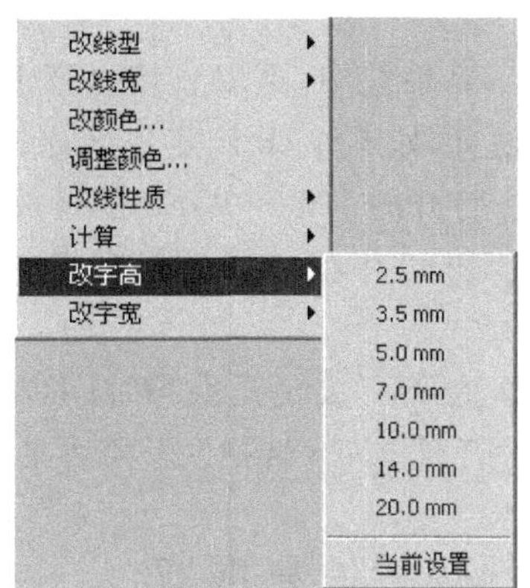

图 6.202

对于图形中标注的尺寸,能一次性修改尺寸的字高、字宽。用〈组〉选中图形,点击菜单〈编辑〉→〈改字高〉,在其子菜单中选择字高系数(如 6.202 所示),则所有已标尺寸一次性修改字高。菜单〈编辑〉→〈改字宽〉,用来改字宽。

第 7 章　图形文件数据转换

在开目 CAPP 系统中，可以直接打开 DWG、IGES 文件进行工艺设计。CAPP 系统能提取图纸标题栏信息，如零件图号、零件名称、材料牌号等，直接填写在工艺表格的相应区域，不需要手工填写。打开的 DWG、IGES 图形放置在工序卡的 0 页面，用户可对图形进行复制、粘贴、拷贝等操作，亦可将图形的外轮廓提取到工序卡中，用于工艺简图的绘制(操作同打开 KMG 图纸一致)。

打开 DWG 及 DXF 文件是由“开目 DWG 转换”子模块来完成的，打开 I-DEAS 及 Solid Edge 文件是由“开目 IGES 转换” 子模块来完成的。

7.1　图纸标题栏信息提取

在 CAPP 安装目录的子目录 convert 下有 biaotilan. btt 文件，该文件配置了用户 DWG 图纸标题栏的信息。

格式如下：

```
开目公司标题栏模版文件 1.0 版    版权所有 2000－2002
[关键字]                         //用来识别该 DWG 文件是否有标题栏
XXXXX,200,50,250,10              //XXXXX 表示企业名称。标题栏一般有企业
                                 //名称，可以根据指定坐标区域是否有此名称来
                                 //判断是否有标题栏
[标题信息]
零件名称,20,30,50,40             //属性名，坐标区域，坐标均相对于图幅右下角点
零件图号,30,40,50,90
[结束]
```

有了此配置文件，在读取 DWG 文件时，系统将读取标题栏的信息，传递到工艺文件中。

在 CAPP 安装目录的 iges 子目录下有 biaotilan_igs. btt 文件，该文件配置了用户 IGES 图纸标题栏的信息。格式同上。在读取 IGES 文件时，系统也能将标题栏的信息传递到工艺文件中。

7.2　开目 DWG 转换子模块

开目 DWG 转换子模块是 AutoCAD 生成的 DWG 文件与开目 CAD 生成的 KMG 文件之间数据转换的转换工具。它不仅可对多个文件进行转换，还可对整个目录的文件进行转换，并且可以预先设置转换方式。转换结束后，可根据颜色或层对转换结果进行修改，或调整转换比例。

运行开目 CAPP 的 Convert 子目录下的 DwgConv. exe，即可进入开目 DWG 图形文件转换模块。这时屏幕上会弹出如图 7.1 所示的界面。

图 7.1

1. 工具条

在转换时可以借助工具条来完成必要的操作。转换和改变设置的基本控键如下：

:整个目录的 DWG 文件或 DXF 文件格式向 KMG 文件格式转换。

:一个或多个 DWG 文件或 DXF 文件转换为 KMG 文件。

:整个目录的 KMG 文件格式和 DWG 文件格式转换。

:一个或多个 KMG 文件转换为 DWG 文件。

:重新转换。

:DWG 文件或 DXF 文件与 KMG 文件的转换方式的设置。

:DWG 文件或 DXF 文件向 KMG 文件的转换后进行比例的调整。

:DWG 文件或 DXF 文件转换后，可根据线的颜色转换为“粗实线”或“细实线”。

:DWG 文件或 DXF 文件转换后，可根据线所在的层转换“粗实线”或“细实线”。

2. 操作过程

1)DWG、DXF 文件转换为 KMG 文件

DWG 文件转换为 KMG 文件的基本步骤如下：

(1)单击工具条上的或图标弹出对话框，按路径找到文件存放处，将需转换扩展名为 dwg 或 dxf 的文件打开，即自动完成转换，并在原文件目录中生成一个同名的 KMG 文件(若系统无法识别内外图框时，则提示输入转换比例)。

(2)此时屏幕上显示转换的结果，若线型转换得不对，还需针对图纸做一些设置。

(3)单击工具条上的按钮，屏幕会弹出如图 7.2 所示的对话框，可设置转换方式。在转换的设置中可以将尺寸字高改为标准(5 mm)字高，可设置是否将样条曲线转为波浪线，设置是否按颜色确定线型等。

(4)在设置了按颜色确定线型后,单击按钮,会出现如图 7.3 所示的对话框,在其中根据颜色来设置粗细线。

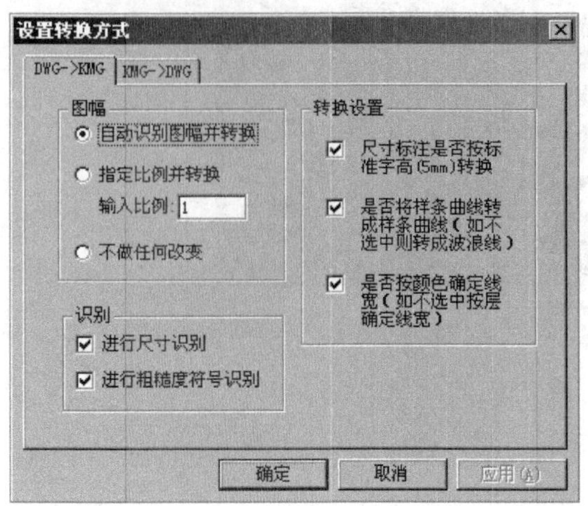

图 7.2

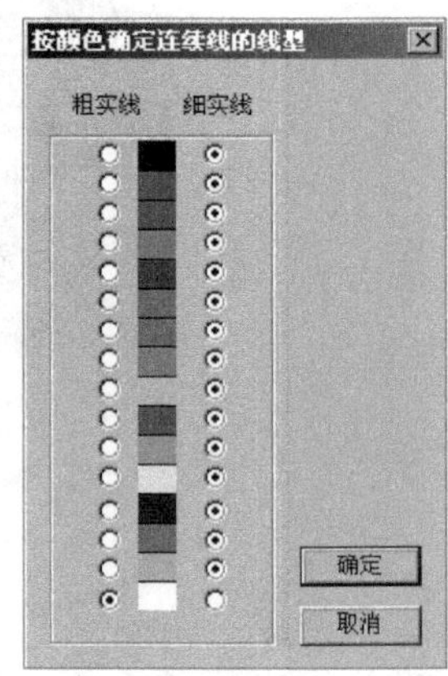

图 7.3

(5)若需要修改层来设置转换方式,可单击按钮,会出现如图 7.4 所示的对话框,在需转换为粗实线的层列入到粗实线的列表中,其他均为细线。

在上述转换设置做完后,单击按钮,系统可根据所做的设置重新转换。转换完后,将自动保存此设置。

若转换过来的图形比例需要修改,单击按钮,系统会出现如图 7.5 所示的对话框,输入所需的转换比例即可。

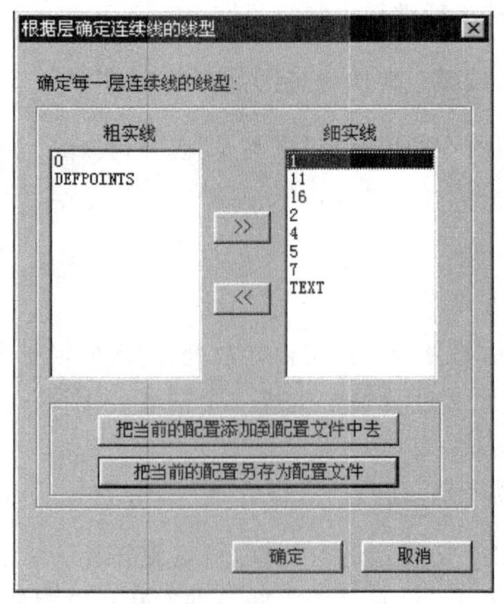

图 7.4

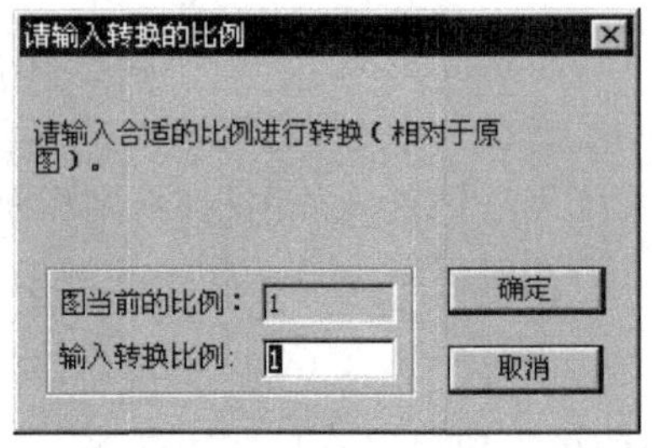

图 7.5

注意：在 CAPP 实现自动转换时，会调用上述的设置进行转换，因此在正式编制工艺文件前，可先在转换模块中作好各种设置，系统都将自动存储。编制工艺文件打开 DWG 文件时，则可正确进行转换。

2）KMG 文件转换为 DWG 文件

KMG 文件转换为 DWG 文件的步骤与 DWG 文件转换为 KMG 文件的相同，单击工具栏上的或图标即可以直接读入 KMG 文件，并转换为 DWG 文件。

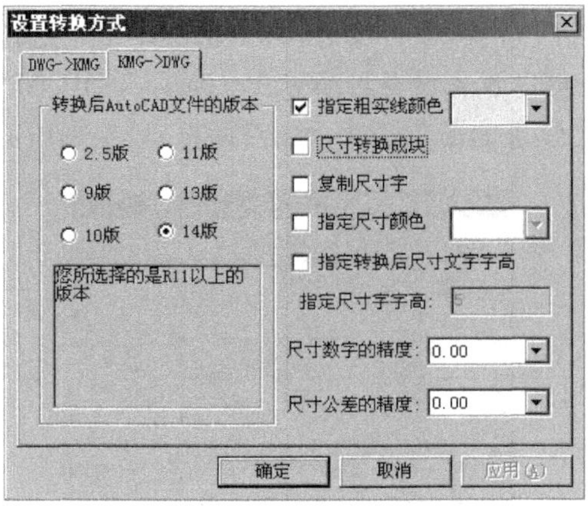

图 7.6

同样，在 KMG 转换 DWG 的过程中，也可单击工具栏上的图标，屏幕会弹出如图 7.2 所示的对话框，点〈KMG→DWG〉，出现如图 7.6 所示的对话框，可设置转换后 DWG 文件的版本，设置粗实线及尺寸的颜色，设置尺寸字高等。

注意：无论是从 DWG 转成 KMG，还是从 KMG 转成 DWG，系统都将自动存储转换生成的文件，此时不需再次存盘；但若在转换后修改了转换设置（如通过颜色或层更改线型），则需再次存盘。

3. DWG 转换配置文件说明

在从 DWG 文件转换为 KMG 文件的过程中，粗细实线的转换是由 COLOR.CON 及 LAYER.CON 两个配置文件来控制的，这两个文件在开目 CAPP 的 Convert 子目录下。

COLOR.CON 文件主要是通过颜色来控制线型的。也就是用图标设置后自动生成的配置文件。其格式如下：

```
1:1
2:0
……
16:0
```

即“颜色：粗/细”，其中 1～16 表示不同的颜色，如 1 表示黑色、2 表示棕色，依次类推；冒号后的数据表示线的粗细，0 为粗实线，1 为细实线。

LAYER.CON 文件主要是通过层来控制线型。也就是用图标设置后，图 7.4 对话框〈把当前配置存为配置文件〉生成的配置文件。其格式如下：

0

DEFPOINTS

表示只将 DWG 文件中的 0 及 DEFPOINTS 的线转换为 KMG 文件后，为粗实线。

7.3 开目 IGES 转换子模块

开目 IGES 转换子模块是将 AutoCAD r11/r12、I-DEAS 及 Solid Edge 生成的 *.igs 文件向 KMCAD 的 *.kmg 文件转换，或者反之，将 KMCAD 的 *.kmg 文件向 AutoCAD 等软件的 *.igs 文件转换，并且可以预先设置转换方式。运行开目 CAPP 的 iges 子目录的 ReadIGES.exe 文件，在屏幕上会弹出如图 7.7 所示的对话框，可根据所需来设置配置。

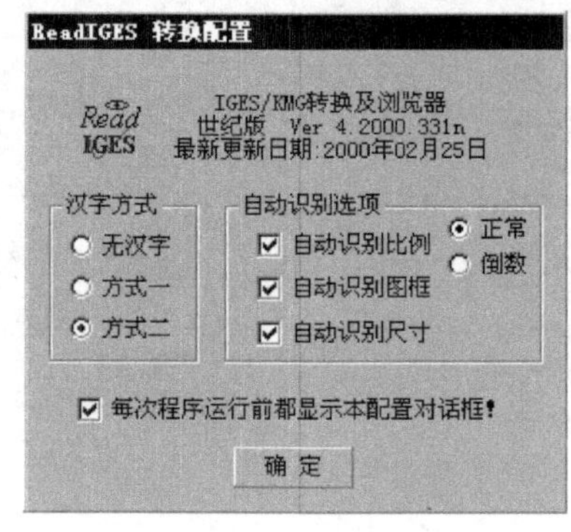

图 7.7

汉字方式

(1)无汉字：需转换图形文件的文字中没有汉字。

(2)方式一：需转换图形文件中的汉字是采用四位数字进行编码保存的。

(3)方式二：需转换图形文件中的的汉字是采用高 8 位置 0 保存的。

自动识别选项：

(1)自动识别比例：若需转换图形文件在作图中用到了比例，则选择该项，否则不选。

(2)自动识别图框：自动识别图框，将图框移到正确的位置上。

(3)自动识别尺寸：自动识别尺寸，使转换后的 KMG 文件的尺寸有约束目标。

一般情况下，同一企业的同一图形系统所输出的 IGES 文件特征相同，因此如果您已经配置好参数，并且不想在每次运行程序时都显示此对话框，您可以清空〈每次程序运行前都显示本配置对话框!〉复选框，并单击〈确定〉。这样，下次程序开始运行时就不会显示该对话框。也可在〈文件〉菜单中选择〈配置...〉来激活此对话框。完成后点〈确定〉，系统会弹出如图 7.8 所示的界面。

1. 工具条

工具条可以根据自己的喜好，在〈查看〉菜单中选〈切换工具条大小〉及〈工具栏显示文字〉来设置工具条。

切换工具条大小：用于切换工具条的大小，即在以下两个工具条之间切换。如图 7.9 和图 7.10 所示。

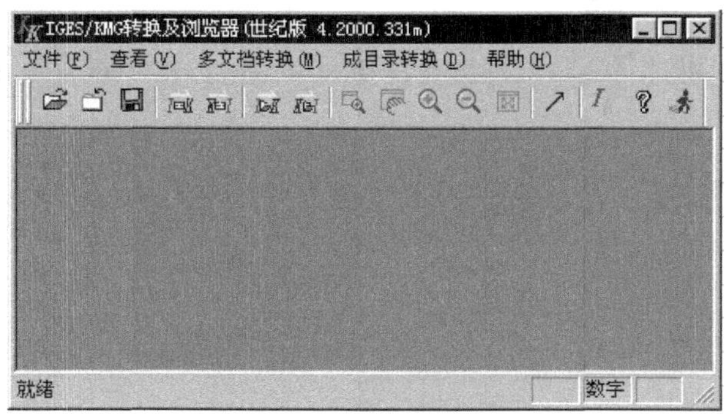

图 7.8

工具栏显示文字：控制工具条上是否显示文字注释，如工具条 1 及工具条 2 分别为带文字及不带文字的两种显示方法。

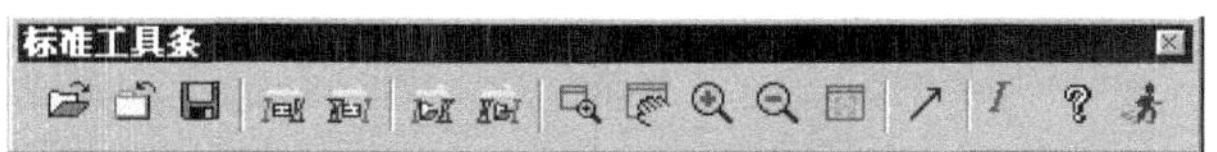

图 7.9

图 7.10

转换的基本控键如下：

：一个或多个 IGES 文件转换为同名 KMG 文件后存盘；

：一个或多个 IGES 文件转换为同名 KMG 文件后存盘；

：整个目录的 IGES 文件转换为同名的 KMG 文件；

：整个目录的 KMG 文件转换为同名的 IGES 文件；

：切换工具条大小。

2. 操作过程

1)IGES 文件转换成 KMG 文件

IGES 文件转换为 KMG 文件的基本步骤如下：

(1)单击工具条上的　或　按钮可以直接读入 *.igs 文件，并转换为 *.kmg 文件；

(2)若转换后的汉字不对，还需针对图纸在文件菜单的“配置”中修改汉字转换方式。

2)KMG 文件转换为 IGES 文件

单击工具栏上的或图标可以直接读入 *.kmg,并转换为 *.igs 文件。

第8章 特征工艺设计

特征工艺设计，是指在工艺设计过程中，针对零件的典型特征，从特征加工方法库中选择合适的特征加工方法，或通过输入条件从特征加工方法库中选取满足条件的特征加工方法，系统将解释后的加工步骤存放在备选池中，用户将加工步骤合理地加入零件的工艺文件中，最终生成工艺卡片输出。

开目CAPP的特征工艺设计模块中，建立了国标推荐的特征加工方法，用户可直接使用。

在本章之中，您将了解到以下内容：

8.1节介绍特征加工方法经过解释后，生成具体的特征加工步骤，存放在备选池中，等待用户选用。

8.2节介绍特征加工步骤如何添加到工艺文件中。

8.3节介绍备选池中的其他操作。

术语定义：

特征：用来描述零件结构形状的主体或辅助要素，例如外圆、内孔、形槽等。

特征加工方法：针对某一特征的加工方法。如工件材料为钢或铸铁、外圆直径精度等级为7级、表面粗糙度为1.6的外圆的加工方法为：粗车－半精车－磨削。其中“粗车”、“半精车”、“磨削”称为一个加工步骤。

备选池：用来暂时存放特征及其解释后的加工方法的树状结构的界面，用户可以将其中的步骤加入零件的工艺路线中。

8.1 特征加工方法进入备选池

新建工艺文件，选择工艺资源管理器窗口中的〈特征〉属性页，此页面上有一个根节点“工艺备选池”，选中根节点，点击右键，弹出图8.1所示的右键菜单。

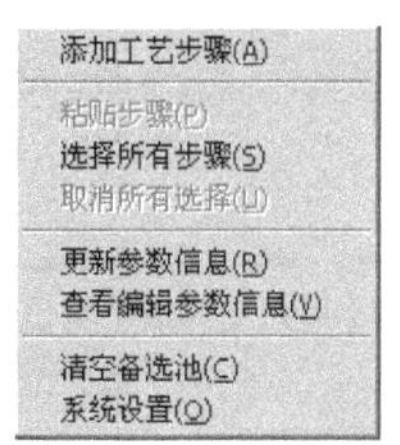

图8.1

选择〈添加工艺步骤〉菜单，弹出“选择特征加工方法链”对话框，显示出所有特征加工方法。

如果某一零件需要用到孔加工，用户可查看特征加工方法库中的孔加工方法，选择合适的方法链，如图8.2所示。假设“钻－扩－铰”正是需要的孔加工方法，可以选定“钻－扩－铰”这个加工方法，点击〈添加→〉按钮或者双击鼠标左键，会弹出如图8.3所示的对话框，让用户输入特征加工方法对应的参数的取值。

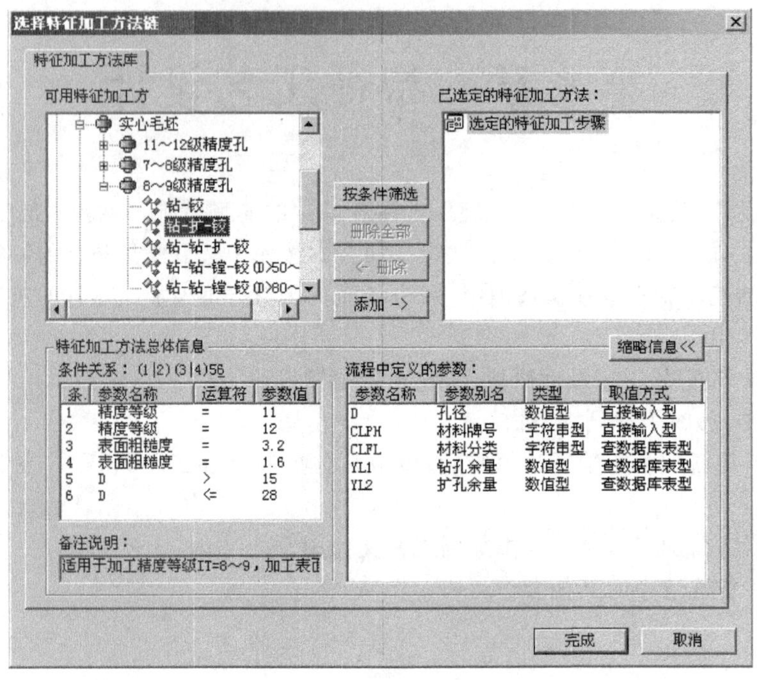

图 8.2

在图 8.3 中，用户可在特征加工参数列表框给所有的参数赋值，如上例中输入孔径 20，材料牌号可由表头区传递过来。用户可修改特征加工方法名称，如修改为“支撑孔”，点击〈确定〉，便可以将特征加工方法对应的步骤添加到图 8.2 右边的“选定的特征加工步骤”之中。选中的“钻”、“扩”、“铰”三个步骤都有一个名称后缀“支撑孔”，这个后缀表明三个步骤同属于一个特征加工方法，如图 8.4 所示。

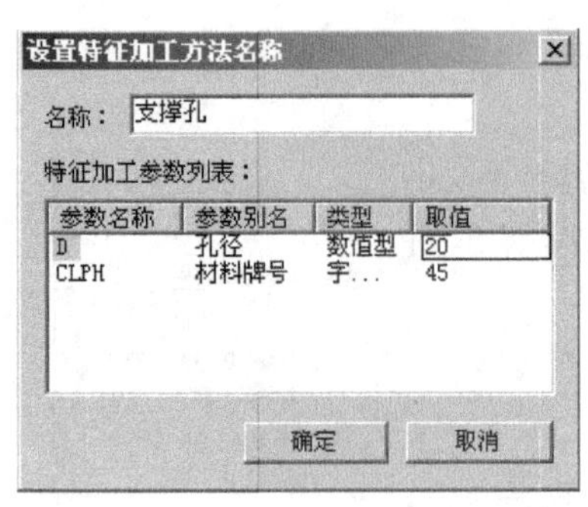

图 8.3

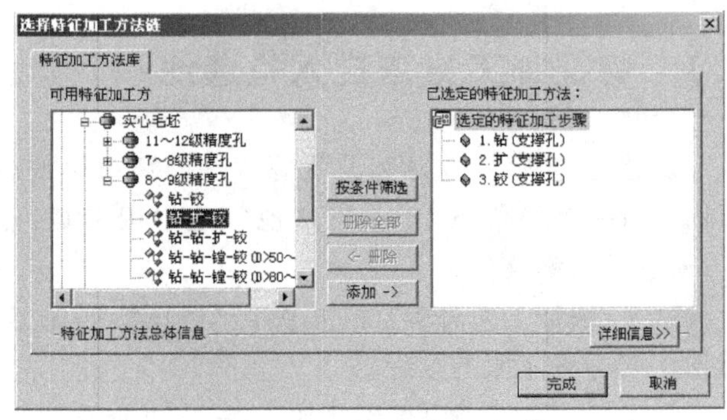

图 8.4

照此方法，可选择多个特征加工方法添加到“选定的特征加工步骤”树之中。

如果要删除已添加到“选定的特征加工步骤”树中的特征加工方法，可用鼠标选中其中的某一个加工步骤，点击〈删除〉按钮即可。点击〈删除全部〉按钮，可将已添加到“选定的特征加工步骤”树中的特征加工方法全部删除。

按条件筛选特征加工方法如下：

在图 8.2 中，用户可以通过输入特征条件来筛选需要的特征加工方法。点击〈按条件筛选〉按钮，会弹出图 8.5 所示的“按条件筛选”对话框。

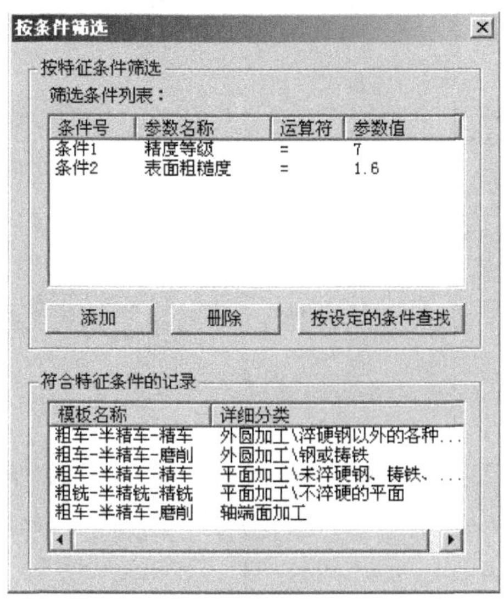

图 8.5

要在筛选条件列表中添加条件表达式，点击〈添加〉按钮，便会在筛选条件列表之中添加一个条件号，并在运算符字段填上一个“＝”，在参数名称栏和参数值栏中填上参数名称和参数值，便构成了一条完整的条件表达式。

如果想要删除一个已经列在条件列表之中的条件，选中该条件，点击〈删除〉便可以从条件列表之中删除选定的条件。

设定好查询条件之后(各条件间是“与”的关系)，点击〈按设定的条件查找〉按钮，便可以在特征加工方法库之中按设定的条件查找符合的特征加工方法。

如果找到了符合条件的特征加工方法，选中的特征加工方法的模板名称和详细分类就会显示在图 8.5 中下方的“符合特征条件的记录”列表框中。

在图 8.4 中点击〈完成〉按钮，系统会弹出图 8.6 所示的“输入参数值”对话框，在此对话框中可输入或修改参数值(如果在图 8.3 中没有输入参数值，可在此对话框中输入)。

参数解释说明：

(1)直接输入型：在图 8.3 或图 8.6 中参数取值列表项中输入数值。

(2)给定选择项型：在对应参数的参数取值下拉框中选择。

(3)查工程数据表型：用鼠标点击参数取值列表项，会弹出指定的数据表，如图 8.7 所示。用鼠标双击满足要求的数据，则此数据显示在“显示数据”显示框中，〈确定〉后，选中的数据作为参数的数值。

在图 6.6 中，确认输入的数值无误，点击〈确定〉，开始解释。如果参数定义的内容是可以解释的，则进行属性内容中的变量解释。

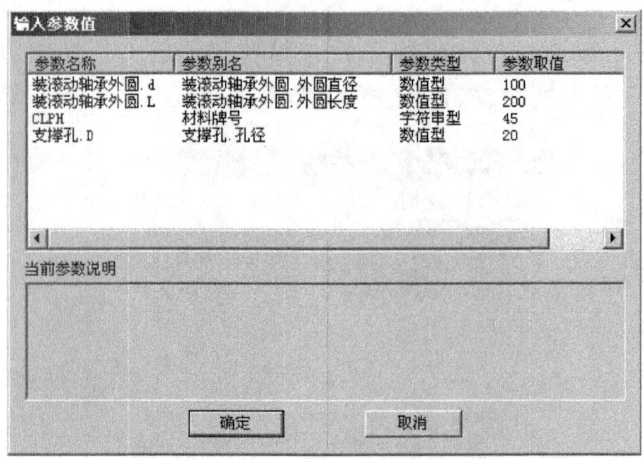

图 8.6

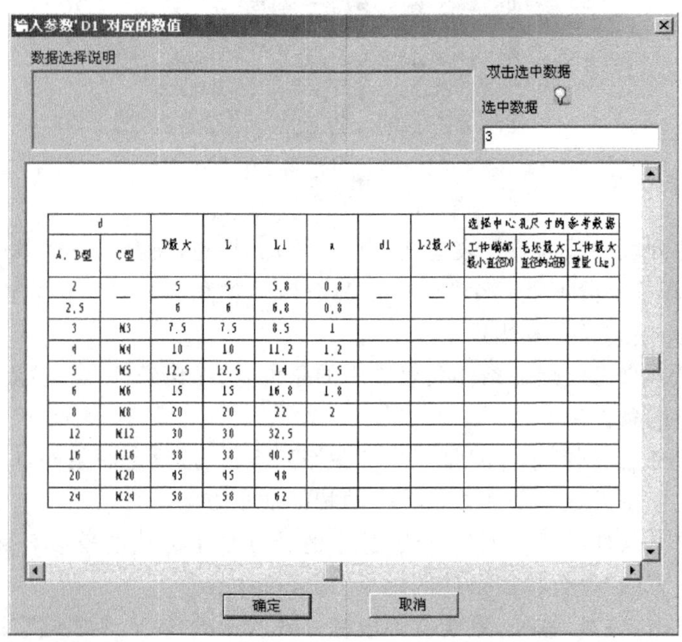

d		D最大	L	L1	a	d1	L2最小	选择中心孔尺寸的参考数据		
A、B型	C型							工件端部最小直径D0	毛坯最大直径的范围	工件最大重量(kg)
2	—	5	5	5.8	0.8	—	—			
2.5		6	6	6.8	0.8					
3	M3	7.5	7.5	8.5	1					
4	M4	10	10	11.2	1.2					
5	M5	12.5	12.5	14	1.5					
6	M6	15	15	16.8	1.8					
8	M8	20	20	22	2					
12	M12	30	30	32.5						
16	M16	38	38	40.5						
20	M20	45	45	48						
24	M24	58	58	62						

图 8.7

随后系统会弹出图 8.8 所示“输入变量值”对话框。

变量解释说明：

(1)未定义取值方式：如果在流程中未定义变量的取值方式，则直接以变量形式显示。

(2)给定选择项型：直接在对应变量的变量取值下拉框中选择。

(3)查工程数据表型：用鼠标点击变量取值列表项，会弹出指定的数据表，用鼠标双击满足要求的数据即可。

(4)参数计算型：如果无法计算，则以设置的处理方法输出变量(在下面解释失败后的处理方式中介绍)。

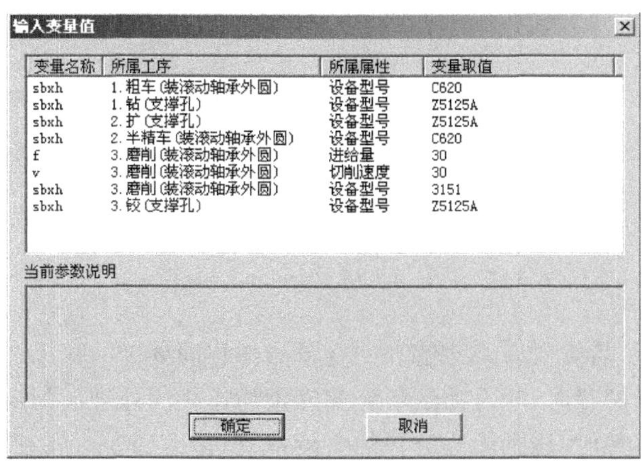

图 8.8

(5)查数据库表型:在解释查数据库表型变量时,如果查找正确,仅有一个值满足要求,直接以此值作为变量值。

若有多个值满足要求,系统列出所有可能的取值,如图 8.9 所示。

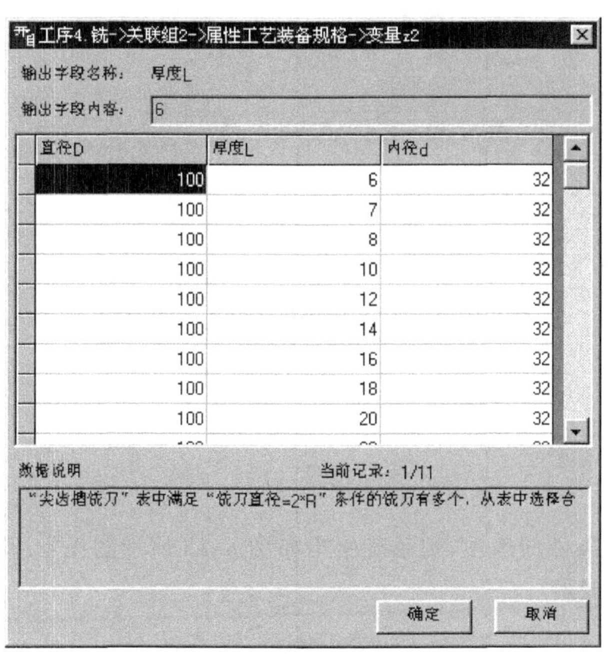

图 8.9

选择一条记录,输出字段显示在上面的显示框中。选择〈确定〉,输出字段作为变量的值,继续往下执行。如果选择〈取消〉,系统提示如图 8.10 所示。

选择〈不替换变量〉,则此处仍以变量形式显示;选择〈空字符串替换变量〉,则此处以空字符串显示,不显示变量。

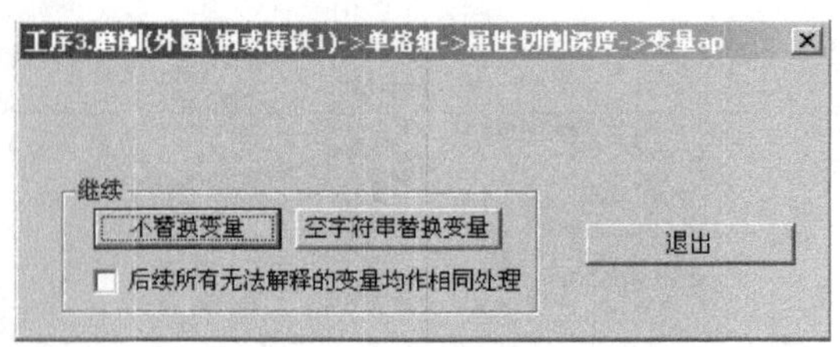

图 8.10

图 8.10 中有一项“后续所有无法解释的变量均作相同处理”，如果在前面的小方框内打√(缺省)，则在以后变量解释时，所有无法解释的变量均作相同处理。如果在前面的小方框内去掉√，则在以后变量解释时，遇到无法解释的变量，系统会出现提示框，提示用户作相应处理。

(6)根据条件确定选项：系统根据已知的条件选取满足条件的选项。

①如果只有一个选项的条件符合，则以此选项作为变量的值，往下执行解释程序，不需用户输入数据。

②如果有多个选项满足条件，则给出满足条件的选项，用户从中选择一个作为变量的输入值，界面如图 8.11 所示。

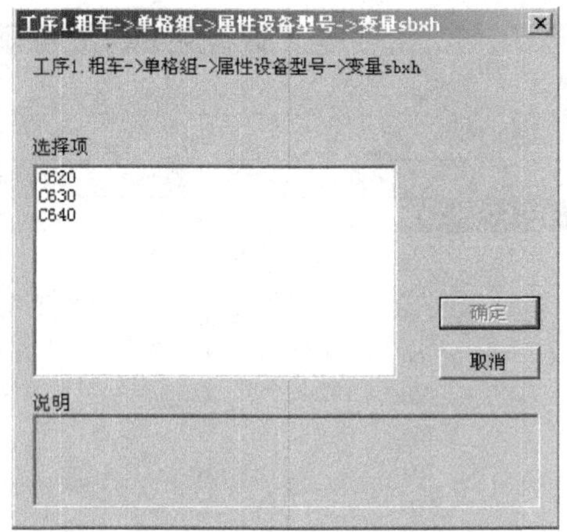

图 8.11

③如果没有满足条件的选项，则系统给出如图 8.12 所示的提示，用户可选择〈不替换变量〉或〈空字符串替换变量〉。

图 8.12

参数或变量解释失败后的处理方式：选择“工艺备选池”根节点，选择右键菜单的〈系统设置〉，弹出图 8.13 所示的对话框。

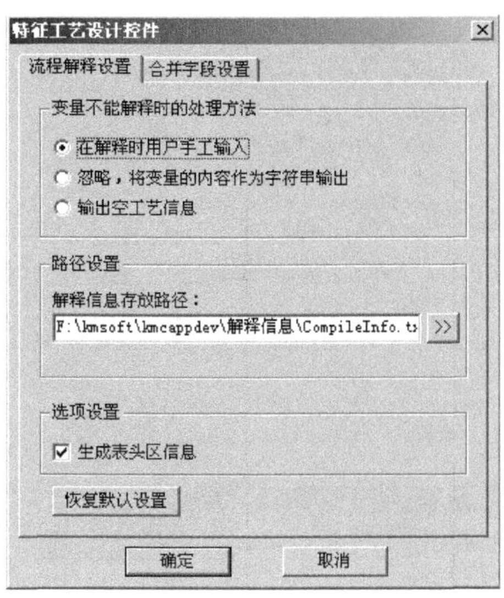

图 8.13

系统针对所有不能解释的参数和变量，提供三种处理方式：

①在解释时用户手工输入。在解释到参数或变量时，直接弹出如图 8.14 所示的对话框，让用户输入参数值。

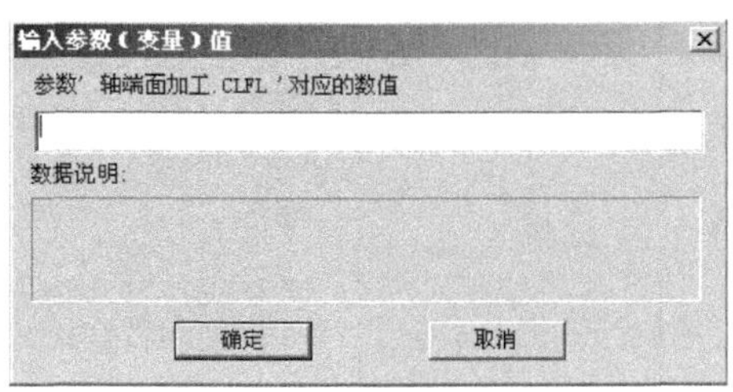

图 8.14

②忽略，将变量的内容作为字符串输出。如果选择此选项，则变量名仍存在与工艺信息中，如“主轴转速”为“{n}”。

③输出空工艺信息。如果选择此选项，则用空字符串替换工艺信息中的变量名，如“主轴转速”为空。

查数据库型变量查询失败后的处理方法：如果数据库中没有满足条件的记录，或者查询的语句有错，系统会弹出如图 8.15 所示的对话框，让用户选择处理方式。

各处理方式的含义如下所述：

①手工查数据表选择参数值。如果用户选择此选项，则点击〈确定〉按钮后，弹出如图 8.16 所示对话框，让用户选择参数值。

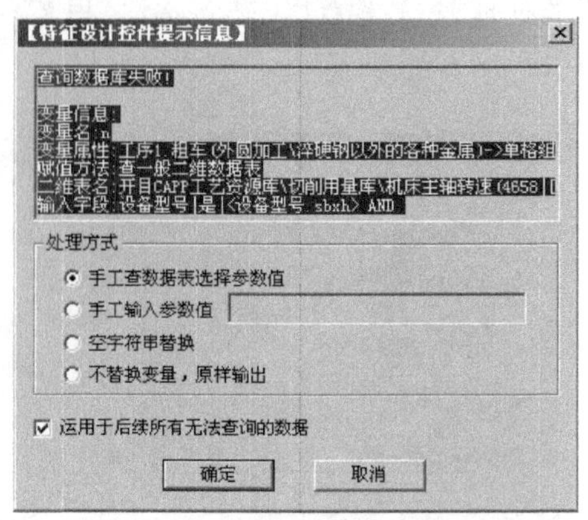

图 8.15

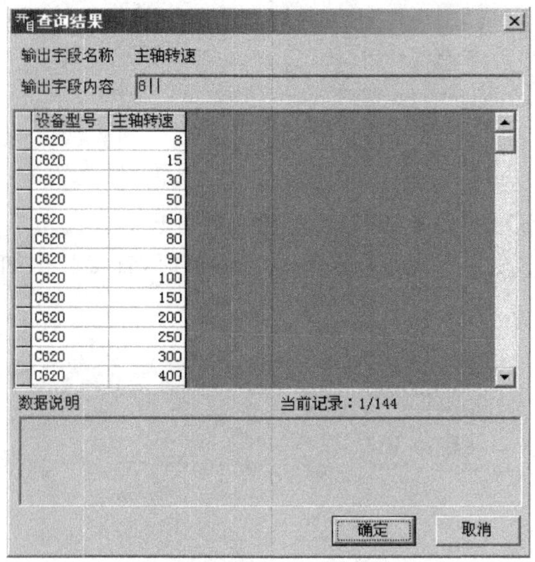

图 8.16

②手工输入参数值。如果选择了此选项,则输入"参数值"的编辑框可编辑,在此编辑框中输入参数值。

③空字符串替换。如果选择此选项,则用空字符串替换工艺信息中的变量名,如"主轴转速"为空。

④不替换变量,原样输出。如果选择此选项,则变量名仍存在与工艺信息中,如"主轴转速"为"{n}"。

"运用于后续所有无法查询的数据"复选框:选择此复选框后,再次遇到类似参数查询错误的情况后,使用当前用户选择的处理方式,不再弹出当前对话框。

变量解释完成后,特征加工步骤以树状结构显示在工艺备选池中,如图 8.17 所示。

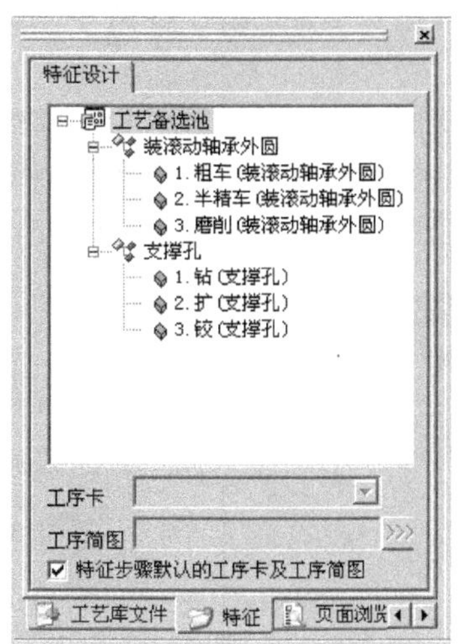

图 8.17

8.2　添加特征步骤到工艺文件中

1. 添加特征步骤到表中区

在编制表中区的工艺路线时，用户可以根据需要从“工艺备选池”中选择特征步骤，将其添加到表中区。当把步骤作为工序信息的时候，步骤号、步骤名称、步骤内容分别代表着“工序号”、“工序名称”、“工序内容”。

1）*添加方法*

系统提供了如下三种将备选池中的步骤添加到表中区的方法，每种操作方法都支持步骤节点的多选，可以批量添加步骤到表中区。

（1）鼠标拖动添加。可以通过拖动将步骤添加到右边的表中区某一行，如果当前行原来有工艺信息，则将原来的工艺信息下移。

（2）鼠标右键菜单添加。用右键菜单也可以将步骤添加到表中区。在表中区选中插入的行，然后在左边的“工艺备选池”树中选中需要添加的步骤节点，单击鼠标右键，会弹出图 8.18 所示的菜单。

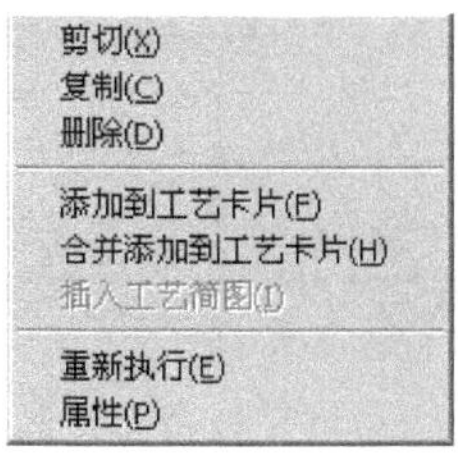

图 8.18

添加到工艺卡片：将选中的步骤加为当前行，如果当前行已有工艺信息，原有工艺信息向下移。

合并添加到工艺卡片：将备选池中选择的多个步骤节点的所有工艺信息合并成一道工艺信息输出到工艺卡片中。

合并的规则为：合并后的步骤属性集以选中节点中最前的节点属性集为准。

需要合并的字段为用户在系统设置(图 8.18 的菜单)中配置的合并字段(见图 8.19)，合并后的字段值之间用"；"隔开。注意：此处"字段"表示步骤的各属性对应的属性名称。

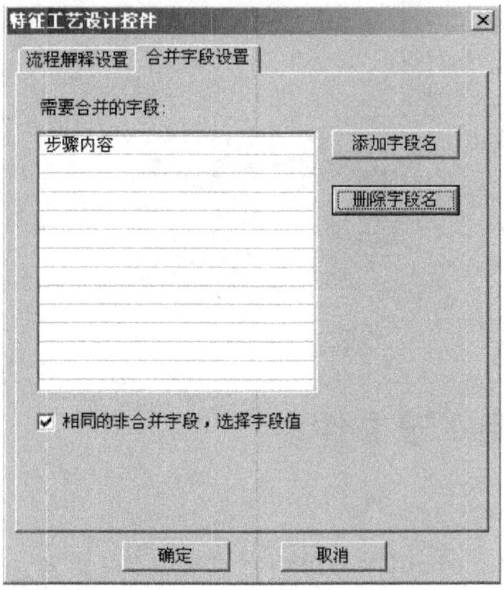

图 8.19

不需要合并的字段，如果用户选择了"相同的非合并字段，选择字段值"复选框，则会弹出对话框(见图 8.20)，让用户选择各字段的值。

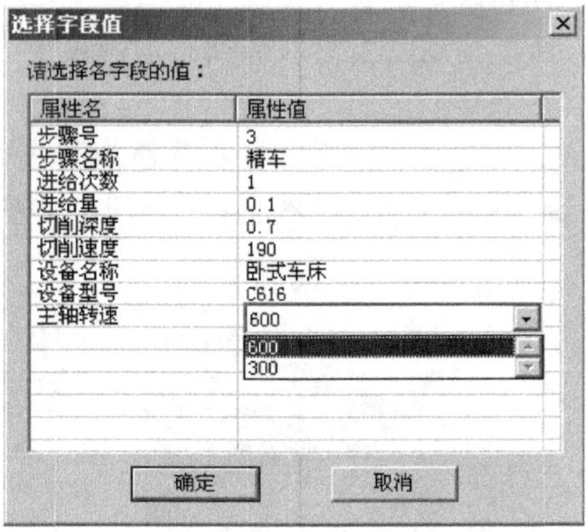

图 8.20

图 8.20 所示的"选择字段值"对话框中，显示的属性是除去需要合并的字段外的其他所有字段，并且这些字段的个数与用户选择的第一个特征步骤的字段(除去需要合并的字段外)个数相同，并且名称全部相同，其他特征步骤的其他字段(如"同时加工件数")将作丢弃处理。

(3)鼠标双击添加。在备选池中用鼠标左键选中需要添加的步骤，然后再在右边的表中区中选中一个空行，双击会将备选池中的步骤加为选中的行。如果在表中区没有选择目标行，双击会将备选池中的步骤添加为工艺路线的最后一道工序。

2)添加规则

(1)特征步骤顺序需要一致。备选池中的工艺步骤是有先后关系的，其顺序不能随意更改，工艺步骤添加到工艺卡片时，对添加的步骤要进行合理性判断，工艺步骤之间的先后顺序必须保持其在备选池中的先后顺序。

工艺路线中特征步骤的顺序应当与特征步骤在备选池中的顺序一致。

例如“步骤 1”必须在“步骤 2”的前面，“步骤 2”必须在“步骤 3”的前面。当用户添加的顺序不合理时，系统提示用户。

(2)特征加工方法链之间允许交叉添加。如果备选池中有多个特征加工方法链，则允许多个特征工艺链之间的步骤交叉添加到表中区。工艺链与工艺链之间没有顺序关系，工艺链内部的工艺步骤则必须符合“顺序一致”的规则。

(3)申请工序卡的规则。在〈特征〉属性页的下部，如图 8.21 所示，如果“特征步骤默认的工序卡及工序简图”复选框“勾选”，同时特征步骤定义了对应的“工序卡”名称，则在添加特征步骤到表中区中时，CAPP 系统自动申请工序卡。

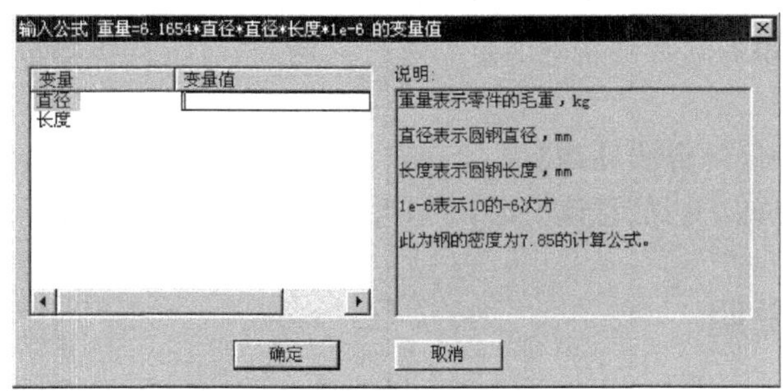

图 8.21

特征步骤对应的“工序卡”名称，既可以在特征加工方法定义模块中指定，也可在图 8.21 的“工序卡”下拉框中选择。

如果“使用特征步骤默认的工序卡及工序简图”复选框“未勾选”，或者“工序卡”名称为空，则 CAPP 系统不自动申请工序卡。

不论是否自动申请工序卡，工步信息都不自动添加到工序卡中。

(4)工艺简图的插入规则。如果选中的特征步骤指定了工序卡以及工序简图，并且“使用特征步骤默认的工序卡及工序简图”复选框“勾选”，则在自动申请工序卡的同时，系统自动将工序简图插入到工序卡的简图区。

2. 特征加工步骤与工序之间的相关关系

将特征步骤添加到表中区后，在特征步骤与表中区对应的工序之间就形成了相关的关系，这种“相关关系”表现在如下几个方面：

(1)特征步骤添加到表中区后，特征步骤被加锁，加锁后的节点不能再次添加；

(2)表中区的记录删除，对应的特征步骤解锁，解锁后的节点可以被再次添加到工艺卡片中；

(3)特征步骤的值改变后,同步更改表中区中对应的工艺信息值。

选中"工艺备选池"根节点,选择右键菜单中的〈查看编辑参数信息〉(见图 8.1),在"输入参数值"对话框中修改参数值,然后选中工艺备选池中的一个或多个步骤,选择右键菜单中的〈重新执行〉(见图 8.18),解释后系统会弹出如图 8.22 所示的对话框,选择〈是〉,则更改表中区对应的工艺信息值。

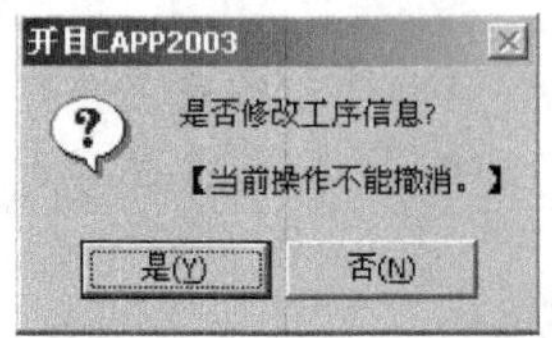

图 8.22

3. 添加特征步骤到工步内容块

添加特征步骤到工步内容块的操作方法与添加到表中区的操作方法相同。当把步骤作为工步信息的时候,步骤号、步骤名称、步骤内容分别代表着"工步号"、"工步名称"、"工步内容"。

将特征步骤添加到工步内容块非常自由,没有任何限制。表现在如下几个方面:

(1)添加后,当前添加的特征步骤节点不进行锁定,当前特征步骤节点仍然能够被添加到其他行或其他卡片中;

(2)不进行步骤顺序的合法性判断;

(3)特征步骤节点的工艺信息改变后,工步信息不能自动进行更新。

8.3 其他操作说明

选择"工艺备选池"根节点,点击右键,在弹出的菜单中有其他几项,下面分别说明:

1. 选择所有步骤、取消所有步骤

选择"工艺备选池"根节点,选择右键菜单的〈选择所有步骤〉,则备选池中的所有步骤被选中。当更新了参数信息,需要将所有步骤重新执行时,可用此功能选择所有步骤,重新执行。

选择〈取消所有步骤〉则取消所有步骤的选中状态。

2. 更新参数信息

当编辑了参数信息后,如修改了"输入参数值"对话框中的"材料牌号",选择〈更新参数信息〉后,表头区"材料牌号"会作相应修改。

3. 清空备选池

〈清空备选池〉功能,可将备选池中的所有步骤删除。

4. 系统设置

在"系统设置"对话框中,还有三项内容:

(1)解释信息存放路径:用户可设置解释信息存放路径,存放文件为 CompileInfo.txt。

(2)生成表头区信息:勾选后,输入的参数信息,如果对应表头区填写内容,可直接填入表头区。

(3)恢复默认设置:恢复系统的默认设置。

第 9 章　公式管理器

9.1　公式管理器简介

工艺规程设计完成以后，还需进行材料消耗定额计算及工时定额计算。人工计算材料消耗定额，工作量很大。开目 CAPP 公式管理器，自动提取毛坯的外形尺寸，检索相应的公式，将计算结果填入工艺表格，使这一工作变得迅速而准确；工时定额人工计算亦非常烦琐，现在只需输入变量值或从表格中查找变量值，即可计算出结果。

公式管理器可由用户根据企业的实际情况动态创建，能够用于各种公式计算，具有功能独特和运用灵活的特点。

1. 公式管理器的功能

1)创建公式

用户可根据工艺规程制订的实际需要建立计算公式库，所有公式将分类放置。如公式分为材料计算、工时计算等，材料计算又包含圆钢、方钢、扁钢等的计算公式。如毛坯种类为圆钢的材料计算公式放在材料计算\圆钢下，这样层次分明，浏览方便。定好的公式的条件和变量来源可以修改。

2)快速查找公式并进行计算

用公式管理器执行计算功能时，根据用户提供的条件，先检索到符合条件的公式。然后根据用户事先定义的变量值来源，查找出相应的变量对应的值，并进行计算。大大缩短了工艺规程编制过程中用于计算所需的时间，且保证结果正确无误。

例如：

(1)计算材料消耗定额时，根据工艺文件表头信息，如毛坯种类、毛坯外形尺寸等，快速检索到相应的计算公式，然后提取毛坯外形尺寸的数值或根据毛坯外形尺寸查找其理论质量，计算出结果，并将结果填入工艺表格。

(2)计算工序基本时间时，可根据设备型号检索到相应工序的计算公式，如设备型号为某一车床，则只检索车削需要用到的计算公式，其他切削方式用到的计算公式并不显示。选定某个公式后，公式管理器根据变量值来源，查找相应数值，如主轴转速、进给量、加工长度等，然后算出结果。

2. 公式管理器的界面

单击 Windows 的〈开始〉按钮，选择〈程序〉项，找到〈开目 CAPP〉程序组，然后单击程序组中〈开目公式管理器〉，进入到开目公式管理器，屏幕显示如图 9.1 所示。

1)〈公式管理〉菜单

〈公式管理〉菜单如图 9.2 所示，功能包括添加公式、删除公式、修改公式、检索公式、公式计算、退出等。

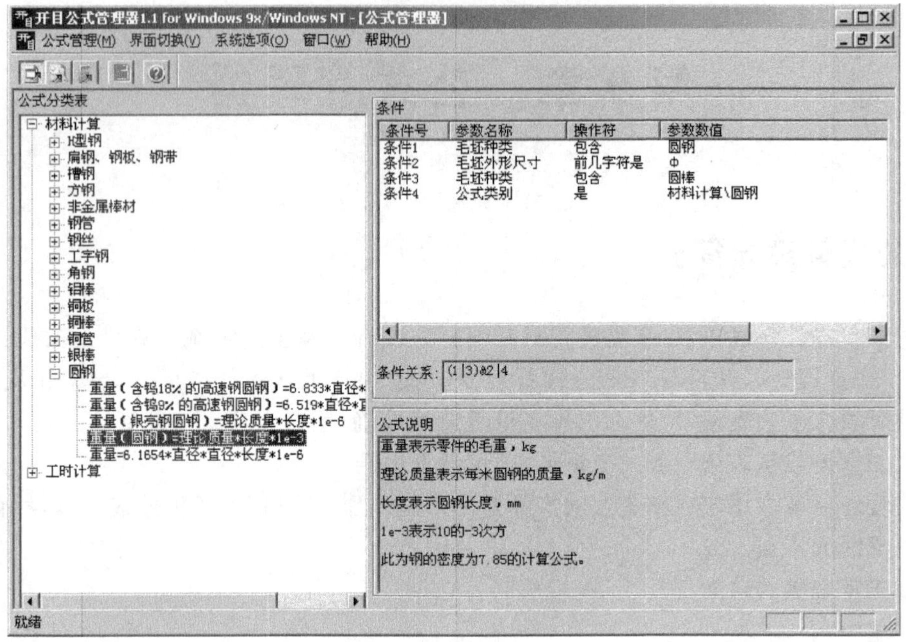

图 9.1

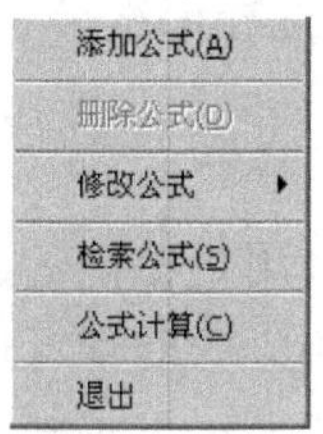

图 9.2

2)〈界面切换〉菜单

〈界面切换〉菜单用于公式管理器、批量计算配置、公式计算配置界面的切换，后两个界面的操作，分别在9.4、9.5节中介绍。

3)〈系统选项〉菜单

〈系统选项〉菜单用于计算结果的精度设置。

4)〈窗口〉菜单

〈窗口〉菜单主要用于公式管理界面和批量计算公式配置界面的切换。

5)〈帮助〉菜单

〈帮助〉菜单的功能主要是显示软件版本号。

单击〈公式管理〉菜单中的〈退出〉命令或屏幕右上角的☒按钮，即可退出系统。

9.2　公式管理

9.2.1　创建公式库

在公式管理器中，用户可根据企业实际情况方便地添加、删除和修改公式，以便用于各种计算。工艺规程的编制过程中，需要进行材料消耗定额计算和工时定额计算，作为成本核算的依据，所以必须保证公式的正确性。

9.2.2　添加公式

1. 输入公式表达式

如果需要在公式的某个分类栏目下增加公式，将光标指向这一节点，选择〈公式管理〉菜单中的〈添加公式〉项或鼠标右键菜单中的〈添加公式〉项，屏幕会弹出如图 9.3 所示的对话框，用户可输入计算公式表达式和公式说明。公式说明主要指公式中各个变量代表的含义，如材料计算/圆钢栏下的公式，直径表示圆钢的直径，单位为 mm 等。单击〈确定〉按钮后，会弹出如图 9.4 所示的对话框。

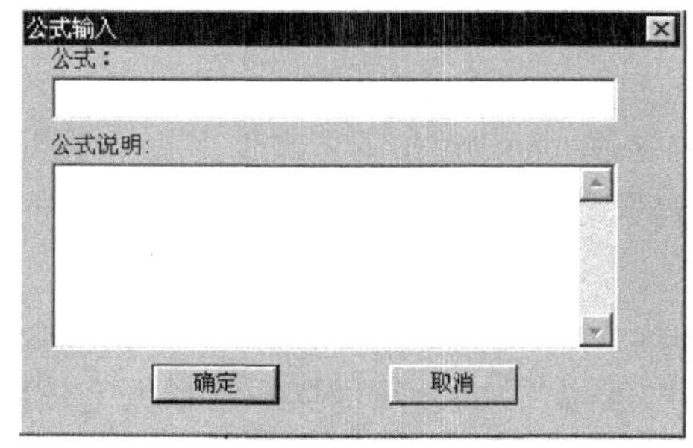

图 9.3

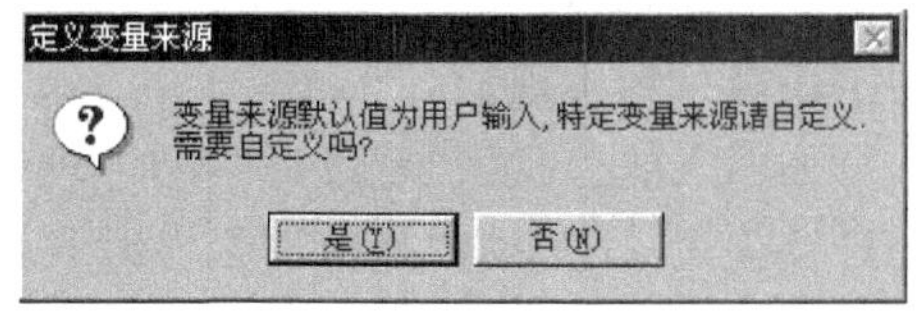

图 9.4

注意：添加的公式表达式必须是唯一的。为了保证公式的唯一性，可在公式的“＝”左边添加中文说明，“＝”左边的符号必须是全角的，“＝”右边的各种运算符号，必须是半角的。

每一公式都包含变量。公式管理器的作用就是不需要用户重复输入变量值，可以根据事先定义好的变量值来源，到相应位置提取变量的数值，快速计算出结果。变量来源默认为用户输入，即不定义变量来源。如果不定义变量来源，在 CAPP 中运行“公式计算”时，系统就不能根据工艺文件中输入的条件自动提取变量数值，而需要用户手工输入。在“定义变量来源”对话框中单击〈是〉按钮，屏幕弹出如图 9.5 所示对话框。

2. 自定义变量

自定义变量来源分为“用户自定义”和“查表”两种类型。如果是“用户自定义”的变量，其变量值可直接从工艺文件中某一栏提取，但必须保证“变量值来源”中定义的内容与工艺表格定义文件里提取数据的那一栏定义的填写内容相同。“变量值来源”的定义格式为“表格定义的填写内容～n”，n 表示填写内容中除特殊字符（ϕ、δ 等）和运算符以外的第 n 个数值。注意：n 不能缺省。

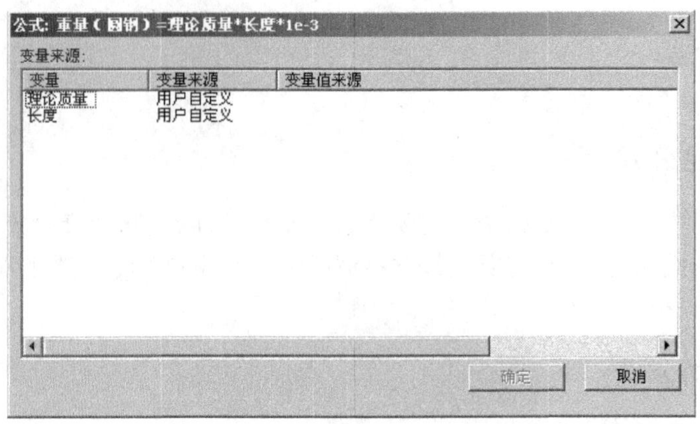

图 9.5

例如输入毛坯种类为圆钢的计算公式:“重量(圆钢)=6.1654 * 直径 * 直径 * 长度 * 1e−6”(1e−6 表示 10 的−6 次方),变量为“直径”和“长度”。工艺文件中,表格定义填写内容为“毛坯外形尺寸”的块中输入的内容“ϕ 直径 * 长度”(注意:表格填写中乘号一定要用键盘上的“ * ”输入)。为了让系统自动提取毛坯的“直径”和“长度”数值,可将直径的变量值来源定义为“毛坯外形尺寸～1”,长度的变量值来源定义为“毛坯外形尺寸～2”。此处“～1”用来表示第一个数字,“～2”用来表示第二个数字。

如果变量来源是“查表”,其变量值来源是指定的数据库,系统会在工艺文件中提取数据,根据此数据到指定的数据库中查找该变量值。数据的提取是通过表格的填写内容与数据表中的字段名一致实现的。

如输入的公式为“重量(圆钢)=理论质量 * 长度 * 1e−3”,这一公式也为圆钢类毛坯重量的计算公式。变量有“理论质量”和“长度”。在 CAPP 中运行“公式计算”时,系统根据毛坯的“直径”在相应的数据库中查找其“理论质量”,所以将变量“理论质量”的来源选择为“查表”,在变量值来源中选择对应的数据库,此例中为“热轧圆钢 GB702_86”,如图 9.6 所示。

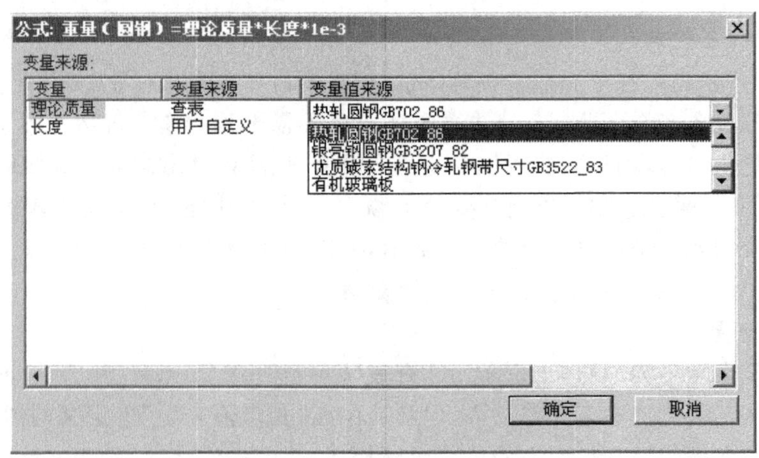

图 9.6

选择数据库名后，屏幕弹出如图 9.7 所示的字段定义对话框。在此对话框中有“数据库中的字段”、“输入字段”、“输出字段”显示区。“数据库中的字段”中列出所选数据库中所有字段；“输入字段”是要求指定在数据库中的字段哪些是属于从外部输入的字段，如从工艺文件中提取的数据；“输出字段”是指由输入字段查表后得到的需要用于公式计算的数据。

选中输入\输出字段，单击输入\输出字段左边的 ==> 按钮，即确定输入\输出字段。输入字段值来源为工艺文件中提取数据那一栏的填写内容。如图 9.7 中，“规格尺寸 MM”为输入字段，字段值来源为“毛坯外形尺寸～1”。“理论质量 KG 每 M”为输出字段。

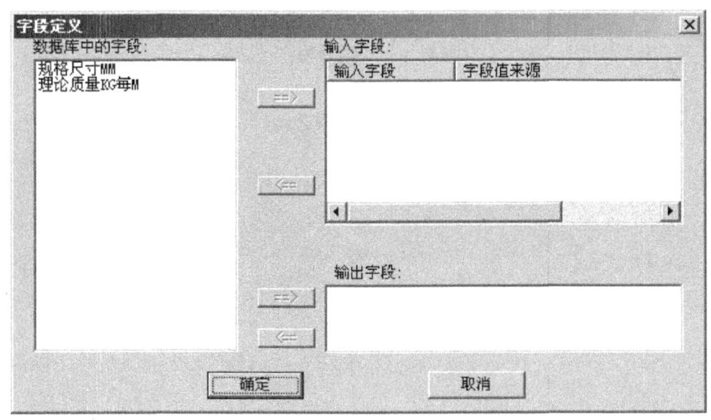

图 9.7

注意：图 9.7 中“字段值来源”处输入内容的方式必须与数据库输入字段的表达方式完全一致；工艺文件某一块填写的内容(全部或部分)必须与数据库输入字段记录内容完全一致，这样系统才能查找到对应的输出字段的值。如某个单位，毛坯种类为扁钢的零件，其毛坯外形尺寸表示为“厚度＊宽度＊长度”，扁钢的材料计算公式为“重量(扁钢)＝理论质量＊长度＊1e－3”，理论质量需查表获得。输入字段为“规格尺寸 MM”，字段值来源为“毛坯外形尺寸～1＊毛坯外形尺寸～2”，与数据库输入字段的表达方式完全一致，如图 9.8 所示。这样系统才能根据毛坯厚度＊宽度值查找到其对应的理论质量。

热轧扁钢GB704_88：表

规格尺寸mm	理论质量kg/m
3*10	0.24
3*12	0.28
3*14	0.33
3*16	0.38
3*18	0.42
3*20	0.47
3*22	0.52
3*25	0.59
3*28	0.66

记录：9

图 9.8

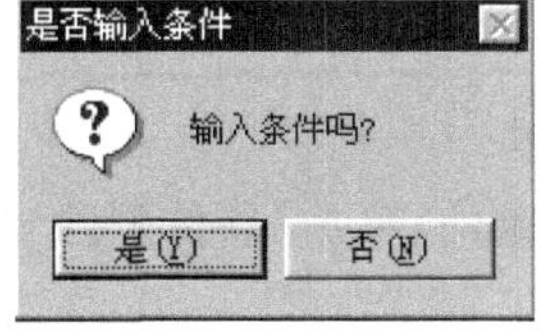

图 9.9

单击〈确定〉按钮，系统返回到图 9.6 所示对话框，将长度的变量值来源仍定义为“毛坯外形尺寸～2”，确定后，系统提示是否输入条件，如图 9.9 所示。选择〈是〉，屏幕弹出定义条件对话框，用户可在其中输入条件；选择〈否〉，添加的公式自动放在光标指定的节点下，表示无需条件。

3. 定义条件

通常，某一公式有其特定的适用条件，即什么情况下用此公式。公式定义了条件，公式管理器在执行公式计算功能时，才能根据用户提供的条件，检索到符合条件的公式，各条件之间必须定义“与”、“或”关系。图 9.10 为公式“重量(圆钢)＝理论质量 * 长度 * 1e－3”的条件。

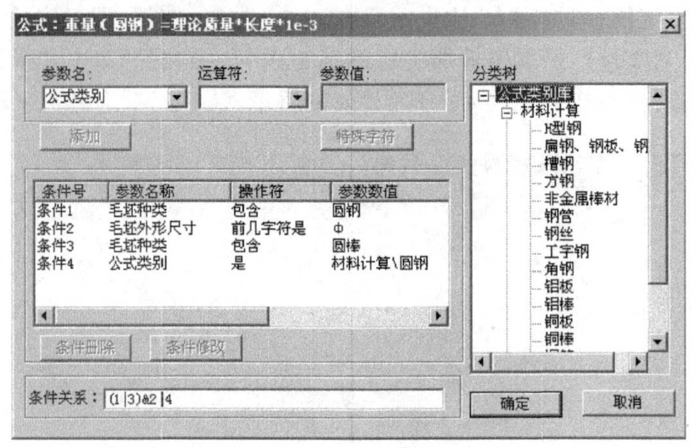

图 9.10

1)添加条件

一个条件由参数名、运算符、参数值组成。参数名可以通过选择其复选框中的内容输入，也可直接输入，输入的参数名可加入到复选框列表中。

运算符通过复选框选择，包括“是”、“前几字符是”、“后几字符是”、“包含”、“大于”等。

参数值的内容直接输入。

输入某个条件后，单击〈添加〉按钮，输入的条件就会添加至条件列表中。

如果参数名选择的是“公式类别”，可看到对话框右边显示了公式类别的树形结构，参数值的内容可用鼠标选择输入，注意此处运算符选择“是”。输入条件“公式类别是××”，添加的公式才能放置到这一类别下。若不输入条件“公式类别是××”，添加的公式自动放置到光标指定的节点下。

2)特殊字符的填写

如果条件参数值中包含特殊字符，如“φ”、“□”等，可单击〈特殊字符〉按钮，屏幕会弹出特殊字符库，如图 9.11 所示。选择所需字符后，单击〈插入〉按钮或按回车键，即可把字符加入到参数值栏中。

3)条件删除

选中某一条件，单击〈条件删除〉按钮，屏幕会弹出如图 9.12 所示对话框，选择〈是〉，即可删除此条件。

4)条件修改

如果要修改某一条件，选中此条件，条件的参数名、运算符、参数值即显示在对话框上部，修改后单击〈条件修改〉按钮即可。如果此条件修改后作为新的条件，可单击〈添加〉按钮，表中又增加了一个新的条件。

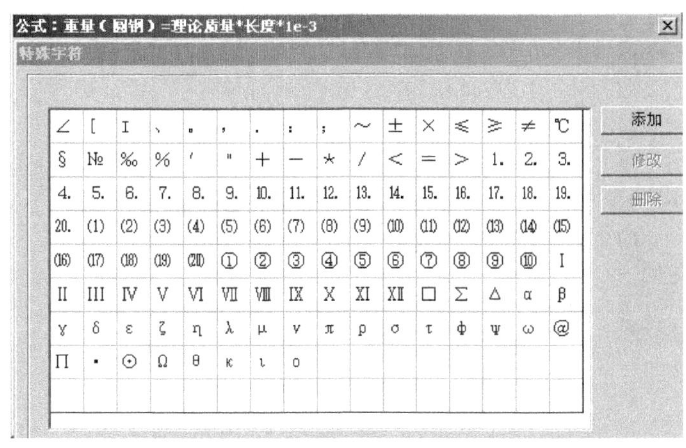

图 9.11

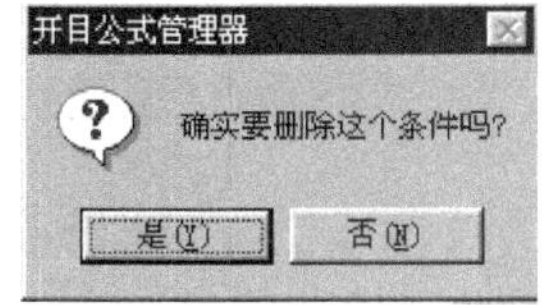

图 9.12

5)定义条件关系

当有多个条件时，需在“条件关系”栏中定义各条件之间的“与”和“或”的关系。条件以其条件号代替，“与”用“&”代表，“或”用“|”代表。如定义条件关系表达式：“1|(2&3)”，表示条件 1 满足或者条件 2 与条件 3 同时满足，才能用此公式。

注意：定义的条件参数名，要在工艺表格的定义文件里存在，才有可能去判断该条件是否成立。例如，若定义某一条件为“毛坯种类包含圆钢”，系统会到对应的工艺表格定义文件里查找有无定义填写内容(表格对应)为“毛坯种类”的块，若有，则找出毛坯种类栏里的填写字符，判断是否包含字符“圆钢”；若包含，则表明该条件成立；若无，则表明该条件不成立。

定义了公式的条件和各条件之间的关系，点〈确定〉后，添加的公式会显示在图 9.3 中公式分类树对应的节点下。

9.2.3　删除公式

选中某一公式，单击〈公式管理〉菜单中的〈删除公式〉项或右键菜单中的〈删除公式〉项，屏幕会弹出如图 9.13 所示对话框，选择〈是〉，即可删除此公式。

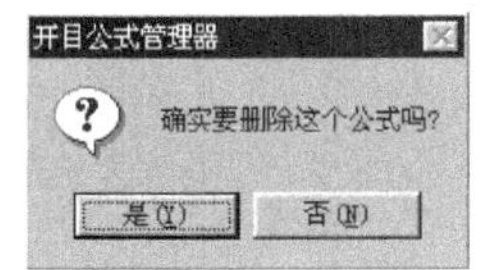

图 9.13

9.2.4　修改公式

修改公式包括修改公式的条件、变量、说明及公式表达式，如图 9.14所示。

鼠标选中某一公式：单击〈修改公式\条件〉，即进入图 9.10 所示的对话框，用户可修改公式的条件，修改完后，单击〈确定〉按钮即可。

单击〈修改公式\变量〉，即进入图 9.6 所示的对话框，用户可重新定义变量来源及变量值来源。

单击〈修改公式\说明〉，即进入图 9.15 所示的对话框，用户可修改公式说明。

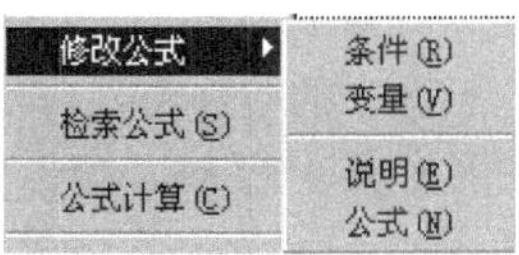

图 9.14

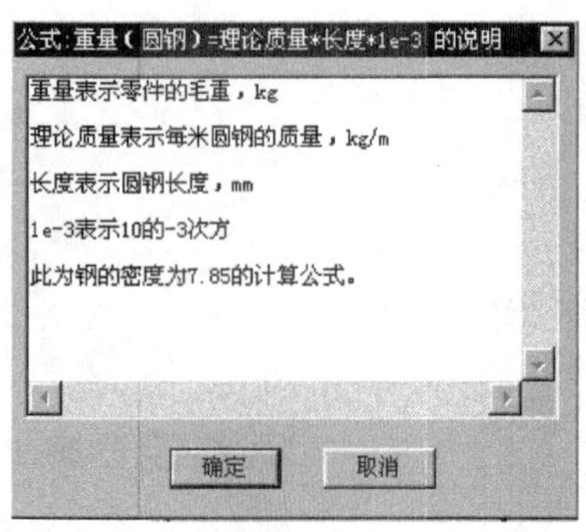

图 9.15

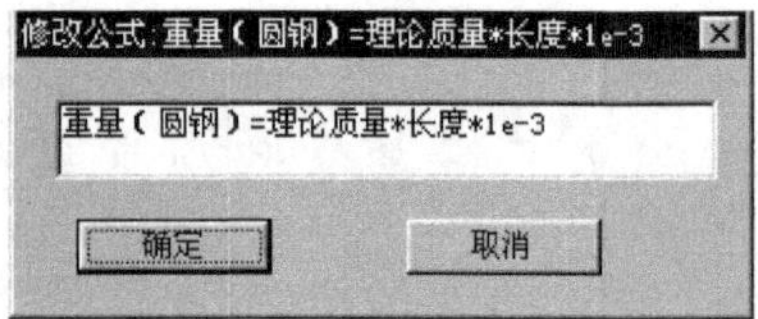

图 9.16

单击〈修改公式\公式〉，即进入图 9.16 所示的对话框，用户可修改公式表达式。公式表达式修改后，系统提示用户重新定义公式的变量和条件，步骤与添加公式时一样。

9.3　公式的检索和计算

建立公式库的主要目的是为了便于公式的检索和计算。在开目公式管理器中，根据输入的条件(工艺文件中输入的信息)，可以迅速地查找到所需要的公式。

1. 检索公式

选择菜单〈公式管理〉中的〈检索公式〉项，屏幕会弹出如图 9.17 所示的“设置条件”对话框，“参数名”和“参数值”的输入同定义条件时一样，单击〈添加〉按钮，条件即加入到条件列表中。此处的条件表示选择的“参数名”包含指定的“参数值”，如果添加了多个条件，各条件之间是“与”的关系。

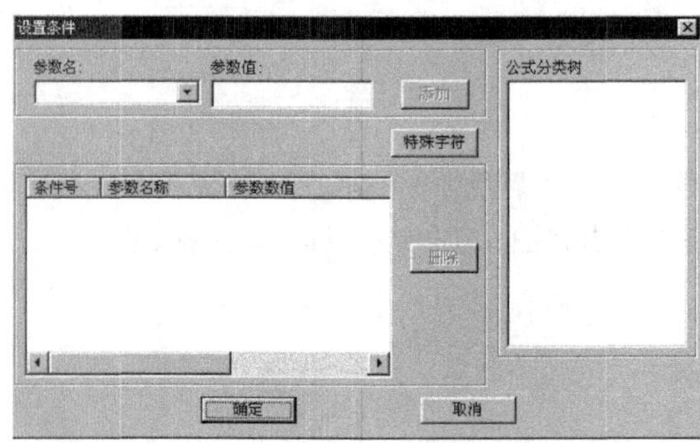

图 9.17

例如输入的条件为：

条件号	参数名称	参数数值
条件1	毛坯种类	圆钢
条件2	毛坯外形尺寸	Φ

，检索到的公式如图 9.18 所示。

对话框上部有“列出无条件公式”项，选中前面的小方框，无条件的公式也显示出来。

当输入的条件不足，检索不到公式时，屏幕会弹出如图 9.19 所示的提示。若选择〈是〉按钮，则又弹出如图 9.17 所示的设置条件对话框；若选择〈否〉按钮，则进一步会弹出如图 9.20 所示的提示。选择〈是〉后，屏幕上会列出所有公式；若选择〈否〉，则会提示“公式库中没有满足要求的公式”，然后退出公式检索。

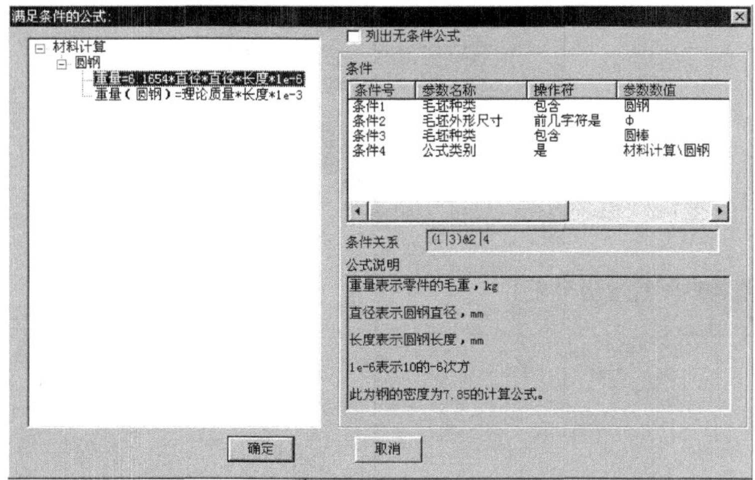

图 9.18

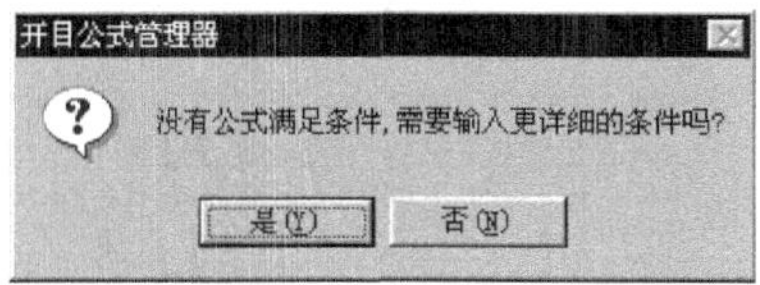

图 9.19

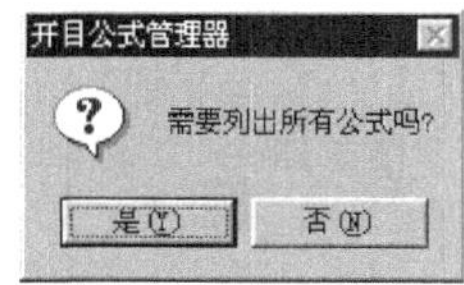

图 9.20

2. 公式计算

选中某一公式,选择菜单〈公式管理〉中的〈公式计算〉项,屏幕弹出如图 9.21 所示的对话框,提示用户输入各变量的数值,输入时可在相应变量后的变量值处单击,此时会出现一编辑框,即可在其中输入变量值。

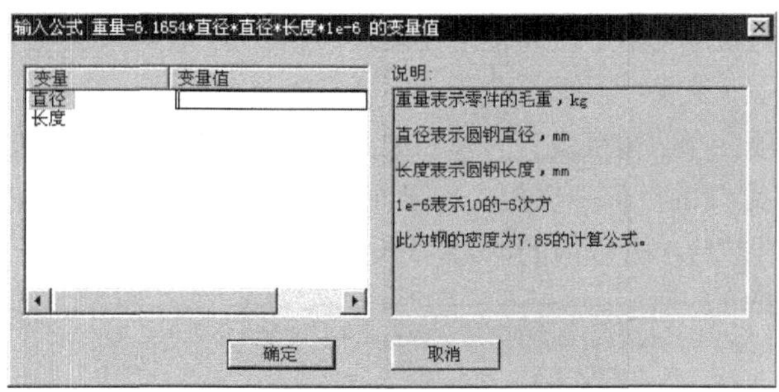

图 9.21

如果公式中的变量需从数据库中获得,则弹出如图 9.22 所示的提示框。

选择〈是〉,屏幕弹出如图 9.23 所示的对话框。用户选择其中某一数值,点〈确定〉后,返回图 9.21所示对话框,提示用户输入其他变量的数值,单击〈确定〉按钮,即可给出如图 9.23 所示结果。用户并可选择计算结果精确到小数点后第几位。

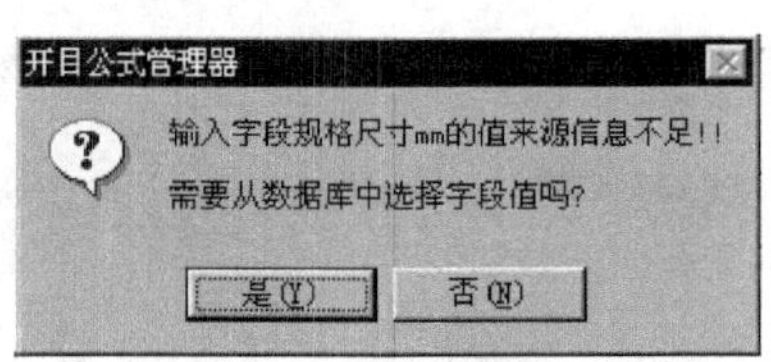

图 9.22

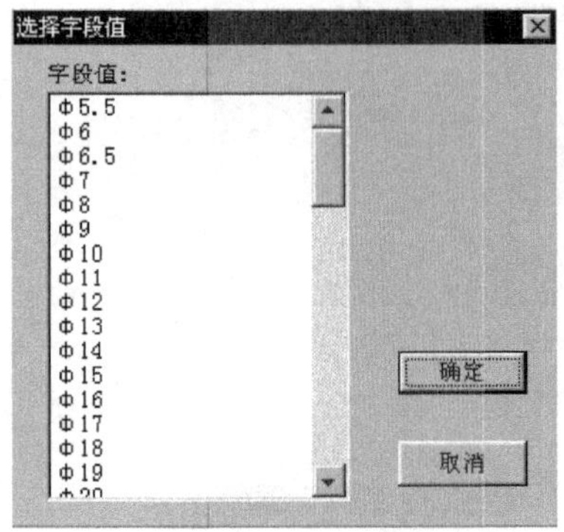

图 9.23

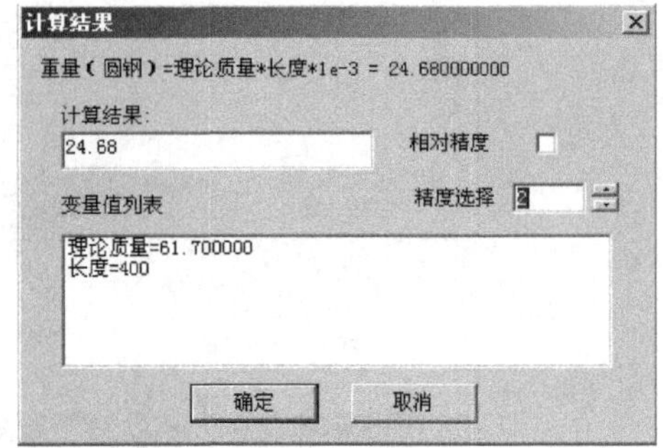

图 9.24

如果鼠标指向公式的上层节点,选择〈公式计算〉后,屏幕会弹出如图 9.17 所示的设置条件对话框,提示用户输入条件,检索到相应的公式,然后完成计算。

3. 精度设置

公式计算结果可由用户设定精度,这一功能是通过菜单“系统选项”中的“精度设置”功能实现的。

关于精度,分为绝对精度和相对精度。绝对精度是指小数点后保留的实际位数。相对精度是指根据计算后的数据,以小数点后第一个不为零的数字为参考点,从这个位数开始,保留的小数点的位数。例如 0.00123,在相对精度下如果此时设置的精度为 2,则数值为 0.0012。如果取绝对精度,则为 0。

点击菜单“系统选项”中的“精度设置”,弹出如图 9.25 所示的对话框,可在其中设置计算结果的精度数,精度数为 0~8 之间的任何一位数。如果在“相对精度”后的小方框内打√,表明设置为相对精度;如果去掉“相对精度”后小方框内的√,表明设置为绝对精度。

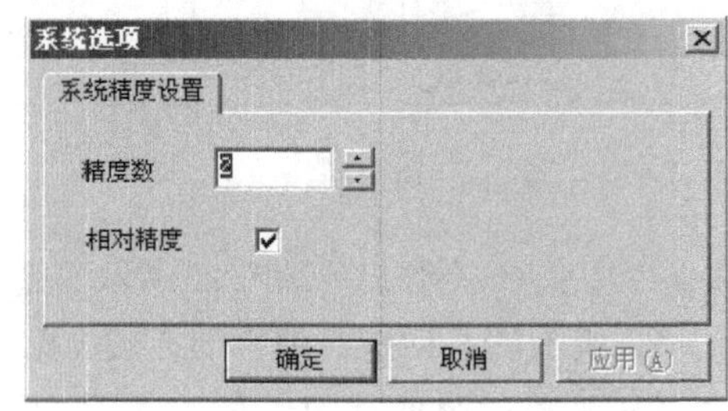

图 9.25

9.4　批量计算公式配置

1. 批量计算公式配置界面

在公式管理器中，点击菜单〈界面切换〉→〈批量计算公式配置〉，如图 9.26 所示。

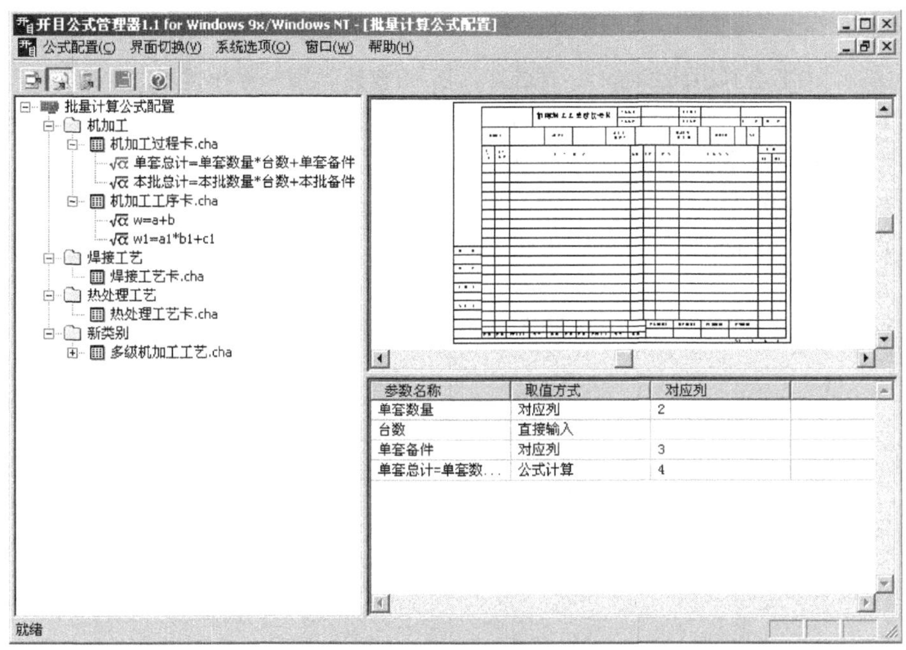

图 9.26

在图 9.26 中，采用树型结构定义公式，叶节点对应公式，叶节点的父节点对应公式所在的表格，上层的节点代表详细的分类信息。

在右边的界面中，上半部分显示用于批量计算的表格，下半部分显示公式的变量列表。变量列表包括：变量名称、变量来源（主要指对应表格中的列）。如果是直接输入型的变量，选择直接输入型即可。

变量的信息随公式节点的切换而变化。表格的信息随表格节点的切换而变化。

2. 批量计算公式配置

1）类别的添加和编辑

在左边树状结构的根节点上点击右键，弹出菜单“添加类别”，点击此菜单，出现如图 9.27 所示的对话框，在其中输入类别名称和类别说明，确定后，根节点下添加了新的类别。

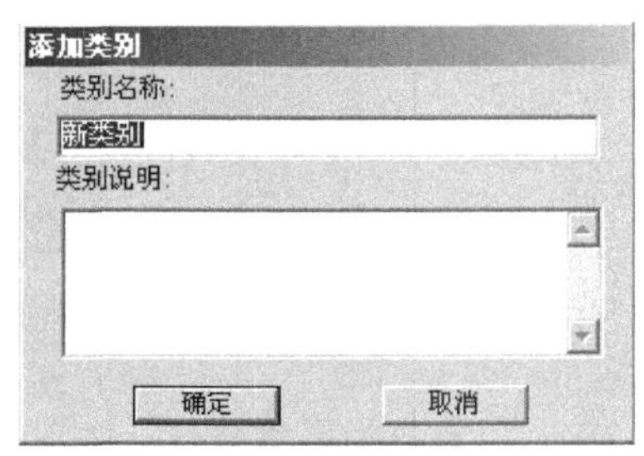

图 9.27

如果根节点下有同名的类别，系统会给出提示此类别已存在。

当类别添加完成以后，若要修改其内容，可在相应的类别节点上点击右键，弹出如下菜单，如图 9.28 所示。

图 9.28

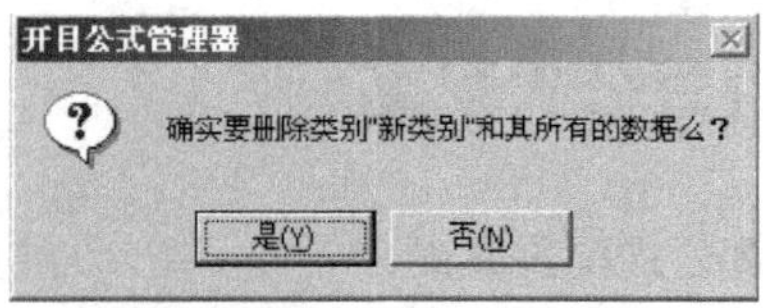

图 9.29

选择〈编辑类别〉会弹出同添加时一样的对话框，可修改类别名称和类别说明。

若要删除某一类别，选中此类别，选择右键菜单中的〈删除类别〉，会出现如图 9.29 所示的提示框，选择〈是〉，类别将被删除，选择〈否〉则取消。

2）表格的添加和编辑

表格的添加、编辑和删除与类别的几乎一样，所不同之处在于表格含有表格路径的属性需要指定。

在类别节点上点击右键，在弹出的菜单(如图 9.28 所示)中选择〈添加表格〉，会出现如图 9.30 所示的对话框。

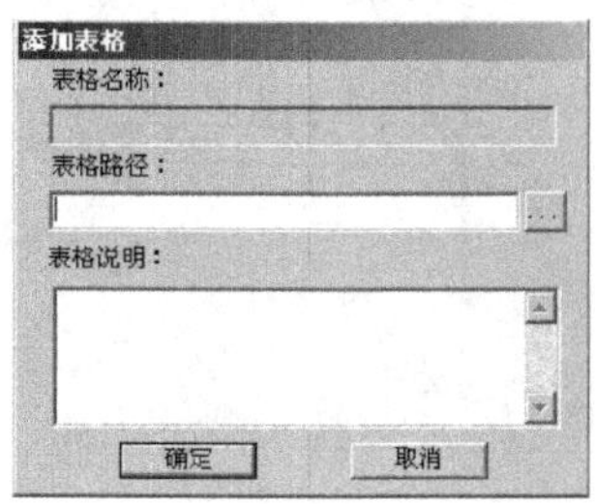

图 9.30

点击窗口中表格路径输入框右边的按钮，会出现选择文件对话框，如图 9.31 所示，选择需要的表格名。

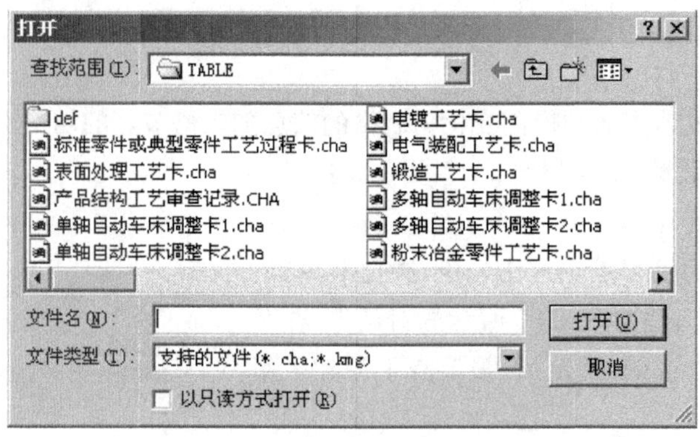

图 9.31

确定后，选择的表格会显示在公式管理器界面右边的上半部分。

3)公式的添加和编辑

在需要添加公式的相应表格上点右键,弹出如图 9.32 所示的菜单,选择〈添加公式〉,出现〈添加公式〉对话框,如图 9.33 所示。

图 9.32

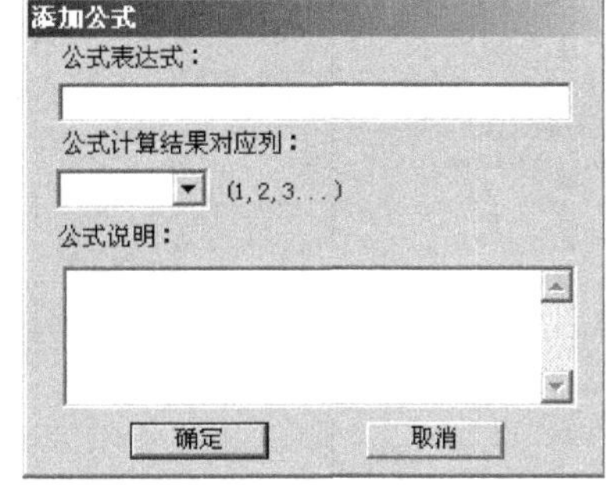

图 9.33

在对话框中输入公式的表达式、公式计算结果所对应表格中的列以及公式说明后,点击〈确定〉,则公式添加成功。系统会根据此公式表达式分解出参数,参数显示在公式管理器右下角的视图中,公式计算结果的取值方式为"公式计算",对应列显示的是图 9.33 中选择的列。

公式的编辑和删除与类别的编辑和删除操作一样。

4)参数的编辑方法

参数列表包括:参数名称、参数来源(主要指对应表格中的列)。参数的来源有两种:对应列和直接输入(直接从下拉框中选择)。如果参与计算的参数对应表格中的某一列,则参数来源选择"对应列",并选择相应的列号;如果是直接输入型的参数,选择直接输入型即可。在 CAPP 中进行批量计算时,需要输入此参数值。对于同一张表格中的直接输入型变量,如果变量名称相同,则认为是同一个变量,只需输入一次。例如同一张表格中,配置了两个批量计算公式:

单套总计=单套数量×台数+单套备件

本批总计=本批数量×台数+本批备件

台数为直接输入型的参数,只需输入一次,即可在两个公式中同时使用。

5)公式配置的保存

在公式编辑完成后,可点击工具条上的保存按扭保存。如果没有保存,直接关闭系统,会弹出如图 9.34 所示的提示框,选择〈是〉则保存信息并退出,选择〈否〉不保存信息并退出,选择〈取消〉,系统取消操作。

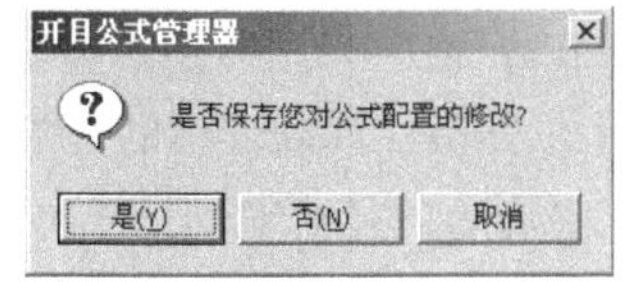

图 9.34

9.5　自动汇总工艺信息公式配置

自动汇总工艺信息主要指下面的几种计算方式:

计算方式一:

表头区的"工费"由表中区所有工序的"定额工时"乘以本道工序对应的"设备"台时单价(台时单价根据"设备"类型查数据表得到)后相加得到。

如图 9.35 所示:工序号 10 使用的是“六轴车床 C30”,根据该机床查询数据库中“价格表”得到其使用价格为 100,乘以该工序的定额工时 18,得到该工序的加工价格为 1800。

同理,工序号 20 的加工价格为 95×15=1425,工序号 30 的加工价格为 150×22=3300。

因此本份工艺文件表头区“工费”=1800+1425+3300=6525。

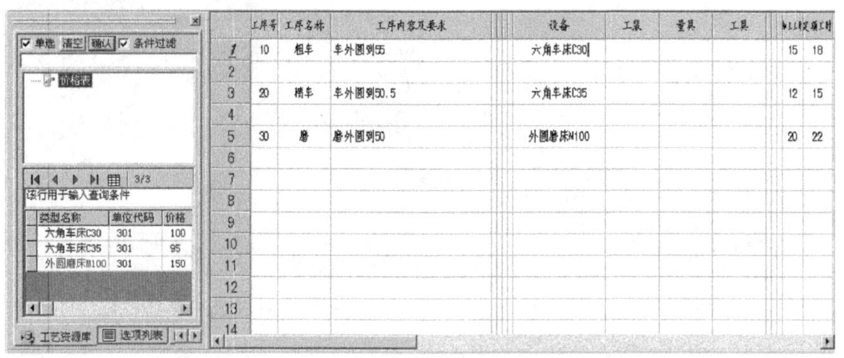

图 9.35

计算方式二:

表头区的“工时合计”为表中区所有工序的“定额工时”之和。

如图 9.35 所示,本份工艺文件表头区“工时合计”=18+15+22=55。

计算方式三:

表头区的“总价”=表头区的“工费”+表头区的“材料总价”。

本份工艺文件表头区“总价”=6525+10000=16525。

计算方式四:

表头区的“物质代码”是根据“材料牌号名称及规格参数”填写的内容查表得到的。该用法是指从表头区单格内提取信息,通过提取的信息经查表得到需要的信息,填入其他单格中。

9.5.1 公式计算管理界面

在公式管理器中,点击菜单〈界面切换〉→〈公式计算管理界面〉,如图 9.36 所示。

在界面中,采用树型结构定义公式,叶节点对应公式名称,叶节点的父节点对应公式所在的表格,上层的节点代表详细的分类信息。

在右边的界面中,上半部分显示用计算的表格,下半部分显示公式的变量列表。

9.5.2 自动汇总工艺信息公式配置

1. 类别的添加和编辑

与“批量计算公式配置”中“类别的添加和编辑”相同,不再赘述。

2. 表格的添加和编辑

与“批量计算公式配置”中“表格的添加和编辑”相同,不再赘述。

3. 公式的添加和编辑

在需要添加公式的相应表格上点右键,弹出如图 9.37 所示的菜单,选择〈添加公式〉,出现如图 9.38 所示的“添加公式”对话框。

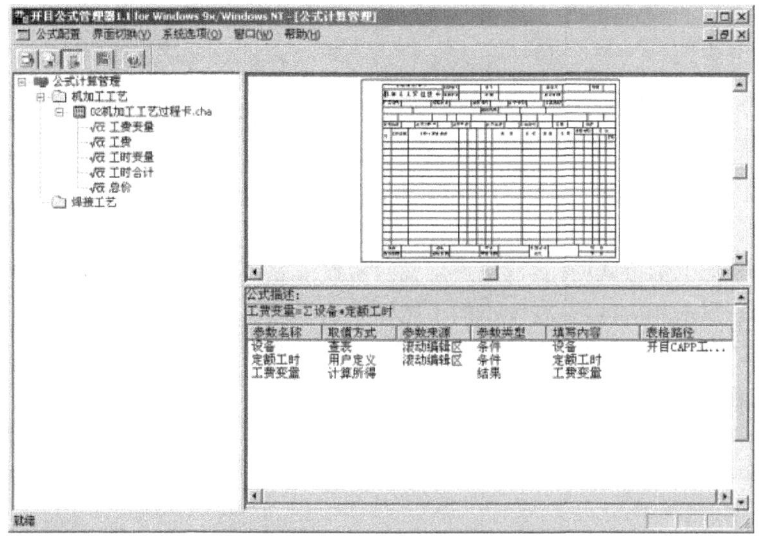

图 9.36

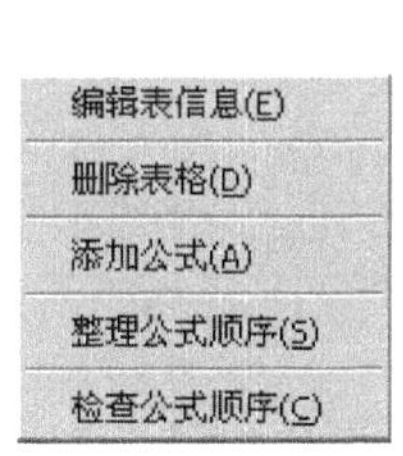

图 9.37

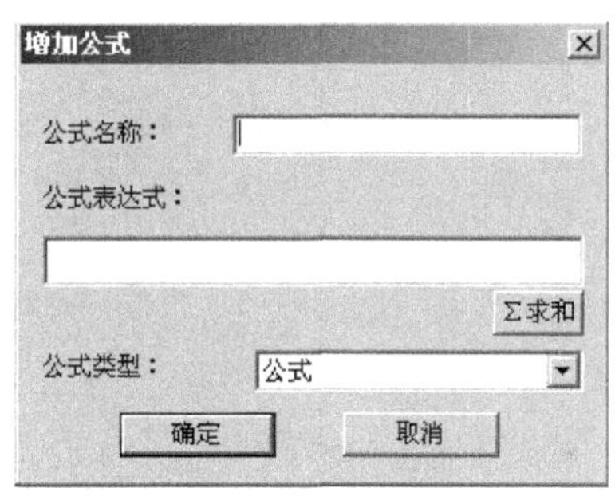

图 9.38

需要说明的是:如果表头区信息是由表中区的信息通过计算得到的,在定义公式时,需要首先定义一个子公式,然后再定义公式;如果表头区信息是由其他表头区信息通过计算得到的,可直接定义公式。

下面以上述“计算方式一”为例,说明如何添加公式。

表头区的“工费”由表中区所有工序的“定额工时”乘以本道工序对应的“设备”台时单价(台时单价根据“设备”类型查数据表得到)后相加得到,所以首先定义子公式。

1)定义子公式

子公式名:工费变量

公式表达式 :工费变量=∑设备 * 定额工时

注意:∑是求和符号,只有在子公式中才能使用。在公式类型下拉框中选择“子公式”,点击按钮 Σ求和 ,程序会自动将符号∑填写在“工费变量=”后。

确定后,公式及其变量显示在窗口右下角,如图 9.39 所示。

公式描述：

工费变量=Σ设备*定额工时

参数名称	取值方式	参数来源	参数类型	填写内容	表格路径
设备			条件		
定额工时			条件		
工费变量	计算所得		结果	工费变量	

图 9.39

需要定义变量的取值方式(查表或用户定义)、参数来源(公有单元格、滚动编辑区或子公式)及对应的填写内容。点击相应区域，在弹出的下拉框中选择。“设备”的取值方式为“查表”，参数来源为“滚动编辑区”；“定额工时”的取值方式为“用户定义”，参数来源为“滚动编辑区”，对应的填写内容为表格定义的内容。

如果变量的取值方式为“查表”，需要定义数据表的输入输出字段。用鼠标双击变量名“设备”，弹出如图 9.40 所示的对话框。

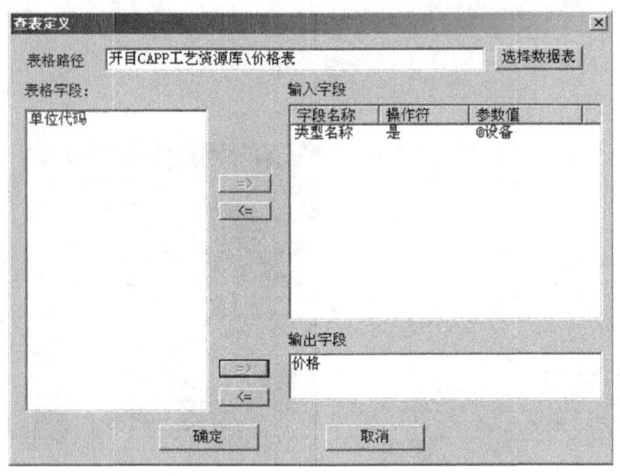

图 9.40

选择数据表后，数据表字段名会列在对话框左边，选中查表时需要用到的条件字段，用上面的 => 按钮加入到输入字段显示框中，操作符选择“是”，在参数值中输入“@设备”。“@设备”表示取表中区填入“设备”栏的内容。如果设备前无@，表示取值为“设备”这个字符。可定义多个输入条件，各条件间是“与”的关系。

选中输出字段，用下面的 => 按钮加入到输出字段显示框中。

确定后，表格路径会显示出来。定义后的结果如图 9.41 所示。

公式描述：

工费变量=Σ设备*定额工时

参数名称	取值方式	参数来源	参数类型	填写内容	表格路径
设备	查表	滚动编辑区	条件	设备	开目CAPP工艺资源库\价格表
定额工时	用户定义	滚动编辑区	条件	定额工时	
工费变量	计算所得		结果	工费变量	

图 9.41

2)定义公式

公式名:工费

公式表达式 :工费=工费变量

变量的定义方式与上面相同,“工费变量”的参数来源定义为“子公式”,“工费” 的参数来源定义为“公有单元格”。定义后的结果如图 9.42 所示。

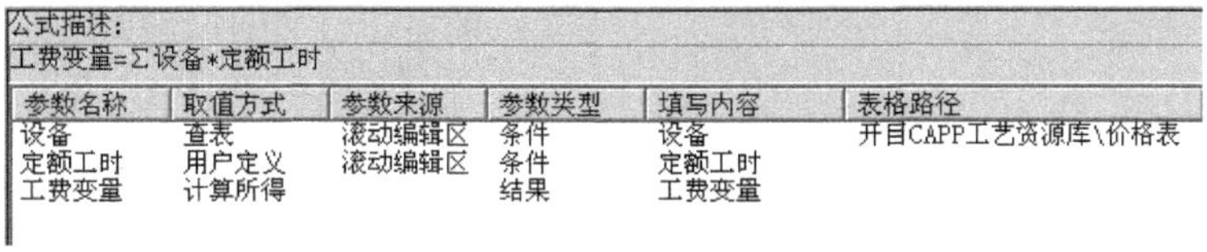

公式描述:
工费变量=Σ设备*定额工时
参数名称
取值方式
参数来源
参数类型
填写内容
表格路径
设备
查表
滚动编辑区
条件
设备
开目CAPP工艺资源库\价格表
定额工时
用户定义
滚动编辑区
条件
定额工时
工费变量
计算所得
结果
工费变量

图 9.42

至此,计算方式一的公式定义完成。

在某一公式上点右键,弹出菜单如图 9.43 所示,〈插入公式〉即在选中公式前插入一个公式,〈检查公式〉可检查公式定义的正确性和完整性。

编辑公式(E)
删除公式(D)
插入公式(I)
检查公式(C)

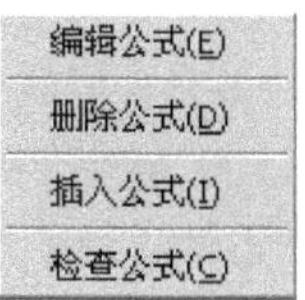

图 9.43

如果需要调整公式顺序,可在相应表格上点右键,在弹出的菜单(见图 9.37)中选择〈整理公式顺序〉,会弹出如图 9.44 所示的对话框,可调整公式顺序。右键菜单中的〈检查公式顺序〉功能主要用于防止公式的循环调用。

调整公式的顺序
序号
公式名称
公式类型
公式描述
0
工费变量
子公式
工费变量=Σ设备*定额
1
工费
公式
工费=工费变量
2
工时变量
子公式
工时变量=Σ定额工时
3
工时合计
公式
工时合计=工时变量
4
总价
公式
总价=工费+材料总价
上移
下移
确定
取消

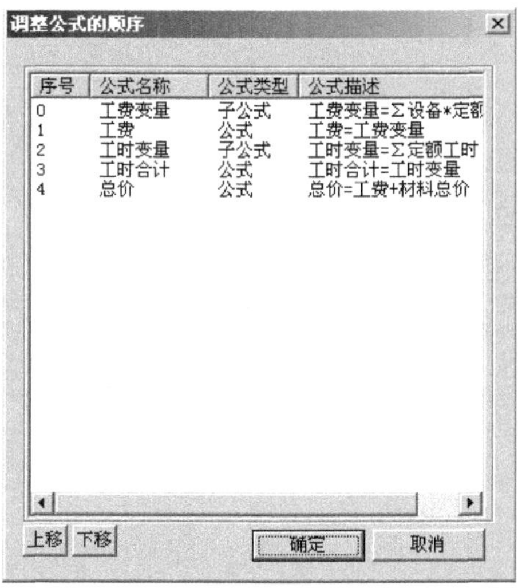

图 9.44

表头信息查表获得方式的计算公式配置如下：

图 9.45 是计算方式四的公式配置，“物质代码”是根据“材料牌号名称及规格参数”填写的内容查表得到的，具体查表方式与图 9.40 类似。

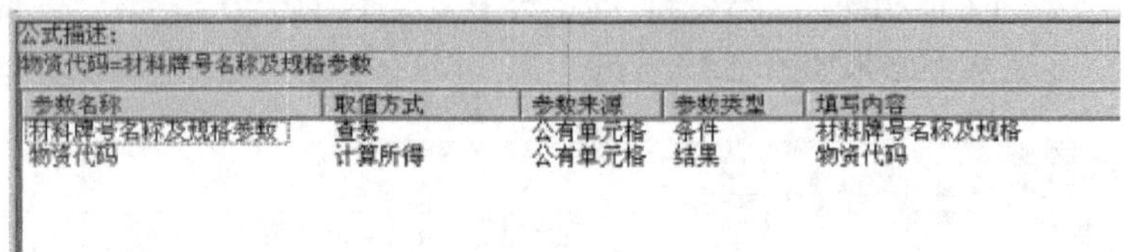

图 9.45

说明：其他单元格的信息也可以根据“材料牌号名称及规格”填写的内容查表得到。即可以根据一个单元格的信息，经查表而自动填写多个单元格的信息。

4. 公式的保存

在公式编辑完成后，可点击工具条上的〈保存〉按扭保存。如果没有保存，而直接关闭系统，会弹出提示框提示用户保存。

第10章　典型工艺管理

为了便于工艺文件的管理和实施工艺规程的标准化，系统提供了工艺信息输入与检索的机制。工艺信息指过程卡表格定义中填写类型为公有的内容。

10.1　工艺文件信息的输入

单击〈文件〉菜单中的〈工艺文件信息〉，屏幕会弹出如图10.1所示的对话框。

工艺文件信息对话框有三个属性页，第一个为“当前工艺文件信息”，对话框的左边是工艺文件中的公有信息，若在文件中已填写了这些内容，在此处这些内容会自动填入对话框中，也可直接在对话框中填写，填写的内容会自动映射到工艺表格文件的相应的表格中。在对话框的右边列出了该工艺文件的总体信息，包括：工艺规程类型、过程卡页数、工序卡页数。

第二个属性页为“自定义信息”，如图10.2所示。若企业需建立各种零件的典型工艺，这些零件可按形状或功能等进行分类，以此建立零件类别。例如可以把零件分为盘类件、套类件、齿类件、箱体类等。每一类都可建立一典型工艺与其对应，以后可以按零件类别检索典型工艺。自定义信息就是专为定义零件的类别设置的。参数名可从其右边的下拉式列表框中选择，如选择“零件类别”，在对话框的右边会列出零件类别库供选择，选择的结果会填在取值框中，然后单击〈添置列表〉按钮，定义的参数会填到“自定义信息列表”中。在下拉框中有两个参数为系统特定的参数——零件类别和零件编码，除此之外，用户可直接在参数名框中添加，并且这些参数也可用x按钮删除。

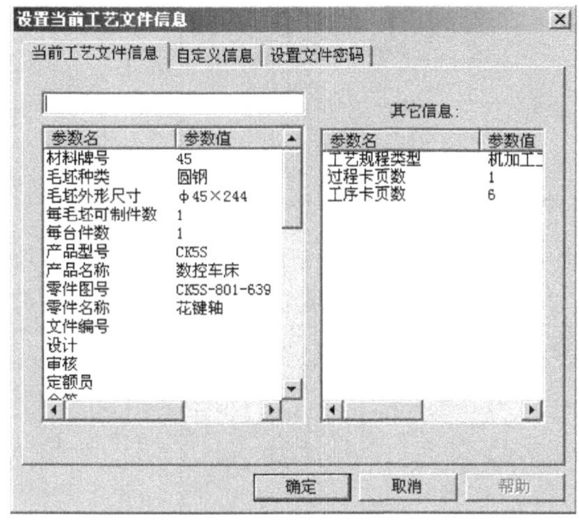

图10.1

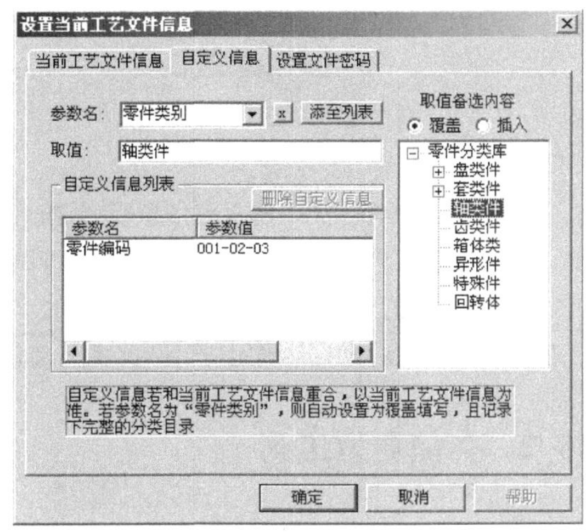

图10.2

若自定义的信息需要删除，可以先选中该信息，然后单击〈删除自定义信息〉按钮，该信息即被删除。

第三个属性页为“设置文件密码”，窗口如图 10.3 所示，在其中输入文件密码，确认文件密码，点〈确定〉后，密码被存储下来，必须输入正确的密码才能打开此文件。当打开具有密码的文件时，首先系统会提示输入密码，如图 10.4 所示。

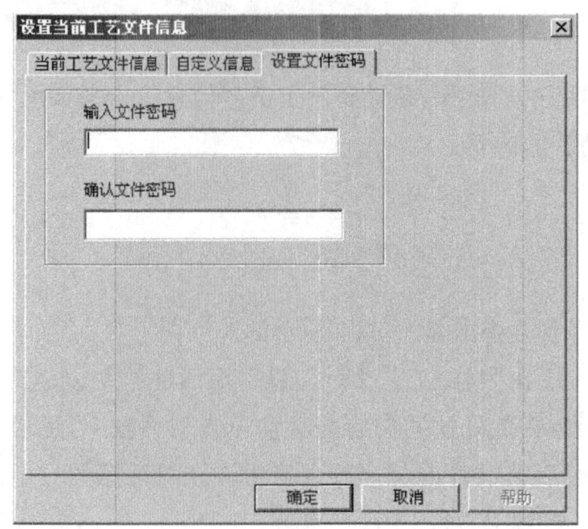

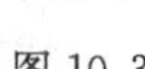

图 10.3

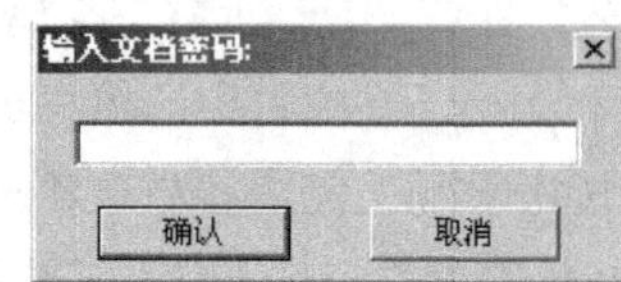

图 10.4

若密码输入正确，可以直接对文件编辑修改，若密码输入不正确，则会出现如图 10.5 所示提示框，在连续 3 次输入错误的密码后，屏幕会弹出如图 10.6 所示的对话框，只能浏览文件，而不能编辑文件。

图 10.5

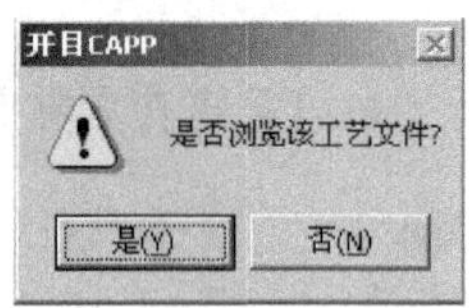

图 10.6

在上述三个属性页中输入完信息后，单击〈确定〉按钮，工艺文件的信息就被保存下来。

若要将此工艺存为典型工艺，可选〈工具〉菜单中的〈典型工艺库〉→〈存储典型工艺〉，屏幕会弹出“登记典型工艺文件信息”对话框，对话框的形式类似图 10.2 所示，信息的输入方式也是一样的，工艺信息输入完后，单击〈确定〉按钮，此工艺文件即存为典型工艺。

10.2 存储典型工艺

新建或打开工艺文件，选择菜单〈工具〉→〈典型工艺库〉中的〈存储典型工艺〉，弹出如图 10.7 所示的对话框。选择“典型工艺的保存路径”，即可在相应路径下建立典型工艺。

在“典型工艺分类树”节点下可建立子节点，选中某一节点，选择右键菜单中的〈添加节点〉，在弹出的“添加新节点”对话框中输入新节点名。

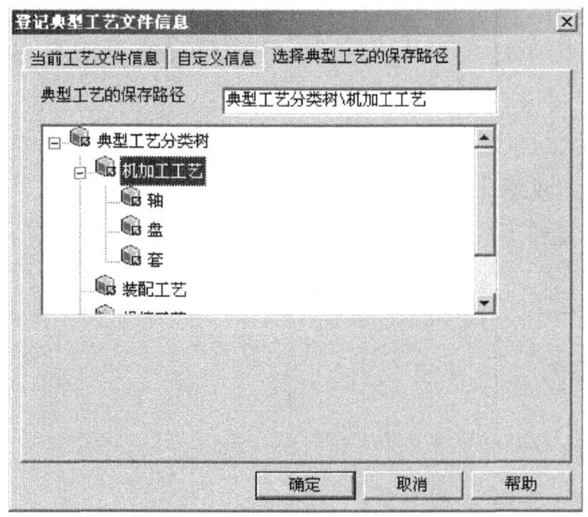

图 10.7

10.3　检索典型工艺

检索典型工艺是在用户建好的典型工艺库里查找符合条件的典型工艺。

选择菜单〈工具〉→〈典型工艺库〉中的〈检索典型工艺〉，或单击工具条上的按钮，会弹出“检索典型工艺”对话框，如图 10.8 所示。

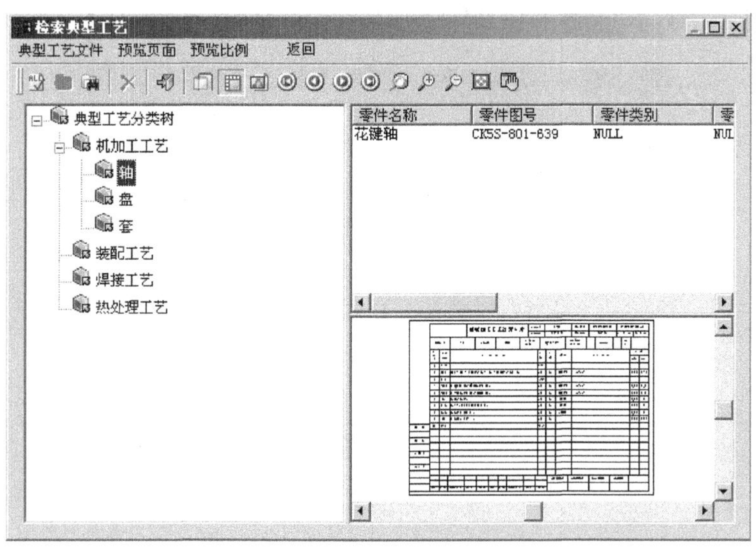

图 10.8

1. 检索典型工艺的基本操作

对话框左边是典型工艺分类树，选中某一节点，其下的典型工艺会在对话框右边显示出来。在检索典型工艺时，可以浏览工艺规程的每一张卡片，按条件从文件列表中检索工艺文件，可用菜单操作或工具条操作，菜单包括：

(1)典型工艺文件：可按条件检索工艺文件，显示所有典型工艺，打开典型工艺和删除典型工艺。

(2)预览页面：可以预览封面、过程卡、工序卡以及指定某一页。

(3)预览比例：可以放大或缩小显示各工艺卡片。

工具条上各按钮的含义如下：

：显示所有典型工艺；

：打开所选典型工艺；

：按条件检索典型工艺；

：从典型工艺列表中删除典型工艺；

：退出检索典型工艺；

：预览封面、过程卡、工序卡；

：页面选择；

预览工艺卡片时显示的放大缩小和移动屏幕。

在检索典型工艺时，单击按钮，屏幕会弹出如图10.9所示的对话框。

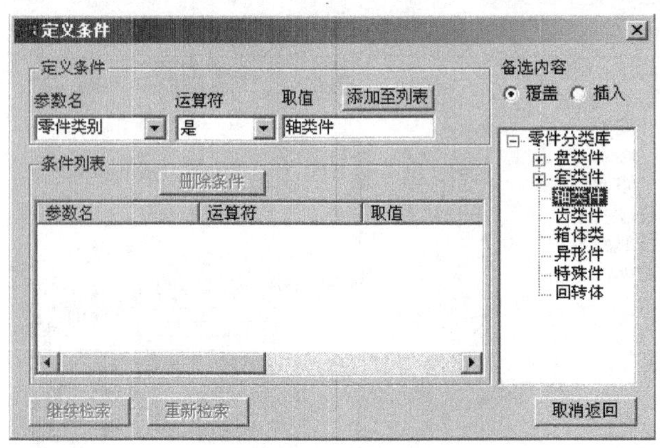

10.9

定义条件时，从“参数名”下拉框图中选择参数。若参数名不够，用户可直接在文本编辑框中添加。然后选择运算符，可供选择的运算符有：是、含字符、不含字符、前几字符为、后几字符为、大于、小于、大于等于、小于等于。接下来输入参数的取值，再用〈添加至列表〉按钮把定义的条件添加到条件列表中。在条件定义完后，单击〈重新检索〉按钮，可把当前节点下符合条件的所有工艺文件检索出。若继续输入检索条件，然后单击〈继续检索〉按钮，系统可以在刚检索出的工艺文件中再检索出符合新条件的工艺文件。

2. 设置典型工艺浏览顺序

在典型工艺浏览中，用户可以设置典型工艺浏览卡片的优先显示顺序，可以是“过程卡首页”，“工序卡首页”，“封面”，“零件图页”中的一种。

进入“检索典型工艺”对话框，在浏览窗口中点击右键，选择菜单中的〈设置默认首显页〉，出现图 10.10 所示“设置默认的首显页”对话框，用户可设置典型工艺卡片的优先显示顺序。

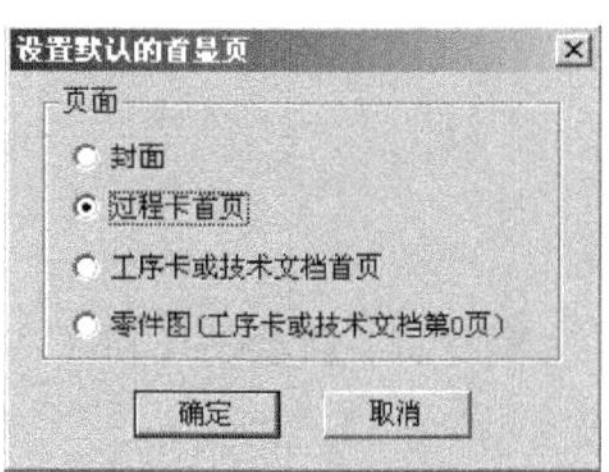

图 10.10

第 11 章　工艺文件浏览器

工艺文件浏览器用于在没有开目 CAPP 编辑环境下查看工艺文件内容，为浏览工艺规程文件和通用技术文件提供了一个方便的工具。

11.1　运行工艺文件浏览器

单击 Windows 的〈开始〉菜单，在〈程序〉中找到〈开目 CAPP〉程序组，单击程序组中的〈开目 CAPP 浏览器〉，该模块启动后，屏幕显示如图 11.1 所示。

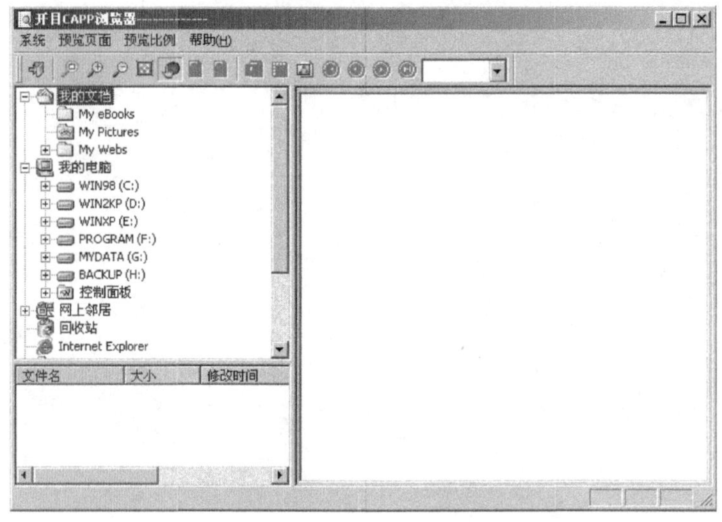

图 11.1

开目 CAPP 浏览器的界面包括：菜单、工具条以及浏览区。

菜单区包括：系统、预览页面、预览比例、帮助等，其菜单形式分别如图 11.2(a)～图 11.2(d)所示。

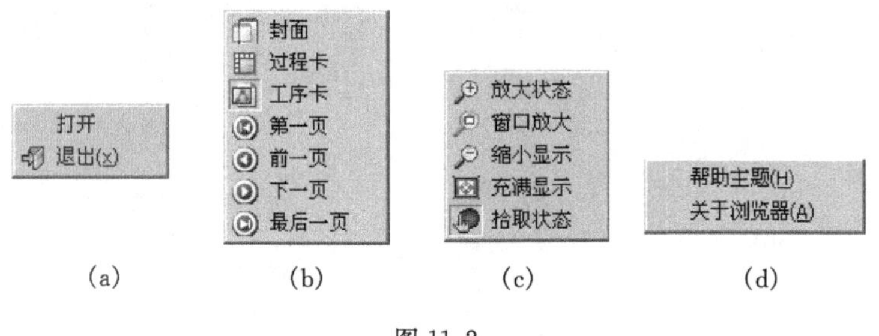

图 11.2

工具条中的各按钮含义分别如下：

:退出浏览器　　:图形放大　　:图形缩小

:窗口放大　　:图形全屏显示　　:拾取状态，移动图纸

:显示上一文件　　:显示下一文件　　:显示封面

:显示过程卡　　:显示工序卡　　:到首页

:向前翻页　　:向后翻页　　:到末页

1 :指定页面

浏览器在浏览区域分为图 11.3 所示的三部分，其中左上部分为文件目录树，左下部分为指定路径的文件列表，只显示 *.gxk 和 *.kmt 两种格式的文件，右边为对应文件的浏览区域。

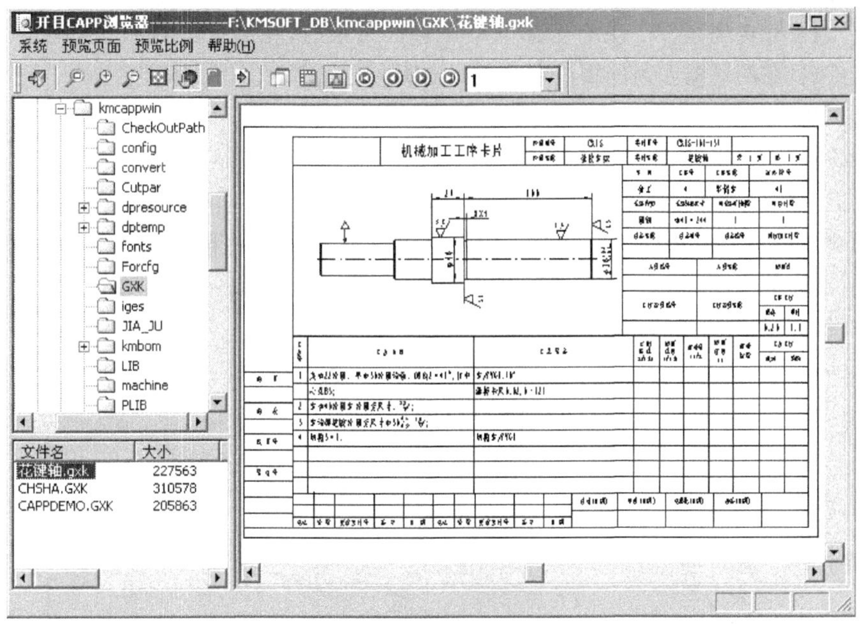

图 11.3

11.2　工艺文件浏览操作

1. 打开文件

选择要浏览的文件可通过菜单、目录树两种方法操作。

1）菜单

选择〈系统〉菜单中的〈打开〉项，屏幕会弹出如图 11.4 所示的打开文件对话框。

在对话框中的文件类型栏看到可预览的文件有 *.gxk 和 *.kmt 两种格式，选择需浏览的文件后，工艺文件会在右边的窗口中显示出来。单击鼠标右键，弹出如图 11.2(b)中所示的菜单，可选择浏览封面、过程卡、工序卡以及指定某一页；可以放大或缩小显示各工艺卡片。

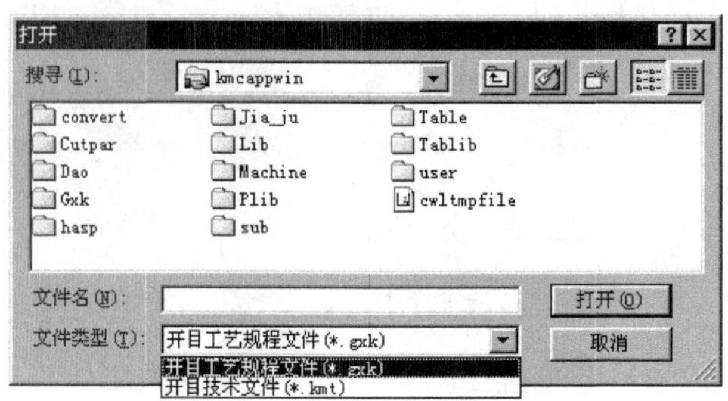

图 11.4

2)目录树

另一种选择文件的方式是通过浏览器的左上部分的文件目录树。操作方法同 Windows 中的资源管理器,当鼠标点到其下一级有上述两种文件的目录时,在浏览器的左下部分会列出这些文件。单击文件名,在浏览器右边的窗口中会显示出所选工艺文件。

2. 文件浏览

1)预览页面

浏览工艺文件的封面、过程卡、工序卡,可以通过工具条上的三个按钮进行切换。

浏览页面的改变还可通过浏览器的主操作菜单或鼠标右键菜单来完成,直接在菜单〈预览页面〉上单击所需的页面即可。主操作菜单如图 11.2(b)所示,鼠标右键菜单是在文件浏览区中通过单击鼠标右键产生的,如图 11.5 所示。

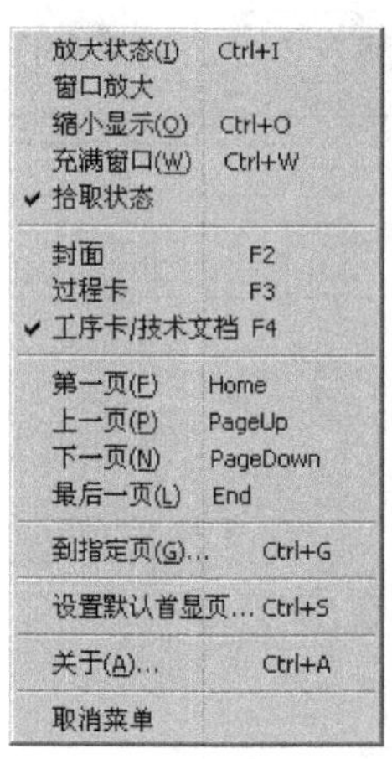

图 11.5

2)预览比例

浏览工艺卡片时,若要改变预览的比例,可通过如图 11.2(c)所示的鼠标右键菜单或主操作菜单〈预览比例〉完成。

第 12 章　工艺文档打印

开目 CAPP 系统具有灵活的工艺文件输出功能，既可以在工艺编辑模块输出工艺文件，也可以在打印中心集中拼图输出。

12.1　在工艺编辑模块输出工艺文件

可以各种比例在各种幅面的打印机上输出，可以有选择地输出工艺文件部分页面。在操作系统的支持下，能够使用各种 Windows 兼容的打印机。

在〈文件〉菜单中与输出有关的菜单项有：打印设置、打印预览、打印。下面分别介绍各项功能。

1. 打印设置

打印设置用于设置(或改变设置)打印机或绘图仪类型和设置打印纸大小和方向。

选择〈文件〉菜单的〈打印设置〉命令，将弹出如图 12.1 所示的对话框，该对话框中各项说明如下：

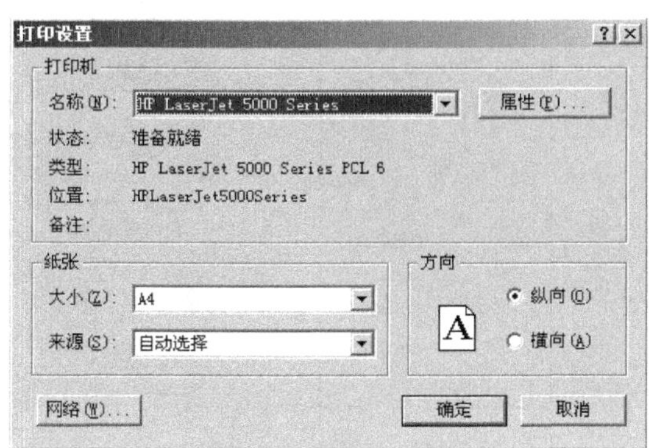

图 12.1

打印机：包括系统中已安装的打印机类型，供用户选择。

纸张：确定纸张的大小和来源。

方向：打印纸的放置方向。

属性：单击该按钮将出现一个新的对话框，如图 12.2 所示，用于设置与驱动程序有关的打印机的各种属性。不同厂家的打印机属性对话框各不相同，具体设置请参考相应厂商提供的使用手册。

2. 打印预览

1)设置输出选项

选择〈文件〉菜单中的〈打印预览〉命令或单击按钮，屏幕上会出现如图 12.3 所示的窗口。首先要设置输出选项：

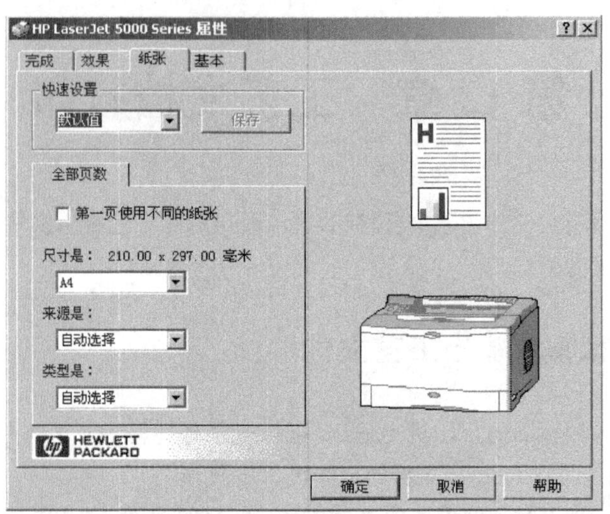

图 12.2

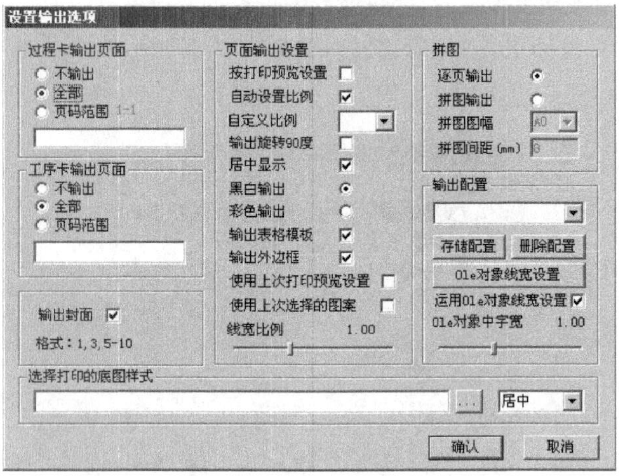

图 12.3

(1)过程卡、工序卡、封面的输出页面。根据需要可以分别在过程卡、工序卡和封面的对话框中选择输出页码范围。如过程卡要全部输出，工序卡只输出第 1、2、3、5、7 页，则过程卡输出页面填“全部”，工序卡在页码范围内填入“1 - 3,5,7”。

(2)页面输出设置。可按打印预览设置或直接设置打印比例。其中自动设置比例可按纸张的大小由系统设置为尽可能大的比例输出；是否旋转 90°；是否居中；采用黑白或彩色方式打印；是否输出表格模板；是否输出外边框；是否使用上次打印预览设置(在打印预览中设置过页面输出选项，此处才能进行选择)；是否使用上次的选择图案(选择过打印的底图，此处才能进行选择)；线宽比例设置。

(3)选择打印的底图样式。选择了打印的底图样式(可选择的文件格式为：*.bmp、*.jpg、*.tif、*.dwg、*.igs、*.cha)，底图样式将以水印的形式打印在工艺卡片上。通过其右边 按钮选择文件。右边有一个选择框，有“居中”和“拉伸”两项供选择：

居中:水印图形位于工艺卡片的中心位置。

拉伸:水印图形放大铺满整个卡片。

打印其他文件时,可在图 12.3 中的“使用上次选择的图案”后的小方框内打√后,能将上次选择的图案名显示出来。打印效果如图 12.4 所示。

机械加工工艺过程卡片	产品型号	C555	零件图号	C555-201-639	C555-201-639J
	产品名称	[illegible]车床	零件名称	花键轴	共 1 页　第 1 页

材料牌号	45	毛坯种类	圆钢	毛坯外形尺寸	φ45×244	每毛坯可制件数		每台件数		备注	

工序号	工序名称	工序内容	车间	工段	设备	工艺装备	工时 准终	工时 单件
1	备料		备料					
2	粗车	粗车各部,各外圆留余量4-5,各端面留余量2-3.	金工	轴	C620-1	三爪卡盘	0.20	0.45
3	正火		热处理					
4	半精车	车φ40外圆及螺纹花键外圆.	金工	轴	C620-1	三爪卡盘	0.20	1.5
5	半精车	车[illegible]花键外圆及φ22外圆.	金工	轴	C620-1	三爪卡盘	0.20	1.5
6	铣	铣两处花键.	金工	轴	5350		0.30	2
7	外磨	磨各Ra≤1.6外圆至图要求.	金工	轴	3151		0.10	1
8	花磨	磨花键至图要求.	金工	轴	M8612		0.30	1
9	钳	去毛刺,打件号.	金工	轴			0.05	0.30
10	检验		检验					

描图	描校	底图号	装订号

设计(日期)	审核(日期)	标准化(日期)	会签(日期)

标记	处数	更改文件号	签字	日期	标记	处数	更改文件号	签字	日期

图 12.4

(4)拼图输出。若用打印机输出,可选择逐页输出方式;若用绘图仪输出,可选择拼图输出和选择 A0 或 A1 图幅,并直接给定拼图的间距。

(5)存储打印配置。在图 12.3 所示的设置输出选项对话框的右下角,有〈存储配置〉选项。可以存储不同的输出配置。

若企业工艺卡片打印输出时的设置较固定,可不需每次输出时单独设置。在打印预览对话的页面输出设置中,用户可根据需要设置好后,单击〈存储配置〉按钮,在弹出的对话框中输入配置标识名,这一配置即显示在输出配置列表中。用户可设置多种输出配置,列表中的输出配置也可删除。

打印工艺文件时,在下拉框中选择某一配置,工艺文件每页都按此配置打印,对于需要修改的页可单独对其作配置修改。

(6)OLE 对象线宽设置。主要针对以 OLE 方式插入工艺文件中的 AutoCAD 和 KMCAD 对象打印,在打印时不同颜色的线型能根据设置绘出不同的宽度。

“运用 OLE 对象线宽设置”项默认为选中状态(当不选中时,〈OLE 对象线宽设置〉按钮灰显),点击〈OLE 对象线宽设置〉按钮,弹出如图 12.5 所示的对话框(将图中“仅显示正在使用的颜色”后的√去掉)。

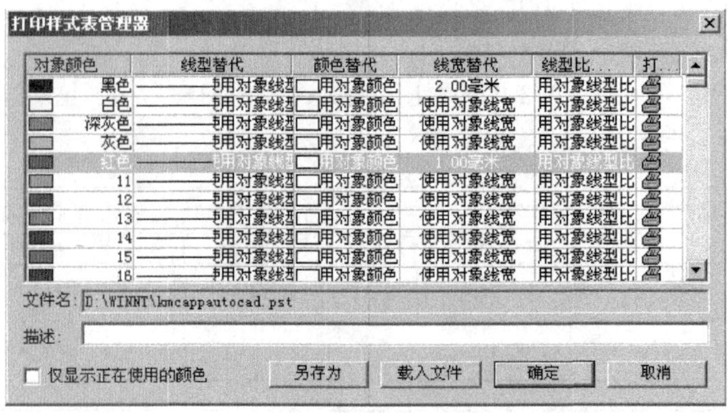

图 12.5

双击“线宽替代”列，就可以选取相应颜色线型的打印宽度。

另存为：把当前的设置保成为文件形式，日后可以载入使用。

载入文件：把以前保存的设置用于当前打印。

注意：(1)在图 12.5 所示的对话框中，只有“线宽替代”列的设置有效，其他列的设置无效；(2)只有在装有 AutoCAD 程序的机器中线宽设置的效果才能显示出来。此功能对其他 OLE 对象无效。

2)预览

上述设置完成后，单击〈确认〉按钮，屏幕将显示如图 12.6 所示预览页面。

开目CAPP2004 for Windows - [花键轴.gxk]

75 放大 缩小 上一页 下一页 1 过程卡 页面输出选项 打印参数设置 打印 关闭

机械加工工艺过程卡片	产品型号	CX5S	零件图号	CX5S-801-639	CX5S-801-639jjg
	产品名称	数控车床	零件名称	花键轴	共 1 页 第 1 页

材料牌号	45	毛坯种类	圆钢	毛坯外形尺寸	φ45×244	每毛坯可制件数		每台件数		备注	

工序号	工序名称	工序内容	车间	工段	设备	工艺装备	工时 准终	工时 单件
1	备料		备料					
2	粗车	粗车各部,各外圆留余量4~5，各端面留余量2~3.	金工	轴	C620-1	三爪卡盘	0.20	0.45
3	正火		热处理					
4	半精车	车φ40外圆及端部花键外圆.	金工	轴	C620-1	三爪卡盘	0.20	1.5
5	半精车	车中部花键外圆及φ22外圆.	金工	轴	C620-1	三爪卡盘	0.20	1.5
6	铣	铣两处花键.	金工	轴	5350		0.30	2
7	外磨	磨各 $R_a \leqslant 1.6$ 外圆至图要求.	金工	轴	3151		0.10	1
8	花磨	磨花键至图要求.	金工	轴	M8612		0.30	1
9	钳	去毛刺，作件号.	金工	轴			0.05	0.30
10	检查		检查处					

描图　描校　底图号　装订号

设计(日期)　审核(日期)　标准化(日期)　会签(日期)

标记　处数　更改文件号　签字　日期　标记　处数　更改文件号　签字　日期

图 12.6

在预览界面的上方有一排按钮，它们的功能分别是：

50 ▼：打印预览的显示比例，其中的比例可以直接修改或用其右边的下拉式菜单选比例修改。

放大：用于放大显示比例。

缩小：用于缩小显示比例。

上一页：用于选择当前过程卡或工序卡页面的上一页。

下一页：用于选择当前过程卡或工序卡页面的下一页。

1 ▼：用下拉菜单选择过程卡或工序卡页面。

封面：用于切换封面、过程卡和工序卡的预览。

打印：用于在打印的各参数确定好后，直接输出。

页面输出选项：用于单独设置当前页面的输出选项，单击此按钮后，屏幕会弹出一对话框，如图 12.7 所示。在这个对话框中，可以设置打印比例，输出方向是否旋转 90°，输出时表格居中或相对于纸张左上角横向、纵向的偏移量。

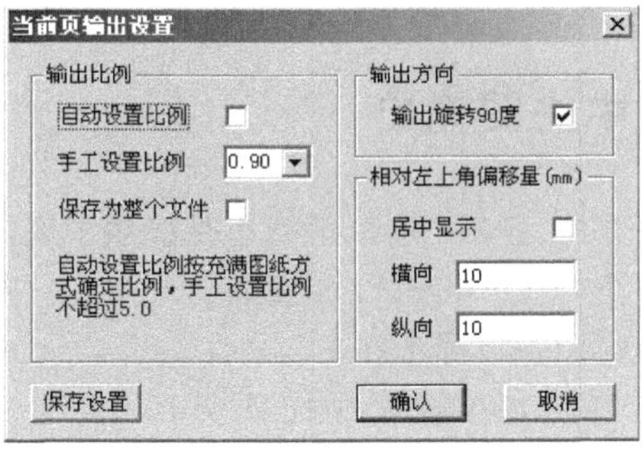

图 12.7

对某一页设置的偏移量既可只对当前页有效，也可对整个文件有效，还可保存设置，打印其他文件时，用上次保存设置的偏移量。

在图 12.7 中，不选中“保存为整个文件”，直接点击〈确认〉，则设置只对当前页有效，其他页面按打印预览的设置显示；选中“保存为整个文件”，点击〈确认〉，则整个文件按当前的设置显示；设置后点击〈保存设置〉，则将当前的设置保存下来，再预览其他文件时，在图 12.3 打印预览对话框中有一项“使用上次打印预览设置”，选中此项，文件按上次的设置打印出来。

打印参数设置：这一功能分别控制输出时的线型，如图 12.8 所示。

在线型定制中可以设置各种类型的线型和参数，在图中的第一部分是确定线型的宽度，如图中粗实线线宽为 0.4 mm；线形参数，是专为实线以外的其他线型设置的，它用来设置线型的每一段的宽度，如点划线为一段较长的线，一段间隙，一个点(或表示为一段很短的线)，然后又是一段间隙，这几段的代号分别为 a、b、c、d，分别改变这几段的数值。线宽和线形参数设置好后可存为默认值，线型可按设置的参数值输出。

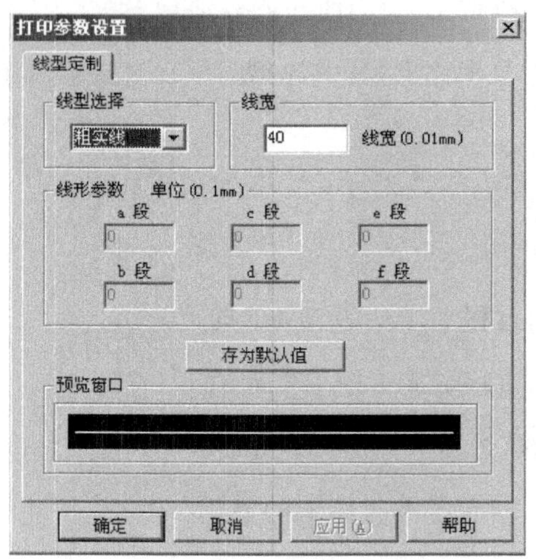

图 12.8

3. 打印

选择〈文件〉菜单的〈打印〉命令，系统将先出现“打印预览”对话框，确定后屏幕会弹出打印设置窗口，确定了所有选项后即可打印输出。

12.2 在打印中心集中拼图输出

为了使图纸的输出更加方便、经济、快捷，开目软件提供了既能输出 CAD 图形，又能输出工艺文件的打印中心。该模块可在 A0 或 A1 幅面的绘图仪上一次输出若干 CAD 图形和工艺文件，也可以用打印机分页输出 CAD 图形和工艺文件。

单击 Windows 的〈开始〉菜单，在〈程序〉中找到〈开目 CAPP〉程序组，单击程序组中的〈开目打印中心〉，打印中心即可运行，屏幕显示如图 12.9 所示。

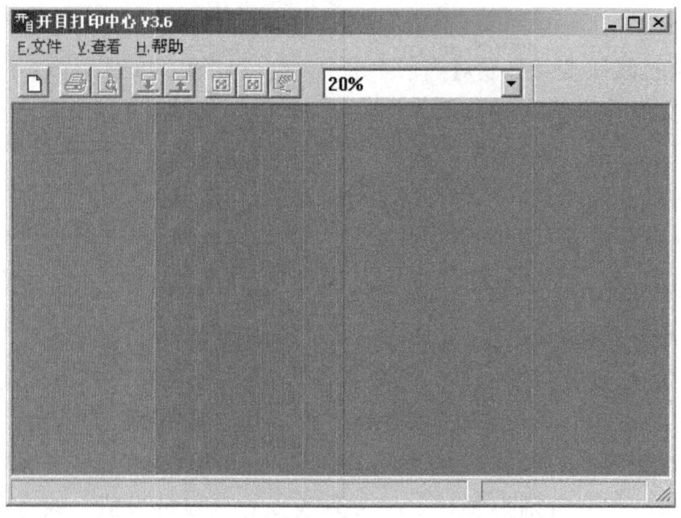

图 12.9

1. 界面介绍

在图 12.9 所示界面中，单击〈文件〉菜单中的〈新建〉，将出现如图 12.10 所示的“拼图向导”对话框，单击〈下一步〉，进入如图 12.11 所示的“指定拼图宽度”对话框。

在“指定拼图宽度”对话框中，选择拼图图幅及布局，即拼图纸张的大小及所选纸张上添加图形间的距离。点击幅面宽度按钮选择拼图图幅；点击▭或直接输入数据设置图形间距。

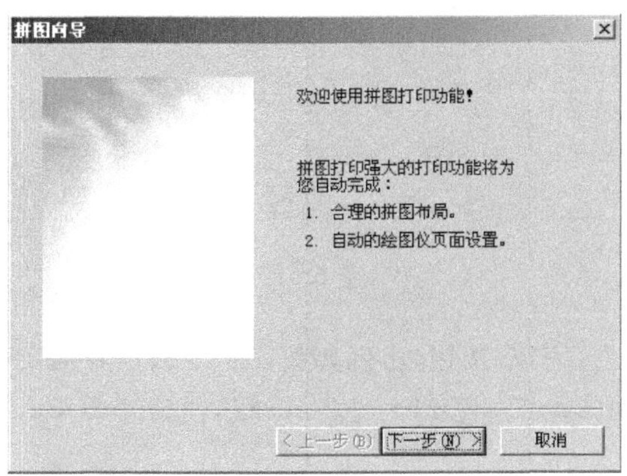

图 12.10

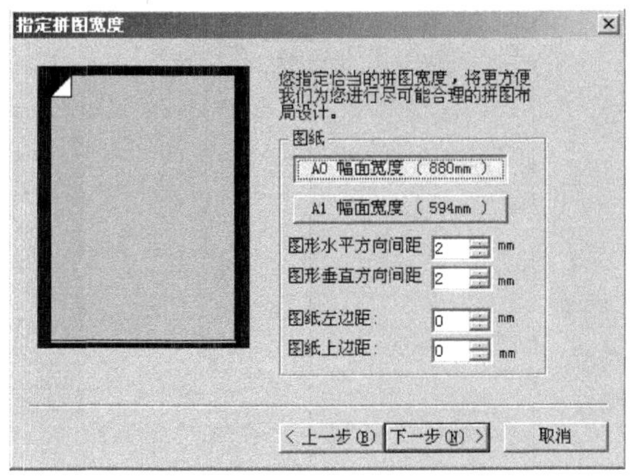

图 12.11

以上设置完成后，单击〈下一步〉，系统会弹出如图 12.12 所示的“字体、颜色设置”对话框，可设置打印色彩、字体打印、线宽比例、打印质量，即输出时的图形颜色、数字、字母、汉字打印的字体、线宽比例、输出图纸效果。

彩色方式：按图形实际绘制颜色显示并输出。

黑白方式：将彩色图形以黑色方式显示并输出。

TureType 字体：按文件中的实际字体显示并输出。

单线体：输出的字体为精简的单线体方式，可节省内存，提高输出速度。

打印图纸的质量中的三种方式与打印机设置对话框中〈属性〉的〈选项〉标签页〈质量〉设置一样，这里不再介绍。

黑白打印方式下支持灰度颜色打印：在“黑白打印方式”下输出图纸，如果勾选该项，则灰度颜色按真实颜色打印，否则灰度颜色以黑色打印。

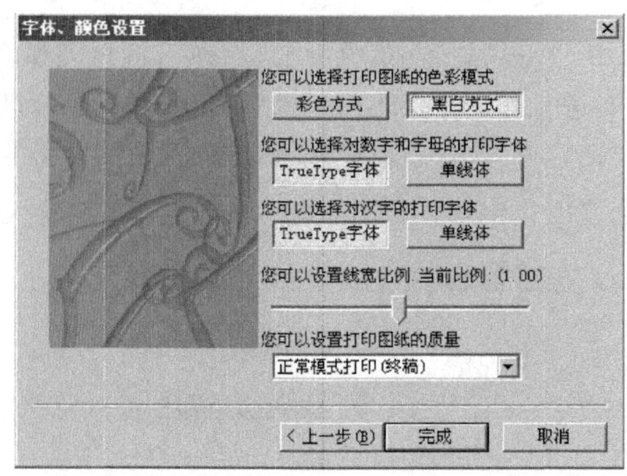

图 12.12

上述设置完成后,单击〈完成〉按钮,出现如图 12.13 所示界面,此时可以选择需拼图输出的文件。如果要修改以前的设置,单击〈上一步〉按钮,回到如图 12.11 所示对话框,可重新进行设置。

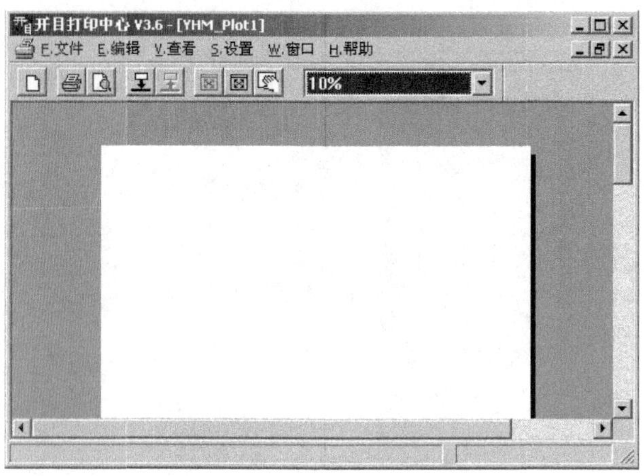

图 12.13

拼图输出的操作可通过主菜单、工具条或鼠标右键菜单完成。

1)主菜单

打印中心的主菜单包括:文件、编辑、查看、设置、窗口、帮助等,各菜单分别如图 12.14(a)～图 12.14(e)所示。

2)工具条

各按钮功能分别如下:

新建:创建新的拼图向导。

打印:输出图纸。

预览:预览图纸。

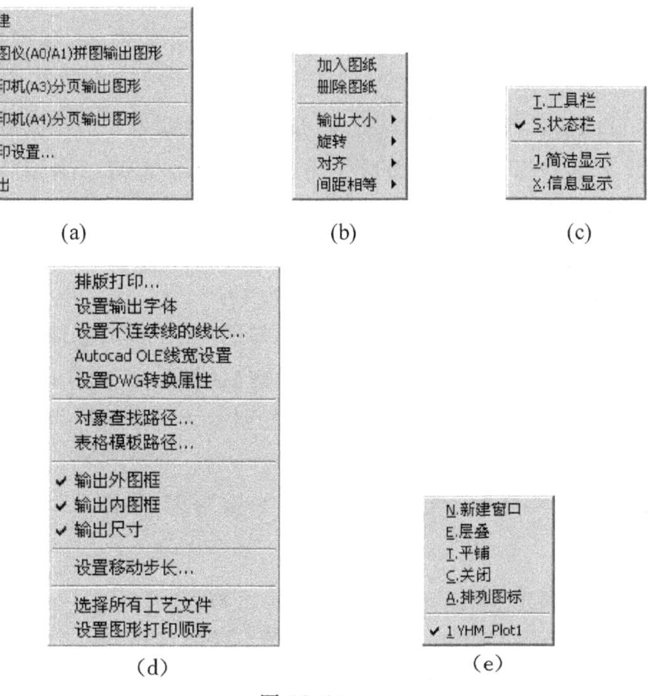

(a) (b) (c)

(d) (e)

图 12.14

加入图纸:添加要打印的图形文件。

删除图纸:删除已添加的图形。

重排 1:调整图纸中的图形摆放方式 1。

重排 2:调整图纸中的图形摆放方式 2。

整图移动:移动添加的所有图形。

拼图文件显示比例。

3)鼠标右键菜单

当鼠标在拼图文件无图形的区域时,单击右键,屏幕会弹出如图 12.15 所示的菜单,鼠标在图形上单击右键,屏幕会弹出如图 12.16 所示的菜单。

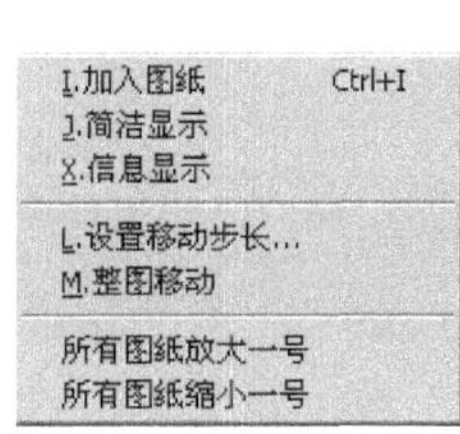

图 12.15

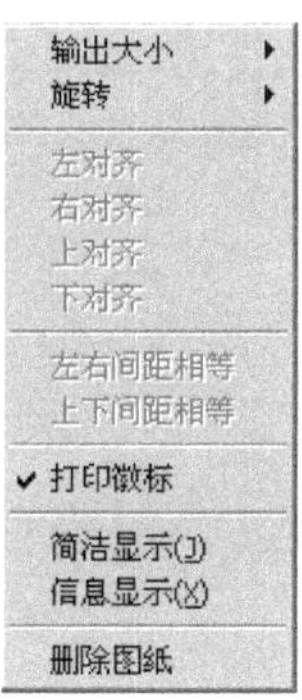

图 12.16

2. 打印设置

拼图打印图形文件时，根据用户需要，可进行相关内容的设置，如图 12.14(d)所示设置菜单内容。

注意："AutoCAD OLE 线宽设置"、"设置 DWG 转换属性"、"对象查找路径"、"表格模板路径"、"选择所有工艺文件"五项设置必须在添加图形文件前进行设置，否则对已添加的图形文件无效；其他各项均可在添加图形后，进行设置。

〈排版打印〉用于修改当前拼图图幅、字体、颜色及各种图幅中的不同线型的线宽、图形中的打印徽标的设置，如图 12.17 所示设置界面。

〈指定拼图宽度〉、〈字体、颜色设置〉项的设置与图 12.11 和图 12.12 中的设置一样。

〈线宽设置〉用于设置不同图幅中所列线型的输出线宽，单位为 mm。

〈设置打印徽标〉：用来设置各类图幅输出时的徽标图形，图形可为位图(*. bmp)或开目图形(*. kmg)文件类型。

如果有的图纸不要打印徽标，可选择该图，将右键菜单(见图 12.16)中"打印徽标"前的√去掉即可。

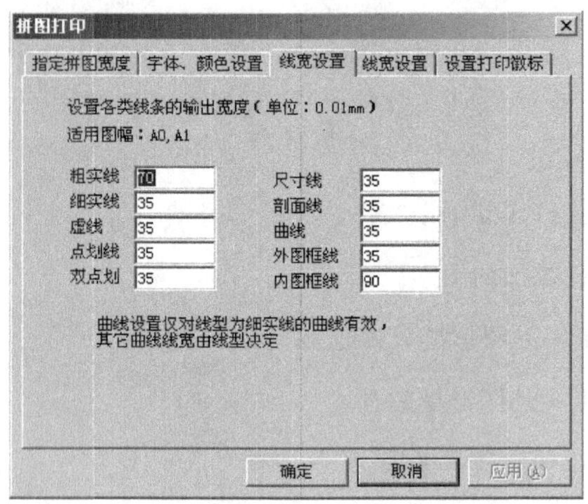

图 12.17

1)设置输出字体

如图 12.18 所示设置对话框，用来设置输出图纸时的汉字、英文、数字字体。

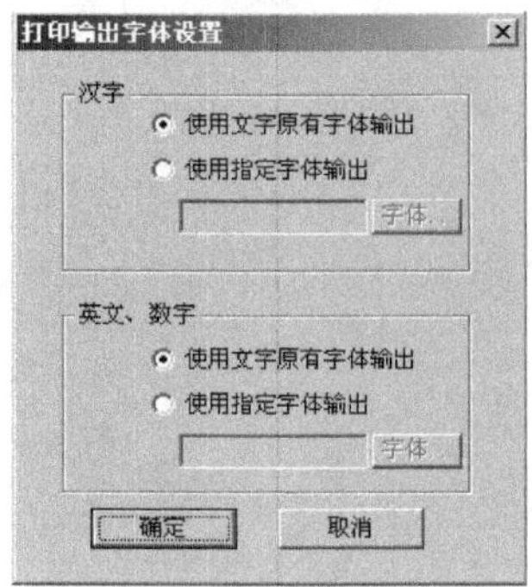

图 12.18

"使用文字原有字体输出"即图形文件中已指定的字体。

"使用指定字体输出"不使用图形文件中原指定的字体，输出图纸时，重新指定字体。选择该项后，点击〈字体〉即可重新指定。

2)设置不连续线的线长

如图 12.19 所示设置框，用来设置除实线外所有不连续线的线长(包括空格段)。

设置不连续线的线长

	A段	B段	C段	D段	E段	F段	G段	H段	I段	J段
虚　　线:	8	2								
点 划 线:	10	4	2	4						
双点划线:	10	4	2	4	2	4				
三点画线:	10	2	1	2	1	2	1	2		
间隔画线:	5	7								
点线:	8	4								
长画短画线:	10	2	3	2						
长画双短画	10	2	3	2	3	2				
画点线:	5	2	1	2	5	2				
双画单点线:	5	2	1	2						
双画点划线:	5	2	1	2	1	2				
双画双点线:	5	2	5	2	1	2	1	2		
画三点线:	5	2	1	2	1	2	1	2		
双画三点线:	5	2	5	2	1	2	1	2	1	2

默认值　确定　取消

图 12.19

选择需修改的线型，点击需修改的线长，输入值，点击〈确定〉；如取消修改，可选用默认设置，即点击〈默认值〉。

3)Autocad OLE 线宽设置

在开目打印中心中添加带有 AutoCAD OLE 对象的工艺文件时，系统提供了 AutoCAD OLE 线宽设置功能，不仅可以加载 AutoCAD 的打印样式，还可以调用开目打印样式或用户自定义的打印样式，使打印效果更加美观。

操作方法如下：

(1)添加带有 AutoCAD OLE 对象的工艺文件。

(2)点击菜单中的〈设置〉→〈AutoCAD OLE 线宽设置〉，弹出如图 12.20 所示设置框。

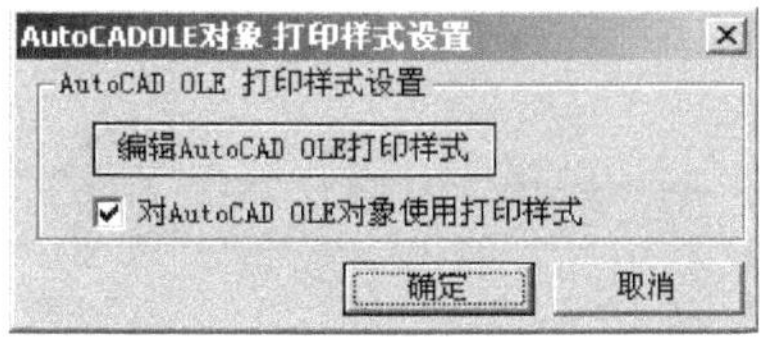

图 12.20

(3)勾选"对 AutoCAD 对象使用打印样式"，否则无法编辑打印样式。

(4)点击〈编辑 AutoCAD OLE 打印样式〉按钮，进入打印样式管理器，如图 12.21 所示。

(5)点击"仅显示正在使用的颜色"，取消勾选。

(6)设置 OLE 对象的线宽替代值。

注意：打印样式设置时，只对线宽进行设置。

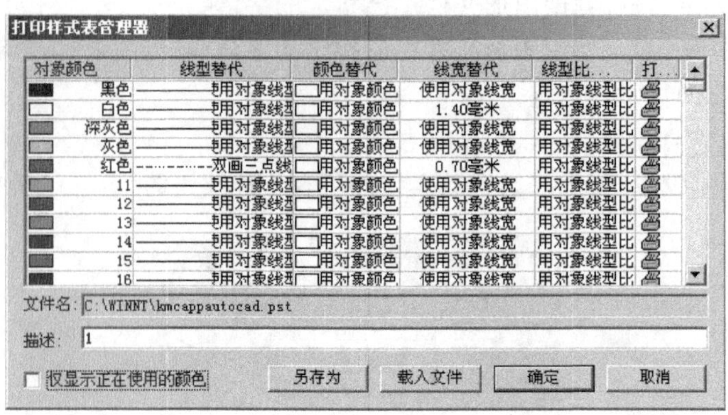

图 12.21

4)设置 DWG 转换属性

添加 DWG 图形文件进行打印时，可对相关项进行设置。

5)对象查找路径

添加包含有对象(如 BMP 图形)的工艺文件(GXK 文件)时，打印中心首先将 GXK 文件转换为 KSD 文件保存，图形中的对象也可一起保存，或指定目录保存。添加工艺文件后，系统在指定的目录中查找对象文件，如果在指定的目录中搜索不到，则无法显示该对象。

操作方法如下：

(1)添加包含有对象的工艺文件前，点击菜单中的〈设置〉→〈对象查找路径〉项，弹出如图 12.22 所示设置框。

(2)点击〈添加〉，指定查找目录。

(3)点击〈确定〉，查找目录设置完成。

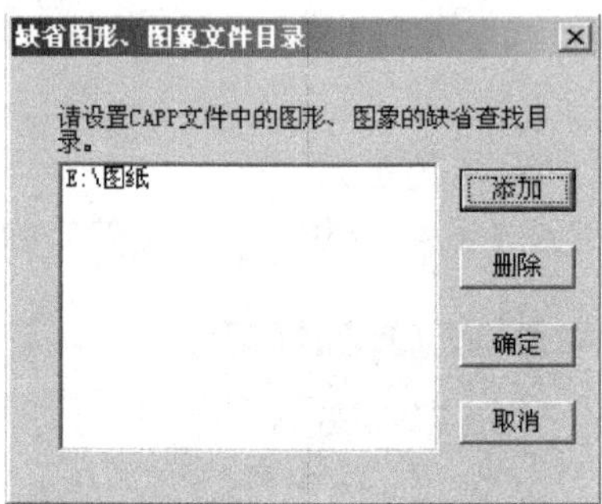

图 12.22

6)表格模板路径

添加工艺表格文件时，为了方便用户查找目标，可先设置好目标文件的路径，用户一旦需要加入工艺表格，系统会自动跳至该目录进行选择。

操作方法如下：

(1)点击菜单中的〈设置〉→〈表格模板路径〉，弹出如图 12.23 所示设置框。

(2)点击〈浏览〉，选择表格模板所在目录。

(3)点击〈确定〉,完成表格模板路径。

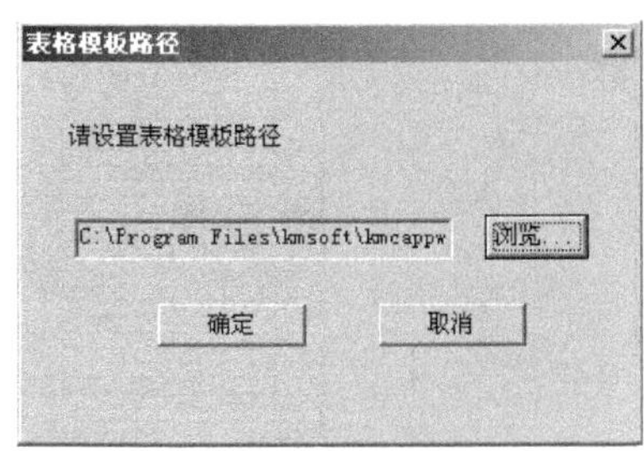

图 12.23

7)设置移动步长

如图 12.24 所示,用来设置所选图形移动(按【→】、【←】、【↑】、【↓】)时的单位长度值。设置方法有以下三种:

方法 1:拖动滚动条中的按钮,进行设置。

方法 2:点击数据框右侧的按钮,选择移动数值。

方法 3:在数据框中直接输入移动数值。

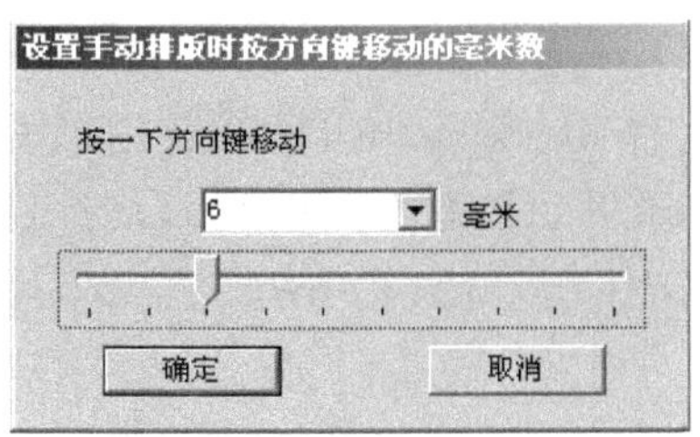

图 12.24

8)设置图形打印顺序

根据用户要求,调整图形输出时的先后顺序。

操作方法如下:

(1)添加图形文件。

(2)点击菜单中的〈设置〉→〈设置图形打印顺序〉,弹出如图 12.25 所示设置框,左侧为所有图形文件名列表;右侧为所选图形预览,点击查看内容处,可放大显示,再次点击,可还原显示;中间为四个调整按钮。

(3)调整图形顺序。点击右侧的文件名显示框中需调整的文件,点击相应按钮进行调整。

点击一下〈向上移动〉,所选文件上移一个位置;点击一下〈向下移动〉,所选文件下移一个位置;点击一下〈文件名升序〉,所选文件移到第一个位置;点击一下〈文件名降序〉,所选文件移到最后一个位置。

(4)点击〈确定〉,完成图形顺序调整。

注意:该功能,只有当用户选择〈文件〉→〈打印机 A3(A4)分页输出图形〉时才有效。

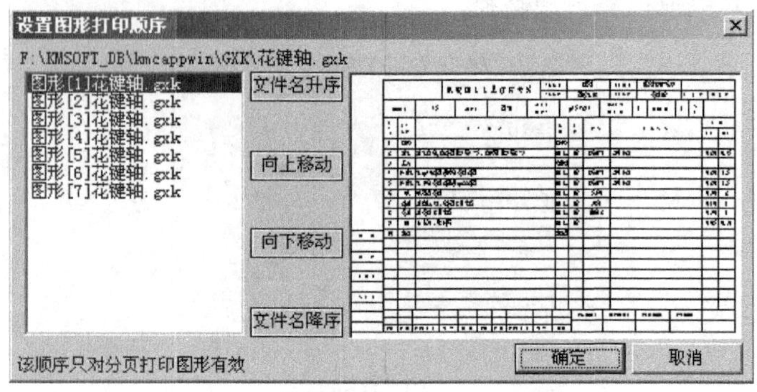

图 12.25

9)其他项设置

〈输出外图框〉、〈输出内图框〉、〈输出尺寸〉、〈选择所有工艺文件〉等项的设置，设置方法为点击各项，勾选或不勾选。

3. 添加图形文件

可在新建的拼图图幅中添加输出的图形文件，并按一定的顺序摆放。为了保证系统的正常运行，拼图图幅不得超过 3 米。

可添加的图形文件有：

(1)开目系列软件的图形文件：*.kmg(开目 CAD 图形文件)、*.gxk(开目工艺文件)、*.kmt(开目技术文件)、*.bom(开目汇总文件)、*.cha(开目表格文件)；

(2)其他 CAD 软件的图形文件：*.igs、*.dwg、*.dxf、*.prj、*.ksd、*.out 等。

操作方法如下：

(1) 点击菜单中的〈编辑〉→〈加入图纸〉或点击按钮，弹出打开文件对话框，选择需输出的图形文件。可选择单个或多个文件，选择方法与 Windows 操作类似。

(2) 点击〈打开〉，所选图形文件添加到图幅中。如所选图形文件类型为 GXK、BOM、PRJ、KSD、OUT，且〈设置〉→〈选择所有工艺文件〉未勾选，则弹出如图 12.26 所示选择框。

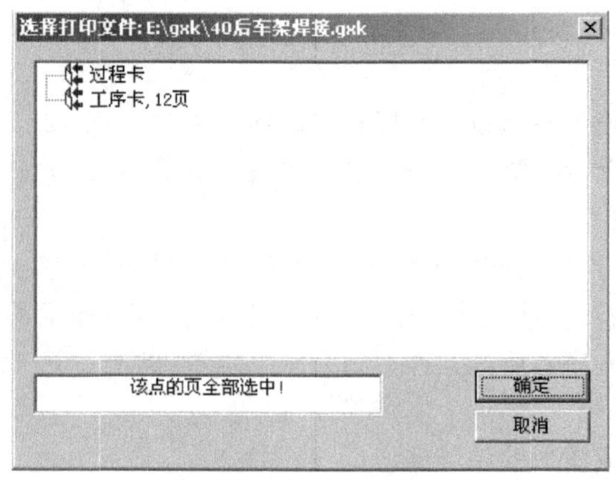

图 12.26

(3)选择输出内容。如果不添加“过程卡”，点击“过程卡”，再点击右键中的〈该点不选〉，“过程卡”前的图标变成，点击〈确定〉，将只添加“工序卡”所有页面内容。反之，如不添加“工序卡”，只添加“过程卡”，方法同“过程卡”设置。

如果“过程卡”、“工序卡”都存在多页内容，根据实际情况，不需全部打印，只打印某一页或几页内容，这种情况下，用户只需选中“过程卡”或“工序卡”后，点击右键中的〈该点部分选〉，弹出如图 12.27 所示输入框，按格式要求输入所要添加的页面的页码，点击〈确定〉，“工序卡”前的图标变成，并在下方的显示框中显示用户输入的页码数。点击〈确定〉，完成图形添加。

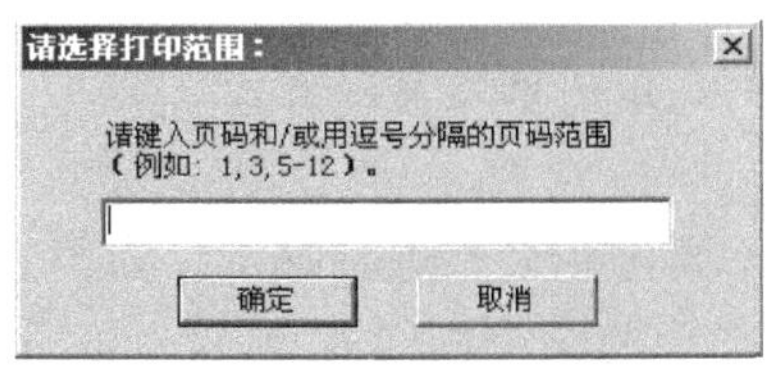

图 12.27

4. 删除图形文件

在拼图过程中，可删除已添加的图形文件，即多余的图形文件。

操作方法如下：

(1)选择需删除的图形文件(图形文件被选中状态)。

(2)按【Del】或点击按钮，即可删除所选图形文件。

5. 改变图纸输出大小

在拼图输出图纸时，根据用户需要或拼图要求，可将添加的图纸的图幅大小进行重新设置，进行输出。

操作方法如下：

(1)选择需更改的图纸。

(2)点击右键菜单中的〈输出大小〉项中的合适图幅，系统将所选图纸自动缩放成所选图幅大小。

〈输出大小〉中的〈H. 恢复〉可以将缩放后的图幅恢复到原图幅大小。

注意：(1)该功能只对开目图形文件有效。

(2)自定义图幅的图形不能改变输出大小。

6. 图纸排序

添加图形文件后，系统按最合理的排序方式摆放图形，如用户不满意，还可进行调整，如手动移动图形、旋转图形角度、系统重排等。

1)手动调整

可根据用户需要，手工调整图形的位置。

操作方法如下：

(1)选择需调整的图形。

(2)按住鼠标左键，拖动合适位置，松开左键，或按方向键(【↑】、【↓】、【←】、【→】)进行上、下、左、右位置调整。

2)旋转

添加的图形文件，如果布局不合理，可通过旋转图形进行调整。

操作方法如下：

(1)选择需旋转的图形。

(2)点击右键中的〈旋转〉项中的旋转角度，所选图形旋转指定角度。

3)系统重排

手动调整、旋转等方式调整图形后，仍不能满足用户的需要，可选择系统重排设置进行调整。

操作方法：点击工具栏中的或按钮，系统按最合理的方式摆放。

7. 图形显示

添加到拼图图幅中的图形的显示比例及显示方式。

1)显示比例

添加的图形文件可设置按不同比例大小进行显示。为了方便用户了解整个拼图布局，设置的最小比例为5%，为查看图形中的某个局部内容，设置的最大比例为100%。

设置方法：点击工具栏中的比例设置框中的按钮，选择合适的比例进行显示。

2)显示方式

显示方式有两种：简洁显示、信息显示。

为了加快浏览拼图速度，将只显示图纸大小，而不显示其他信息，即简洁显示。

显示添加的图纸内容外，还需了解图纸实际大小、输出大小、图纸名及图纸相关路径，即信息显示。

8. 打印

输出前同单个图形文件输出一样，必须进行打印设置、打印预览等操作，才能确保图形正常输出。

1)打印设置

设置输出图形时所需的绘图仪或打印机、纸张大小及其他属性。

2)打印预览和打印

单击按钮，可预览到在所需绘图仪上的打印效果，如图12.28所示。如果拼图太长，在打印中心里可以自动分页。在预览界面上部的各按钮的含义分别如下：

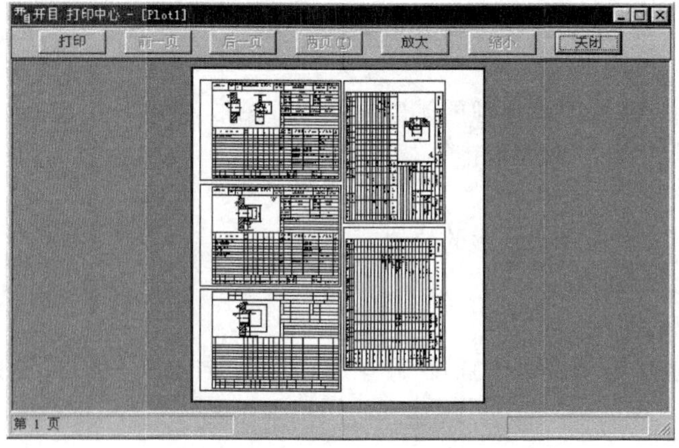

图12.28

打印：直接在设置的绘图仪上输出；

前一页：显示前一页；

后一页：显示后一页；

两页(T)：如果已分多页，可同时显示多页；

前一页：放大预览显示比例；

缩小：缩小预览显示比例；

关闭：返回到打印中心主菜单。

所有这些设置完成后，就可点〈打印〉进行打印了。

如果要将图纸在打印机上输出，单击〈文件〉菜单中的〈打印机 A3(A4)分页输出图形〉，可在打印机上分页输出所拼的图纸和工艺文件，如图 12.29 所示。

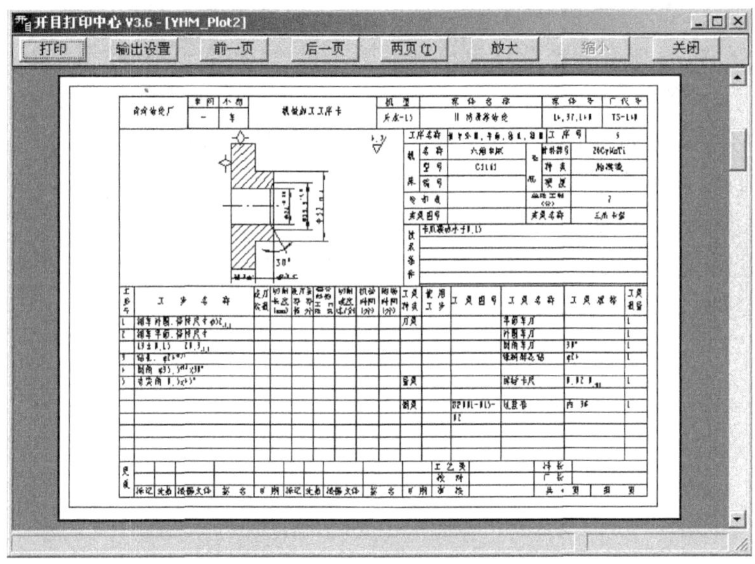

12.29

参考文献

[1] 祝勇仁.CAPP技术与实施.北京:机械工业出版社,2011

[2] 郑修本.机械制造工艺学.北京:机械工业出版社,2011

[3] 钱翔生,陈万领,袁慧敏.开目CAPP软件自学教程.北京:机械工业出版社,2003

[4] 张胜文,赵良才.计算机辅助工艺设计——CAPP系统设计.北京:机械工业出版社,2005

[5] 陈宗舜.开目CAPP应用与实施三部曲.微型机与应用,2007,26(1)

[6] 熊建武.模具制造工艺项目教程.上海:上海交通大学出版社,2010

[7] 孙波,赵汝嘉.计算机辅助工艺设计.北京:化学工业出版社,2008

[8] 曾淑畅.机械制造工艺及计算机辅助工艺设计.北京:高等教育出版社,2003

[9] 江平宇.计算机辅助设计与制造技术.西安:西安交通大学出版社,2010

[10] 姚英学.计算机辅助设计与制造.北京:高等教育出版社,2002

[11] 殷国富.计算机辅助设计与制造技术.北京:清华大学出版社,2010

[12] 王大康.计算机辅助设计与制造技术.北京:机械工业出版社,2005

[13] 李益民.机械制造工艺设计简明手册.北京:机械工业出版社,1993

[14] 陈宏钧.金属切削速查速算手册.北京:机械工业出版社,2002